2要因の分散分析をすべてカバー

竹原卓真 著

北大路書房

はじめに

十年一昔と言います。前書,『増補改訂 SPSS のススメ 1』が2013年春に刊行されてから，早いものでもうすぐ10年が経過しようとしています。この間，Windows や Mac がどんどん洗練されてゆき，言うまでもなく SPSS も進化を遂げてきました。SPSS のバージョンは前書のときに20だったのに，本書では27にまで進みました（本書が書店に並ぶ頃には28になっているはずです)。この進化の過程で SPSS には様々な改良が加えられ，使いやすくなったはずです。

大変ありがたいことに，みなさんからいただく前書の評価はポジティブなものが多く，お叱りの評価をいただくことはそれほど多くありませんでした。これはおそらく，詳細な解説をしたほうが良いというポイントを，著者が実体験を通してある程度認識できていたからなのだと思っています。時代は変われども，学びの中心である学生さんは変わりません。言い換えると，昔も今も，疑問に感じたり操作が分からなかったりするポイントは同じだということです。実際に，今でも大学の実習で寄せられる質問や，ネットからいただく貴重な質問では，同じポイントが多いようです。これらを踏まえて，前書から改良を加えました。

SPSS 自体が完成度の高いソフトウェアですから，改良を加えたと言ってもたくさんの大幅改良を加えたというわけではありません。前書をテキスト等として使ってくださっている読者の方々を混乱させてはいけませんし，大幅改良をたくさん加えると再学習するのに時間がかかりますし，とにかく本書では「前書の使える部分はすべて使う」という考え方を改訂の根底に据えました。このため，素っ頓狂であり得ない模擬データも分かりやすさの観点からそのまま残していますし，文章表現も変更しなくても良い部分はそのまま残してあります。サルのイラストも変更しなくても良い部分はそのままにしてあります。

前書からの変更点で主なものは，インターフェイスの進化によるウィンドウ内部表示情報の再キャプチャー，SPSS 側の表現変更に対する追変更，「EM 平均」等の新規処理の説明などです。特にインターフェイスはこの10年間でかなり進化しており，前書の画面キャプチャーと大きく異なるものが散見されたため，思い切って全ての画面キャプチャーをイチから撮り直しました。また，恥ずかしながら今頃になって著者がアドビ社製フォトショップの使い方を少し覚えたこともあり，操作が視覚的に分かりやすくなるようにするため，説明している部分を四角い枠で囲うなど，ハイライト表示を取り入れました。本文中の操作説明と図を合わせて確認すると，前書より理解しやすくなったと勝手ながら考えています。その他，前書のユーザーが戸惑わない範囲内で新たに付け加えるとことは付け加え，変更するところは変更し，そのうえで最新バージョンを使用する時に困らないよう配慮しています。

一方，前書から削除した部分もあります。それは，グラフ機能の章です。もともと，

（SPSSに関係する方には失礼千万ですが）SPSSのグラフ機能は猛烈に使いやすい！とは言えない側面があると，私は感じていました。また，あくまでも一般論としてですが，多くの方がグラフを作成するときはMicrosoft Excelや，グラフ作成に特化したソフトウェアを使っておられると思います。実際のところ，グラフ機能は不要ではないか？というご意見を頂戴することもあり，本書では割愛することとしました。これにつきましては，賛否両論あるとは思いますが，ご理解いただければ幸いです。

初版から継続的に記していることではありますが，本書でもお断りしなければならないことがあります。それは，本書だけで分散分析をはじめとする，統計的検定の理論的な側面まではカバーできないということです。こればかりは他の専門書にお任せするしかないと考えています。例えば，昨今では実験前にサンプル数を決定するよう求められることが多いですが，本書ではそのような側面に立ち入ることができていないことなどが挙げられます。昔と違って，より読者目線に立ち，分かりやすさを追求した統計の専門書が多数出版されていますので，統計の理論的側面を深く理解する必要がある方は，それらの専門書を手に取り，本書とともにご覧いただければ幸いです。

さて，本書の刊行に際して，様々な方々にご協力をいただきました。まずは，本書の黎明期からお手伝いいただき，少し前に北大路書房を退職された薄木敏之氏に心からお礼申し上げます。薄木氏の継続的なサポートがなければ，三訂版を出版しようとは思わなかったと感じています。いつまでも本書を見守ってくだされば嬉しいです。次に，果敢にも薄木氏の意思を継いでくださった北大路書房の大出ひすい氏，および森光佑有氏にも心から感謝します。カタツムリのように各種対応が遅い著者に，さぞかし手を焼かれたことだろうと思います。それにもかかわらず，温かいお声がけをいただき，校正ではスピーディに作業を行ってくださいましたこと，改めて感謝申し上げます。最後に，なかなか改訂作業が進まない私を，絶えず応援してくれた妻にありがとうと言いたいです。

2022年6月
京都の梅雨空を眺めながら
著　者

目　次

SPSS

◎本書での注意事項

(1)科学論文では，本来ですと図の番号は図の下に書くのが通例ですが，本書では表記の統一と読者の理解のため，図の上に書くことにしました。

(2)本書で解説している分析の多くで，Base System の他に Advanced Statistics が必要になります。必ずご確認ください。

(3)本書は，Windows10を使用して，SPSS Version 27の使用方法を解説しています。OS の違いや，インストールされているオプション・モジュールの違いなどによって，画面表示およびメニューの内容が異なることがあります。

第1章

SPSSの基礎知識

これから解説するSPSSとは，いったいどのようなソフトなのでしょうか。SPSSの概要，データ分析の流れ，SPSSのインターフェイスなど，SPSSの最も基礎的な部分を解説します。

第1節　SPSSの概要

SPSS（Statistical Package for Social Science：社会科学のための統計パッケージ）は，アメリカのスタンフォード大学で開発された汎用統計パッケージです。同種のソフトであるSAS（Statistical Analysis System）とともに，全世界で多くのユーザーに利用されています。SPSSは，当初大型計算機システム用のソフトウェアとして出発し，1988年にはSPSSの日本法人が設立されました。また，昨今では，SPSSはWindowsやMacintoshといった一般のお店でも購入できるパソコンで利用可能なシステムになりました。

SPSSは社会科学に対する統計ソフトとして開発されましたが，最近ではその用途は多岐にわたっていて社会科学のみならず自然科学や人文科学，医学などの統計分析で使用され，大学などの教育研究機関はもちろん，官公庁や一般企業など，多方面で活用されています。しかしながら，その導入がネックとなっているのかどうかわかりませんが，オープンソースのR言語を用いる事例が増えてきています★[1]。

★1：R言語はソースコードが無料公開されており，いわゆるオープンソースという形態で配布されています。非常に柔軟な言語なのですが，初学者の方にはハードルが高いと感じられる側面もあると，よく耳にします。

それにもかかわらず，SPSSは今でも頻繁に利用される統計ソフトであることは事実です。なぜそんなに頻繁に用いられているのでしょうか。その理由として，みなさんが日ごろよく使っていると思われる，Microsoft社のMicrosoft Word（以下，Word）やMicrosoft Excel（以下，Excel）などのソフトと共通の操作で利用できる点があげられます。その操作環境をGUI（Graphical User Interface）といい，ほとんどの分析操作がマウスのクリックだけで出来上がってしまいます。コマンドラインから難解な（本当は難解ではありませんが）命令文を入力するタイプ（これをCUI: Character User Interfaceといいます）のソフトとは違って，直感的・視覚的な操作で統計分析を実行することができるのです★[2]。

★2：SPSSと並んで有名な統計パッケージソフトSASでも，SPSSの操作性の高さをモデルにして，かなりGUI化が図られているようです。

しかしながら，SPSSではその簡単さが逆に災いとなって，ほとんどエラーメッセージが出ず，誤った分析方法を選択していることに気づかないこともあります。投入する変数の指定に不備が潜んでいる可能性もあるので，いつも細心の注意が必要です★[3]。分析を行なう前に，その分析方法で間違いがないのか，あるいはデザインや投入する変数に不備はないかなどのチェックが最重要であることは言うまでもありません。

★3：ここがSPSSで最も気をつけなければならない重要ポイントです。

SPSSで可能な分析はたくさんあります。導入するオプション・モジュールにも依存しますが，多要因の分散分析，共分散分析，多変量分散分析，多項ロジスティック回帰分析，コレスポンデンス分析，最適尺度法，正準相関分析，連関係数，時系列分

析，共分散構造分析などなど，より多様な分析が可能です（【図 1-1】参照）★4。みなさんの機関で使用するSPSSには，どのオプション・モジュールが組み込まれているかわかりませんので，事前にチェックしておきましょう。

★4：共分散構造分析を行ないたい場合は，AMOS（エイモスと読みます）というソフトを別途用意，インストールする必要があります。

【図 1-1】

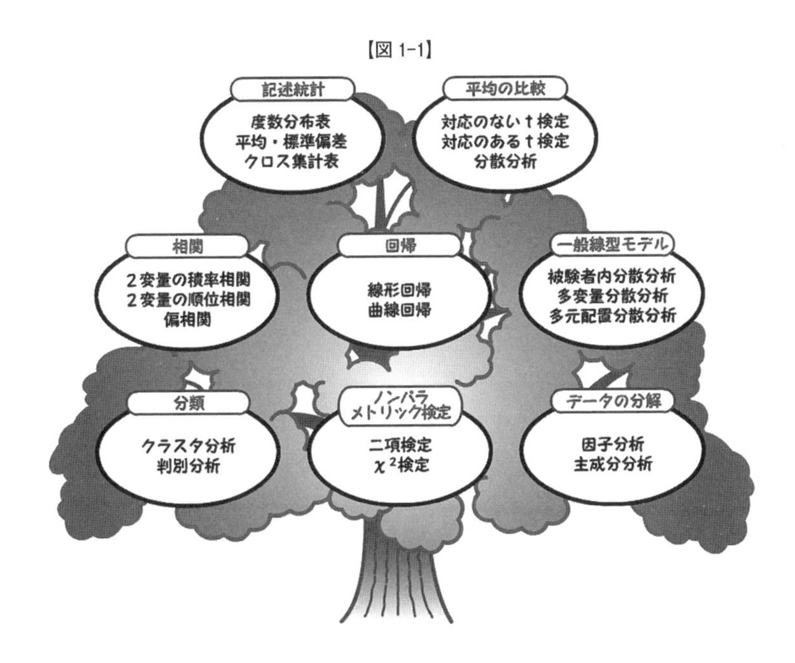

第2節　データ分析の流れ

Wordで文書を作成するとき，あるいはExcelで計算するときにお決まりの手順があるように，SPSSで統計分析するときにも決まった手順があります。SPSSは，他のソフトと同じ感覚でマウスクリックによって分析が実現できるため，一連の操作は非常に簡単であり，WordやExcelなどのソフトと基本的には同じ操作方法です。本書ではこの簡単な操作をより詳細に説明して，さまざまな統計分析を可能にすることを主目的としています。では，続いてみなさんが実際に用いる全体的なデータ分析の流れを追ってみます（【図 1-2】参照）。

【図 1-2】

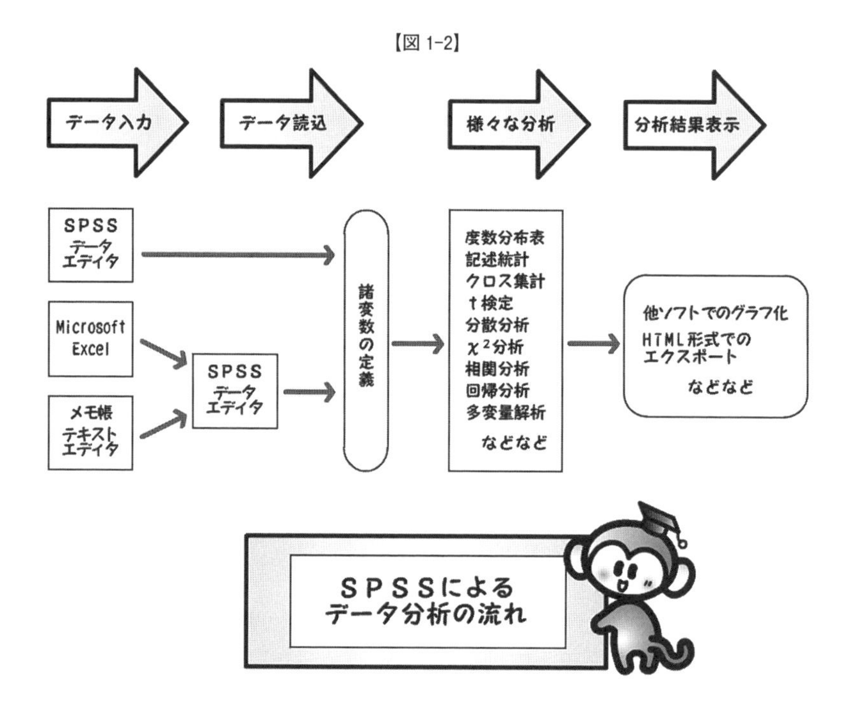

(1) データ入力

この図からわかるように，分析するデータを入力するには3つの方法があります。SPSSのデータ・エディタによる入力，Excelによる入力，メモ帳（テキスト・エディタ）による入力の3種類です。しかし，最終的には必ずSPSSのデータ・エディタに入力データを表示させて分析を行なう必要があります。どの方法でデータ入力を行なうのが最適かといえば，データ量に依存したり各人が使い慣れているソフトに依存したりするので，一概にこの方法だとは言えません。これら3つの方法については第2章で解説します。

(2) 変数の定義

データ入力が完了すれば，データ・エディタ上で分析する際の変数名の決定や変数が持つ尺度など，分析に必要な情報を定義します。それらの定義が完了すると，SPSSのメニューバーから目的の分析方法を選択して，さまざまな統計分析を行ないます。当然ですが，変数は自由に加工できますし，変数どうしを組み合わせて新しい合成変数を作り出すことも可能です★5。

★5：データの加工や合成変数の作り方などは，第4章で解説しています。

(3) 分析の実行

統計分析を実行すると自動的に新しいウィンドウが開いて分析結果を詳細に表示してくれます。ここで注意しなければならないのは，データ入力のウィンドウと，分析結果表示のウィンドウには異なる拡張子★6が与えられていて，別々のファイル形式で保存されるということです。なお，データ入力のウィンドウ（データ・エディタ）の拡張子は［.sav］，データ出力のウィンドウの拡張子は［.spv］，第6章・第4節で解説するシンタックスは［.sps］です。

★6：拡張子とはピリオドで区切られたファイル名の最後3文字（2文字や4文字の場合もある）のことです。例えば，Wordは［.docx］，Excelは［.xlsx］が割り当てられています。ちなみに以前のバージョンのWordは［.doc］が使われ，これは［document］の略で，昔はテキストファイルを表わしていました。

第3節　SPSSのインターフェイス

本節ではSPSSの各インターフェイスについて解説します。SPSSを起動すると次のウィンドウが開きますが（【図1-3】参照），［ESC］キーもしくはウィンドウ右下の［閉じる］ボタンをクリックしてスキップします★7。

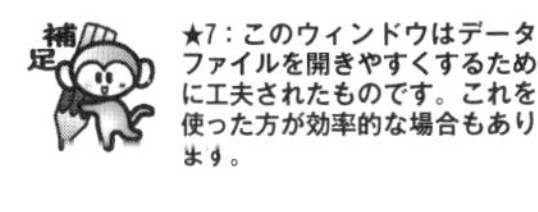

★7：このウィンドウはデータファイルを開きやすくするために工夫されたものです。これを使った方が効率的な場合もあります。

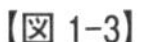
【図1-3】

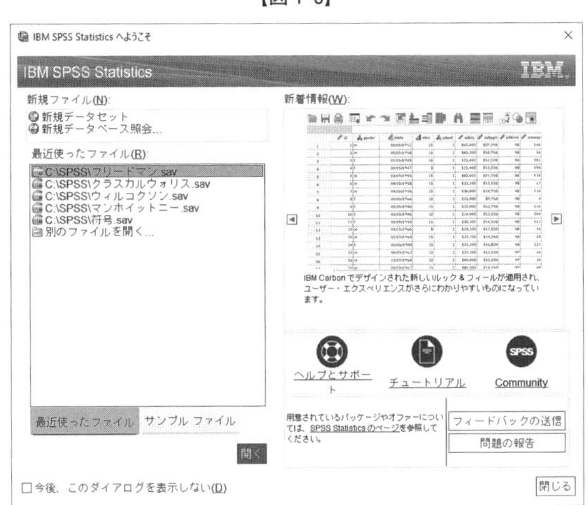

すると現われるのが，SPSSのデータ入力部分および分析実行部分であるデータ・エディタです。データ・エディタは次の形状をしています（【図1-4】参照）。メニューバーには［ファイル］や［編集］といったメニューが存在し，分析の際も主にメニューバーから操作します。見た目や操作性もExcelとそっくりです。

【図1-4】

データ・エディタには，たくさんの［セル］とよばれるマス目が広がっていて，このセル一つひとつにデータを入力し，メニューバーからさまざまな分析を行ないます。ところで，データ・エディタの下部を見ると，［データビュー］と［変数ビュー］という2つのタブがあることに気づきます。これらもExcelと同様に，クリックすることで切り替えることが可能です。［データビュー］タブでは入力されたデータを表示し，［変数ビュー］タブでは変数の定義などを設定・表示します★8。

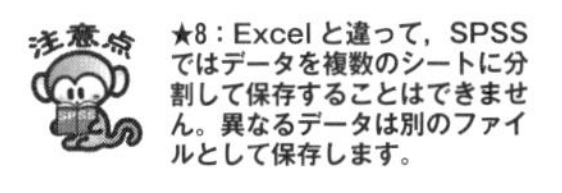

★8：Excelと違って，SPSSではデータを複数のシートに分割して保存することはできません。異なるデータは別のファイルとして保存します。

このように，視覚的にわかりやすい操作によって複雑な分析を可能にしたのがSPSSの最大の特徴ですが，実はどのような分析もユーザーの操作をコンピュータ内部ですべて翻訳することによって実行されているのです。SPSSでの分析には，ある特定の操作をしないと出現しない，シンタックス・エディタとよばれる特殊なウィンドウが存在します（【図1-5】参照)。分析はすべてシンタックスとよばれる文字ベースの実行プログラムに自動変換されて順次実行されます★9。普段ほとんど気にすることはありませんが，特殊な分析を行なうときにはユーザーが自分自身でシンタックス・エディタ上でシンタックスを組む必要があります。

★9：どのような分析でも，必ず対応するシンタックスが存在します。ユーザーが分析を実行するたびに，コンピュータ内部ではひそかにマウス操作がシンタックスに変換されています。

【図 1-5】

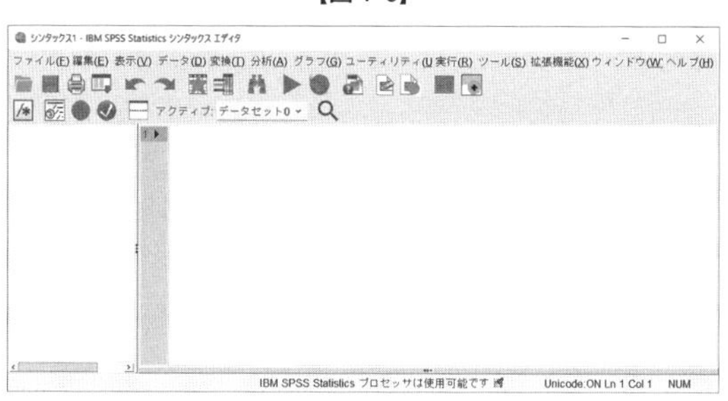

分析を実行すると開くウィンドウがビューアです。ビューアは次の形状をしています（【図1-6】参照)★10。

注意点

★10：個人の使用環境によってウィンドウおよびフォントの大きさや，ウィンドウ内部における左右の領域の大きさや，ツールバーの形状などは多少異なる可能性があります。

【図 1-6】

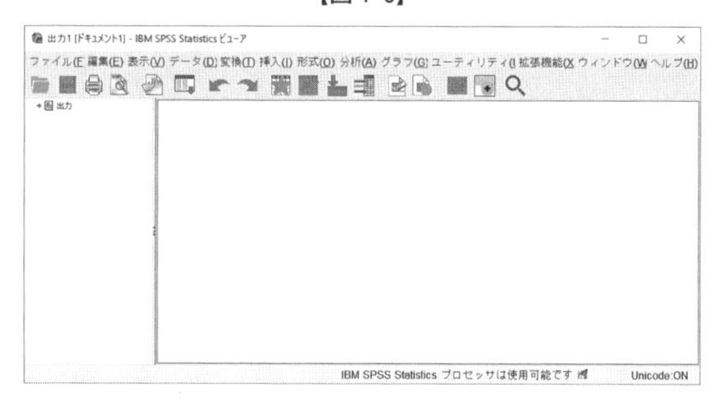

ウィンドウは左側に位置する縦の分割線で2つの部分に分割されています。右側の大きな領域には，分析結果がいくつかのブロックに分かれて詳細に出力されます。みなさんが分析結果を見るときはこの右側の部分を探っていくことになります。左側の少し小さな領域には，右側に表示されている分析結果の各ブロックのインデックス★11が表示されます。数少ない分析であれば，右側の領域を探って参照したい結果部分をすぐに見つけることができますが，いくつもの分析を行なうと分析結果も膨大になり，なかなか目当ての結果を探し出すことが難しくなります。こんなときに威力を発揮するのが左側のインデックスです。インデックスの表示を見ると，どこでどのような分析を行なってどのような結果が出力されているかが一目でわかりますので，その部分をクリックすれば右側に目的の結果部分が表示されます。ちなみに，左右の境界線をドラッグすることで，領域の大きさ調節ができるようになっています★12。

補足

★11：インデックスとは，本にはさむ「しおり」のようなものと考えるとよいでしょう。

★12：第5章・第5節で詳しく解説しています。

また，ビューアのメニューバーにも［ファイル］や［表示］があります。これは再分析を行なうときにいちいちデータ・エディタに戻らなくても，ビューア上で分析をそのまま続行できることを意味します★13。

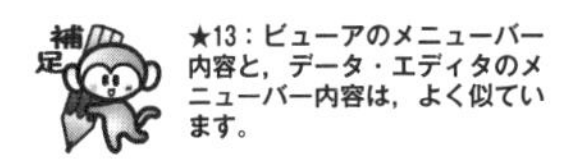

★13：ビューアのメニューバー内容と，データ・エディタのメニューバー内容は，よく似ています。

第4節　保存ファイルの違い

第2節でも触れましたが，データを入力したデータ・エディタのファイルと，分析結果を表示したビューアのファイルは，互いに別々のファイルとして保存されます。自分自身でシンタックスを記述して分析を行なった場合は，シンタックス・エディタのファイルも，別ファイルとして保存されます（【図1-7】参照）。

【図1-7】

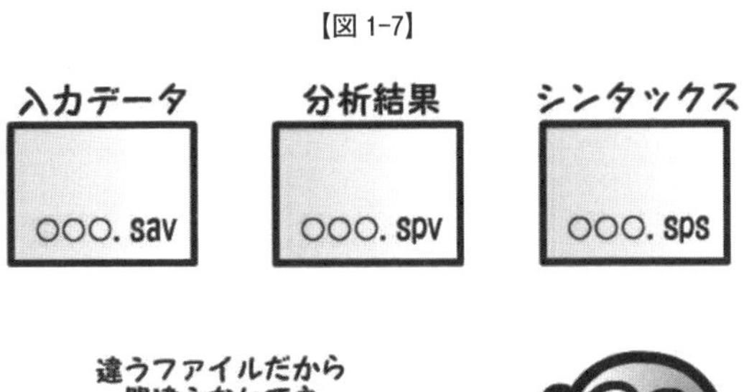

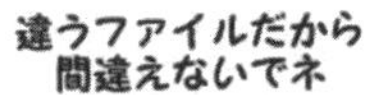

素データを確認したい場合はデータ・エディタのファイル［.sav］をダブルクリックすると内容を確認できますし，分析終了後に分析結果だけを見たい場合は，ビューアのアイコン［.spv］をダブルクリックするだけでビューアが起動し，分析結果を見ることができます★14。同様に，シンタックス・エディタのシンタックス内容を確認するには，シンタックスの内容を保存したファイル［.sps］を直接開けば確認できます。

★14：データ数や分析量に依存しますが，分析結果のファイルサイズは時として莫大なものとなり，注意が必要です。USBメモリやオンラインストレージを活用しましょう。

第2章

データ・エディタへのデータ入力方法

SPSS は統計分析のためのソフトですが，データを入力しなければ何も始められません。SPSS ではデータ・エディタとよばれる領域にデータを入力して分析を開始します。このデータの入力方法には便利なものから手順の多いものまで数種類あります。本章ではそれらの入力方法について解説します。

第1節　データ・エディタへの直接入力

★1：コンピュータのスペックに依存します。現在市販されているコンピュータならば通常の分析で用いるデータ量をほぼカバーできると思われます。

★2：あくまでも著者の経験上，です。

データ・エディタへデータを直接入力するのが最も基本的な入力方法です。入力できるデータ数の制限は事実上ほぼ無制限と言ってもよいでしょう★1。しかし，データ・エディタへ直接入力する方法でデータ入力を行なうと，Excel などの他のソフトでデータを再利用することが難しいなどの問題が生じますので，経験的にはあまり使用されていないように思います★2。しかし，データ・エディタへの直接入力は，データ数が少ないときなどには非常に有効なデータ入力方法になります。

データ・エディタへの入力に関しては，基本的に Excel の入力方法と同じです。各セルにデータを入力して［Enter］キーを押せば下のセルに移動し，［Tab］キーを押せば右横のセルに移動します。入力するとデータは小数点つきで表示されて最初は戸惑いますが，後ほどいつでも修正することが可能です。では，【図 2-1】の模擬データを入力してみましょう。なお，実際に入力するデータは数字の部分のみで，［番号］や［性別］といった変数名は現段階では入力しなくても大丈夫です。

【図 2-1】

番号	性別	居住地	年齢	身長	体重
01	1	2	18	175	72
02	1	1	23	173	63
03	2	3	22	159	46
04	1	1	25	165	61
05	2	2	27	162	50
06	2	1	21	165	53
07	2	1	20	155	45
08	1	3	23	178	75
09	1	2	19	169	63
10	2	1	20	153	46

性別 ↓	居住地 ↓
1= 男性 2= 女性	1=上京区 2=中京区 3=下京区

データ・エディタの一番左上のセルに［01］と入力しても，実際には小数第2位までの［1.00］と入力され，そのすぐ上にある部分が［var］から［VAR00001］に変化します。【図 2-1】のデータとは見た目が異なりますが，このまま入力を進めます。［性別］・［居住地］・［年齢］・［身長］・［体重］についても同じように入力します。そ

【図 2-2】

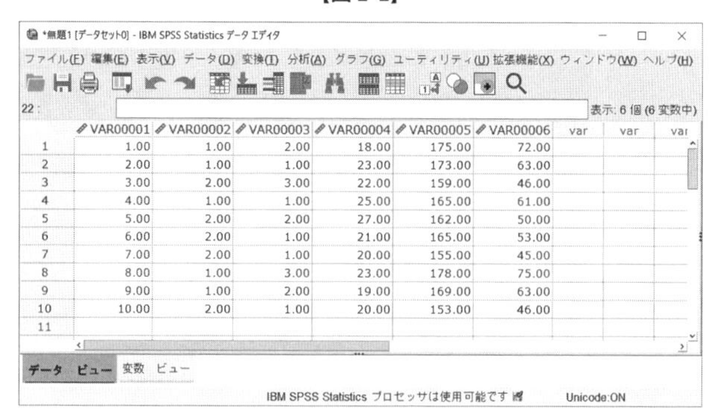

	VAR00001	VAR00002	VAR00003	VAR00004	VAR00005	VAR00006	var	var	var
1	1.00	1.00	2.00	18.00	175.00	72.00			
2	2.00	1.00	1.00	23.00	173.00	63.00			
3	3.00	2.00	3.00	22.00	159.00	46.00			
4	4.00	1.00	1.00	25.00	165.00	61.00			
5	5.00	2.00	2.00	27.00	162.00	50.00			
6	6.00	2.00	1.00	21.00	165.00	53.00			
7	7.00	2.00	1.00	20.00	155.00	45.00			
8	8.00	1.00	3.00	23.00	178.00	75.00			
9	9.00	1.00	2.00	19.00	169.00	63.00			
10	10.00	2.00	1.00	20.00	153.00	46.00			
11									

れぞれ，変数名が［VAR00002］から［VAR00006］に変わり，入力した数字は小数第2位まで表示されます（【図2-2】参照）。

一見すると，わかりやすい変数名がついていませんし，すべて小数第2位まで表示されていますし，いろいろ奇妙な格好になっています。つまり，現段階ではデータ入力は完了していないのです。続いて，各変数のさまざまな定義の作業に移ります。この作業は分析前の下準備の中で，最も大切な作業の1つです。

データ・エディタの下の［変数ビュー］タブをクリックして，［データビュー］から［変数ビュー］に変更します（【図2-3】参照）。［変数ビュー］では，変数名の定義やラベルづけなど，変数の定義を行なうためのさまざまな設定項目があります★3。

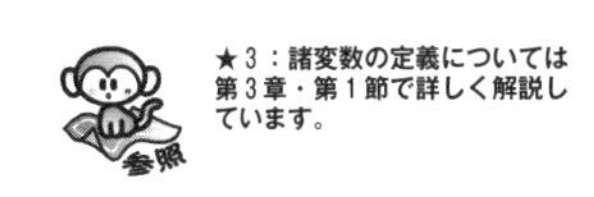

★3：諸変数の定義については第3章・第1節で詳しく解説しています。

【図2-3】

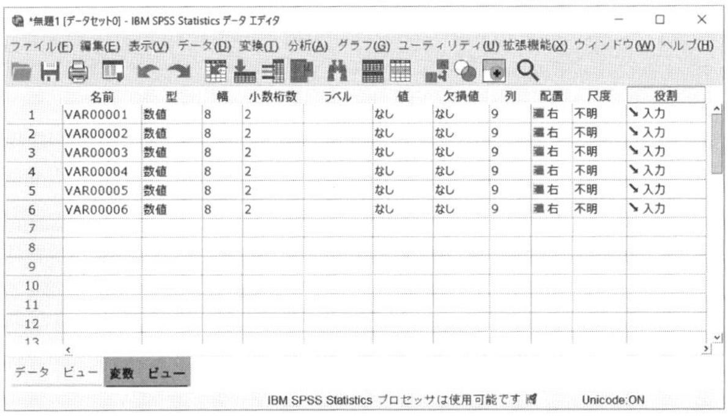

*無題1 [データセット0] - IBM SPSS Statistics データ エディタ

ファイル(F) 編集(E) 表示(V) データ(D) 変換(T) 分析(A) グラフ(G) ユーティリティ(U) 拡張機能(X) ウィンドウ(W) ヘルプ(H)

	名前	型	幅	小数桁数	ラベル	値	欠損値	列	配置	尺度	役割
1	VAR00001	数値	8	2		なし	なし	9	右	不明	入力
2	VAR00002	数値	8	2		なし	なし	9	右	不明	入力
3	VAR00003	数値	8	2		なし	なし	9	右	不明	入力
4	VAR00004	数値	8	2		なし	なし	9	右	不明	入力
5	VAR00005	数値	8	2		なし	なし	9	右	不明	入力
6	VAR00006	数値	8	2		なし	なし	9	右	不明	入力
7											
8											
9											
10											
11											
12											

データ ビュー　変数 ビュー

IBM SPSS Statistics プロセッサは使用可能です　Unicode:ON

第2節　Excel からのインポート（その1）

第1節ではデータ・エディタにデータを直接入力する方法を解説しましたが，この方法だとせっかく苦労してデータ入力しても，それを他のソフトで使用することは難しいかもしれません。みなさんの中には，Excel を使いこなしている方がたくさんおられることと思います。Excel は分析において簡単な計算からグラフ描画やデータベース作成など，さまざまな用途に使うことができます。その便利さのために，実験データを Excel に入力して保存している人が多数を占めると思います。ではここで，まずデータを Excel に入力してファイルとして保存した後，それをデータ・エディタに流し込む方法（インポート）を解説します。この方法は，Excel 上で色々な下準備★4をした後で SPSS にデータをインポートし，すぐに分析を始めることができるのでお勧めです。

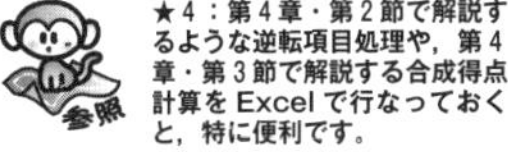

★4：第4章・第2節で解説するような逆転項目処理や，第4章・第3節で解説する合成得点計算を Excel で行なっておくと，特に便利です。

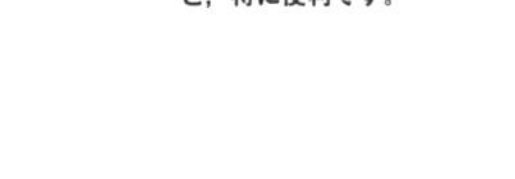

この方法を使用するときの注意点として，Excel での変数名の記述とシートの扱いがあげられます。Excel にデータを入力するときは，通常，1行目に変数名を入力し，2行目以降にデータを入力します。また，データを入力しているシートがわかるように，シート名も変更しておきます（次ページの【図2-4】参照）★5。

★5：［図2-4］の Excel の A 列には［01］や［02］が入っていますが，みなさんが入力すると［1］や［2］となるはずです。Excel の A 列を選択して右クリックし，［セルの書式設定］→［表示形式］を順にクリックし，［分類］の中から［文字列］を選択すると［01］や［02］など，入力したとおりの文字が表示されます。

【図 2-4】

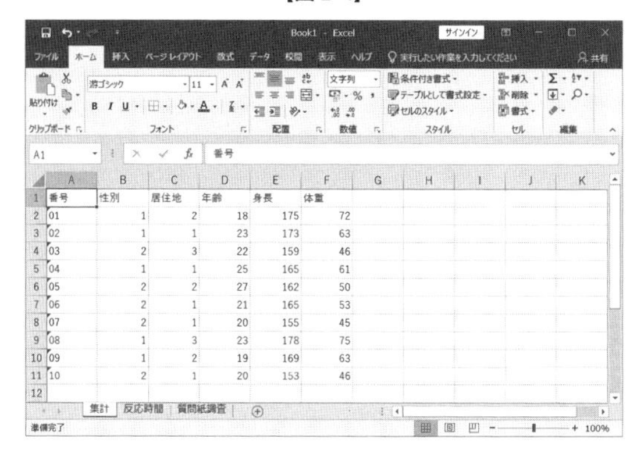

番号	性別	居住地	年齢	身長	体重
01	1	2	18	175	72
02	1	1	23	173	63
03	2	3	22	159	46
04	1	1	25	165	61
05	2	2	27	162	50
06	2	1	21	165	53
07	2	1	20	155	45
08	1	3	23	178	75
09	1	2	19	169	63
10	2	1	20	153	46

データ入力が完了したら，［ファイル］→［名前を付けて保存］を順にクリックして適当なファイル名をつけて保存します（【図 2-5】参照)。

【図 2-5】

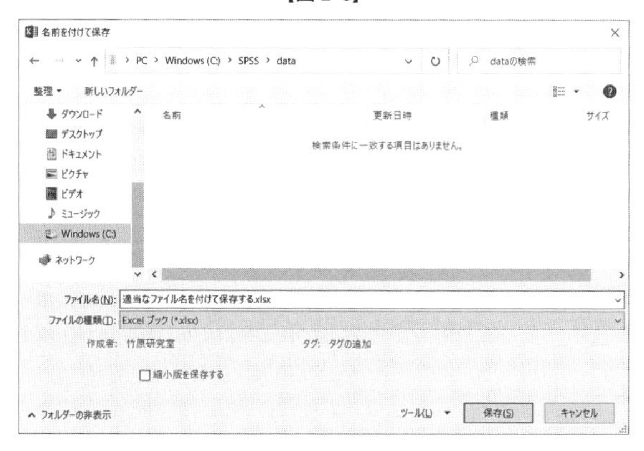

SPSS を起動して，データ・エディタのウィンドウを表示させます。そして，メニューの［ファイル］→［開く］→［データ］を順にクリックします（【図 2-6】参照)。

【図 2-6】

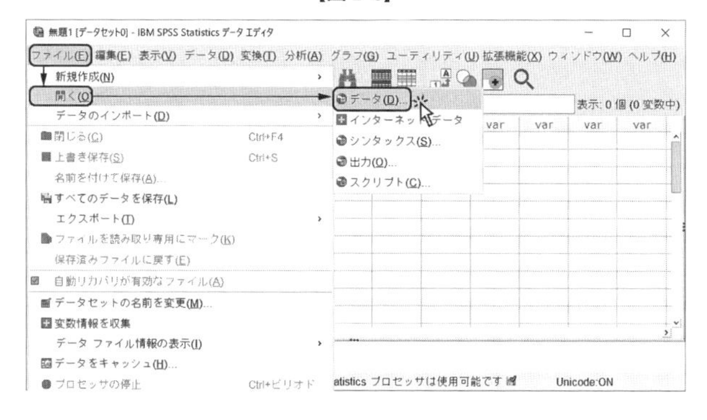

次のウィンドウが出現すれば，SPSS にインポートする Excel ファイルのフォルダをマウスで指定することができます（【図 2-7】参照)。

【図 2-7】

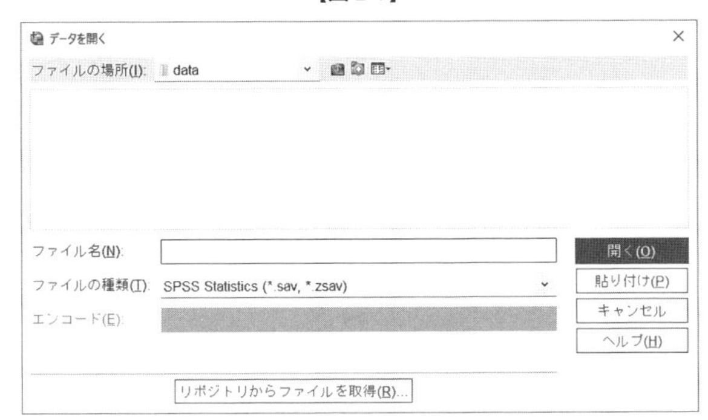

しかし，データ・エディタを表示するためのフィルタ★6がかかっているため，このままでは実存する Excel ファイルが表示されません。そこで，ウィンドウ下部の［ファイルの種類］をクリック後，［Excel（*.xls, *.xlsx, *.xlsm)］をクリックすると，Excel ファイル一覧が表示されます（【図 2-8】参照)。目的のファイル名が出現すれば，それを選択すればよいというわけです（【図 2-9】参照)。

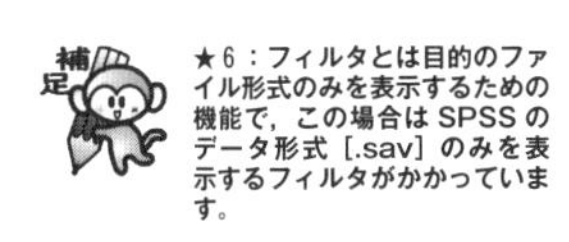

★6：フィルタとは目的のファイル形式のみを表示するための機能で，この場合は SPSS のデータ形式［.sav］のみを表示するフィルタがかかっています。

【図 2-8】

【図 2-9】

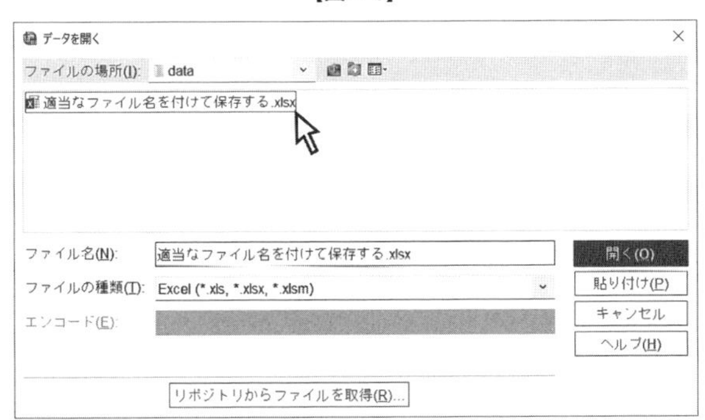

目的の Excel ファイルをクリックして，［開く］ボタンをクリックします。すると，Excel ファイル読込時の設定項目を表わすウィンドウが出現します（【図 2-10】参照)。ここで注意すべきことは，［データの最初の行から変数名を読み込む］という項目の左にチェックがついているかどうかを確認することと，［ワークシート］の項目がデ

ータを入力したときのシート名（SPSSに読み込みたいシート名）になっているかどうかを確認することです。

【図2-10】

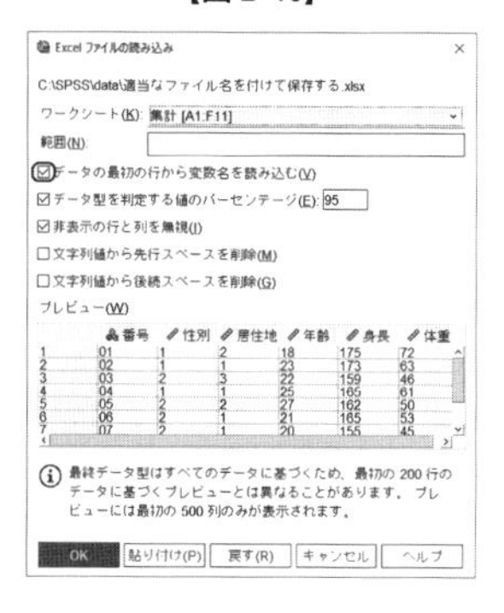

	番号	性別	居住地	年齢	身長	体重
1	01	1	2	18	175	72
2	02	1	1	23	173	63
3	03	2	3	22	159	46
4	04	1	1	25	165	61
5	05	2	2	27	162	50
6	06	2	1	21	165	53
7	07	2	1	20	155	45

［データの最初の行から変数名を読み込む］という項目にチェックがついていると，先ほど設定した1行目の変数名が自動的に読み込まれます。またシート名が異なっていれば［∨］をクリックして目的のシートに変更します。これらを確認したら，［OK］ボタンをクリックします。次のように，データ・エディタにデータがインポートされれば，とりあえず成功です（【図2-11】参照）★7。

補足　★7：インポートが完了するとビューアが自動的に開いて処理内容が呪文のように表示されますが，現在は統計処理を行なっているわけではありませんので無視しても大丈夫です。

【図2-11】

*無題2 [データセット1] - IBM SPSS Statistics データ エディタ

ファイル(F) 編集(E) 表示(V) データ(D) 変換(T) 分析(A) グラフ(G) ユーティリティ(U) 拡張機能(X) ウィンドウ(W) ヘルプ(H)

表示: 6 個 (6 変数中)

	番号	性別	居住地	年齢	身長	体重	var	var	var	var	var
1	01	1	2	18	175	72					
2	02	1	1	23	173	63					
3	03	2	3	22	159	46					
4	04	1	1	25	165	61					
5	05	2	2	27	162	50					
6	06	2	1	21	165	53					
7	07	2	1	20	155	45					
8	08	1	3	23	178	75					
9	09	1	2	19	169	63					
10	10	2	1	20	153	46					
11											

データ ビュー　変数 ビュー

IBM SPSS Statistics プロセッサは使用可能です　Unicode:ON

データ・エディタの下の［変数ビュー］タブをクリックして，［データビュー］から［変数ビュー］に変更します（【図2-12】参照）。［変数ビュー］では，各変数の定義を行なうためのさまざまな設定項目があり，第3章・第1節で設定方法を解説します★8。

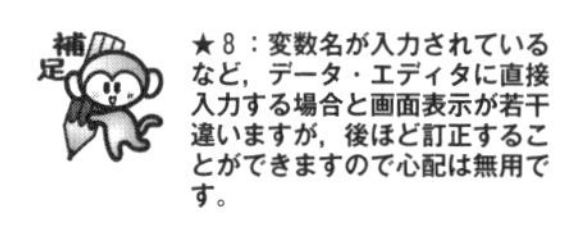
★8：変数名が入力されているなど，データ・エディタに直接入力する場合と画面表示が若干違いますが，後ほど訂正することができますので心配は無用です。

【図2-12】

	名前	型	幅	小数桁数	ラベル	値	欠損値	列	配置	尺度	役割
1	番号	文字列	2	0		なし	なし	5	左	名義	入力
2	性別	数値	1	0		なし	なし	6	右	名義	入力
3	居住地	数値	1	0		なし	なし	7	右	名義	入力
4	年齢	数値	2	0		なし	なし	6	右	スケール	入力
5	身長	数値	3	0		なし	なし	7	右	スケール	入力
6	体重	数値	2	0		なし	なし	6	右	スケール	入力
7											
8											
9											
10											
11											
12											
13											

第3節　Excelからのインポート（その2）

実は，Excel形式で保存されたデータは，もっと簡単にデータ・エディタにインポートできます★9。方法は，Excelでデータを入力・保存した後，そのファイルのアイコンをデータ・エディタにドラッグ・アンド・ドロップするというものです。単にこれだけでデータ入力が完了するため，たいへん便利です。

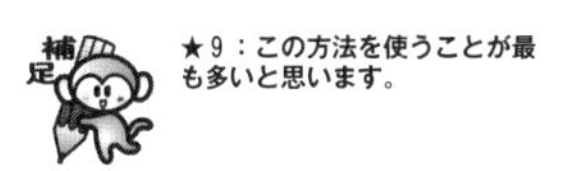

★9：この方法を使うことが最も多いと思います。

具体的には，まずデータをExcelに入力後，ファイルとして適当なフォルダに保存するところまでは同じ操作です。次に，SPSSを起動して，データ・エディタ上にExcelファイルのアイコンをドラッグします（【図2-13】参照）。

【図2-13】

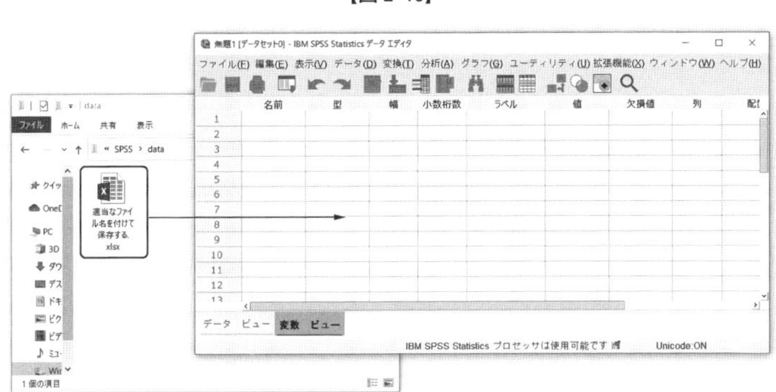

そして，アイコンをデータ・エディタ上でドロップすると，SPSSが読み込むシートを尋ねてきます。ここで注意すべきことは，［データの最初の行から変数名を読み込む］という左にチェックがついているかどうかを確認することと，［ワークシート］の項目がデータを入力したときのシート名（SPSSに読み込みたいシート名）になっているかどうかを確認することです（【図2-10】参照）。

［データの最初の行から変数名を読み込む］という左にチェックがついていると，先ほど設定した1行目の変数名が自動的に読み込まれます。また，シート名が異なっていれば［∨］をクリックして目的のシートに変更します。これらを確認したら，［OK］ボタンをクリックします。【図2-11】のように，データ・エディタにデータがインポートされれば成功です。

続いて，先ほどと同じように，データ・エディタの下の［変数ビュー］タブをクリックして，［データビュー］から［変数ビュー］に変更します（【図2-12】参照）。［変数ビュー］では各変数の定義を行なうためのさまざまな設定項目があり，第3章・第1節で設定方法を解説します。

第4節　テキストエディタからのインポート

本節では，Windowsに付属しているメモ帳★10を用いてデータ入力を行ない，データ・エディタにインポートする方法を解説します。Excelを使うにはデータ数が少な

★10：テキストエディタとはワープロソフトからさまざまな機能を取り去り，文字だけを入力・保存するソフトだと思えばよいでしょう。文字や数字を表示するだけの目的なら，他のどのソフトよりも軽快かつ安定して動作します。

くて他にデータを使いまわしたりしない方，またはデータ・エディタに直接入力するのが嫌だという方に適しているかもしれません。

この方法を使うときの注意点は，データとデータの間を何らかの形式で区切らなくてはならないことです。この区切りがなければ，インポートしたときにデータの区切りがわからないという警告をSPSSが発して処理がストップします。通常はデータ間に半角1文字分の空白を空けるか，カンマ［,］で区切るか，タブで区切るかします。また，1行目には変数名を入力します。今回の例では，空白でデータを区切ることにします。入力結果は次のようになるでしょう（【図2-14】参照）★11。

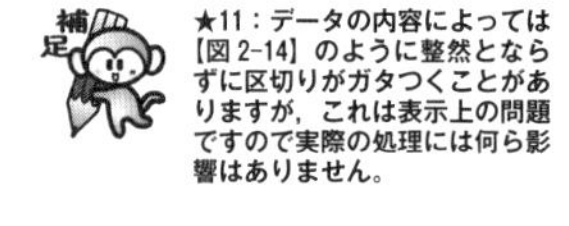

★11：データの内容によっては【図2-14】のように整然とならずに区切りがガタつくことがありますが，これは表示上の問題ですので実際の処理には何ら影響はありません。

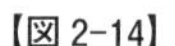

【図2-14】

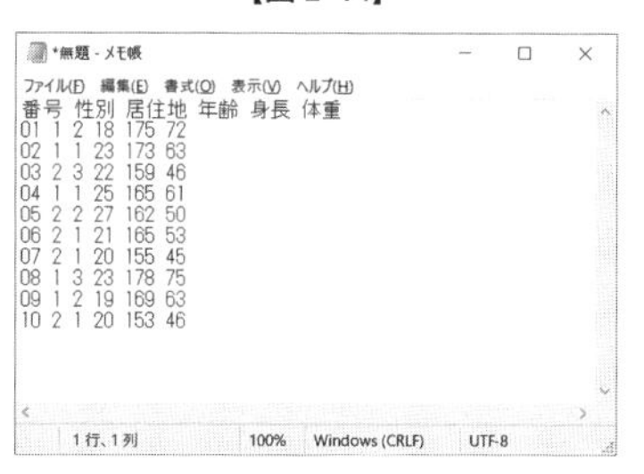


```
番号 性別 居住地 年齢 身長 体重
01 1 2 18 175 72
02 1 1 23 173 63
03 2 3 22 159 46
04 1 1 25 165 61
05 2 2 27 162 50
06 2 1 21 165 53
07 2 1 20 155 45
08 1 3 23 178 75
09 1 2 19 169 63
10 2 1 20 153 46
```

これまでと同様に，データ入力したファイルに適当な名前をつけて保存します。メモ帳のメニューから，［ファイル］→［名前を付けて保存］をクリックし，適当なファイル名をつけて保存します。保存するとメモ帳が自動的に［.txt］という拡張子をつけてくれます（【図2-15】参照）。

【図2-15】

続いて，SPSSを起動してデータ・エディタを表示させます。そしてメニューの［ファイル］→［開く］→［データ］をクリックします（【図2-16】参照）。

次のウィンドウが出現すれば，SPSSにインポートするテキストファイルのフォルダを指定します（【図2-17】参照）。

ここでもExcelのときと同様に，データ・エディタを表示するためのフィルタがかかっているため，このままでは実存するテキストファイルが表示されません。そこで，ウィンドウ下部の［ファイルの種類］をクリック後，［テキスト（*.txt, *.dat, *.csv, *.tab)］をクリックすると（【図2-18】参照），目的のテキストファイルが表示されます（【図2-19】参照）。

【図 2-16】

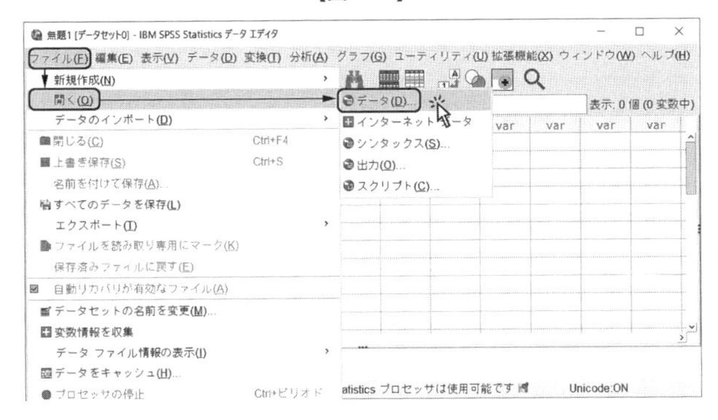

【図 2-17】

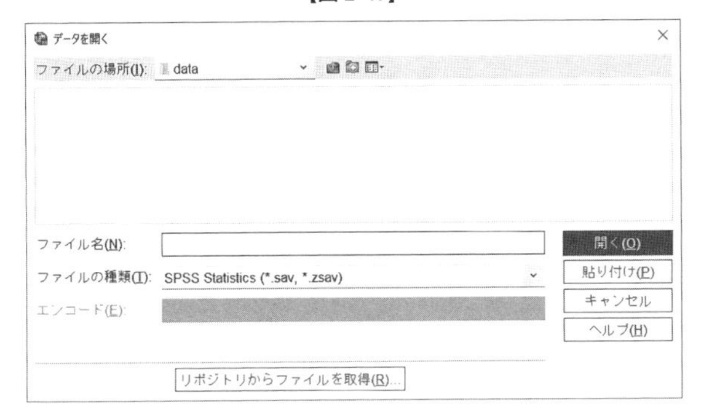

【図 2-18】

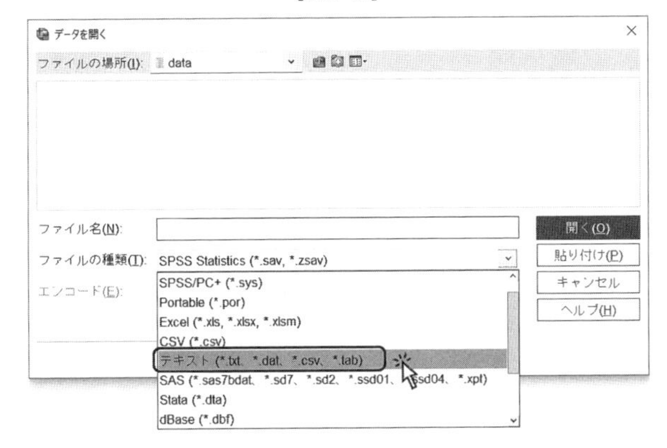

【図 2-19】

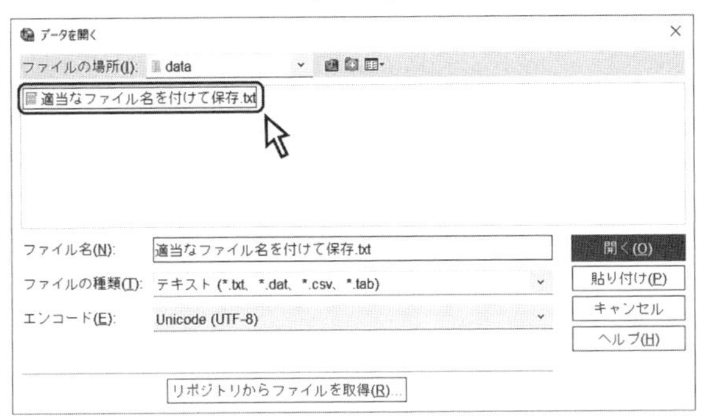

★12：ウィザードは魔法使いという意味です。

そして，目的のテキストファイルをクリックして［開く］ボタンをクリックすると，テキストインポートウィザード★12というウィンドウが出現します（【図 2-20】参照）。

ここではテキストファイルからのデータ読み込みと変数についての情報指定を行ないます。また，ウィンドウの上部に［(ステップ1/6)］と記述されているのを見ればわかるように，全部で６ステップから構成されています。

⑴ ステップ1/6

データを入力したテキストファイルがウィザードで定義した形式と一致しているかどうかを SPSS が尋ねてきます。テキストファイルの場合，定義されていないので［テキストファイルは定義済みの形式に一致しますか？］というところは，［いいえ］にチェックがついていることを確認します。もしも［はい］にチェックがついていれば［いいえ］をチェックします。そして［次へ］をクリックします。ウィンドウの下には実際のデータがプレビューとして表示されていて，いつでも確認できるようになっています（【図 2-20】参照）。

【図 2-20】

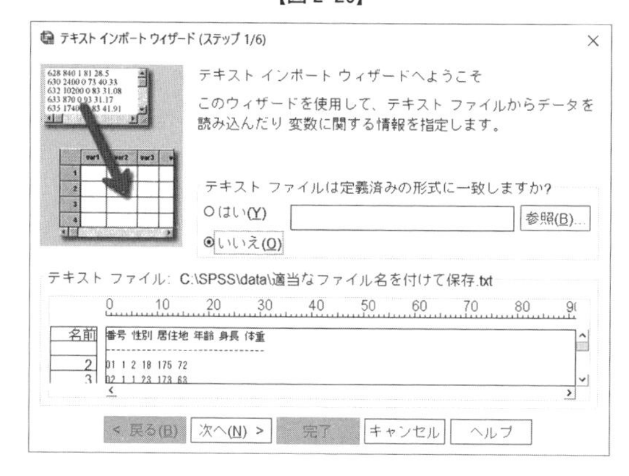

⑵ ステップ2/6

変数に関する情報を指定します。具体的には，データの入力形式が空白区切りやカンマ区切りか，あるいはそうでないかや，１行目に変数名を含んでいるかどうかを指定します。［元データの形式］の項目では，［自由書式］にチェックを入れ，［ファイルの先頭に変数名を含んでいますか？］の項目では元のデータで１行目に変数名を入力しましたので［はい］にチェックを入れます★13。そして［次へ］をクリックします（【図 2-21】参照）。

★13：１行目に変数名を含まず，テキストエディタの内容がすべてデータだけから構成させる場合は，［いいえ］を選択してください。

【図 2-21】

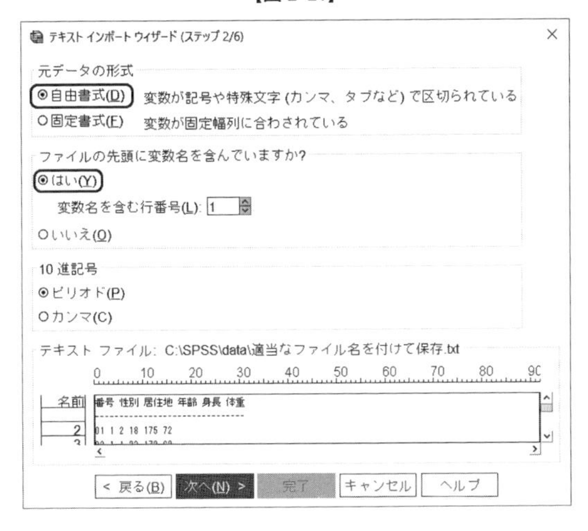

⑶ ステップ3/6

被験者★14 1人分のデータを表わす［ケース］の表示方法と，何人分のデータ（ケース）をSPSSへインポートするかが尋ねられます。先の［ステップ2/6］で1行目に変数名を含んでいると定義しましたので，このステップにおける［最初のケースの取り込み開始行番号］は［2］になっているはずです。さらに，各行が被験者1人分のデータとなるわけですから，［ケースの表される方法］では［各行が1つのケースを表す］にチェックを入れます。［インポートするケース数］では，通常は全データをインポートするので，［すべてのケース］にチェックを入れます。そして，［次へ］をクリックします（【図 2-22】参照）。

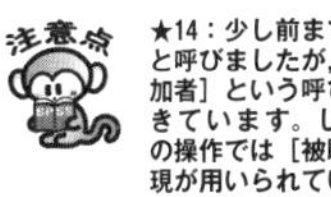

★14：少し前までは［被験者］と呼びましたが，最近では［参加者］という呼び方に変わってきています。しかし，SPSSの操作では［被験者］という表現が用いられていることから，本書でも［被験者］という表記に統一します。

【図 2-22】

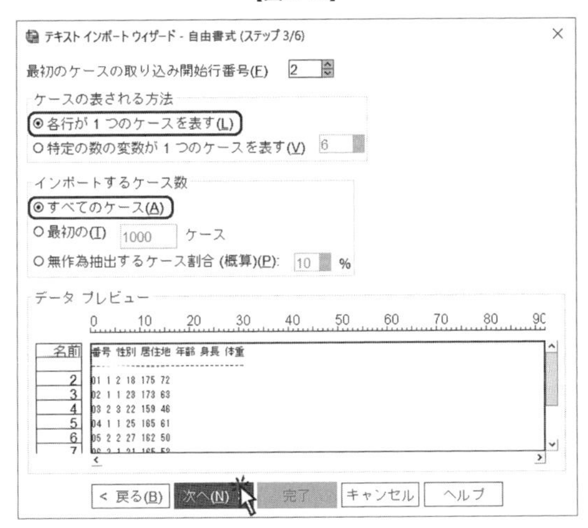

⑷ ステップ4/6

メモ帳でデータの間を区切るのに使用した文字を指定します。この例では空白を区切りとして使用しましたので，［変数間に使用する区切り記号］の中の［スペース］に

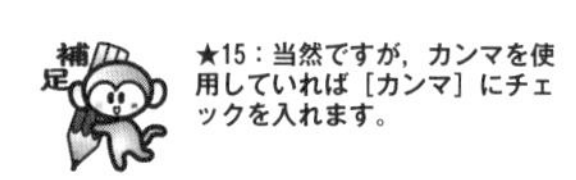

★15：当然ですが，カンマを使用していれば［カンマ］にチェックを入れます。

チェックを入れます★15。ウィンドウ下の［データプレビュー］では，実際のSPSSでの表示に非常に近くなっていることがわかります。そして［次へ］をクリックします（【図2-23】参照）。

【図2-23】

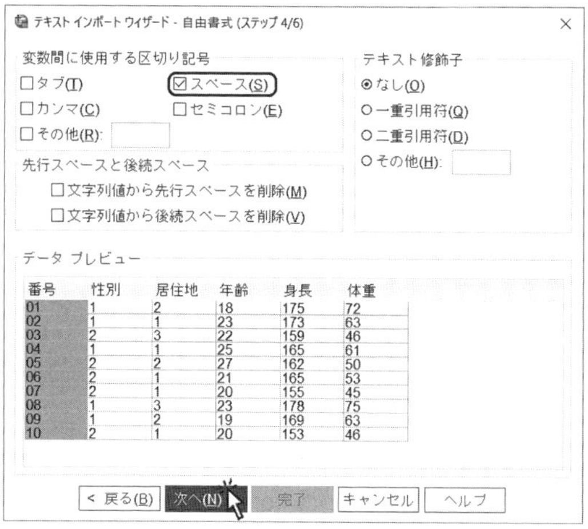

テキスト インポート ウィザード - 自由書式 (ステップ 4/6)

変数間に使用する区切り記号
☐タブ(T)　☑スペース(S)
☐カンマ(C)　☐セミコロン(E)
☐その他(R):

テキスト修飾子
◉なし(O)
○一重引用符(Q)
○二重引用符(D)
○その他(H):

先行スペースと後続スペース
☐文字列値から先行スペースを削除(M)
☐文字列値から後続スペースを削除(V)

データ プレビュー

番号	性別	居住地	年齢	身長	体重
01	1	2	18	175	72
02	1	1	23	173	63
03	2	3	22	159	46
04	1	1	25	165	61
05	2	2	27	162	50
06	2	1	21	165	53
07	2	1	20	155	45
08	1	3	23	178	75
09	1	2	19	169	63
10	2	1	20	153	46

< 戻る(B)　次へ(N)　完了　キャンセル　ヘルプ

⑸ ステップ5/6

もし必要ならばテキストインポートウィザードで各変数を読み込む際に使用する変数名とデータ形式，さらに最終的なデータファイルに含める変数を設定・変更します。例えば，［番号］という変数名を用いていますが，これをやっぱり［学籍］という変数名にしたいときはプレビュー上で［変数名］を直接クリックして変更します。しかし，メモ帳にデータ入力するときに既に変数名をある程度決定していますので，このステップで変更することはほとんどないでしょう。［次へ］をクリックします（【図2-24】参照）。

【図2-24】

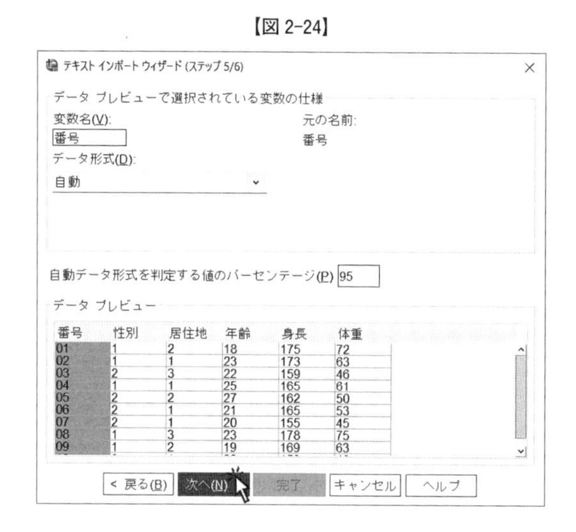

(6) ステップ6/6

最終ステップです。これまでの指定をファイルに保存しておき，類似のテキストファイルをインポートする際に使用することができますが，実践的にはほとんど使用しないといってもよいでしょう。よって，［あとで使用できるようにこのファイル形式を保存しますか？］で［いいえ］，［シンタックスを貼り付けますか？］で［いいえ］が選択されているかを確認して，最後に［完了］ボタンをクリックします（【図 2-25】参照）。

【図 2-25】

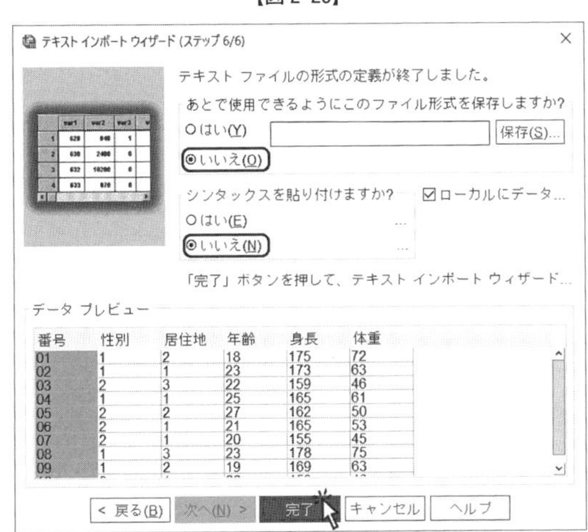

これまでの手順が間違っていなければ，データ・エディタには次のように表示されるはずです（【図 2-26】参照）。

【図 2-26】

データ・エディタの下の［変数ビュー］タブをクリックして，［データビュー］から［変数ビュー］に変更します。［変数ビュー］では各変数の定義を行なうためのさまざまな設定項目があります。第3章・第1節で設定方法を解説します（【図 2-12】参照）。

第3章

変数の定義と SPSS の基本操作

分析の前に，入力した変数がどのような性質を持っているのか，あるいはどのような内容を意味しているのかを定義する必要があります。また，定義に際しては，SPSS の基本的な操作もマスターしなければなりません。本章では，変数の各種定義方法と SPSS の基本操作について解説します。

第1節　変数の定義

データ・エディタへのデータ入力が完了すると，続いて［変数ビュー］において変数を定義する必要があります。データ・エディタの下部にある，［変数ビュー］タブをクリックすると，［変数ビュー］に移行できます（【図3-1】参照）★1。この画面では，ウィンドウ左端の縦方向に入力した変数名が並び，ウィンドウ上側の横方向に変数の定義内容が並んでいます。定義する内容は，［名前］・［型］・［幅］・［小数桁数］・［ラベル］・［値］・［欠損値］・［列］・［配置］・［尺度］・［役割］の各項目です。以下に，定義するときの約束事などを個別に解説します。

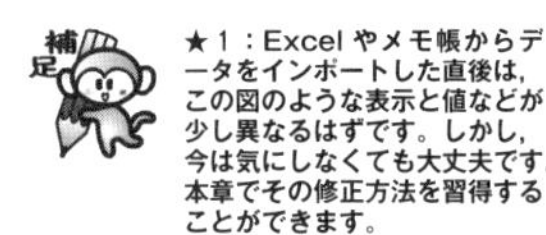
★1：Excelやメモ帳からデータをインポートした直後は，この図のような表示と値などが少し異なるはずです。しかし，今は気にしなくても大丈夫です。本章でその修正方法を習得することができます。

【図3-1】

*無題2 [データセット1] - IBM SPSS Statistics データ エディタ

ファイル(F) 編集(E) 表示(V) データ(D) 変換(T) 分析(A) グラフ(G) ユーティリティ(U) 拡張機能(X) ウィンドウ(W) ヘルプ(H)

	名前	型	幅	小数桁数	ラベル	値	欠損値	列	配置	尺度	役割
1	番号	数値	2	0		なし	なし	8	右	名義	入力
2	性別	数値	1	0		なし	なし	8	右	名義	入力
3	居住地	数値	1	0		なし	なし	8	右	名義	入力
4	年齢	数値	2	0		なし	なし	8	右	スケール	入力
5	身長	数値	3	0		なし	なし	8	右	スケール	入力
6	体重	数値	2	0		なし	なし	8	右	スケール	入力
7											
8											
9											
10											
11											
12											

データ ビュー　変数 ビュー

IBM SPSS Statistics プロセッサは使用可能です　Unicode:ON

(1) ［名前］

各変数に名前をつけます。SPSSは，この名前を使って分析します。ただし，次に示すいくつかの制限事項があります。

- 名前は英字，数字，漢字，ひらがな，カタカナが使用でき，さらにピリオド［.］または記号［@］，［#］，［_］，［$］を使用することもできます。
- 数字やピリオド［.］で始めることはできません。
- ピリオド［.］や下線［_］で終わらせることは避けてください。
- 名前の長さは，64バイトを超えることはできません。つまり，半角の英数字ならば64文字，全角の漢字・ひらがな・カタカナなどは32文字まででです。
- スペース（空白）および特殊文字（例えば［!］，［?］，［'］，［*］）は使用できません。
- 各変数名は一意でなければなりません。つまり同じ変数名は使えません。変数名は，大文字，小文字を区別しませんので，例えば［NEWVAR］，［NewVar］および［newvar］は同一変数名と認識され，同時に使用できません。
- 予約キーワード★2そのものを変数名として使用することはできません。予約キーワードには，［ALL］，［AND］，［BY］，［EQ］，［GE］，［GT］，［LE］，［LT］，［NE］，［NOT］，［OR］，［TO］，［WITH］があります。

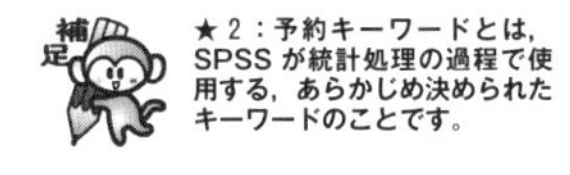
★2：予約キーワードとは，SPSSが統計処理の過程で使用する，あらかじめ決められたキーワードのことです。

(2) [型]

変数の型を定義します。変数にはその内容によって［数値型変数］や［文字型変数］など，いくつかの種類があります★3。このセルの［…］ボタンをクリックすると設定ウィンドウが出現します（【図3-2】参照）。このウィンドウで変数の内容が数値なのか，あるいは文字なのかなどを定義します。同時に，変数の桁数と小数点以下の桁数も定義できます。設定が終了すると，［OK］ボタンをクリックします。

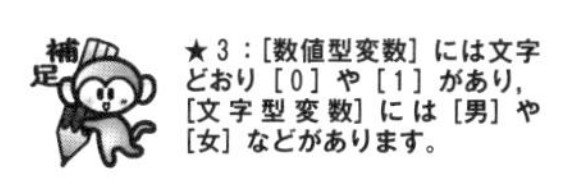

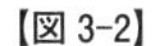
【図3-2】

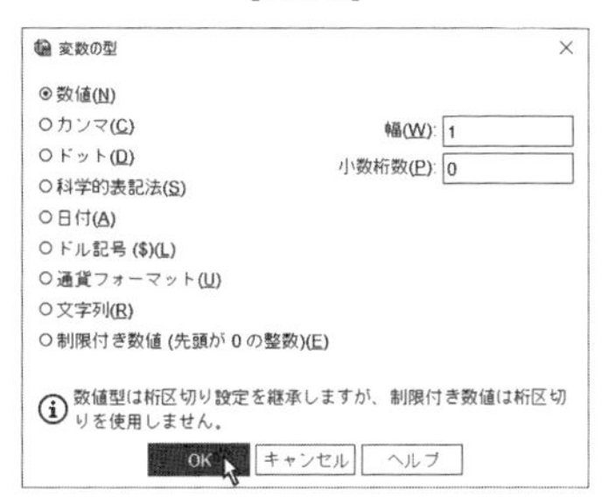

(3) [幅]

変数を何桁として扱うのか，桁数を指定します。非常に小さい上下の［∧］［∨］ボタンをクリックして数字を変更するか，目的の数字を直接入力します（【図3-3】参照）。なお，［型］の項目で定義済みの場合は関係ありません。

【図3-3】

	名前	型	幅	小数桁数	ラベル	値	欠損値	列	配置	尺度	役割
1	番号	数値	2	0		なし	なし	8	右	名義	入力
2	性別	数値	1	0		なし	なし	8	右	名義	入力
3	居住地	数値	1	0		なし	なし	8	右	名義	入力
4	年齢	数値	2	0		なし	なし	8	右	スケール	入力
5	身長	数値	3	0		なし	なし	8	右	スケール	入力
6	体重	数値	2	0		なし	なし	8	右	スケール	入力

(4) [小数桁数]

変数の小数桁数を定義します。なお，小数点は含みません。［小数桁数］が［幅］の桁数と同じか，それより大きくなるとエラーとなり，警告が発せられます（【図3-4】参照）。表示上，［丸め誤差］★4が発生することがありますが，実際の計算においては誤差を排除した厳密な値が用いられていますので，特に心配する必要はありません。

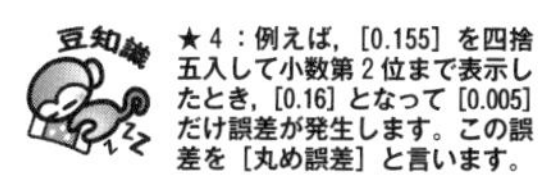

【図3-4】

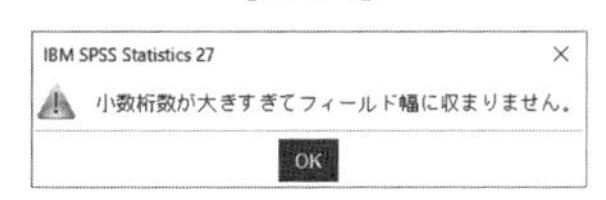

(5) [ラベル]

各変数に対して，人間にとってわかりやすいラベルを割り当てることができます。例えば，変数の名前に［SEX］を指定して性別を定義しているような場合，ラベルで［性別］と入力しておくことによって一目でそれだとわかります。［名前］のところで定義した変数名は，あくまでもSPSS内部で処理されるときの名前です。ラベルは分析結果の出力時などに，変数名が一体どういった内容を表わしているのか，私たちにとって一目瞭然になるように，説明文をくっつける感覚で捉えるとよいでしょう。これは変数名をアルファベットなど，日本語以外で定義している場合に特に有効になります。

(6) [値]

例えば，［男性］を［1］，［女性］を［2］としてデータ処理しているような場合，［1］は［男性］であることや［2］は［女性］であることをあらかじめ定義しておいたほうが，後々の処理が煩雑になりません。このセルの［…］ボタンをクリックすると，設定ウィンドウが出現します（【図3-5】参照）。ここで［値］欄に分類する値を入力し（例えば，1），［値ラベル］欄にその値が意味するラベル（例えば，男）を入力して［追加］ボタンをクリックします。そうすることで分類する値に対するラベルが定義されます（【図3-6】参照）。なお，［値］欄に入力する数字は半角（直接入力）で行なうようにしましょう。［OK］ボタンをクリックすると定義が完了します。

【図3-5】

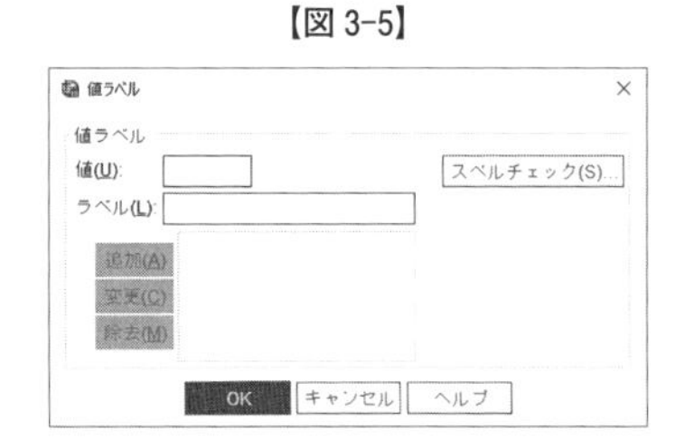

【図3-6】

(7) [欠損値]

データに欠損が生じた場合，ここで定義した文字列を欠損値として扱います。欠損値は［無回答］と［非該当］の2種類に大別できます。

［無回答］とは被験者（被調査者）が記入することを忘れることで，質問紙の項目などに回答が無い場合を指します。このような場合は，［値］の定義のところで回答さ

れていない項目に［9］などの数値を与えて区別します（【図3-7】参照）。そうすると，［無回答］を含んだ集計が可能になります。もちろん，［データビュー］で入力するときには，［無回答］の部分は［9］と入力しなくてはならないことは言うまでもありません。

【図3-7】

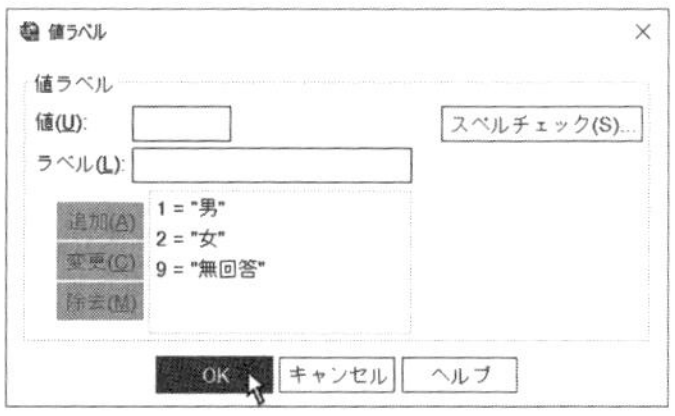

しかし，［無回答］を除去して集計したい場合などには，［欠損値］の［個別の欠損値］において，［9］を指定します（【図3-8】参照）。こうすれば，回答が無かった項目を除去して分析できます。

【図3-8】

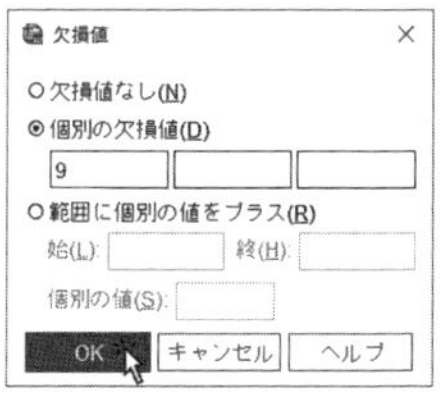

一方，［非該当］とは，［質問1］に該当する人だけが［質問2］に回答することができる，といったときに発生する欠損値です。例えば，［質問1］で［男性］に該当する人だけが［質問2］に回答することができる，といった場合です。こんな場合は，該当しない［女性］は回答することができませんから，データ・エディタ上では何も入力しないか，ピリオド［.］を入力しておきます（【図3-9】参照）。そうすると，その人のデータは分析対象から除外されます。

【図3-9】

	番号	性別	居住地	年齢	身長	体重	var	var	var
1	1	1	2	18	175	72			
2	2	1	1	23	173	63			
3	3	2	3	22	159	.			
4	4	1	1	25	165	61			
5	5	2	2	27	162	.			
6	6	2	1	21	165	.			
7	7	2	1	20	155	.			
8	8	1	3	23	178	75			
9	9	1	2	19	169	63			
10	10	2	1	20	153	.			
11									

(8) [列]

変数の列幅を数字で指定します。列幅は［データビュー］で列の境界線をドラッグして変更することもできます。定義された値の実際の幅が，列の幅よりも広い場合は［データビュー］にはアスタリスク［*］が表示されます。この定義は［データビュー］での見やすさを追求しないのであれば，ほとんど変更することはありません。

(9) [配置]

［データビュー］におけるデータ値または値ラベルの表示位置を制御します。何も設定しない場合の配置は，［数値型変数］についてはセル内で［右寄せ］，［文字型変数］については［左寄せ］となります。この設定は［データビュー］での表示にだけ影響し，［データビュー］の見やすさを求めない限り，特に設定しなくても問題はないと思われます。例では全て［右］になっています（【図3-3】参照）。

(10) [尺度]

変数が［名義］・［順序］・［間隔］・［比率］のどの尺度なのかで定義が異なります。［尺度］のところの各セルをクリックし，変数が［名義尺度］の場合は［名義］を，［順序尺度］の場合は［順序］を，［間隔尺度］・［比率尺度］の場合は［スケール］をそれぞれクリックして選択し，定義します。尺度レベルに関しては，第6章・第3節で解説しています。

(11) [役割]

変数の役割を事前に定義することができます。定義内容は［入力］・［対象］・［両方］・［なし］・［区分］・［分割］の6種類が用意され，よく使われるのは［入力］・［対象］・［両方］でしょう（【図3-10】参照）。［入力］はこの変数が独立変数であることを意味し，［対象］はこの変数が従属変数であることを意味します。また，［両方］はその両方であることを意味します。何もしない状態ではすべての変数が［入力］となっています。

【図3-10】

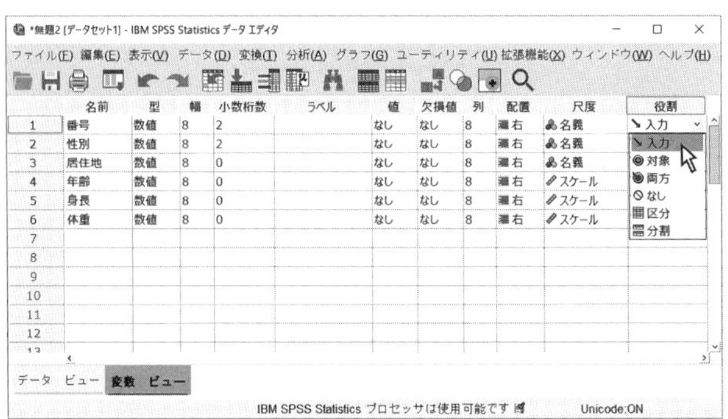

第2節　実際に定義する

第2章の【図2-11】および【図2-12】の模擬データを使って，［型］・［幅］・［小数桁数］・［ラベル］・［値］・［配置］・［尺度］の定義を行ないます★5。定義内容は次の通りですので，第1節の内容に従って定義してみます。

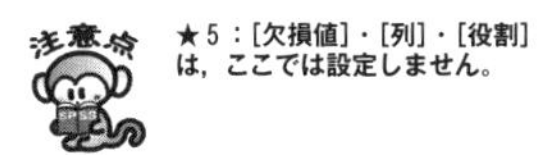

★5：［欠損値］・［列］・［役割］は，ここでは設定しません。

▨型……………全て［数値］
▨幅……………全て［8］
▨小数桁数……全て［2］
▨ラベル………変数名をそのまま
▨値……………性別は［男性］→［1］・［女性］→［2］，居住地は［上京区］→［1］・［中京区］→［2］・［下京区］→［3］
▨配置…………全て［右］
▨尺度…………［番号］・［性別］・［居住地］を［名義］，［年齢］・［身長］・［体重］を［スケール］

定義が完了すると，［データビュー］（【図3-11】参照）と［変数ビュー］（【図3-12】参照）は次のようになるはずです。

【図3-11】

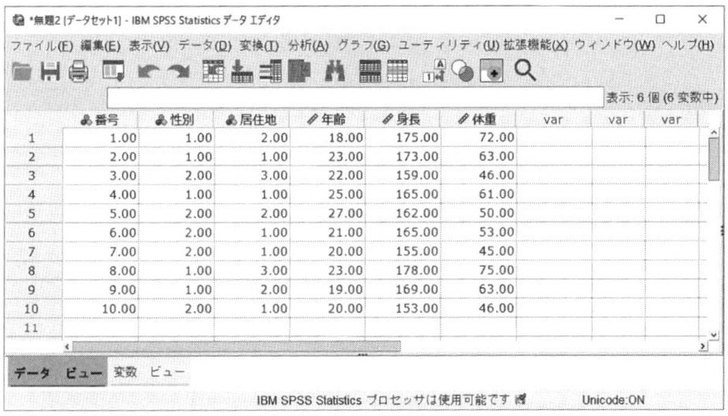

*無題2 [データセット1] - IBM SPSS Statistics データ エディタ
ファイル(F) 編集(E) 表示(V) データ(D) 変換(T) 分析(A) グラフ(G) ユーティリティ(U) 拡張機能(X) ウィンドウ(W) ヘルプ(H)
表示: 6 個 (6 変数中)

	番号	性別	居住地	年齢	身長	体重	var	var	var
1	1.00	1.00	2.00	18.00	175.00	72.00			
2	2.00	1.00	1.00	23.00	173.00	63.00			
3	3.00	2.00	3.00	22.00	159.00	46.00			
4	4.00	1.00	1.00	25.00	165.00	61.00			
5	5.00	2.00	2.00	27.00	162.00	50.00			
6	6.00	2.00	1.00	21.00	165.00	53.00			
7	7.00	2.00	1.00	20.00	155.00	45.00			
8	8.00	1.00	3.00	23.00	178.00	75.00			
9	9.00	1.00	2.00	19.00	169.00	63.00			
10	10.00	2.00	1.00	20.00	153.00	46.00			
11									

データ ビュー　変数 ビュー
IBM SPSS Statistics プロセッサは使用可能です　Unicode:ON

【図3-12】

*無題2 [データセット1] - IBM SPSS Statistics データ エディタ
ファイル(F) 編集(E) 表示(V) データ(D) 変換(T) 分析(A) グラフ(G) ユーティリティ(U) 拡張機能(X) ウィンドウ(W) ヘルプ(H)

	名前	型	幅	小数桁数	ラベル	値	欠損値	列	配置	尺度	役割
1	番号	数値	8	2	番号	なし	なし	8	右	名義	入力
2	性別	数値	8	2	性別	{1.00, 男性}...	なし	8	右	名義	入力
3	居住地	数値	8	2	居住地	{1.00, 上京...	なし	8	右	名義	入力
4	年齢	数値	8	2	年齢	なし	なし	8	右	スケール	入力
5	身長	数値	8	2	身長	なし	なし	8	右	スケール	入力
6	体重	数値	8	2	体重	なし	なし	8	右	スケール	入力
7											
8											
9											
10											
11											
12											

データ ビュー　変数 ビュー
IBM SPSS Statistics プロセッサは使用可能です　Unicode:ON

第3節　変数やケースの追加と削除

データをデータ・エディタに入力した後に，新しい変数を特定の列に追加したり，ある列の不要な変数を削除したりする方法を紹介します。

(1) 変数の追加

例えば，［年齢］と［身長］の間に［通学時間］という変数を追加したい場合を考えます。追加したい場所にある列の変数名のセル（この場合，［身長］という変数名が表示されているグレーのセル）を右クリックします★6。そうすると列全体が選択されてサブメニューが出現しますので，その中の［変数の挿入］をクリックします（【図3-13】参照）。

★6：ウィンドウ上部のツールバーのボタンをクリックしても同じ操作が可能です。

【図 3-13】

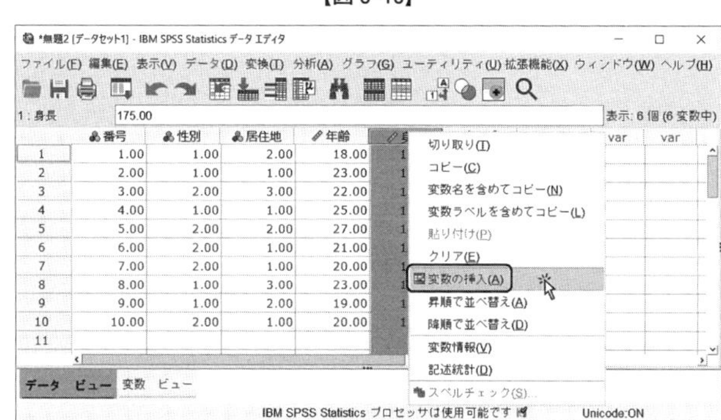

すると新しい列が挿入されて，変数が新しく追加されます。追加された変数名はデフォルトでは［VAR00001］となっていて，［変数ビュー］で自由に変更することが可能です（【図3-14】参照）。

【図 3-14】

(2) ケースの追加

ケース（被験者1人分のデータ）の追加も，変数の追加と同様の操作で行なうことができます。追加したいケースの番号部分（番号が表示されている部分）を右クリックします。例えば，ここでは［ケース6］と［ケース7］の間に追加したいとすると，［ケース7］のグレーの番号部分を右クリックします。そうすると行全体が選択されてサブメニューが出現しますので，その中から［ケースの挿入］をクリックします（【図3-15】参照)。すると，新しい行が挿入されてケースが追加されます（【図3-16】参照)。

【図3-15】

*無題2 [データセット1] - IBM SPSS Statistics データ エディタ

ファイル(F) 編集(E) 表示(V) データ(D) 変換(T) 分析(A) グラフ(G) ユーティリティ(U) 拡張機能(X) ウィンドウ(W) ヘルプ(H)

7 : 番号　7.00　表示: 7 個 (7 変数中)

	番号	性別	居住地	年齢	VAR00001	身長	体重	var	var
1	1.00	1.00	2.00	18.00	.	175.00	72.00		
2	2.00	1.00	1.00	23.00	.	173.00	63.00		
3	3.00	2.00	3.00	22.00	.	159.00	46.00		
4	4.00	1.00	1.00	25.00	.	165.00	61.00		
5	5.00	2.00	2.00	27.00	.	162.00	50.00		
6	6.00	2.00	1.00	21.00	.	165.00	53.00		
7		2.00	1.00	20.00	.	155.00	45.00		
8		1.00	3.00	23.00	.	178.00	75.00		
9		1.00	2.00	19.00	.	169.00	63.00		
10		2.00	1.00	20.00	.	153.00	46.00		
11									

切り取り(T)
コピー(C)
貼り付け(P)
クリア(E)
ケースの挿入(I)

データ ビュー　変数 ビュー

IBM SPSS Statistics プロセッサは使用可能です　Unicode:ON

【図3-16】

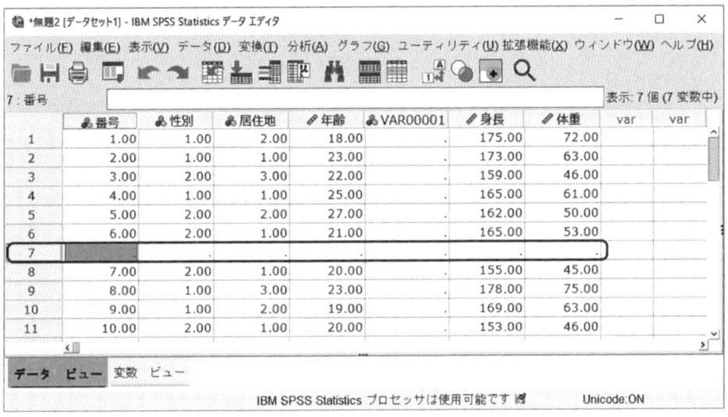

*無題2 [データセット1] - IBM SPSS Statistics データ エディタ

ファイル(F) 編集(E) 表示(V) データ(D) 変換(T) 分析(A) グラフ(G) ユーティリティ(U) 拡張機能(X) ウィンドウ(W) ヘルプ(H)

7 : 番号　表示: 7 個 (7 変数中)

	番号	性別	居住地	年齢	VAR00001	身長	体重	var	var
1	1.00	1.00	2.00	18.00	.	175.00	72.00		
2	2.00	1.00	1.00	23.00	.	173.00	63.00		
3	3.00	2.00	3.00	22.00	.	159.00	46.00		
4	4.00	1.00	1.00	25.00	.	165.00	61.00		
5	5.00	2.00	2.00	27.00	.	162.00	50.00		
6	6.00	2.00	1.00	21.00	.	165.00	53.00		
7		.	.	.	.	.	.		
8	7.00	2.00	1.00	20.00	.	155.00	45.00		
9	8.00	1.00	3.00	23.00	.	178.00	75.00		
10	9.00	1.00	2.00	19.00	.	169.00	63.00		
11	10.00	2.00	1.00	20.00	.	153.00	46.00		

データ ビュー　変数 ビュー

IBM SPSS Statistics プロセッサは使用可能です　Unicode:ON

(3) 変数の削除

変数を削除する場合も自由かつ簡単にできます。作成した［VAR00001］という変数を削除してみます。［データビュー］で，削除したい変数である［VAR00001］の文字が表示されているグレーのセル（変数名のセル）を右クリックするとサブメニューが出ます。その中から［クリア］を選択すると（【図3-17】参照)，［VAR00001］という変数は削除されます（【図3-18】参照)。

【図3-17】

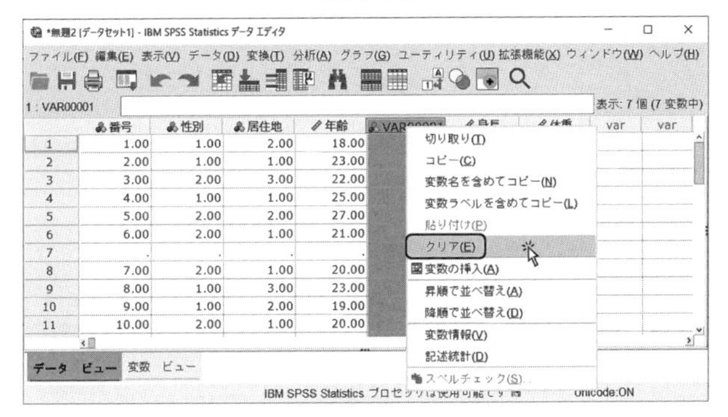

【図3-18】

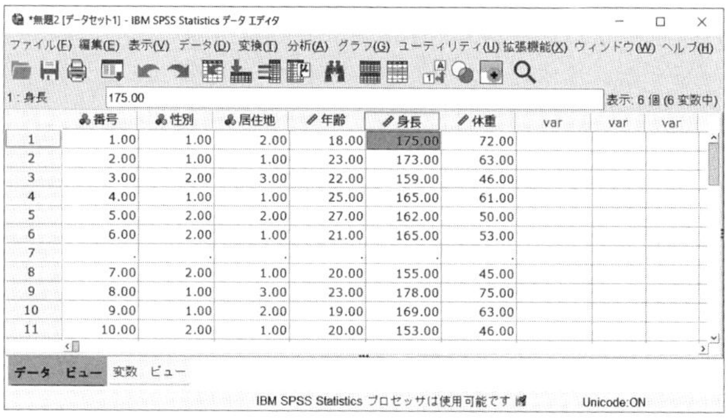

*無題2 [データセット1] - IBM SPSS Statistics データ エディタ

ファイル(F) 編集(E) 表示(V) データ(D) 変換(T) 分析(A) グラフ(G) ユーティリティ(U) 拡張機能(X) ウィンドウ(W) ヘルプ(H)

1 : 身長　175.00　表示: 6 個 (6 変数中)

	番号	性別	居住地	年齢	身長	体重	var	var	var
1	1.00	1.00	2.00	18.00	175.00	72.00			
2	2.00	1.00	1.00	23.00	173.00	63.00			
3	3.00	2.00	3.00	22.00	159.00	46.00			
4	4.00	1.00	1.00	25.00	165.00	61.00			
5	5.00	2.00	2.00	27.00	162.00	50.00			
6	6.00	2.00	1.00	21.00	165.00	53.00			
7	.	.	.	.	.	.			
8	7.00	2.00	1.00	20.00	155.00	45.00			
9	8.00	1.00	3.00	23.00	178.00	75.00			
10	9.00	1.00	2.00	19.00	169.00	63.00			
11	10.00	2.00	1.00	20.00	153.00	46.00			

データ ビュー　変数 ビュー

IBM SPSS Statistics プロセッサは使用可能です　Unicode:ON

(4) ケースの削除

ケースも自由に削除できます。先ほど追加した7番目のケースを削除してみます。[データビュー] において，削除したいケースである [7] という番号が表示されているグレーのセルを右クリックするとサブメニューが出ます。その中から [クリア] を選択すると (【図3-19】参照)，7番目のケースが削除されます (【図3-20】参照)。

【図3-19】

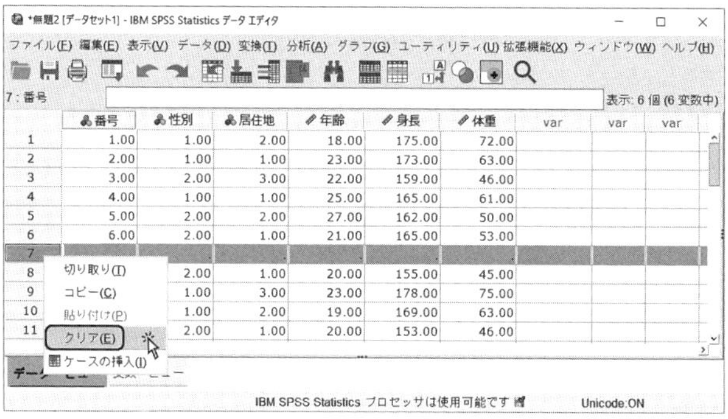

*無題2 [データセット1] - IBM SPSS Statistics データ エディタ

ファイル(F) 編集(E) 表示(V) データ(D) 変換(T) 分析(A) グラフ(G) ユーティリティ(U) 拡張機能(X) ウィンドウ(W) ヘルプ(H)

7 : 番号　表示: 6 個 (6 変数中)

	番号	性別	居住地	年齢	身長	体重	var	var	var
1	1.00	1.00	2.00	18.00	175.00	72.00			
2	2.00	1.00	1.00	23.00	173.00	63.00			
3	3.00	2.00	3.00	22.00	159.00	46.00			
4	4.00	1.00	1.00	25.00	165.00	61.00			
5	5.00	2.00	2.00	27.00	162.00	50.00			
6	6.00	2.00	1.00	21.00	165.00	53.00			
7		.	.	.	.	.			
8		2.00	1.00	20.00	155.00	45.00			
9		1.00	3.00	23.00	178.00	75.00			
10		1.00	2.00	19.00	169.00	63.00			
11		2.00	1.00	20.00	153.00	46.00			

切り取り(T)
コピー(C)
貼り付け(P)
クリア(E)
ケースの挿入(I)

IBM SPSS Statistics プロセッサは使用可能です　Unicode:ON

【図3-20】

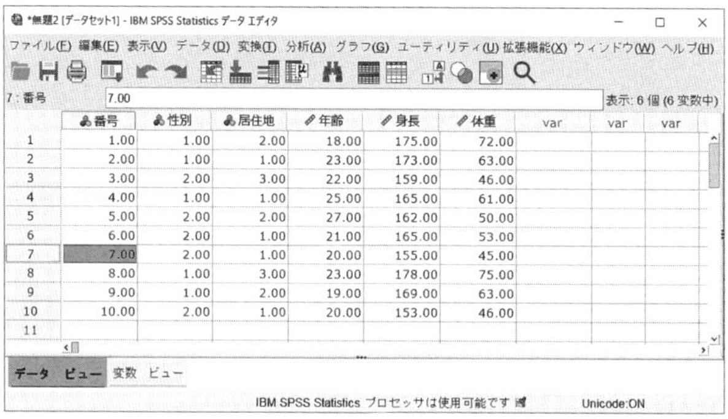

*無題2 [データセット1] - IBM SPSS Statistics データ エディタ

ファイル(F) 編集(E) 表示(V) データ(D) 変換(T) 分析(A) グラフ(G) ユーティリティ(U) 拡張機能(X) ウィンドウ(W) ヘルプ(H)

7 : 番号　7.00　表示: 6 個 (6 変数中)

	番号	性別	居住地	年齢	身長	体重	var	var	var
1	1.00	1.00	2.00	18.00	175.00	72.00			
2	2.00	1.00	1.00	23.00	173.00	63.00			
3	3.00	2.00	3.00	22.00	159.00	46.00			
4	4.00	1.00	1.00	25.00	165.00	61.00			
5	5.00	2.00	2.00	27.00	162.00	50.00			
6	6.00	2.00	1.00	21.00	165.00	53.00			
7	7.00	2.00	1.00	20.00	155.00	45.00			
8	8.00	1.00	3.00	23.00	178.00	75.00			
9	9.00	1.00	2.00	19.00	169.00	63.00			
10	10.00	2.00	1.00	20.00	153.00	46.00			
11									

データ ビュー　変数 ビュー

IBM SPSS Statistics プロセッサは使用可能です　Unicode:ON

(5) 列幅の調整

データ・エディタの各変数名を表示する列の幅ですが，長い変数名を使用すると変数名が2行以上にわたって表示されるなど，多少見にくくなります。そこで，列幅を調整する方法を紹介します。例えば，［番号］★7の列をもう少し狭めたいとします。その場合は，［番号］と右隣の［性別］の列の，変数名が表示されているセルの境界線部分にマウスを置きます。すると，マウスのポインタが特殊な形状に変化し（【図 3-21】参照），左右にドラッグすると列幅を自由に調節できます（【図 3-22】参照）。

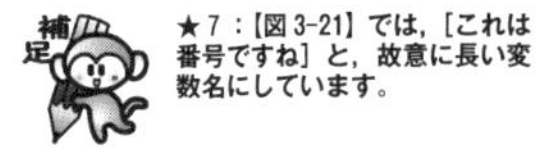

★7：【図 3-21】では，［これは番号ですね］と，故意に長い変数名にしています。

【図 3-21】

	これは番号ですね	性別	居住地	年齢	身長	体重	var	var	var
1	1.00	1.00	2.00	18.00	175.00	72.00			
2	2.00	1.00	1.00	23.00	173.00	63.00			
3	3.00	2.00	3.00	22.00	159.00	46.00			
4	4.00	1.00	1.00	25.00	165.00	61.00			
5	5.00	2.00	2.00	27.00	162.00	50.00			
6	6.00	2.00	1.00	21.00	165.00	53.00			
7	7.00	2.00	1.00	20.00	155.00	45.00			
8	8.00	1.00	3.00	23.00	178.00	75.00			
9	9.00	1.00	2.00	19.00	169.00	63.00			
10	10.00	2.00	1.00	20.00	153.00	46.00			

【図 3-22】

	これは番号ですね	性別	居住地	年齢	身長	体重	var	var
1	1.00	1.00	2.00	18.00	175.00	72.00		
2	2.00	1.00	1.00	23.00	173.00	63.00		
3	3.00	2.00	3.00	22.00	159.00	46.00		
4	4.00	1.00	1.00	25.00	165.00	61.00		
5	5.00	2.00	2.00	27.00	162.00	50.00		
6	6.00	2.00	1.00	21.00	165.00	53.00		
7	7.00	2.00	1.00	20.00	155.00	45.00		
8	8.00	1.00	3.00	23.00	178.00	75.00		
9	9.00	1.00	2.00	19.00	169.00	63.00		
10	10.00	2.00	1.00	20.00	153.00	46.00		
11								

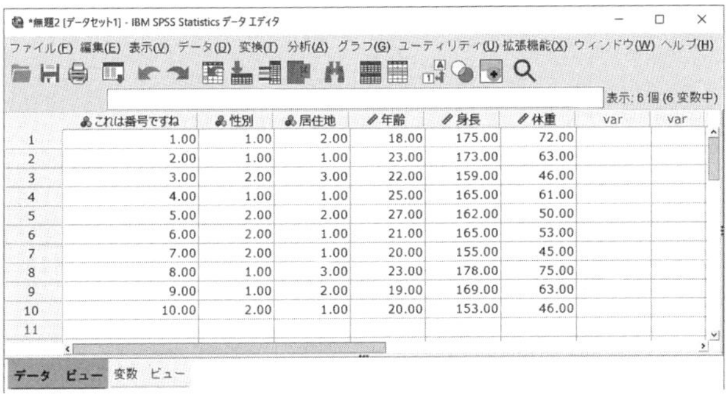

(6) 値ラベルの表示

［変数ビュー］で［男性］には［1］，［女性］には［2］を割り当てるというように値を設定したデータに関しては，［データビュー］では当然ながら［1］や［2］といった数字が入力されています。データ解析を進めていくうちに，［1］が何で［2］が何を表わしているのかが曖昧になってくることも多く，不便を強いられる場合があります。そのようなときに効果を発揮するのが，［値ラベル］ボタンです。これは［データビュー］ウィンドウの上部に付属しているツールバーのボタンの中にあります。［データビュー］においてこのボタンをクリックすれば，［変数ビュー］で値を設定した変数の具体的な設定内容が表示されます（【図 3-23】参照）。ボタンなので，再度クリックすれば元の表示に戻ります。

【図 3-23】

	番号	性別	居住地	年齢	身長	体重	var	var	var
1	1.00	1.00	2.00	18.00	175.00	72.00			
2	2.00	1.00	1.00	23.00	173.00	63.00			
3	3.00	2.00	3.00	22.00	159.00	46.00			
4	4.00	1.00	1.00	25.00	165.00	61.00			
5	5.00	2.00	2.00	27.00	162.00	50.00			
6	6.00	2.00	1.00	21.00	165.00	53.00			
7	7.00	2.00	1.00	20.00	155.00	45.00			
8	8.00	1.00	3.00	23.00	178.00	75.00			
9	9.00	1.00	2.00	19.00	169.00	63.00			
10	10.00	2.00	1.00	20.00	153.00	46.00			
11									

第 4 節　変数ビューのカスタマイズ

SPSS を使いこなしていくうちに，データ・エディタの［変数ビュー］を自分好みに変更（カスタマイズ）したくなるかもしれません。SPSS では［変数ビュー］に表示されている［名前］・［型］・［ラベル］などの項目を選択的に非表示にしたり，順序を入れ替えたりすることができます。具体的な操作は，［変数ビュー］のメニューバーから［表示］→［変数ビューのカスタマイズ］を順にクリックします（【図 3-24】参照）。

すると，次のウィンドウが表示されます（【図 3-25】参照）。このウィンドウにおいて，［名前］・［型］などの表示の左側にチェックがついているのがわかると思います。このチェックを外すと［変数ビュー］では非表示となり，右側の上下矢印ボタンをクリックして順番を入れ替えることによって［変数ビュー］で表示の順番が入れ替わります。

【図 3-24】

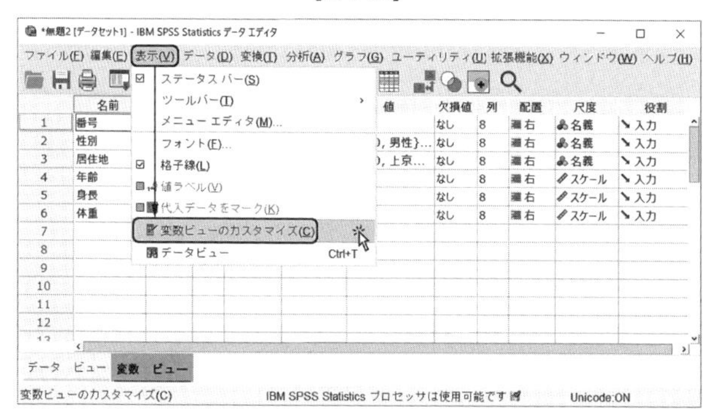

【図 3-25】

第4章

データの加工方法

複雑なデータ処理には欠かせない，さまざまなデータの加工方法（ハンドリング）について解説します。データを変換・合成・選択することができ，特定のグループに分類することも可能です。さらに，質問紙調査で欠かすことのできない，逆転項目の処理も可能です。

第1節　データの変換

実験データではそんなに頻繁には起こりませんが，質問紙調査などの膨大な量のデータを処理する際には，データ入力段階で人為ミスが起こる可能性が非常に高いと言えます。入力されたデータを何度も見直す作業★1を行なっても，人力で行なっている以上は，ミスの介入を完全には防ぎきれないのではないでしょうか。

★1：素データと入力済みのデータが一致しているかどうかを確認する作業をクリーニングといいます。通常，1度のクリーニングでは問題が残存している可能性が高く，数回行ないます。面倒だからといって怠ってはいけません。

そこで，本節ではデータ・エディタにデータを入力してしまった後に間違いが発覚し，データの値を別の値に読み替えなければならないときの対処法について解説します。特に，男性を［1］と入力しなければならないのに，［2］と誤って入力し続けたときなどに，効果を発揮すると思われます★2。

★2：5段階評定のデータにおいて［7］や［54］といった，ありえない数値が入力されているかどうかを見つけ出すには，第5章・第1節および第2節で解説する度数分布表を使うとよいでしょう。

第3章のデータにおいて（【図3-1】参照），［男性］の値が［1］，［女性］の値が［2］になっています。例えば，後になってこれが間違いだったことが発覚し，実は［男性］が［2］，［女性］が［1］だったと仮定します。つまり，［男性］と［女性］の値を入れ替えるわけです。まず，［データビュー］において，メニューの［変換］→［同一の変数への値の再割り当て］を順にクリックします（【図4-1】参照）。すると，次のウィンドウが出現します（【図4-2】参照）。

【図4-1】

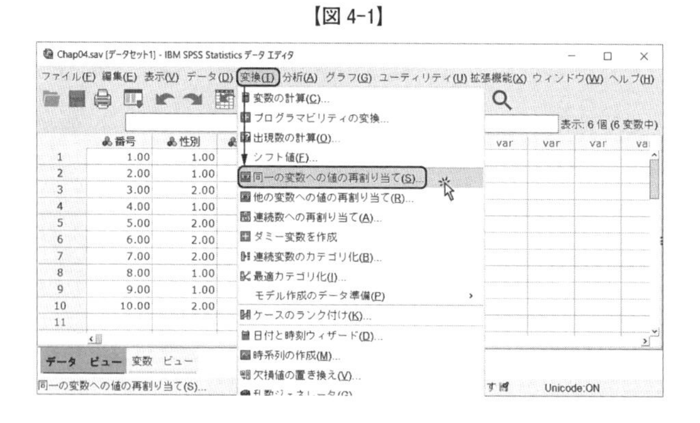

左側の変数一覧ボックスから値を入れ替えたい「性別［性別］」を，右側の［変数］ボックスに投入し（【図4-3】参照），［今までの値と新しい値］というボタンをクリックすると，別ウィンドウが開きます（【図4-4】参照）。

ウィンドウ左上の，［今までの値］の直下の［値］に変更元の値を，ウィンドウ右上の［新しい値］の直下の［値］に変更後の値をそれぞれ入力し，順次［追加］ボタン

【図 4-2】

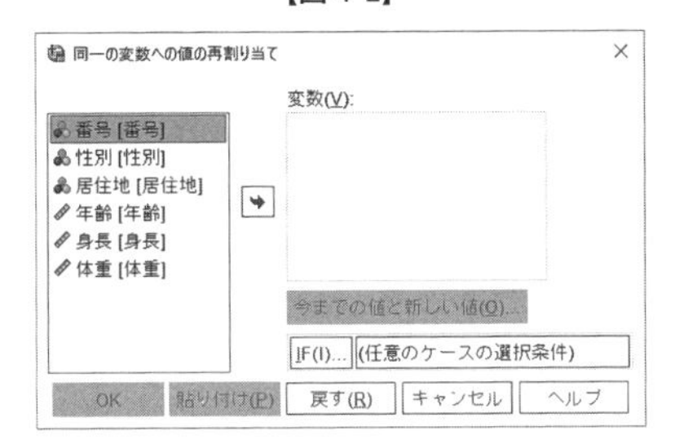

【図 4-3】

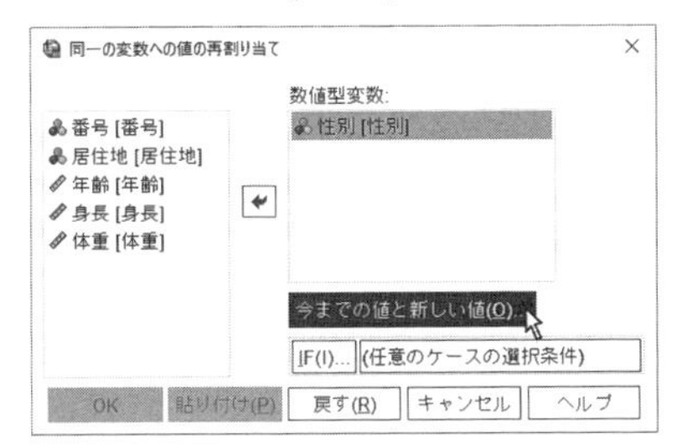

【図 4-4】

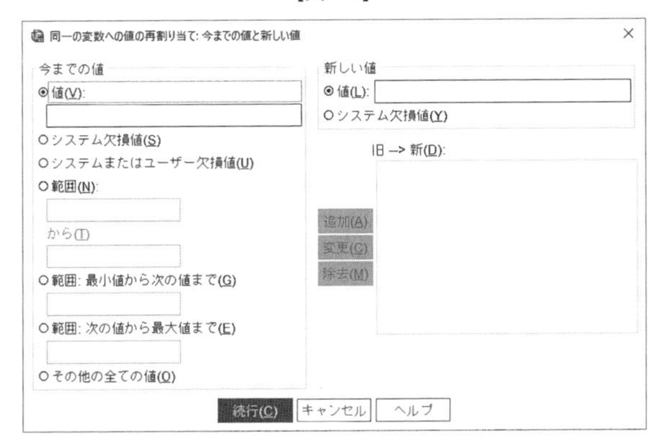

をクリックしてウィンドウ右側の［旧 --> 新］のボックス内に追加します。現在の例であれば，［1］を［2］に，［2］を［1］に変更しますので，［今までの値］の中にある［値］に［1］を，［新しい値］の中にある［値］に［2］を入れて［追加］ボタンをクリックします。同様に，［今までの値］の中にある［値］に［2］を，［新しい値］の中にある［値］に［1］を入れて［追加］ボタンをクリックします。そして，ウィンドウ左の［今までの値］の中の［システムまたはユーザー欠損値］というところにチェックを入れてから，ウィンドウ右の［新しい値］にある［システム欠損値］にチェックを入れ，やはり［追加］ボタンをクリックします。これらの手続きを終えると，次の図のようになります（【図 4-5】参照）。ここでは，［旧 --> 新］ボックス内に，［1-->2］，［2-->1］，［MISSING-->SYSMIS］と表示されています★3・4。

★3：[-->] が [→] を表わしています。

★4：[システムまたはユーザー欠損値] にチェックを入れてから [システム欠損値] にチェックを入れ，[MISSING-->SYSMIS] を追加する手続きには意味があります。例えば，第3章・第1節の［個別の欠損値］にあるように，欠損値として［9］などの数値が入力されている場合，この手続きを行なわなければ［9］がそのまま残ってしまいます。おまじないだと思ってこの手続きを実行するようにしましょう。

【図 4-5】

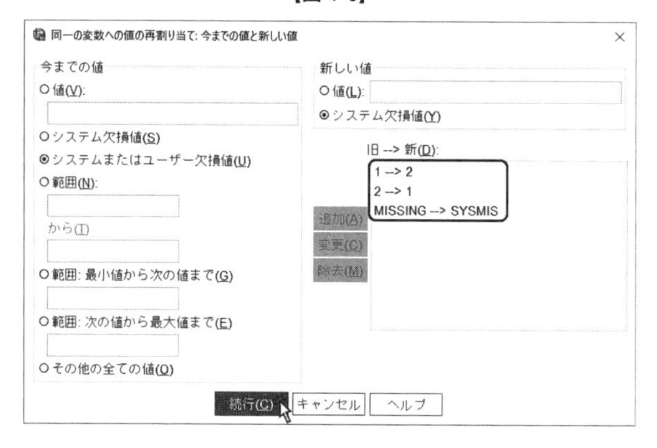

そして，ウィンドウ下部の［続行］ボタンをクリックし，［同一の変数への値の再割り当て］ウィンドウ（【図 4-3】参照）の［OK］ボタンをクリックすると［データビュー］の値が入れ替わります（【図 4-6】参照）。このようにして，一括で値を変換することができます。現在の手順はあくまでも一例であり，本来の［男性］が［1］，［女性］が［2］で問題ありませんので，再度入れ替えておくことを忘れないよう，注意してください。

【図 4-6】

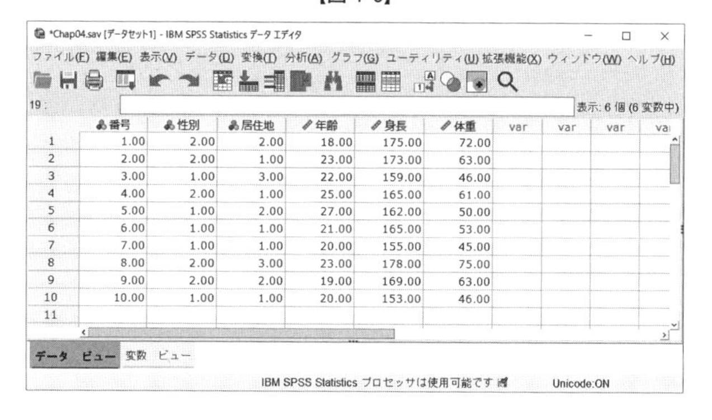

	番号	性別	居住地	年齢	身長	体重
1	1.00	2.00	2.00	18.00	175.00	72.00
2	2.00	2.00	1.00	23.00	173.00	63.00
3	3.00	1.00	3.00	22.00	159.00	46.00
4	4.00	2.00	1.00	25.00	165.00	61.00
5	5.00	1.00	2.00	27.00	162.00	50.00
6	6.00	1.00	1.00	21.00	165.00	53.00
7	7.00	1.00	1.00	20.00	155.00	45.00
8	8.00	2.00	3.00	23.00	178.00	75.00
9	9.00	2.00	2.00	19.00	169.00	63.00
10	10.00	1.00	1.00	20.00	153.00	46.00

なお，SPSS において何らかの処理を行なうと，すべてシンタックスとよばれるプログラムに随時変換されて実行されることはすでに解説済みです。本節の操作も立派な処理ですので，シンタックスに変換されています★5。どのようなシンタックスが実行されたのかについて，［ビューア］が起動してシンタックス内容が表示されます（【図 4-7】参照）★6。

★5：第3章で解説したような手続きは処理にはあたらず，シンタックスに変換されません。第4章（本章）の手続きは隠れてシンタックスに変換され，実行されます。

★6：特に見る必要がないというときは，［ビューア］を保存せず消しても何ら問題はありません。

【図 4-7】

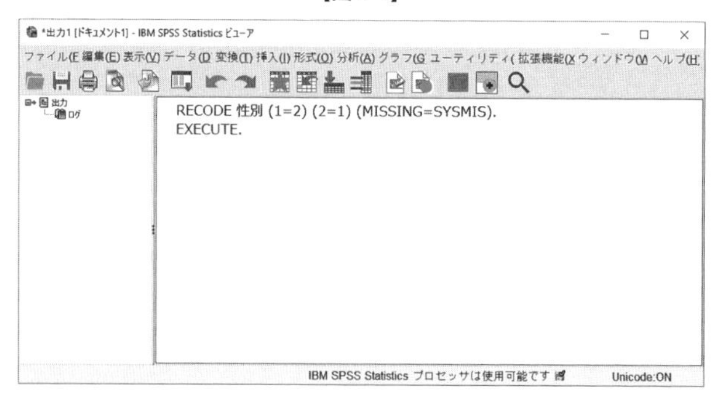

第2節　逆転項目の処理

逆転項目は質問紙調査でよく使用されるもので，質問項目内容を逆の意味に変えて提示するものです。被験者がどの程度一貫した反応をしているかの目安として使うことができ，やる気のない被験者のデータなどは逆転項目を用いることによって特定できるとされています。被験者が真面目に回答してくれないような場合には，回答の信頼性を調べるために積極的に用いましょう★7。

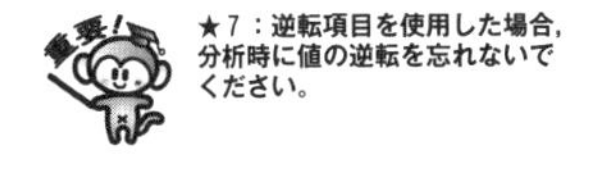

★7：逆転項目を使用した場合，分析時に値の逆転を忘れないでください。

これまでのデータに次の1変数を追加します。その変数名は［質問1］で，［1］～［7］の7段階評価による質問項目に回答してもらった結果だと考えてください（【図4-8】参照)。

【図4-8】

*Chap04.sav [データセット1] - IBM SPSS Statistics データ エディタ

ファイル(F) 編集(E) 表示(V) データ(D) 変換(T) 分析(A) グラフ(G) ユーティリティ(U) 拡張機能(X) ウィンドウ(W) ヘルプ(H)

表示: 7 個 (7 変数中)

	番号	性別	居住地	年齢	身長	体重	質問1	var	var
1	1.00	1.00	2.00	18.00	175.00	72.00	4.00		
2	2.00	1.00	1.00	23.00	173.00	63.00	5.00		
3	3.00	2.00	3.00	22.00	159.00	46.00	1.00		
4	4.00	1.00	1.00	25.00	165.00	61.00	3.00		
5	5.00	2.00	2.00	27.00	162.00	50.00	7.00		
6	6.00	2.00	1.00	21.00	165.00	53.00	6.00		
7	7.00	2.00	1.00	20.00	155.00	45.00	2.00		
8	8.00	1.00	3.00	23.00	178.00	75.00	3.00		
9	9.00	1.00	2.00	19.00	169.00	63.00	1.00		
10	10.00	2.00	1.00	20.00	153.00	46.00	7.00		
11									

データ ビュー　変数 ビュー

IBM SPSS Statistics プロセッサは使用可能です　Unicode:ON

この［質問1］の値を逆転させるわけですが，具体的には［1→7］，［2→6］，［3→5］というように逆転させます。数値を逆転させるためには，ある一定の法則が存在します。つまり，逆転前の変数を［質問1］，逆転後の変数を［質問1*r*］，質問項目の回答の段階数を［*n*］とすると，一般的に次の式が成立します★8。

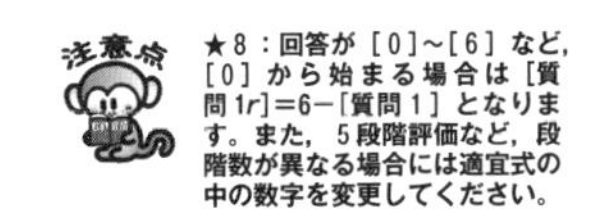

★8：回答が［0］～［6］など，［0］から始まる場合は［質問1*r*］=6−［質問1］となります。また，5段階評価など，段階数が異なる場合には適宜式の中の数字を変更してください。

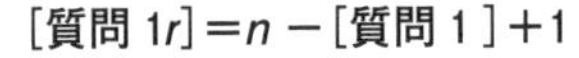

$$[質問1r]=n-[質問1]+1$$

ここで，上の例では7段階評価ですから，

$$[質問1r]=7-[質問1]+1$$

となります。

この式に，逆転前の数値と回答の段階数を代入すれば，自動的に値が逆転されるというわけです。この作業をSPSSに行なわせるために，メニューから［変換］→［変

【図 4-9】

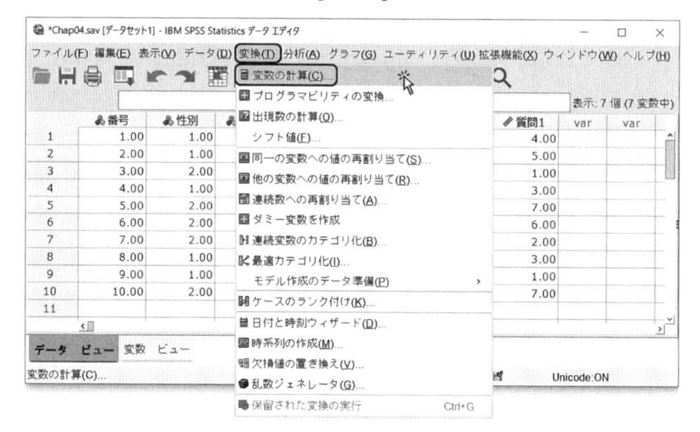

【図 4-10】

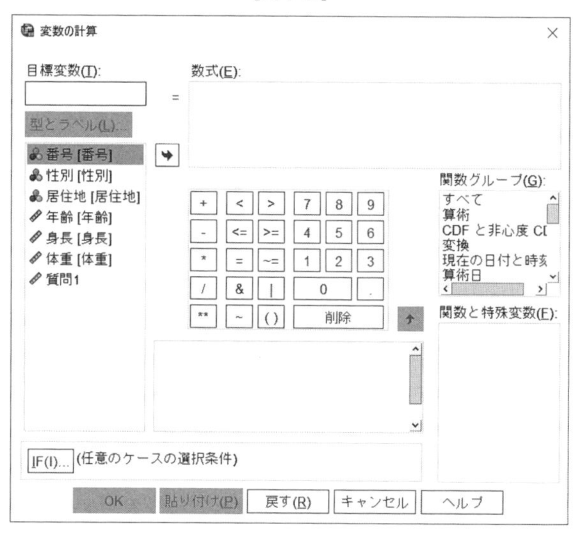

【図 4-11】

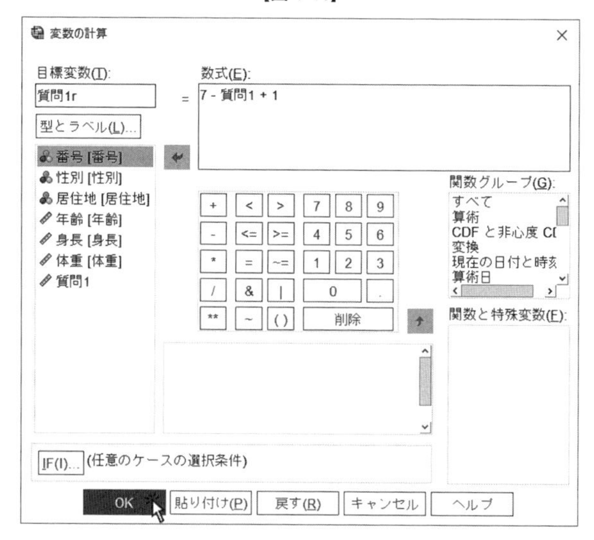

数の計算］を順にクリックします（【図 4-9】参照）。すると，別ウィンドウが開きます（【図 4-10】参照）。

ここで，ウィンドウ左上の［目標変数］欄に逆転後の新しい変数名［質問 1*r*］をキーボードから入力し，右側の［数式］欄には［7－質問 1＋1］と入力します（【図 4-11】参照）★9。［数式］欄に入力する場合，キーボードから入力しても，ウィンドウ内の数字ボタンをクリックして入力しても大丈夫です。

★ 9：［質問 1］と入力するときは，ウィンドウ左にある変数一覧ボックスの中の［質問 1］をダブルクリックすると，右上の［数式］ボックスに投入されます。

［OK］ボタンをクリックすると値の逆転が開始され，逆転後の［質問 1*r*］という新しい変数が［データビュー］に追加されます（【図 4-12】参照）。値が逆転されているかどうか，確認も忘れずに行ないましょう。

【図 4-12】

*Chap04.sav [データセット1] - IBM SPSS Statistics データ エディタ

ファイル(F) 編集(E) 表示(V) データ(D) 変換(T) 分析(A) グラフ(G) ユーティリティ(U) 拡張機能(X) ウィンドウ(W) ヘルプ(H)

表示: 8 個 (8 変数中)

	番号	性別	居住地	年齢	身長	体重	質問1	質問1r	var
1	1.00	1.00	2.00	18.00	175.00	72.00	4.00	4.00	
2	2.00	1.00	1.00	23.00	173.00	63.00	5.00	3.00	
3	3.00	2.00	3.00	22.00	159.00	46.00	1.00	7.00	
4	4.00	1.00	1.00	25.00	165.00	61.00	3.00	5.00	
5	5.00	2.00	2.00	27.00	162.00	50.00	7.00	1.00	
6	6.00	2.00	1.00	21.00	165.00	53.00	6.00	2.00	
7	7.00	2.00	1.00	20.00	155.00	45.00	2.00	6.00	
8	8.00	1.00	3.00	23.00	178.00	75.00	3.00	5.00	
9	9.00	1.00	2.00	19.00	169.00	63.00	1.00	7.00	
10	10.00	2.00	1.00	20.00	153.00	46.00	7.00	1.00	
11									

データ ビュー　変数 ビュー

IBM SPSS Statistics プロセッサは使用可能です　Unicode:ON

第 3 節　変数の合成

いくつかの変数の得点を合計し，新たに定義された別の変数にその値を代入するという場合がこれに当てはまります。例えば，複数の質問項目の値を合計して，性格特性を表わす新しい合成得点とするときなどに用いられます★10。

★10：SPSS にデータ入力する前であれば，Excel などの表計算ソフトを用いたほうが手っ取りばやいこともありますから，必ず使わなければならない手法というわけではありません。

例として，各被験者の［身長］と［体重］から，肥満の指標とされるローレル指数を計算し，それを入れた変数［ローレル］を新たに作る手続きを解説します。一般に，ローレル指数は次の式で与えられます。

$$\text{ローレル指数} = \text{体重(kg)} \div \text{身長(cm)}^3 \times 10^7$$

まず，データ・エディタのメニューから，［変換］→［変数の計算］を順にクリックします（【図 4-13】参照）。すると，別ウィンドウが開きます（【図 4-14】参照）★11。

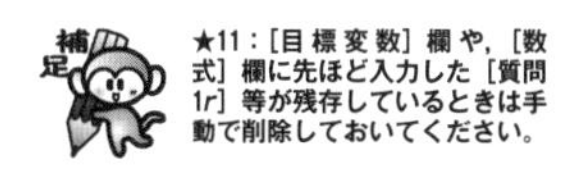

★11：［目標変数］欄や，［数式］欄に先ほど入力した［質問 1*r*］等が残存しているときは手動で削除しておいてください。

【図 4-13】

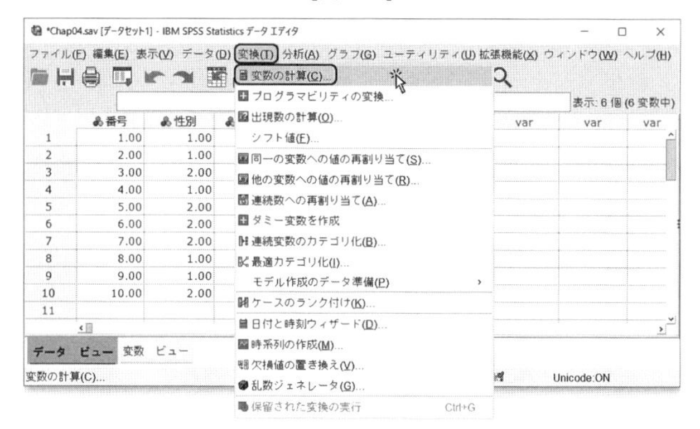

【図 4-14】

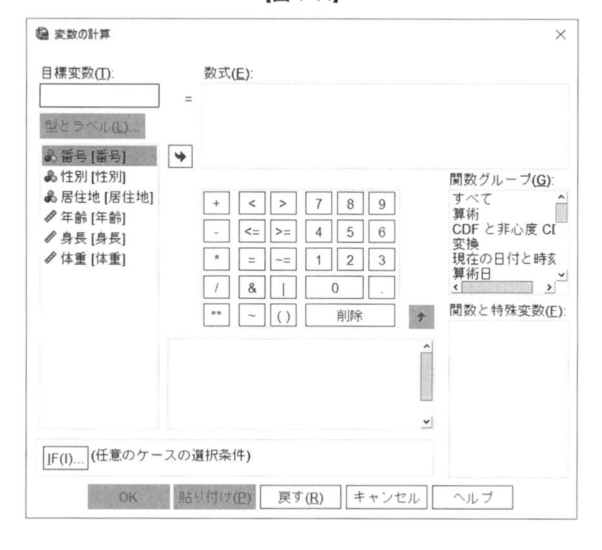

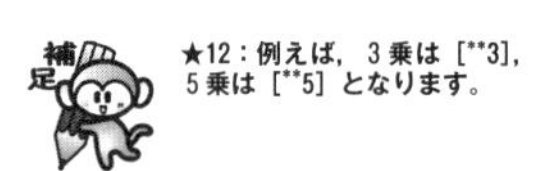

★12：例えば，3乗は［**3］，5乗は［**5］となります。

続いてローレル指数を計算するため，［目標変数］欄にキーボードから［ローレル］，［数式］欄に式を入力します。なお，SPSSではベキ乗は［**］で表わします★12。したがって，［数式］欄に入力する数式は，

体重／（身長3)*10**7**

となります。［数式］欄に入力する場合，キーボードから入力しても，ウィンドウ内の数字ボタンをクリックして入力しても大丈夫です。また，［目標変数］欄の直下にある［型とラベル］ボタンをクリックして（【図 4-15】参照），変数のラベルを［ローレル指数］にして★13［続行］ボタンをクリックします（【図 4-16】参照）。

★13：こうすることで，変数のラベルも同時に設定できます。

【図 4-15】

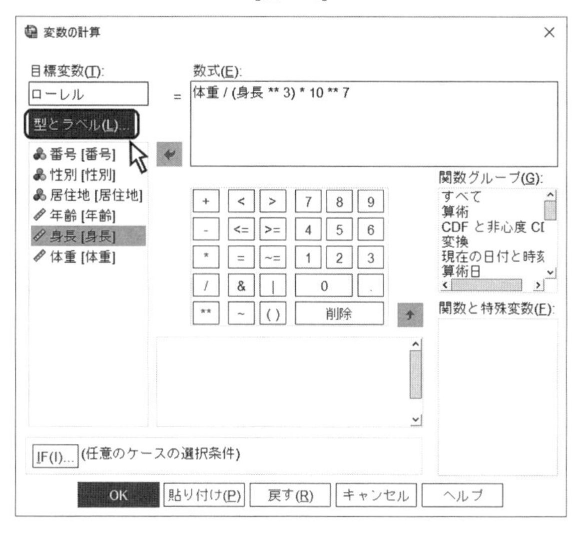

変数の計算
目標変数(T):
ローレル
型とラベル(L)...
数式(E):
体重 / (身長 ** 3) * 10 ** 7
番号 [番号]
性別 [性別]
居住地 [居住地]
年齢 [年齢]
身長 [身長]
体重 [体重]
関数グループ(G):
すべて
算術
CDF と非心度 CI
変換
現在の日付と時刻
算術日
関数と特殊変数(F):
削除
IF(I)... (任意のケースの選択条件)
OK
貼り付け(P)
戻す(R)
キャンセル
ヘルプ

【図 4-16】

変数の計算: 型とラベルの定義
ラベル
ラベル(L): ローレル指数
ラベルとして式を使用(U)
型
数値(N)
文字型(S)　幅(W): 8
続行(C)
キャンセル
ヘルプ

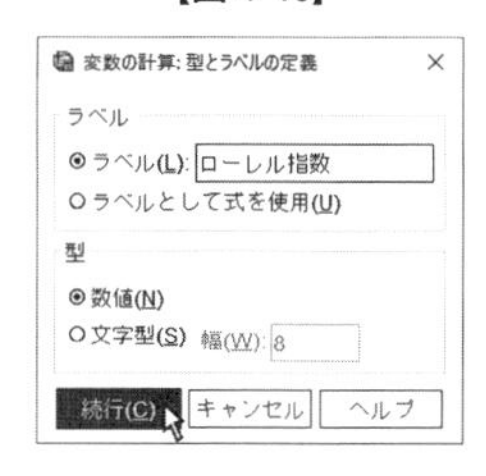

【図 4-15】に戻るので，［OK］ボタンをクリックすれば計算が始まり，終了すると［データビュー］に新しく［ローレル］という変数が追加されます（【図 4-17】参照）。

【図 4-17】

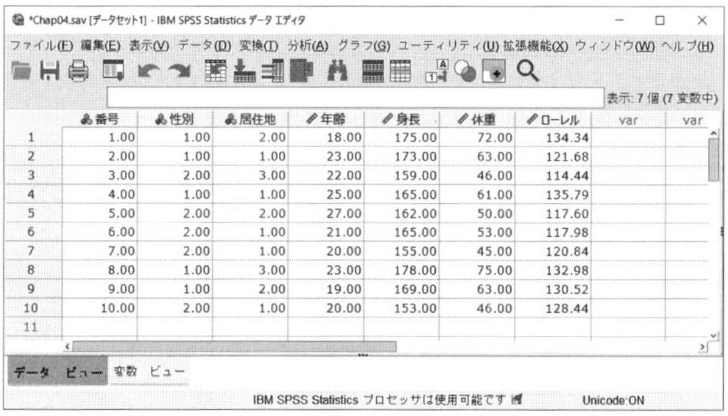

*Chap04.sav [データセット1] - IBM SPSS Statistics データ エディタ
ファイル(F) 編集(E) 表示(V) データ(D) 変換(T) 分析(A) グラフ(G) ユーティリティ(U) 拡張機能(X) ウィンドウ(W) ヘルプ(H)
表示: 7 個 (7 変数中)
番号 性別 居住地 年齢 身長 体重 ローレル var var
1 1.00 1.00 2.00 18.00 175.00 72.00 134.34
2 2.00 1.00 1.00 23.00 173.00 63.00 121.68
3 3.00 2.00 3.00 22.00 159.00 46.00 114.44
4 4.00 1.00 1.00 25.00 165.00 61.00 135.79
5 5.00 2.00 2.00 27.00 162.00 50.00 117.60
6 6.00 2.00 1.00 21.00 165.00 53.00 117.98
7 7.00 2.00 1.00 20.00 155.00 45.00 120.84
8 8.00 1.00 3.00 23.00 178.00 75.00 132.98
9 9.00 1.00 2.00 19.00 169.00 63.00 130.52
10 10.00 2.00 1.00 20.00 153.00 46.00 128.44
11
データ ビュー　変数 ビュー
IBM SPSS Statistics プロセッサは使用可能です
Unicode:ON

第4節　対象者（ケース）のグループ分け

ある変数の得点に基づいて被験者を複数のグループに分類し，その結果を新たな変数に代入するという操作を，調査などではよく行ないます。例えば，質問紙の評定得点をすべて合計して［中央値］や［平均値］などの代表値を境界とし，［HIGH 群］と

［LOW 群］とに分けるといった場合がそれに該当します。ここでは，第3節で算出・作成したローレル指数が［130以上］の被験者を［肥満群］，［120以下］の被験者を［痩せ群］というように，グループ分けする手続きを例にして解説します。

まず，データ・エディタのメニューから［変換］→［他の変数への値の再割り当て］を順にクリックします（【図 4-18】参照）★14。すると，次のウィンドウが出現します（【図 4-19】参照）。

★14：第1節で解説した［同一の変数への値の再割り当て］ととてもよく似ています。［同一の変数への値の再割り当て］は新たな変数を作成せずに値を変換する手法，つまり元の変数そのものを上書きする手法を指します。一方，本節の［他の変数への値の再割り当て］は上書きではなく，新たに別途変数を作成する手法を指します。

【図 4-18】

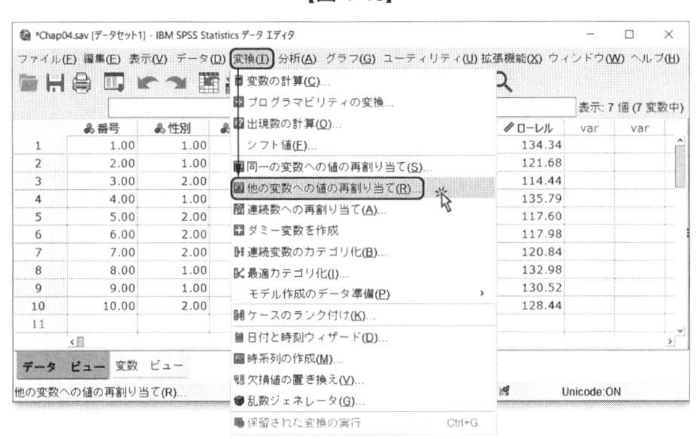

【図 4-19】

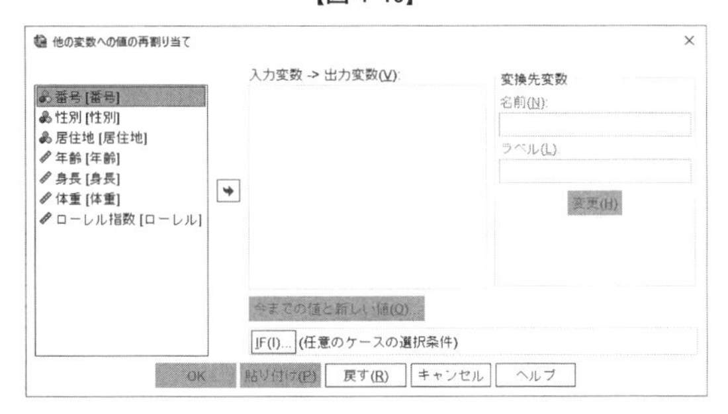

ここで，ウィンドウ左側の変数一覧のボックスから，ウィンドウ中央にある［入力変数 -> 出力変数］のボックスの中に，グループ分けの基準となる変数を投入します。今回は，ローレル指数によってグループ分けするわけですから，「ローレル指数［ローレル］」を投入します（【図 4-20】参照）★15。

★15：［ローレル --> ?］という表示になり，少し驚きます。この［?］は，他の変数への値の再割り当てをするとき，新しく作る変数の名前がまだ分からないという意味でつきます。これから新たに作る変数の名前を決めることになります。

【図 4-20】

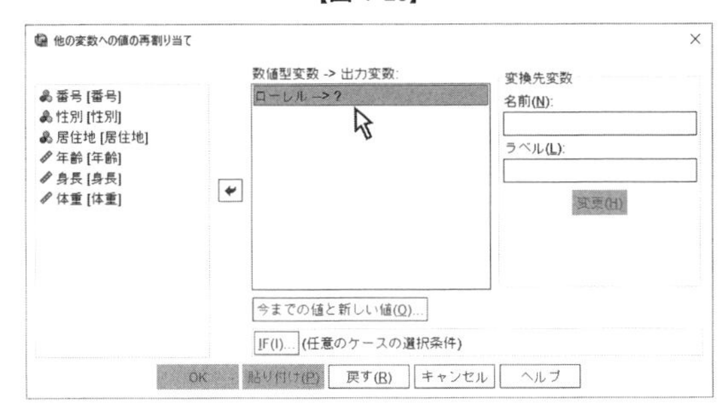

さらに，グループ分けの結果を入れる新しい変数をウィンドウ右側にある［変換先変数］の［名前］欄に［discrim］と定義し★16，［ラベル］欄に［肥満痩せ］と入力して［変更］ボタンをクリックすると，出力される変数が変更されます（【図 4-21】参照）。

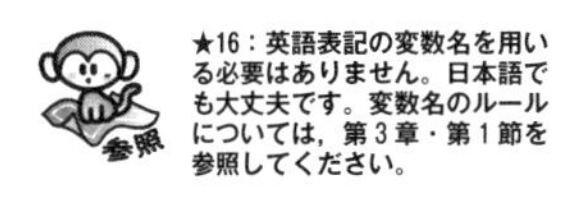

★16：英語表記の変数名を用いる必要はありません。日本語でも大丈夫です。変数名のルールについては，第 3 章・第 1 節を参照してください。

【図 4-21】

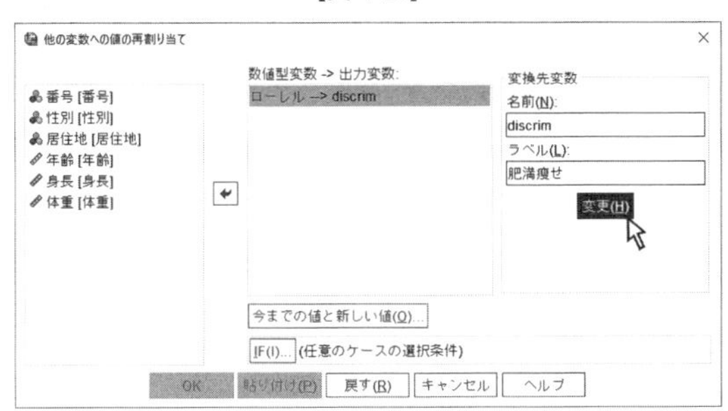

これで新しい変数の定義が完了です。続いて，新しい変数に格納する値の範囲を設定します。つまり，ローレル指数が［130以上］であれば［肥満群］，［120以下］であれば［痩せ群］，それ以外を［普通群］にするという設定を行ないます。ウィンドウ中央の［今までの値と新しい値］をクリックすると次のウィンドウが出現します（【図 4-22】参照）。

【図 4-22】

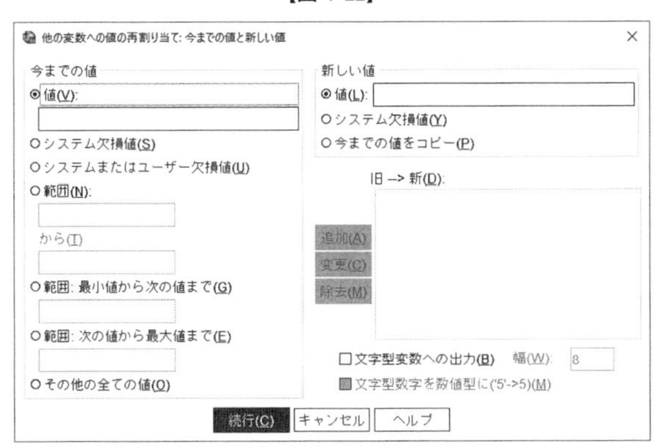

ウィンドウの左側の［今までの値］の中に［範囲］という項目が3つあります。中央の［範囲］を選択して［最小値から120］となるように欄内に［120］を入力し，ウィンドウ右上の［新しい値］の中の［値］を選択して［2］を入力し，［追加］をクリックします（【図4-23】参照）。

【図4-23】

同様に，ウィンドウ左下の［範囲］を選択し，［130から最大値］になるように欄内に［130］を入力し，ウィンドウ右上の［新しい値］の中の［値］を選択して［1］を入力し，［追加］をクリックします。さらに，ウィンドウ左下の［その他の全ての値］を選択し，ウィンドウ右上の［新しい値］の中の［値］を選択して［3］を入力し，［追加］をクリックします。すると，ウィンドウ右側の［旧 --> 新］のボックス内に設定が反映されます（【図4-24】参照）★17。

★17：［旧 --> 新］ボックスに［thru］という単語があり，これが［～から］を表わします。［Lowest thru 120］は，最小値から120までを意味します。また，［その他の全ての値］は［ELSE］として表わされています。

【図4-24】

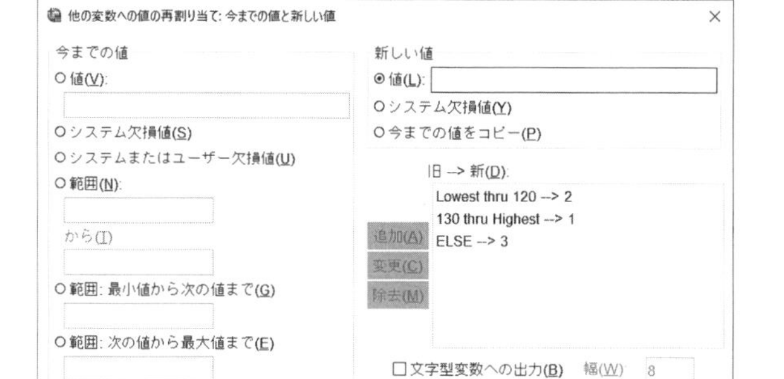

設定が終了すると，ウィンドウ下部の［続行］ボタンをクリックします。【図4-25】に戻りますので，ウィンドウ下部の［OK］ボタンをクリックします。これで計算（分類）が始まります。完了すると【図4-26】のようになり，きちんと分類されていることがわかります★18。

★18：この例では［肥満群］が［1］に，［痩せ群］が［2］に，［普通群］が［3］に，それぞれなります。実際には［1.00］のように小数第2位まで数値がくっついていますが，［変数ビュー］の［小数桁数］で変更できます。

【図 4-25】

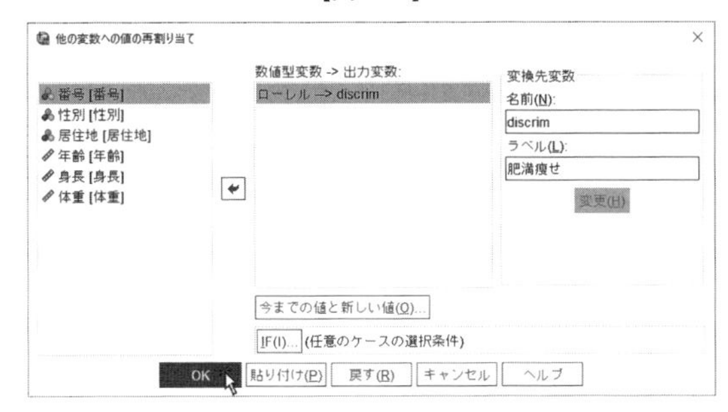

【図 4-26】

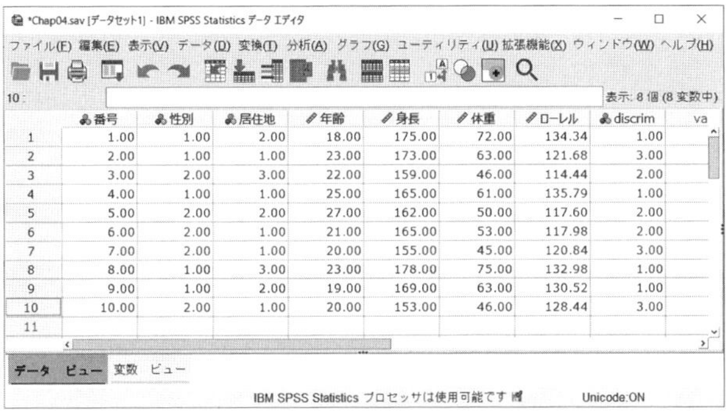

*Chap04.sav [データセット1] - IBM SPSS Statistics データ エディタ

ファイル(F) 編集(E) 表示(V) データ(D) 変換(T) 分析(A) グラフ(G) ユーティリティ(U) 拡張機能(X) ウィンドウ(W) ヘルプ(H)

10 :　　表示: 8 個 (8 変数中)

	番号	性別	居住地	年齢	身長	体重	ローレル	discrim	va
1	1.00	1.00	2.00	18.00	175.00	72.00	134.34	1.00	
2	2.00	1.00	1.00	23.00	173.00	63.00	121.68	3.00	
3	3.00	2.00	3.00	22.00	159.00	46.00	114.44	2.00	
4	4.00	1.00	1.00	25.00	165.00	61.00	135.79	1.00	
5	5.00	2.00	2.00	27.00	162.00	50.00	117.60	2.00	
6	6.00	2.00	1.00	21.00	165.00	53.00	117.98	2.00	
7	7.00	2.00	1.00	20.00	155.00	45.00	120.84	3.00	
8	8.00	1.00	3.00	23.00	178.00	75.00	132.98	1.00	
9	9.00	1.00	2.00	19.00	169.00	63.00	130.52	1.00	
10	10.00	2.00	1.00	20.00	153.00	46.00	128.44	3.00	
11									

データ ビュー　変数 ビュー

IBM SPSS Statistics プロセッサは使用可能です　Unicode:ON

第5節　ケースの選択

膨大な数のデータを SPSS に入力あるいはインポートしたのはよいけれど，全データを使うというわけではなく，特定のケースのみを対象にして分析したいという場合が往々にしてあります。例えば，全データの中から［女性］のデータのみを対象にして分析したい場合などです。そんなときには，あらかじめケースを指定してから分析します。

では，［女性］のデータのみを対象にする例を考えます。まず，メニューから［データ］→［ケースの選択］を順にクリックします（【図 4-27】参照）。

【図 4-28】が出現しますので，ウィンドウ中央上の［選択状況］の中から，［IF 条件が満たされるケース］を選択して，［IF］ボタンをクリックします（【図 4-28】参照）。ここで，ウィンドウ下部の［出力］というところで，［選択されなかったケースを分析から除外］が選択されていることを確認してください★19。すると別ウィンドウが開きます（【図 4-29】参照）。

このウィンドウでは分析の対象となるケースの指定を行ないます。今回は［女性］のみを分析対象とするわけですから，［性別＝2］という基準を用いることになります★20。ウィンドウ上部の何も入力されていない大きめの欄内に［性別＝2］と入力して，［続行］ボタンをクリックします（【図 4-30】参照）。このとき，キーボードから入力しても，ウィンドウ内の数字ボタンをクリックして入力しても大丈夫です。

★19：ここが選択されていることによって，これから選択する（IF 条件が満たされる）ケースだけが分析の対象となります。逆に言えば，選択されない（IF 条件が満たされない）ケースは分析から除外されます。

★20：先ほども解説しましたが，IF 条件で［性別＝2］が満たされなければ分析から除外されるため，女性のデータ［性別＝2］だけが分析の対象になります。

【図 4-27】

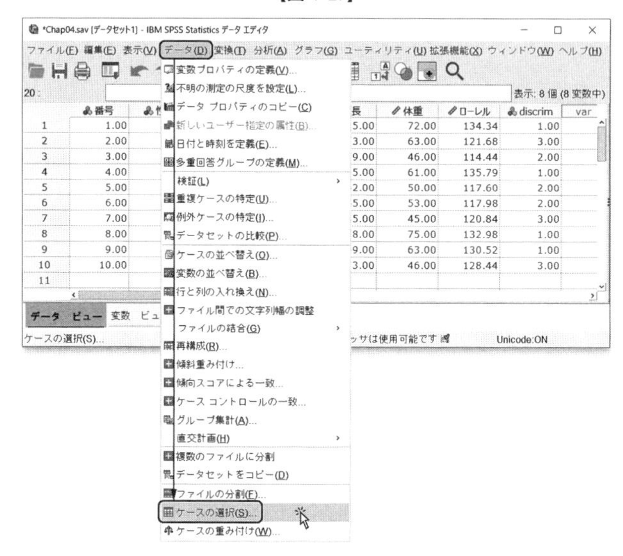

♀のみ

【図 4-28】

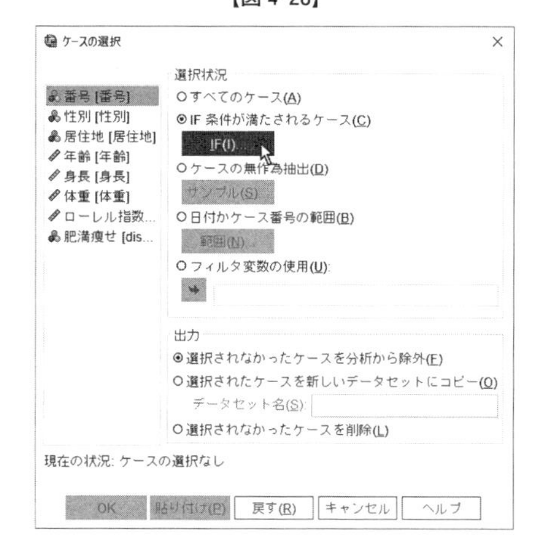

【図 4-29】

【図 4-30】

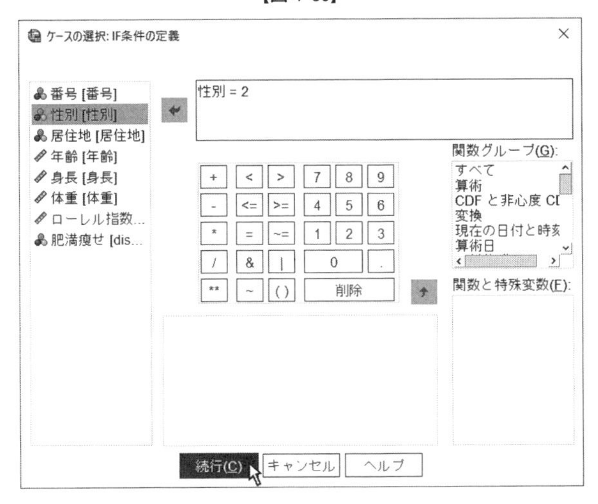

【図 4-28】に戻りますので，［OK］ボタンをクリックすると分析対象の指定が行なわれます。［データビュー］において，ケースの番号のセルで，斜線が入っているケースは分析対象にはなりません（【図 4-31】参照）★21。

★21：処理が終了すると，一番右側の列に［filter_$］という変数が新しく作成されます。【図 4-31】の右端に“fil”と表示されている列があり，右へスクロールすると［filter_$］になっていることがわかります。これは，［0］か［1］のデータで，分析の対象になっているデータには［1］が，対象になっていないデータには［0］が割り当てられます。特に必要なければ，変数［filter_$］を削除しても問題ありません。

【図 4-31】

	番号	性別	居住地	年齢	身長	体重	ローレル	discrim	fil
1	1.00	1.00	2.00	18.00	175.00	72.00	134.34	1.00	
2	2.00	1.00	1.00	23.00	173.00	63.00	121.68	3.00	
3	3.00	2.00	3.00	22.00	159.00	46.00	114.44	2.00	
4	4.00	1.00	1.00	25.00	165.00	61.00	135.79	1.00	
5	5.00	2.00	2.00	27.00	162.00	50.00	117.60	2.00	
6	6.00	2.00	1.00	21.00	165.00	53.00	117.98	2.00	
7	7.00	2.00	1.00	20.00	155.00	45.00	120.84	3.00	
8	8.00	1.00	3.00	23.00	178.00	75.00	132.98	1.00	
9	9.00	1.00	2.00	19.00	169.00	63.00	130.52	1.00	
10	10.00	2.00	1.00	20.00	153.00	46.00	128.44	3.00	
11									

元のように全ケースを分析対象にするには，【図 4-28】において［選択状況］を［すべてのケース］にします。

第5章

記述統計とビューア

本格的な統計解析を始める前に，平均値や標準偏差などの基礎的な記述統計量，度数分布表，クロス集計表を扱います。同時に，結果表示画面のビューアについても解説します。さらに，分析結果を印刷する方法や，他のソフトで結果を処理するためのエクスポートとよばれる応用的なテクニックを紹介します。

第1節　度数分布表（その1）

模擬データを使用して，［度数分布表］を作成します。度数とはケース（データ）の数のことで，度数分布表は［性別］ごとの人数や［居住地］別の人数など，カテゴリ変数★1の分布を表わすのに適しています。また，度数分布表は最も基本的な記述統計の1つで，データの全体像を把握するのに適しています。では，第2章で入力済みのデータ★2を使用して度数分布表を作成します（【図5-1】参照）。

★1：カテゴリとは，グループと同じ意味だと考えればよいでしょう。

★2：【図5-1】の表示とみなさんの表示とを比較すると，小数桁数が違ったり，［番号］の桁数が違ったりしていますが，それは気にしないでください。同じ数字の意味であれば大丈夫です。

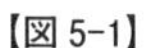

【図5-1】

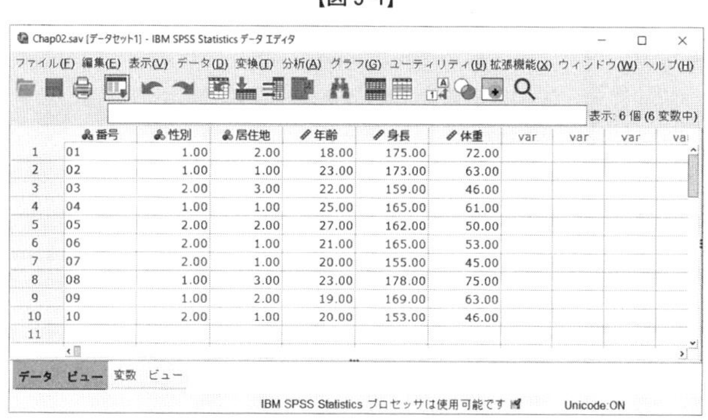

	番号	性別	居住地	年齢	身長	体重
1	01	1.00	2.00	18.00	175.00	72.00
2	02	1.00	1.00	23.00	173.00	63.00
3	03	2.00	3.00	22.00	159.00	46.00
4	04	1.00	1.00	25.00	165.00	61.00
5	05	2.00	2.00	27.00	162.00	50.00
6	06	2.00	1.00	21.00	165.00	53.00
7	07	2.00	1.00	20.00	155.00	45.00
8	08	1.00	3.00	23.00	178.00	75.00
9	09	1.00	2.00	19.00	169.00	63.00
10	10	2.00	1.00	20.00	153.00	46.00

メニューから［分析］→［記述統計］→［度数分布表］をクリックします（【図5-2】参照）。

【図5-2】

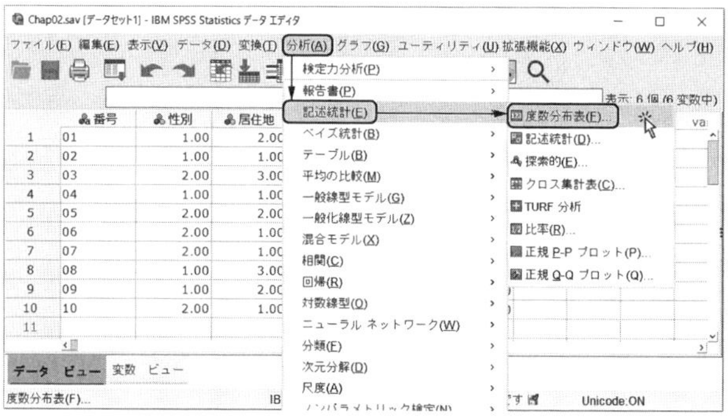

次のウィンドウが出現します（【図5-3】参照）。ここでは，度数分布表を作成する上で対象となる変数を指定します。また，ウィンドウ右側にある［統計量］・［図表］・［書式］などのボタンで［平均値］・［最頻値］・［中央値］などを求めたり，さまざまなグラフを作成したりできます。

今回は，［性別］に関して度数分布表を作成してみますので，左側の変数一覧ボックス内から「性別［性別］」という変数をクリックし，その右にある右向き矢印をクリックします。そうすることで右側の［変数］ボックスに「性別［性別］」が入ります（【図5-4】参照）★3。

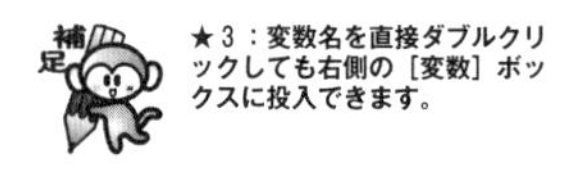

★3：変数名を直接ダブルクリックしても右側の［変数］ボックスに投入できます。

同様にして，左側の変数一覧ボックスからさまざまな変数を追加投入することがで

【図 5-3】

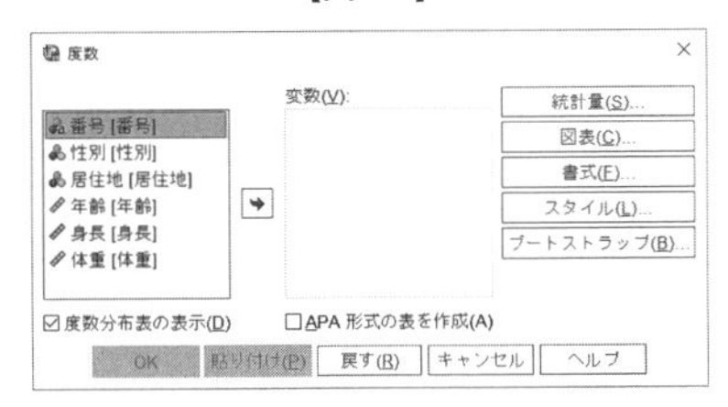

【図 5-4】

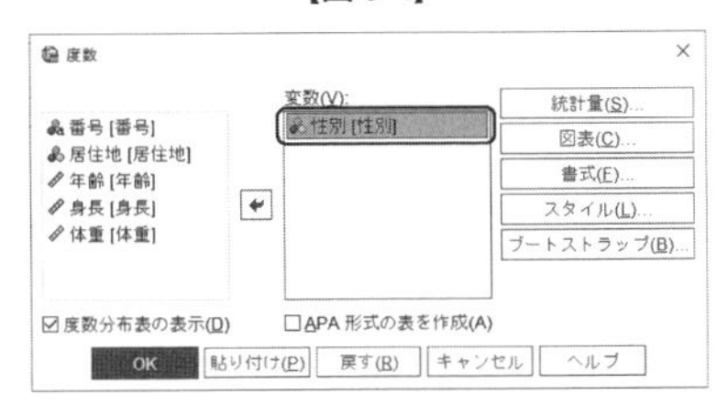

きます。その際，追加したい変数を［Ctrl］キーを押しながらクリックすると複数の変数を指定でき（【図 5-5】参照）★4，右向き矢印をクリックすれば右側の［変数］ボックスに入ります（【図 5-6】参照）。

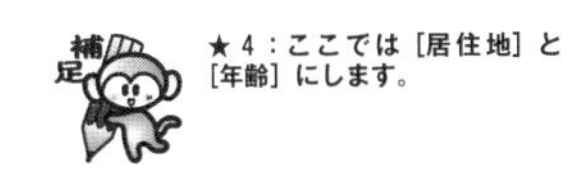

★4：ここでは［居住地］と［年齢］にします。

【図 5-5】

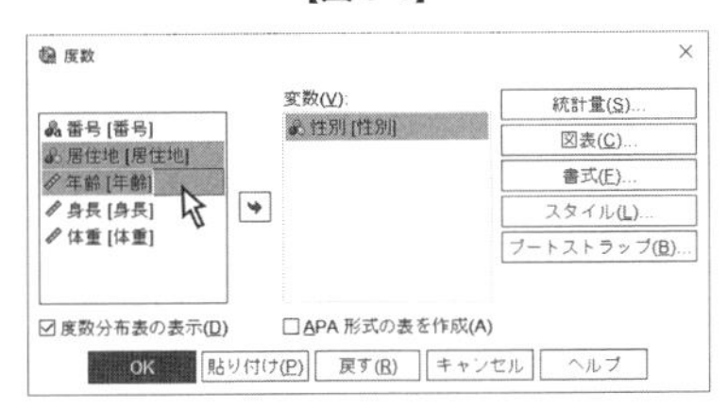

【図 5-6】

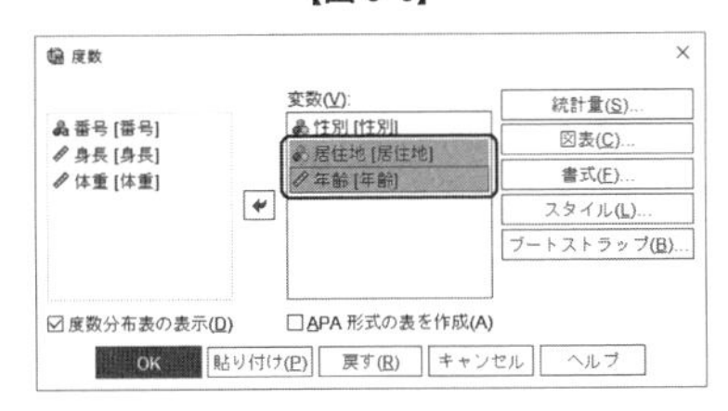

また，度数分布表を作成しない変数を左側の変数一覧ボックスに戻す方法は次のとおりです。まず，作成しない変数を右の［変数］ボックス内でクリックします★5。この場合は「居住地［居住地］」と「年齢［年齢］」を選択します（【図 5-7】参照）。

補足

★5：複数指定するときは［Ctrl］キーを押しながらクリックします。

【図 5-7】

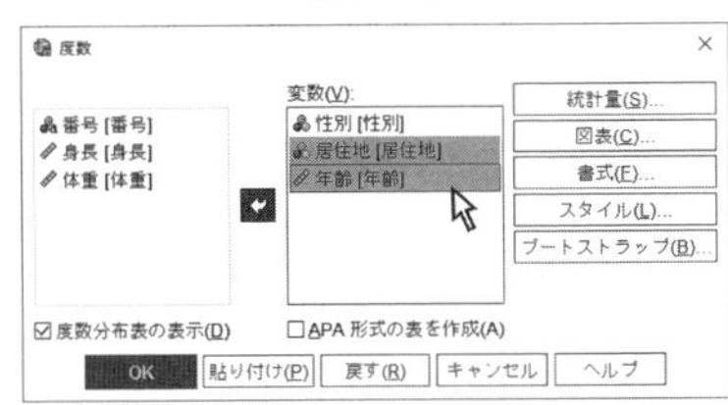

そして，左向き矢印をクリックすれば左側の変数一覧ボックスに戻ります（【図5-8】参照）★6。

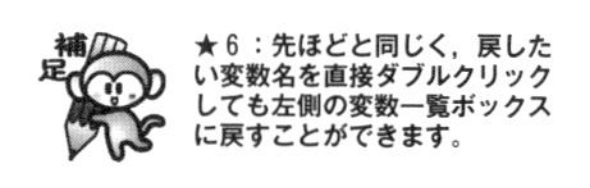

★6：先ほどと同じく，戻したい変数名を直接ダブルクリックしても左側の変数一覧ボックスに戻すことができます。

【図5-8】

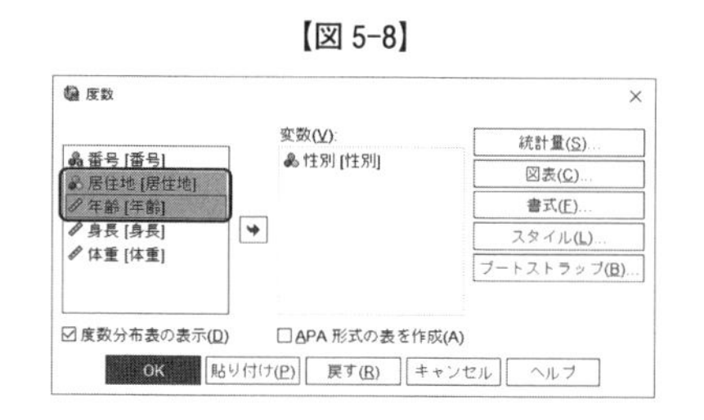

対象となる変数を［性別］のみに確定したら，ウィンドウ左下の［OK］ボタンをクリックします。そうすれば新しいウィンドウ（ビューア）が自動的に開き，度数分布表が作成されます（【図5-9】参照）★7。

★7：みなさんの使用環境によって，ビューアの冒頭に数行のシンタックスが表示されることがあります。これはSPSSが隠れて実行しているシンタックスですので，気にしなくても大丈夫です。

【図5-9】

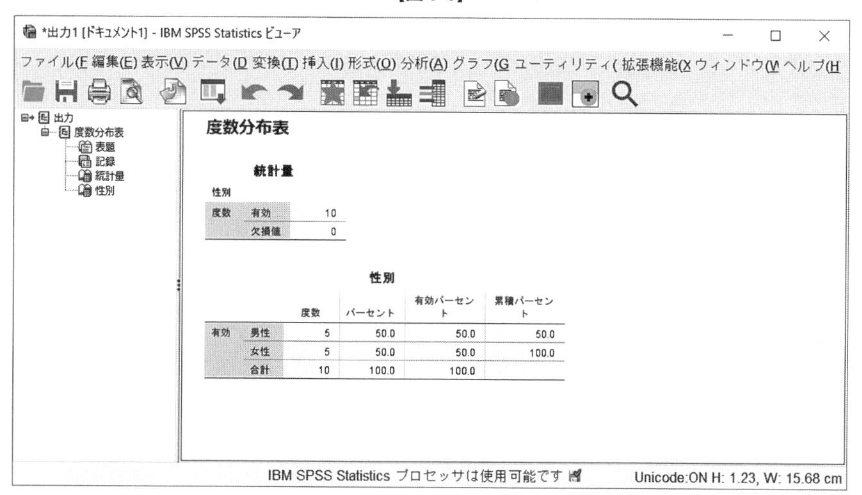

分析結果を表示するビューアについては第4節で解説することとして，【図5-9】には［性別］という項目があり，［度数］から［男性］が［5名］，［女性］も［5名］であり，その上の［統計量］の［欠損値］が［0］ということから欠損値がないことが読み取れます。また，それぞれの人数が占める割合（パーセント）や欠損値を除いた［有効パーセント］・［累積パーセント］も同時に表示されます（【図5-10】参照）。

【図5-10】

統計量

性別

度数	有効	10
	欠損値	0

性別

		度数	パーセント	有効パーセント	累積パーセント
有効	男性	5	50.0	50.0	50.0
	女性	5	50.0	50.0	100.0
	合計	10	100.0	100.0	

度数分布表を作成するメリットとして，データ入力ミスを発見しやすいことがあげられます。多くのデータを入力していると，疲労などが原因となってキータッチに誤りが生じ，とんでもない数字を入力していることがあります。

第2節　度数分布表（その2）

大変便利なことに，度数分布表で様々な記述統計量を算出することができます。次の第3節で解説する記述統計量でできることも，度数分布表でできてしまいます。第1節と同じデータを使って解説します。

メニューから［分析］→［記述統計］→［度数分布表］をクリックし（【図5-2】参照），【図5-3】のウィンドウが出現するところまでは同じです。ここで，［身長］の記述統計を算出してみます。左側の変数一覧ボックスの［身長］を右側の［変数］ボックスに入れます（【図5-11】参照）。そして，ウィンドウ右上の［統計量］ボタンをクリックすると，記述統計量の設定ウィンドウが開きます（【図5-12】参照）。

【図5-11】

【図5-12】

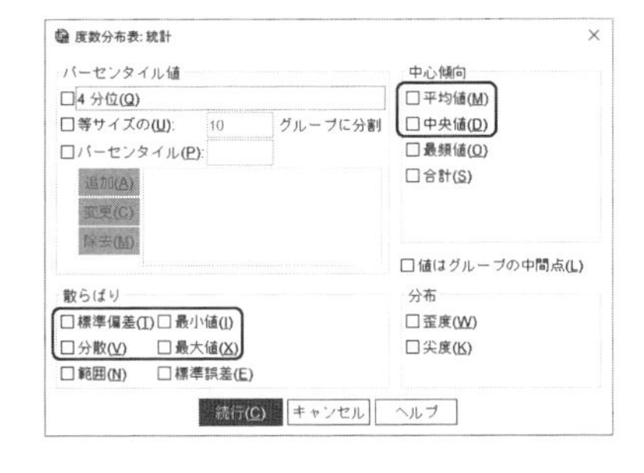

このウィンドウで，右上の［中心傾向］にある［平均値］・［中央値］，左下の［散らばり］にある［標準偏差］・［最小値］・［最大値］にチェックを入れるだけで，それらの統計量が簡単に算出されます★8。これらにチェックを入れ，［続行］ボタンをクリックし，【図5-11】の［OK］ボタンをクリックすると記述統計量が算出されます（【図5-13】参照）。

★8：ウィンドウ左上の［パーセンタイル値］で，データをグループに分割する際に必要なデータを算出することもできます。例えば，［4分位］はデータを小さい順に均等に4グループに分ける際の情報が算出されますし，［等サイズの□グループに分割］のボックスに分割したいグループ数を入力すると，それに応じた分割時の情報が提供されます。

【図 5-13】

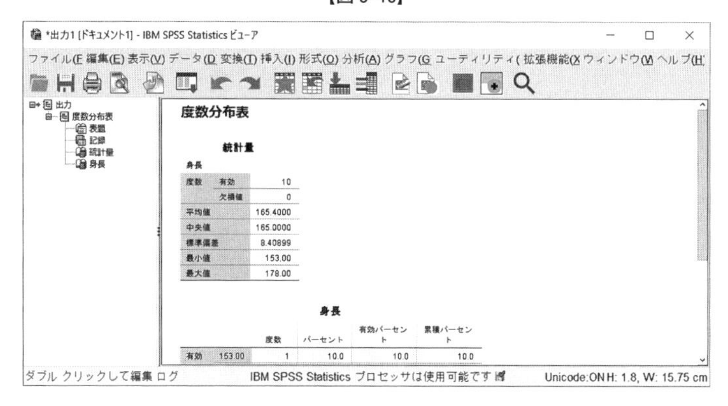

算出された結果を確認すると，［平均値］が［165.4000］，［中央値］が［165.0000］，［標準偏差］が［8.40899］であることなどがわかります★9。

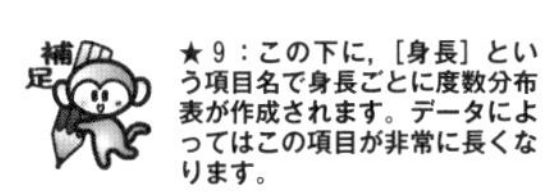

★9：この下に，［身長］という項目名で身長ごとに度数分布表が作成されます。データによってはこの項目が非常に長くなります。

第3節　記述統計量

統計分析の基本中の基本である［平均値］や［標準偏差］などの統計量を求められるのが［記述統計量］です★10。平均値には［算術平均値］・［調和平均値］・［移動平均値］など多様な平均値がありますが，ここでは最もよく用いられている［算術平均値］★11を算出します。データ・エディタのメニューから［分析］→［記述統計］→［記述統計］を順にクリックします（【図 5-14】参照）。

補足 ★10：第4節のクロス集計表でも算出できます。第4節の方法を使うのがよいのか，本節の方法を使うのがよいのかはみなさんしだいです。とはいえ，本節の方法では中央値は算出されませんから，中央値を算出したい場合は第4節の方法を使うのが便利だと思います。

★11：いわゆる割り勘と同じです。

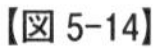
【図 5-14】

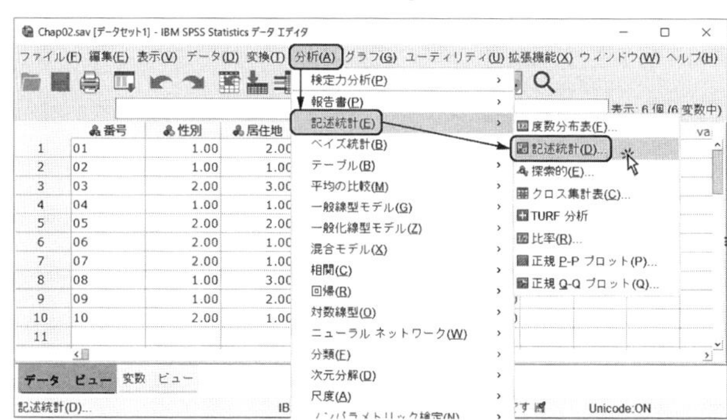

次のウィンドウが出現しますので，ウィンドウ右側の［変数］ボックスに，算出の対象となる変数を左側の変数一覧ボックスから投入します（【図 5-15】参照）。

【図 5-15】

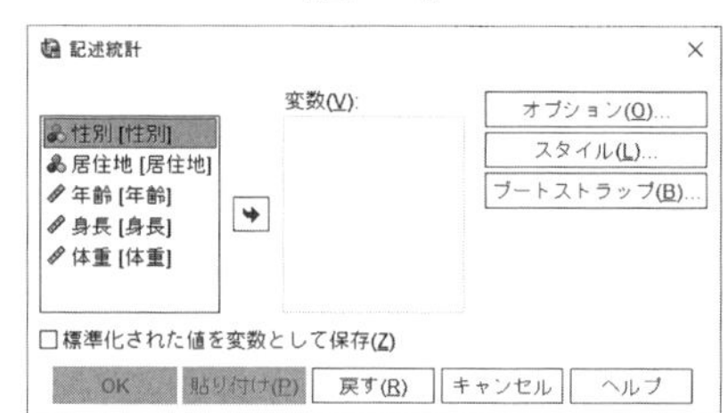

今回は［年齢］変数を算出対象としますので，右側の［変数］ボックスに「年齢［年齢］」を移動させます（【図 5-16】参照）。

【図 5-16】

ちなみに，【図 5-16】のウィンドウ右上の［オプション］ボタンをクリックすると，より詳細な統計量を指定することができます（【図 5-17】参照）。

【図 5-17】

記述統計: オプション
☑平均値(M)　☐合計(S)
散らばり
☑標準偏差(T)　☑最小値(N)
☐分散(V)　☑最大値(X)
☐範囲(R)　☐標準誤差(E)
分布
☐尖度(K)　☐歪度(W)
表示順
◉変数リスト順(B)
○アルファベット順(A)
○平均値による昇順(C)
○平均値による降順(D)
続行(C)　キャンセル　ヘルプ

例えば，［合計］にチェックを入れると［合計値］が算出されますし，［分散］にチェックを入れると［分散］も算出されます。このままでよいのであれば［続行］ボタンをクリックし，逆に詳細な指定はしないというのであれば［キャンセル］ボタンをクリックすれば元に戻ります。ここでは特に何も指定せず，［キャンセル］ボタンをクリックして戻ります。

そして，【図 5-16】の［OK］ボタンをクリックすると記述統計の分析が実行されます。実行結果は【図 5-18】のとおりです★12。ここでは詳細な分析指定を行なっていま

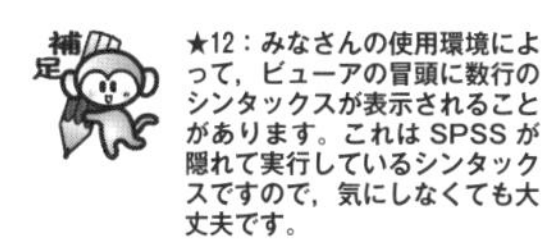

★12：みなさんの使用環境によって，ビューアの冒頭に数行のシンタックスが表示されることがあります。これは SPSS が隠れて実行しているシンタックスですので，気にしなくても大丈夫です。

【図 5-18】

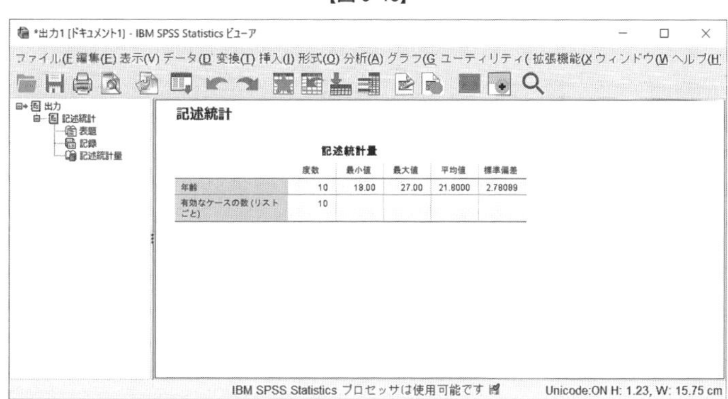

記述統計量

	度数	最小値	最大値	平均値	標準偏差
年齢	10	18.00	27.00	21.8000	2.78089
有効なケースの数 (リストごと)	10				

せんので［年齢］変数の［度数］・［最小値］・［最大値］・［平均値］・［標準偏差］が出力されます。詳細な分析指定を行なわない場合は，デフォルトでこの5つの統計量が表示されます。このデータでは，［最小年齢］が［18.00歳］，［最高年齢］が［27.00歳］，［平均年齢］が［21.8000歳］，［標準偏差］が［2.78089歳］であることがわかります★13。

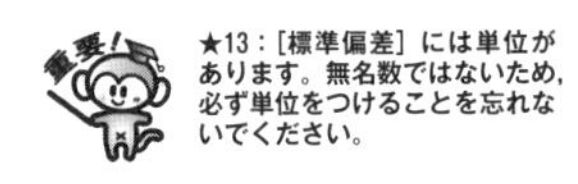

★13：［標準偏差］には単位があります。無名数ではないため，必ず単位をつけることを忘れないでください。

第4節　クロス集計表

第1節および第2節の度数分布表では1つの変数について度数分布を確認しましたが，データの詳しい全体像を把握したり，他の変数との関係を比較したりする場合には，度数分布表だけでは力不足です。そこで，［クロス集計表］を使ってデータを多角的に把握することにします。例えば，［中京区］には［男性］が何人住んでいるのかなど，より詳細な集計が求められる場合に効果的です。では例として，［性別］と［居住地］の分布の関係をクロス集計表で表わしてみます。

［データビュー］のメニューから，［分析］→［記述統計］→［クロス集計表］を順にクリックします（【図5-19】参照）。

【図5-19】

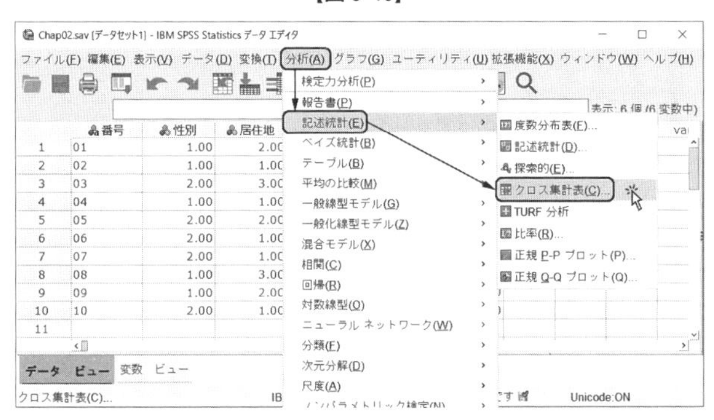

次のウィンドウが出現して，クロス集計に関する指定を行ないます（【図5-20】参照）。

【図5-20】

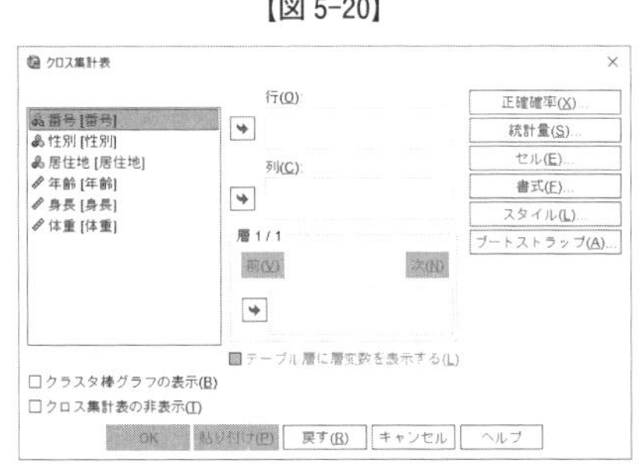

クロス集計というくらいですから，必須の指定項目は［行］と［列］です。これまでの方法と同じ方法でウィンドウ左側の変数一覧ボックスに表示されている変数群から，ウィンドウ中央の［行］には［性別］を，［列］には［居住地］を投入します（【図5-21】参照）。

【図 5-21】

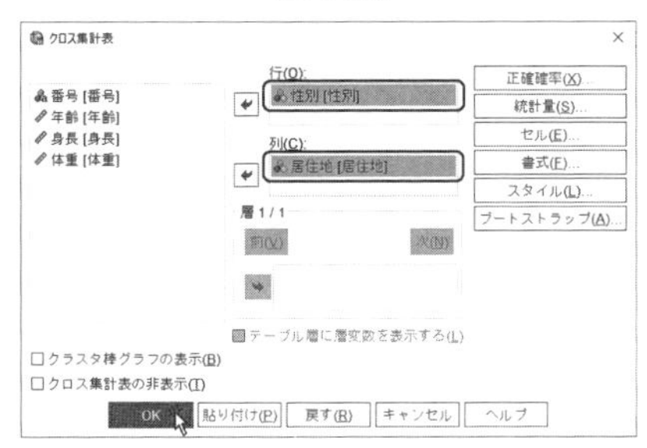

ウィンドウ左下の［OK］ボタンをクリックすると分析が実行され，次の結果表示が得られます（【図 5-22】参照）★14。

補足　★14：みなさんの使用環境によって，ビューアの冒頭に数行のシンタックスが表示されることがあります。これは SPSS が隠れて実行しているシンタックスですので，気にしなくても大丈夫です。

【図 5-22】

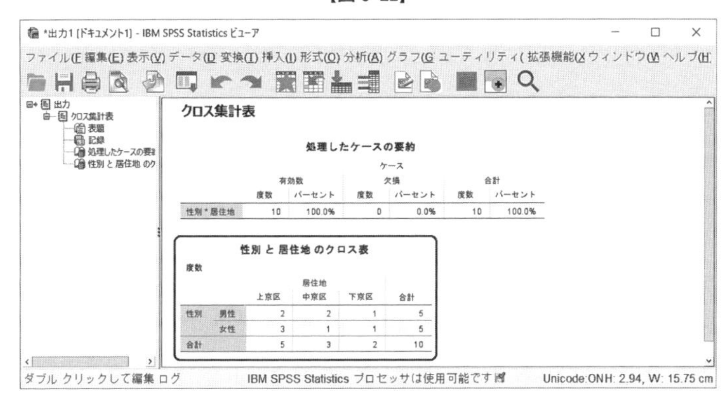

処理したケースの要約

	ケース					
	有効数		欠損		合計	
	度数	パーセント	度数	パーセント	度数	パーセント
性別 * 居住地	10	100.0%	0	0.0%	10	100.0%

性別 と 居住地 のクロス表

度数

		居住地			
		上京区	中京区	下京区	合計
性別	男性	2	2	1	5
	女性	3	1	1	5
合計		5	3	2	10

ビューアの縦の分割線で区切られた右側では，上から［処理したケースの要約］と［性別と居住地のクロス表］が表示されます。［処理したケースの要約］では分析に使用したデータの数（有効数）や欠損値（欠損）などの情報が表示されます。

その下の［性別と居住地のクロス表］で目的のクロス集計表が作成され，各行に［性別］が，各列に［居住地］がそれぞれ表示されます。そして，各条件に合致する人数が表示されるようになります。例えば，［中京区］に住んでいる［男性］は［２人］ですし，［上京区］に住んでいる［女性］は［３人］です。

人数が表示されますが，その人数がどの程度の割合を占めているのかが表示されていませんので，割合を表示させてみましょう。【図 5-21】で，ウィンドウ右上の［セル］ボタンをクリックします（【図 5-23】参照）。

【図 5-23】

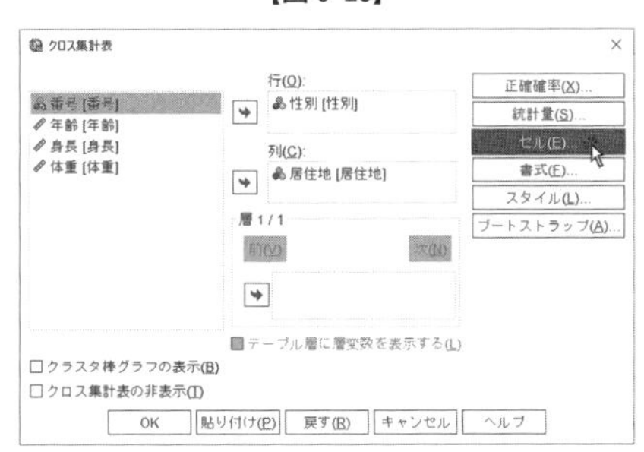

次の設定ウィンドウが出現します（【図 5-24】参照）。ウィンドウの左側に［パーセンテージ］という項目があり，［行］・［列］・［合計］のすべてにチェックを入れて［続行］ボタンをクリックし，【図 5-23】に戻って［OK］ボタンをクリックします。

【図 5-24】

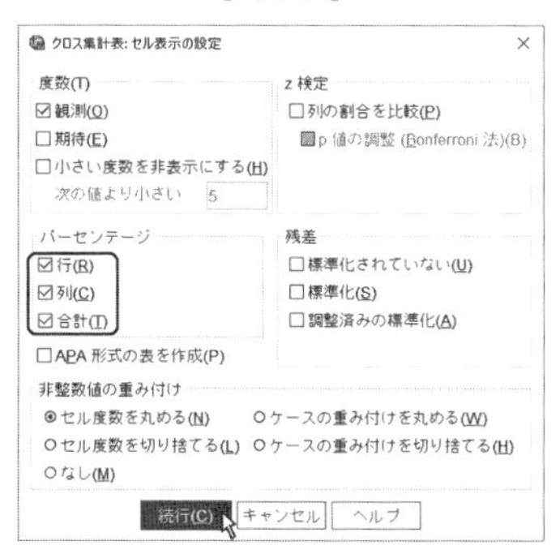

結果は次のとおりです（【図 5-25】参照）。デフォルトのクロス集計表に加えて，それぞれの人数が占める割合が表示されています。例えば，［下京区］に住んでいる［女性］は，女性全体の［20.0%］を占めると同時に，［下京区］に住んでいる人の［50.0%］を占めることがわかります。

【図 5-25】

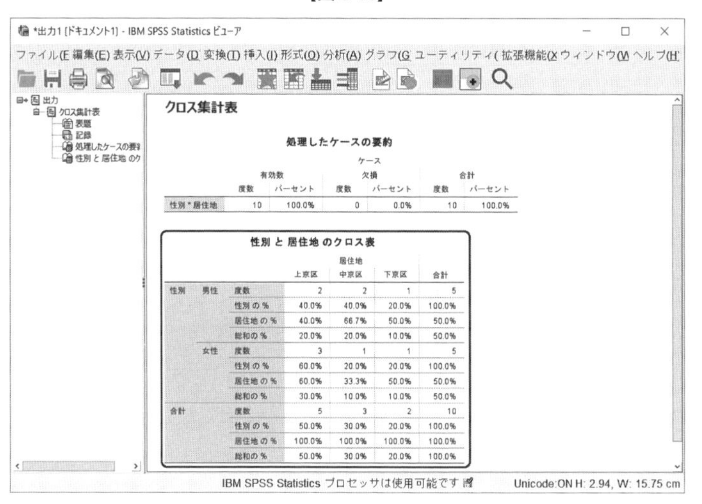

処理したケースの要約

	有効数		欠損		合計	
	度数	パーセント	度数	パーセント	度数	パーセント
性別 * 居住地	10	100.0%	0	0.0%	10	100.0%

性別 と 居住地 のクロス表

			上京区	中京区	下京区	合計
性別	男性	度数	2	2	1	5
		性別 の %	40.0%	40.0%	20.0%	100.0%
		居住地 の %	40.0%	66.7%	50.0%	50.0%
		総和の %	20.0%	20.0%	10.0%	50.0%
	女性	度数	3	1	1	5
		性別 の %	60.0%	20.0%	20.0%	100.0%
		居住地 の %	60.0%	33.3%	50.0%	50.0%
		総和の %	30.0%	10.0%	10.0%	50.0%
合計		度数	5	3	2	10
		性別 の %	50.0%	30.0%	20.0%	100.0%
		居住地 の %	100.0%	100.0%	100.0%	100.0%
		総和の %	50.0%	30.0%	20.0%	100.0%

第5節　ビューア

ビューアは，分析結果を表示する役割を担っています★15。ウィンドウは左右に2分割されていて，右側の大きな領域に実際の統計的な分析結果が表示され，左側の少し狭い領域には数々の分析を行なったときに便利になるインデックスが表示されます（【図 5-26】参照）。なお，ビューアの左側を［アウトラインウィンドウ枠］，右側を［内容ウィンドウ枠］とよびます。

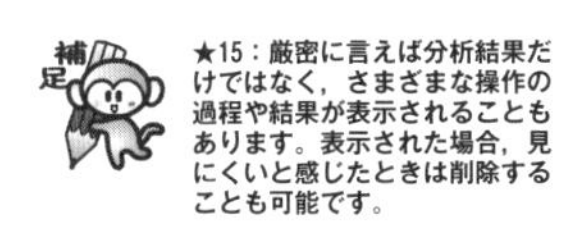

★15：厳密に言えば分析結果だけではなく，さまざまな操作の過程や結果が表示されることもあります。表示された場合，見にくいと感じたときは削除することも可能です。

【図 5-26】

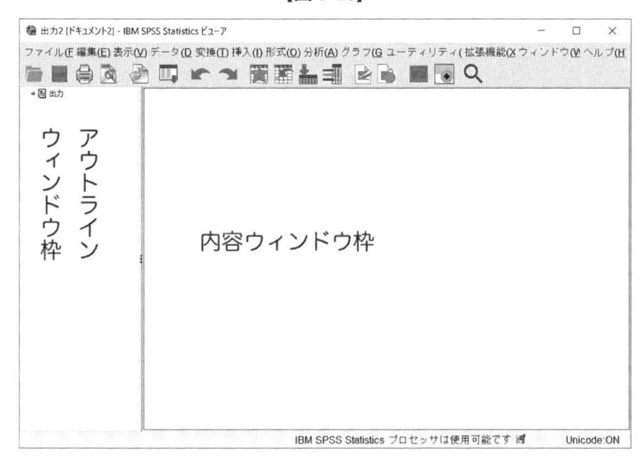

SPSS は，１つの分析を終了するとその結果ファイルを個別に保存しなければならないというものではなく，多くの分析結果を１つのファイルとしてまとめて保存することができます。そのような場合に効力を発揮するのが，ウィンドウ左側に位置する［アウトラインウィンドウ枠］のインデックス表示です。例えば，度数分布表と記述統計を連続して算出すると，分析結果は次のようになるでしょう（【図 5-27】参照）★16。

★16：みなさんの使用環境によって，ビューアの冒頭に数行のシンタックスが表示されたり，［データセット］としてファイルへのパスが表示されたりすることがあります。あまり気にしなくても大丈夫です。

【図 5-27】

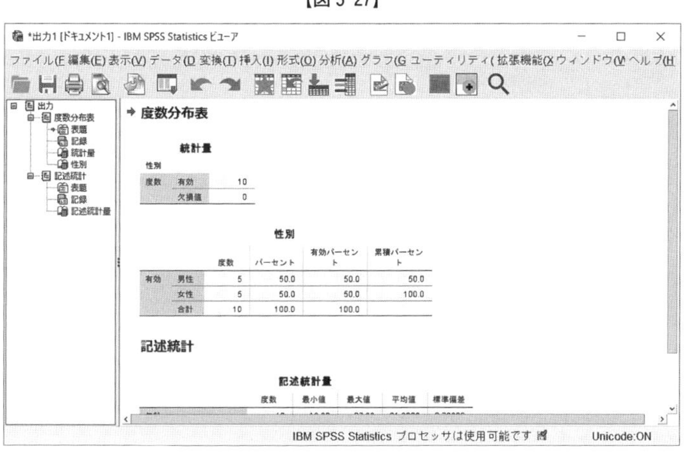

ウィンドウ左側の［アウトラインウィンドウ枠］のインデックス表示において，［度数分布表］の［表題］というところに小さな赤い➡が表示されていて，ウィンドウ右側の［内容ウィンドウ枠］では［度数分布表］というタイトルの左横に赤い➡が表示されています。つまり，ウィンドウ左側の［アウトラインウィンドウ枠］のインデックス表示において目的とする項目をクリックすれば，右側にその内容が連動して表示されるようになっているのです。

具体例として，今，［記述統計］の［平均値］などを確認したいとします。そのときは，［アウトラインウィンドウ枠］の［記述統計］の［記述統計量］をクリックすると，右側の［内容ウィンドウ枠］に赤い➡が表示され，確認する部分が線で囲まれてフォーカスされます（【図 5-28】参照）。このように，［アウトラインウィンドウ枠］のインデックス表示を上手に使えば，目的の統計結果をすぐに探し出すことが可能です。

【図 5-28】

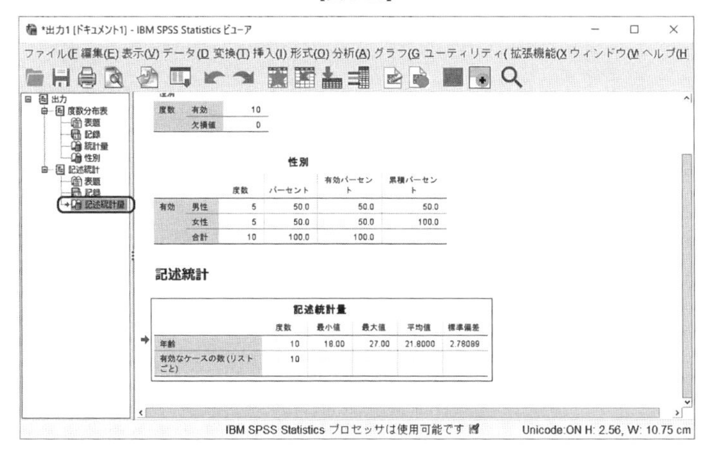

どのような分析を行なうときでも，SPSS は多くの分析結果や情報を提供してくれます。しかし，私たちが欲しい情報以上に結果が出力される場合があります。そのようなときには，不要な分析結果を削除することができます。例えば，度数分布表の［統計量］という項目が不要だったと仮定します（【図 5-29】参照）。

【図 5-29】

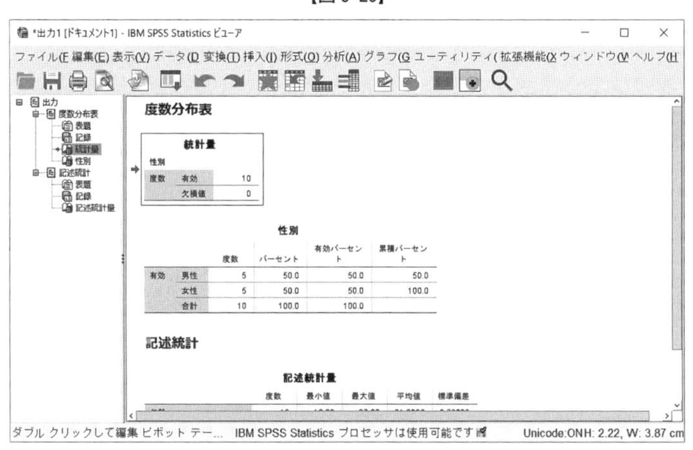

この項目を削除しようと思えば，その部分をクリックして選択し（選択されると赤い➡が表示されてフォーカスされます），［Delete］キーを押すだけです（【図 5-30】参照）★17。

★17：間違って削除したときは，［Ctrl］+［Z］で元に戻ります。

ビューアでは，ウィンドウ右側の［内容ウィンドウ枠］でいろいろな結果の見出しが表示されます。例えば，［度数分布表］や［記述統計］などがそれに該当します（【図 5-30】参照）。数少ない分析であればこのままでも問題は発生しないのですが，多くの分析が必要になってくる場合があります。そのようなときには，見出しを一目でわかるように変更しておくことが重要になってきます。

【図 5-30】

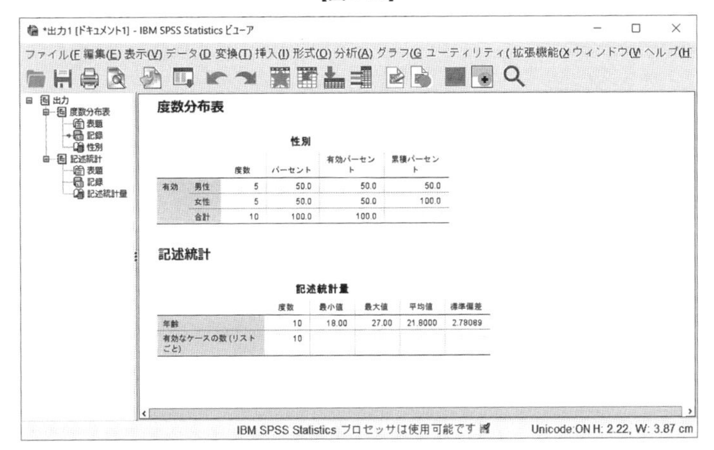

上の例で，［度数分布表］を［性別の度数分布表］と変更してみます。Windows の基本操作と同じく，変更したい部分を直接ダブルクリックします★18。この例では［度数分布表］という文字をダブルクリックします。すると，［度数分布表］が点線で囲まれ，縦棒のカーソルが点滅します（【図 5-31】参照）。

★18：Windows や Macintosh では，特定部分をダブルクリックすると，たいていの場合に何らかの変更が可能になります。一方，ダブルクリックには実行するという役割もあります。

【図 5-31】

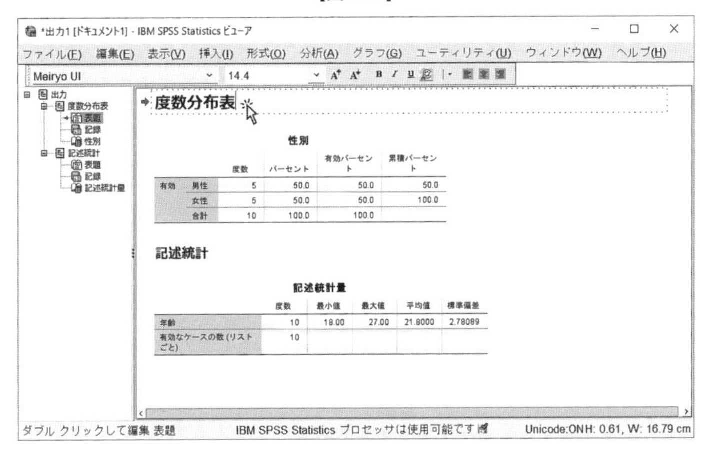

この状態になれば，点線で囲まれた部分の文字を自由に変更できるようになりますので，キーボードを使って［性別の度数分布表］に変更します。そして，点線以外のところをクリックすれば，変更が完了します（【図 5-32】参照）★19。

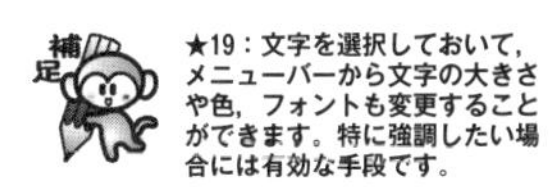

★19：文字を選択しておいて，メニューバーから文字の大きさや色，フォントも変更することができます。特に強調したい場合には有効な手段です。

【図 5-32】

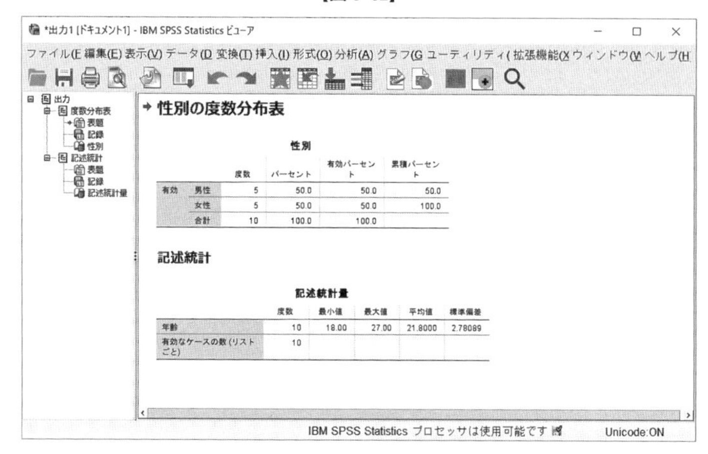

一方，具体的な分析結果の表示についても，変更が可能になっています。例えば，【図 5-32】の度数分布表で，［性別］の［度数］という列が広すぎるので，もう少し狭めたい場合などがそれに該当します。そんな場合は，先ほどと同様に変更したい［性別］の結果表示部分にマウスカーソルを持ってくると「ダブルクリックしてアクティブにする」というポップアップが表示されます（【図 5-33】参照)。その指示通り，変更したいポイント（度数という表示部分）をダブルクリックします。すると，点線で囲まれて［性別］の行の色が反転します（【図 5-34】参照)。

【図 5-33】

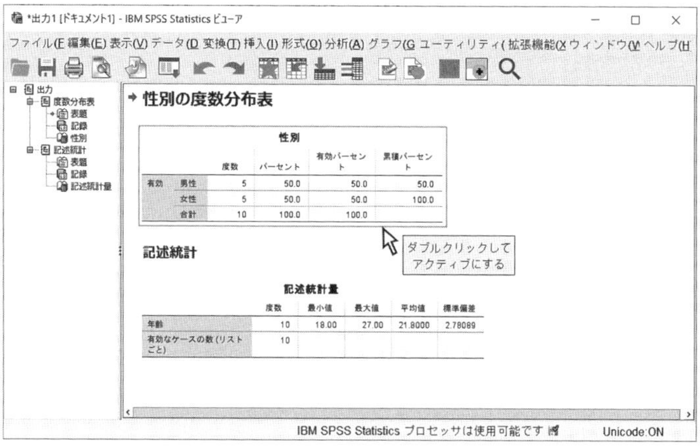

【図 5-34】

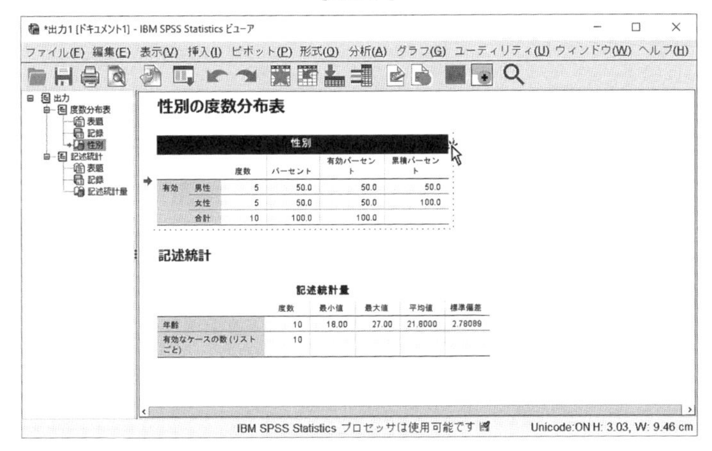

そして，［度数］と［パーセント］という列の境界線にマウスを置くと，マウスポインタが特殊な形状に変化して，ドラッグすると列の幅を調節することができます（【図 5-35】参照）★20。

★20：［性別］以外の空白部分をクリックすると，選択が解除されます。

【図 5-35】

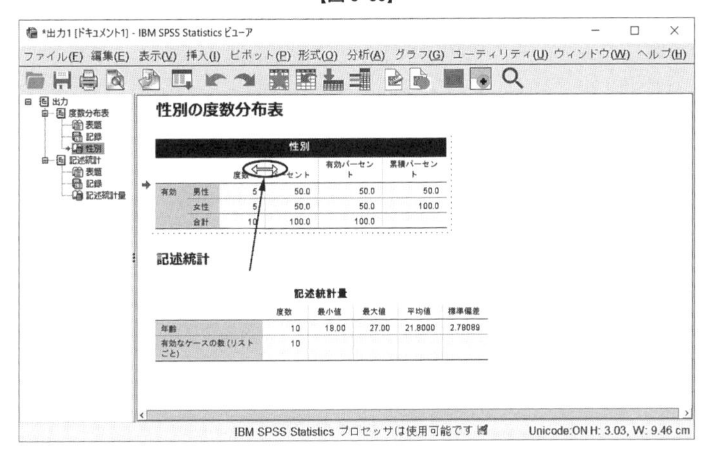

さらに，分析結果表示の用語を変更することもできます。例えば，先ほどの度数分布表において，［性別］の中の［男性］を［男］に変更してみます。これまでと同様に，まず［性別］の中をダブルクリックして点線を表示させます（【図 5-34】参照）。続いて，変更したい［男性］の文字をダブルクリックすると，その部分が変更できるようになります（【図 5-36】参照）。そして，キーボードから［男］と入力すれば，変更が完了します。

【図 5-36】

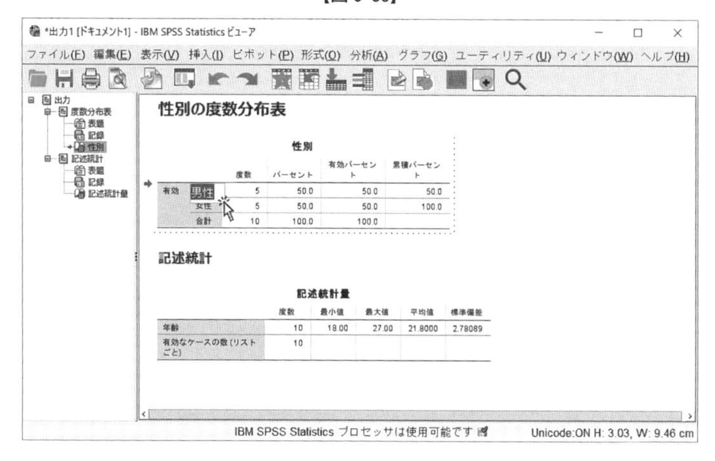

		度数	パーセント	有効パーセント	累積パーセント
有効	男性	5	50.0	50.0	50.0
	女性	5	50.0	50.0	100.0
	合計	10	100.0	100.0	

	度数	最小値	最大値	平均値	標準偏差
年齢	10	18.00	27.00	21.8000	2.78089
有効なケースの数 (リストごと)	10				

第1章でも述べたように，分析結果のファイルはデータ・エディタのファイルとは独立して保存されます。拡張子は，[.spv] です。保存後に結果を参照したいときは，この [.spv] ファイルをダブルクリックするだけで見ることができます。ただし，少数の分析結果だけであれば特に問題にはならないのですが，多くの分析を行なったり結果でグラフを多用していたりすると，[.spv] ファイルのサイズが巨大になる可能性があり，低容量のメディアに保存する場合に注意が必要です★21。

★21：最近では大容量のUSBメモリがかなり安価になりましたので，1つ買って携帯しておくと大変便利です。あるいは，クラウドを使うという手もあります。

第6節　分析結果の印刷方法

本節では，分析結果を実際に確認できるように印刷する方法を解説します。分析結果はビューアに表示されますから，当然，ビューアから印刷することになるのですが，単に印刷を実行するだけではすべての結果が印刷されてしまい，たくさんの紙が無駄になるばかりか，目的の結果部分を探し出すのも一苦労です。そこで，この節では2つの効率的な印刷方法を紹介します★22。

★22：大学の情報処理室など，多人数でプリンタを共有している場合には，必ず本節の操作を行なってください。そうしないと他人に多大な迷惑がかかります。

(1) 不要な箇所を削除して印刷する

この方法は，いらないものは消してから印刷するという最も基本的な方法です。例えば，[性別] の度数分布表を作成したとします（【図 5-37】参照）。

【図 5-37】

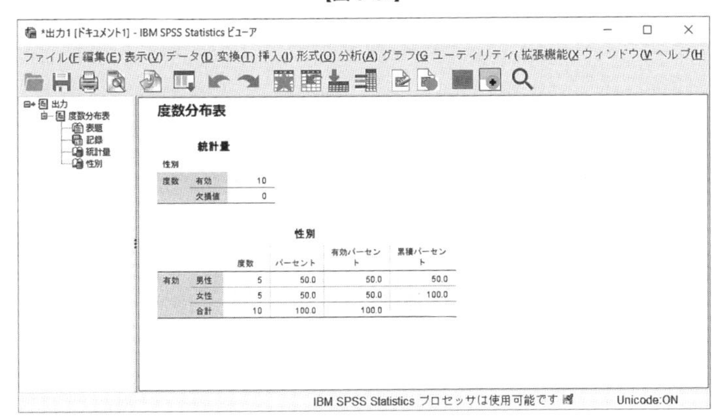

度数分布表の結果は［統計量］と［性別］という項目で結果が表示されます。しかし，度数分布表だけが必要であれば，欠損値情報などが掲載されている［統計量］という項目の結果は不要なので，これをクリックして選択し，［Delete］キーを押して削除してから印刷することにします（【図 5-38】参照)。

【図 5-38】

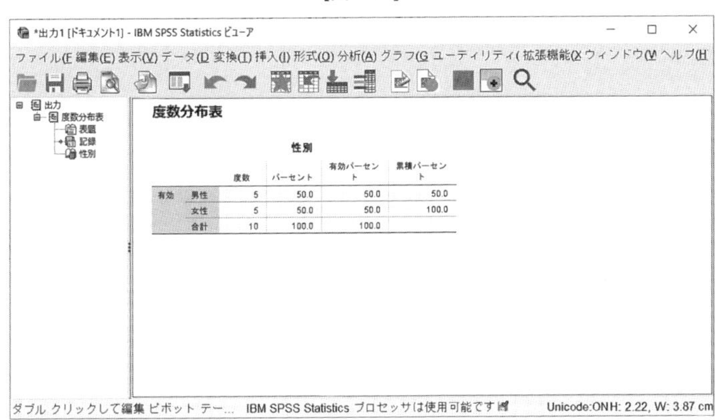

この状態で，メニューから［ファイル］→［印刷］を順にクリックすると，画面に表示されている部分だけが印刷されます。この方法は原始的ですが，不要部分を削除するという大切な内容を含んでいますので侮れません。普段から不要なものを削除するクセをつけておくとよいでしょう。

(2) 必要な箇所を選択して印刷する

出力がたくさんあるのに，不要な部分を削除するというのは逆に効率的ではない，あるいはすべての結果出力を残しておきたいといったときのために，印刷したい部分を選択してから印刷するという方法を解説します。

同じく［性別］の度数分布表を作成したとします。必要な結果項目は，［度数分布表］というタイトルと，［性別］という項目です。キーボードの［Ctrl］キーを押しながら，これらのタイトルや項目部分をマウスでクリックすると，同時に複数選択できます。その証拠に選択された複数の項目が四角い枠で囲まれています（【図 5-39】参照)。あとはメニューから［ファイル］→［印刷］を順にクリックすれば必要な部分だけが印刷されます★23。

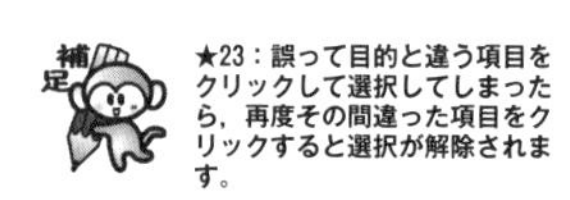

【図 5-39】

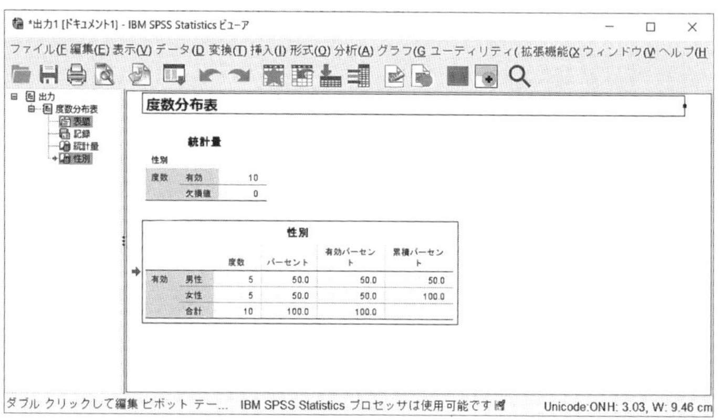

第7節　他ソフトへ図表を貼り込む

SPSSは統計分析を行なうソフトであり，論文やレポートを書くソフトではありません。執筆は当然ながらWordなどのワープロソフトがその役割を担います。本節ではSPSSで出力された分析結果をそのままWordなど他のソフトに貼り付ける方法を解説します。ここで注意することは，論文やレポートに用いる図表はSPSSの出力形式そのままだと少しマズイということです★24。あくまでも，「このようにして貼り付けられる」程度にお考え下さい。図表はSPSSやExcelのグラフ機能，あるいは専用のグラフ作成ソフトを用いて描画されることをお勧めします。

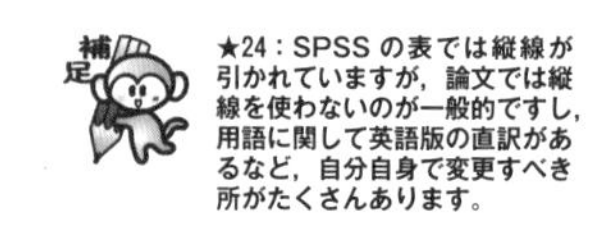

前節の度数分布表の出力において，［性別］の項目を他のソフトへ貼り付けることを考えます。まず，［性別］の項目を選択することから始まります（【図5-40】参照)。

【図 5-40】

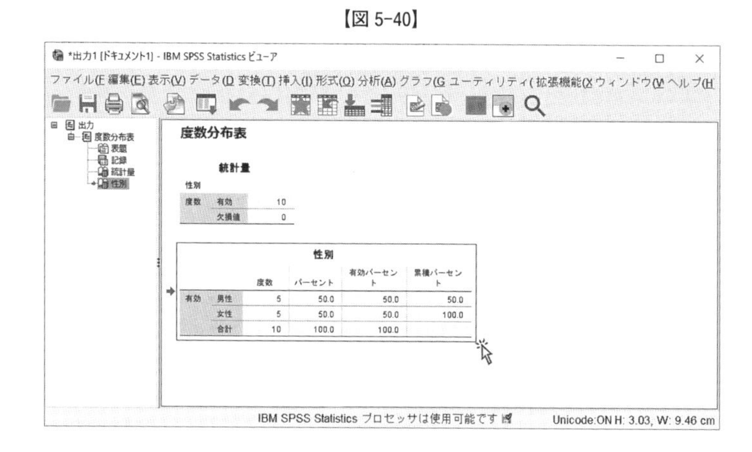

次に，メニューから［編集］→［コピー］を順にクリックします（【図5-41】参照)。

【図 5-41】

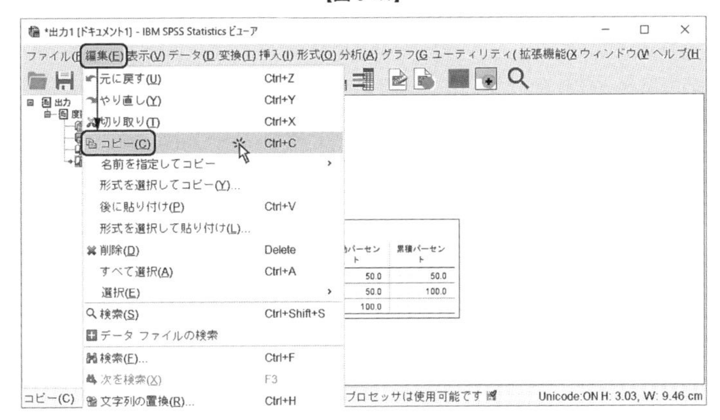

これでコンピュータ内のクリップボードとよばれるバッファ★25に［性別］の項目がコピーされましたので，他のソフト上で［編集］→［貼り付け］を実行すれば貼り付きます。

★25：バッファとは，コンピュータ内部にある一時的な貯蔵庫のことです。目には見えません。

第8節　結果を Excel へエクスポート

本節では Excel への結果の出力（エクスポート）を解説します★26。Excel に結果をエクスポートした後，さまざまな形に変更を加えることが可能になります。

度数分布表の分析結果を使うことにします（【図 5-37】参照）。［性別］の項目を Excel にエクスポートするには，その領域を直接右クリックし，表示されるメニューから［エクスポート］をクリックします（【図 5-42】参照）。すると，別ウィンドウが出現します（【図 5-43】参照）。

★26：ビューアのファイルは，異なるバージョンの SPSS で開こうとしても正しく表示されないことがあります。そんなときには迷わずエクスポートして保存してください。例えば，他の先生や研究者に分析結果を見せる場合などは，先生や研究者の SPSS のバージョンとみなさんのバージョンが同じであるという保証がありませんので，特に有効です。

【図 5-42】

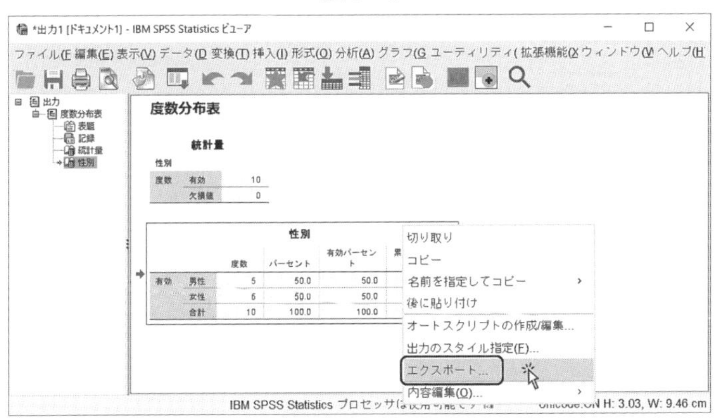

【図 5-43】

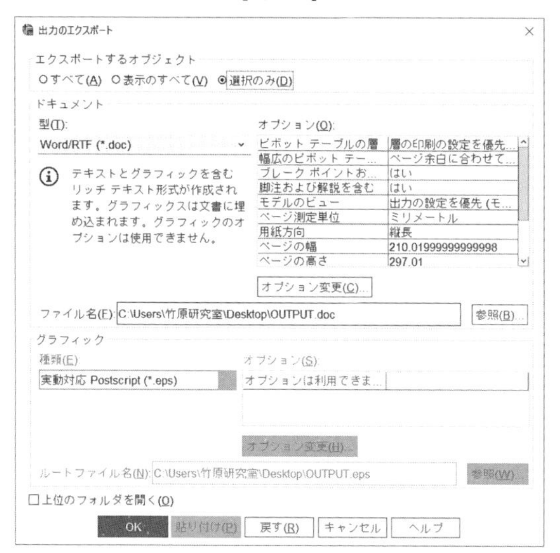

ウィンドウ上部の［エクスポートするオブジェクト］では出力のすべてをエクスポートするのか，あるいは特定の一部分だけをエクスポートするのかを設定します。今回は右クリックでエクスポートする部分を特定しておきましたから，［選択のみ］で大丈夫です。結果全部をエクスポートしたい場合は［すべて］に変更します。

続いて，その下の［ドキュメント］です。ここでエクスポートするときのファイル形式を指定します。デフォルトでは Word ファイル［Word/RTF（*.doc)］が指定されていますが，その他にも HTML 形式や Excel 形式などたくさんあります（【図 5-44】参照）★27。ここでは［∨］をクリックして［Excel 97-2004（*.xls)］を指定します（【図 5-45】参照）★28。

★27：Word ファイル形式は見えるけれど，Excel 形式が見えないという場合があります。そのときは，たくさん表示されるファイル形式の部分を上へスクロールしていくと，出てきます。

★28：私の環境だけなのかもしれませんが，［Excel 2007以上 (*.xlsx)］で保存しても正しく表示されませんでした。［Excel 97-2004 (*.xls)］で保存すると正しく表示されます。

【図 5-44】

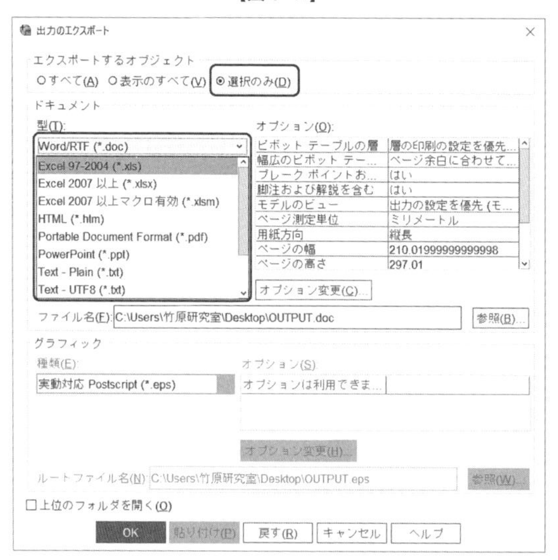

最後に，［ファイル名］です。この部分でファイルを保存する場所の絶対パスと，フ

【図 5-45】

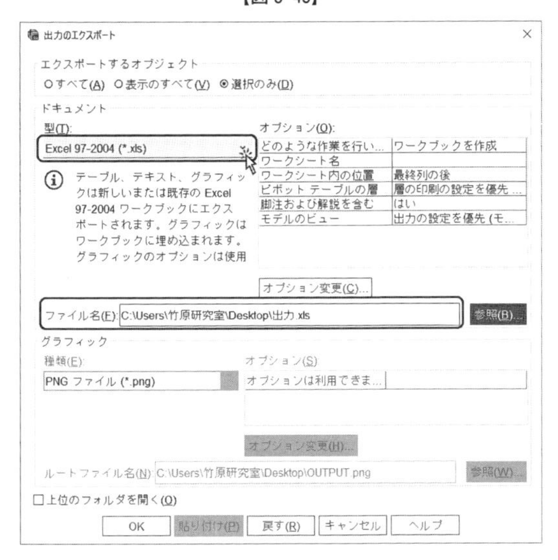

ァイル名を指定します。右側の［参照］ボタンをクリックして，適宜保存場所を指定して下さい。また，ファイル名も［OUTPUT］から理解しやすい別のファイル名に変更することをお勧めします。

［OK］ボタンをクリックするとエクスポートが始まり，指定した場所に Excel ファイルが作成されます。そのファイルを開いてみれば次のようになっているはずです（【図 5-46】参照）。これで表を自由に加工することができます★29。

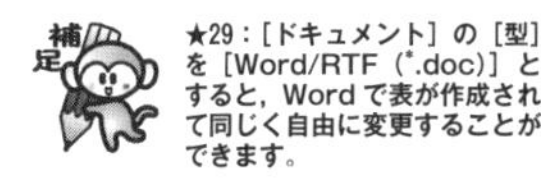

★29：［ドキュメント］の［型］を［Word/RTF（*.doc）］とすると，Word で表が作成されて同じく自由に変更することができます。

【図 5-46】

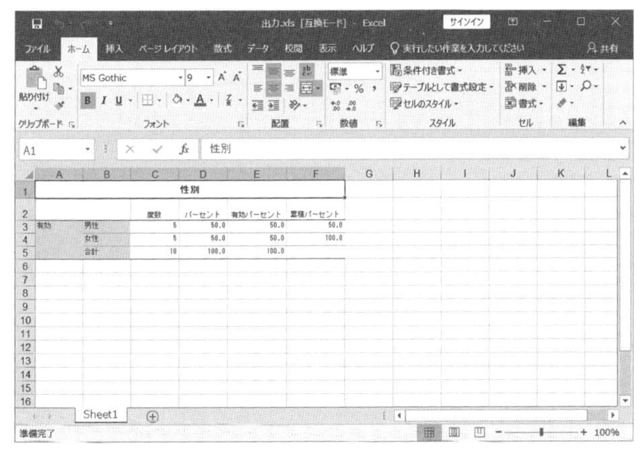

第 9 節　結果を HTML 形式でエクスポート

Word や Excel をインストールしていないコンピュータを所有している場合や，結果を他人に電子メールの添付ファイルで送信したい場合などは，［HTML 形式］で保存すると便利です★30。［HTML 形式］でエクスポートすると，グラフなども保存されて SPSS の出力画面に比較的近いファイルができあがります。

★30：HTML とはウェブサイト作成用のコンピュータコードで，この形式でエクスポートすれば Edge や Safari や Chrome 等のウェブ・ブラウザとよばれる閲覧ソフトで見ることができます。他人に結果を見せるときなどは，この方法でエクスポートするとよいでしょう。

これまでと同様，［度数分布表］の［性別］の項目を［HTML 形式］でエクスポートしてみます。【図 5-43】に進むまでは同じ手続きですが，［ドキュメント］の［型］を［HTML（*.htm）］にして，［OK］ボタンをクリックします（【図 5-47】参照）。

【図 5-47】

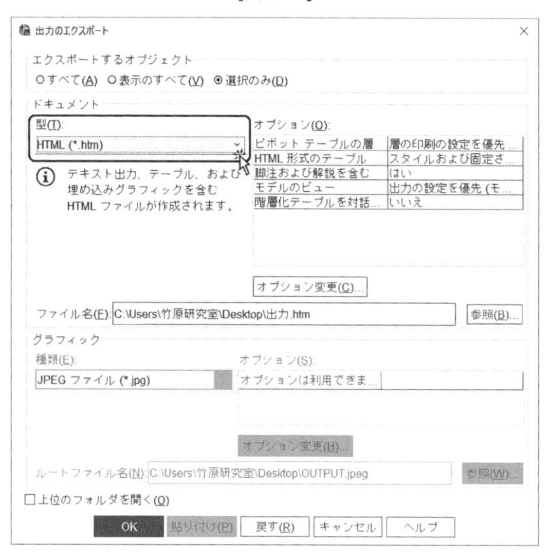

★31：ファイルを開くと，ブラウザが起動して表示されます。使用しているブラウザによって表の幅など若干異なる場合がありますが，基本的にはどのブラウザでもほとんど同じ表示になると考えてよいでしょう。また，グラフなどを保存した場合は，HTML ファイルとグラフの画像ファイルが別々に保存されますので，新しいフォルダを作成して，そこにまとめて保存するとよいでしょう。

出力された HTML ファイルを開くと，内容を確認できます（【図 5-48】参照）★31。

【図 5-48】

性別

		度数	パーセント	有効パーセント	累積パーセント
有効	男性	5	50.0	50.0	50.0
	女性	5	50.0	50.0	100.0
	合計	10	100.0	100.0	

第6章

分析前の確認事項とシンタックス

統計的検定や要因と水準など，統計分析を始める前に確認および理解しておかなければならないことを解説します。また，分散分析で使用するシンタックスの使い方や基本ルールについても詳しく解説します。

第1節　統計的検定

次の例を考えます。今，ある製菓会社が製造しているお菓子がたくさんあります。ちまたではおいしいと評判なのですが，特に女性に人気があるように感じられます。本当に男性よりも女性のほうがそのお菓子をおいしいと感じているのでしょうか？そこで，無作為に選んだ［男性10名］，［女性10名］に，お菓子の［おいしさ度］を10点満点で評価してもらう実験を行ないました。その結果，次のデータが得られました（【図6-1】参照）。また，［おいしさ度］の平均値は［男性］が［7.00点］，［女性］が［8.10点］ということが判明しました。

【図6-1】

											平均値
男性	6	8	8	7	8	6	5	8	7	7	7.00
女性	8	10	9	9	6	8	7	8	8	8	8.10

男女の平均値の差は［1.10点］であることは見てのとおりですが，はたして女性に人気がある，つまり女性のほうが男性よりもおいしいと評価しているでしょうか？ある人は，［1.10点］の差が実際にあって女性のほうがおいしく感じているのだから，間違いなくそのお菓子は男性よりも女性に人気があると考えるかもしれません★1。またある人は，［1.10点］という差はごくわずかで，差がないに等しく，女性は男性よりもそのお菓子をおいしいと感じていない，つまりお菓子の人気は男女平等だと考えるかもしれません。［1.10点］の差は大きいと言えば大きいでしょうし，小さいと言えば小さいでしょうし，困ったところです。どちらが正しいのでしょうか？

★1：テレビのワイドショーなどでダイエットの効果があったなどと解説しているときは，ほとんどこの考え方です。統計的検定をせず，単に棒グラフを引っぱり出して差があることを強調しているでしょう？

そこで，その差が意味のある差なのか，意味のない差なのかを確率に基づいて統計的に判断する作業が必要となり，その作業を［統計的検定］とよびます。統計的検定の結果，［（確率的に）差は意味のあるものだ］と判断されれば，そのお菓子は男性よりも女性のほうがおいしいと感じる，つまり女性に人気があると結論を下せます。逆に，［（確率的に）差は意味のないものだった］と判断されれば，［1.10点］という平均値の差は単なる誤差で偶然の産物だった，つまりそのお菓子の人気は男女で違うとは言えないと結論を下せます★2。言い換えると，データから得られた差が意味のあるものなのかどうかを，統計的検定を基準として判断できることになります。

★2：このデータを第7章で解説する［t 検定］で実際に統計的検定を行なってみると，［差は意味のあるものだ］と結論を下せることがわかります。ちなみに，［有意確率］は［.035］でした。

続いて，統計的検定（以下，検定と略記します）を行なう際の典型的な手順を解説します。

- 帰無仮説と対立仮説を立てる。
- 仮説を検証するために必要な統計量を決定する。
- 有意水準を設定する。
- 実験や調査を行なう。
- データを分析して算出された統計量から p 値を求める。
- p 値が有意水準を上回っているか下回っているかを判定する。

(1) 帰無仮説と対立仮説を立てる

検定では，［差がない］と仮定して考えると矛盾することを用いて，［差がある］と結論する，いわゆる背理法の原理を利用します。まず，［帰無仮説］を立てます。これは［差がない］という仮説に相当し，最終的に棄却したい仮説になります。先ほどのお菓子の例で帰無仮説を立てるならば，［性別の違いによってお菓子の人気に差はない］，あるいは［性別の違いによってお菓子をおいしく感じる度合いに差はない］となります。

続いて，［対立仮説］を立てます。この仮説は帰無仮説と正反対の，［差がある］という仮説になります★3。同様に，お菓子の例で考えるならば，対立仮説は［性別の違いによってお菓子の人気には差がある］あるいは［性別の違いによってお菓子をおいしく感じる度合いに差がある］となります。これらの作業をSPSSが行なってくれることは絶対になく，必ずみなさんの力で行なう必要があります。

★3：一般的に，帰無仮説を［H_0］，対立仮説を［H_1］と表わすことがあります。差が［ない］が［H_0］に，差が［ある］が［H_1］に，それぞれ相当します。差がないから［0］という数字が，差があるから［1］という数字が採用されるということですね。

(2) 仮説を検証するために必要な統計量を決定する

仮説を検証するためには，それに相応しい統計量（分布）を求める必要があります。簡単に言えば，分析方法を決定するプロセスになります。この作業にはデータの分布や尺度（第3節参照）の問題が関わってきますので，慎重に吟味する必要があります★4。データによってターゲットとなる統計量が限定される場合もあるので，注意が必要です。先ほどのお菓子のデータでは，［t 値］あるいは［F 値］を求めることになります。ここでも，統計量決定の作業をSPSSが行なってくれることなどありえませんので，みなさんの考えが重要になります。

★4：適切な分析方法を選択することは非常に大切です。SPSSは操作が簡単であるがゆえに，分析方法の選択ミスをして意味のない結果を導き出すことが非常に多いのです。

(3) 有意水準を設定する

後述する［有意水準］を設定します。有意水準とは，帰無仮説を棄却できるかどうかの基準となります。通常，心理学などでは有意水準を［5％］に設定することが多いです★5。しかし，実験計画によっては［1％］や［0.1％］，あるいは稀に［10％］に設定されることもあります。この設定のほとんどはSPSS側で自動的に算出してくれますので，みなさんが気にすることは特にありません。お菓子の例では慣例に従って，有意水準を［5％］とします。

★5：物理学のような自然科学からすれば，［5％］という値は途方もなくゆるい設定と考えられるかもしれません。

(4) 実験や調査を行なう

言うまでもなく，この作業はSPSSにできるはずがありません。みなさんの手でしっかりデータを集めなくてはなりません。お菓子の例ではすでにデータが手元に得られていて，【図6-1】に表示されています。

(5) データを分析して算出された統計量から p 値を求める

SPSSを用いてさまざまな統計分析を行ない，算出される統計量を求めます。例えば，［t検定］なら［t 値］，［分散分析］なら［F 値］という，分析に応じた統計量を求めます。そしてこれらから［p 値］とよばれる確率を求めます。［p 値］は［有意確率］や［危険率］とよばれ，［差がない］という帰無仮説のもとで得られた結果（統計量）が生じる確率を表わします。各種統計量や［p 値］はSPSSが自動的に計算してくれますので，任せておきましょう★6。お菓子の例で［p 値］を算出してみると，［.035］となりました。

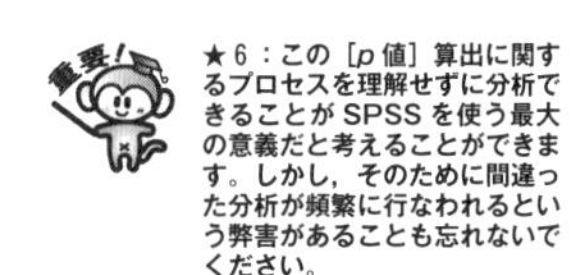
★6：この［p 値］算出に関するプロセスを理解せずに分析できることがSPSSを使う最大の意義だと考えることができます。しかし，そのために間違った分析が頻繁に行なわれるという弊害があることも忘れないでください。

(6) p 値が有意水準を上回っているか下回っているかを判定する

繰り返しになりますが，得られた［p 値］は帰無仮説のもとでその統計量が得られる確率，つまりその結果が得られる確率を表わしています。最終的に，この［p 値］と［5％］の［有意水準］とを参考にして帰無仮説を棄却するのか採択するのかを決定することになります。もし，［p 値］が［5％］を下回っていれば，100回のうち偶然で5回以下しか起こらない稀な事象が，今，実際に目の前で起こっているのだから，それを偶然の産物の結果と考えずに必然的に生じたと考え，帰無仮説を棄却して対立仮説を採択します。つまり，［差がない］という帰無仮説を捨てて，［差がある］という結論を導き出すのです。言い換えれば，［差がない］と仮定しているのにもかかわらず，5％以下という非常に珍しい確率でその結果が生じたわけなので，それは素直に［差があった］と認めてしまおうという論理です。

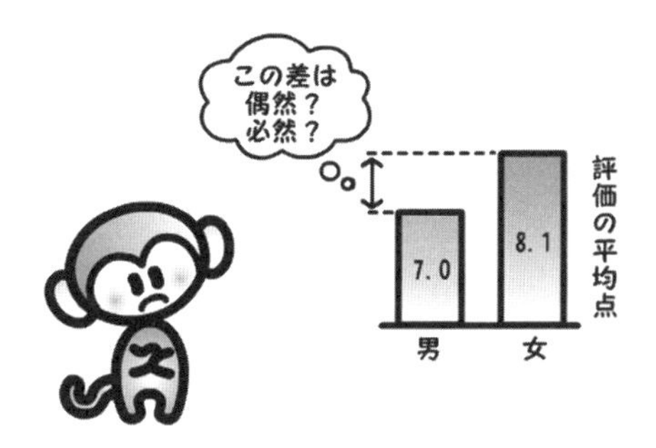

有意水準を［5％］に設定して帰無仮説が棄却された場合，［5％水準で有意な差が認められた］などといった言い回しをします。逆に，［p 値］が［5％］を上回っていれば，その事象は［差がない］という仮定のもとで十分普通に起こり得ると考えて，帰無仮説を採択します。先ほどのお菓子の例では，［p 値］が［.035］つまり［3.5％］で［5％］を下回っていたため，帰無仮説を棄却して対立仮説を採択し，［性別の違いによってお菓子の人気に差がある］あるいは［性別の違いによってお菓子をおいしく感じる度合いに差がある］と結論づけられるのです。

ここで気をつけなければならないことがあります。帰無仮説を棄却して［性別の違いによってお菓子の人気に差がある］と判断したとして，そこに絶対的な差が存在するとは言い切れないのです。なぜなら，上で［100回のうち5回以下でしか偶然起こらない稀な事象が目の前で起こっているのだから］と書きましたが，［有意水準］を［5％］に設定した場合，100回のうち5回ほど偶然に生じてしまう確率があるからです。つまり，［差がない］にもかかわらず［差がある］と早合点して結論づけてしまう確率が残存しているのです。これを，［第1種の過誤］とか［タイプⅠエラー］とよび，通常［α］で表わされます。逆に，［有意水準］を［0.1％］などの非常に厳しい値に設定すれば，［第1種の過誤］を犯す確率は減少しますが，今度は帰無仮説が間違っているにもかかわらず採択してしまう可能性が増加します。これを，［第2種の過誤］

とか［タイプⅡエラー］とよび，通常［β］で表わされます（【図 6-2】参照）★7。［p 値］が算出されたからといって，［差がある］・［差がない］と短絡的に決めつけてしまわないように注意しましょう。

★７：［第１種の過誤］を［α］で表わすため，［差がないのにあると結論する］，つまり［あわてんぼう］=［α watenbou］のエラーと覚え，［第２種の過誤］を［β］で表わすため，［差があるのにないと結論する］，つまり［ぼんやりもの］=［β onyarimono］のエラーと覚えるとよいでしょう。

【図 6-2】

	帰無仮説を棄却する	帰無仮説を棄却せず
帰無仮説が真	タイプⅠエラー（α）	正判断
帰無仮説が偽	正判断	タイプⅡエラー（β）

第２節　独立・従属変数と要因

(1) 独立変数と従属変数

第１節ではお菓子の例を用いて統計的検定について解説しましたが，実は分析に際して重要な概念が内包されています。その例では男女という性別の違いによってお菓子の人気に差があるかどうかを検証しました。この［性別］のように，結果において差が生じる原因となる変数を［独立変数］とよび，基本的に実験者や調査者が実験計画に応じて設定します★8。

★８：［独立変数］は多変量解析などでは［説明変数］とか［予測変数］という名前でよばれますが，同じ意味で捉えてよいでしょう。

一方，［独立変数］の影響を受けて（それに従属して）決まる結果の変数のことを文字通り［従属変数］とよびます。お菓子の例では，［性別］という［独立変数］の影響を受けて決まる結果は［お菓子の人気（おいしさ度）］でしたので，これが［従属変数］となります。一連の因果関係を考える上で，原因を［独立変数］，結果を［従属変数］と考えると理解しやすいでしょう★9。

★９：［従属変数］は多変量解析などでは［被説明変数］とか［基準変数］という名前でよばれますが，同じ意味で捉えてよいでしょう。

例えば，［性別］によって数学のテストの［点数］に差があるかどうかを調べるという場合には，［独立変数］が［性別］，［従属変数］が［点数］になるでしょうし，［薬の種類］によってラットの［迷路内行動］に差があるかどうかを調べるという場合には，［独立変数］が［薬の種類］，［従属変数］が［迷路内行動］となるでしょう。また，［日照時間］によって植物の［発芽日数］に差があるかどうかを調べる場合には，［独立変数］が［日照時間］，［従属変数］が［発芽日数］となるでしょう★10。

★10：心理学だけに限定されず，他のさまざまな科学分野でも［独立変数］と［従属変数］の概念は非常に重要です。

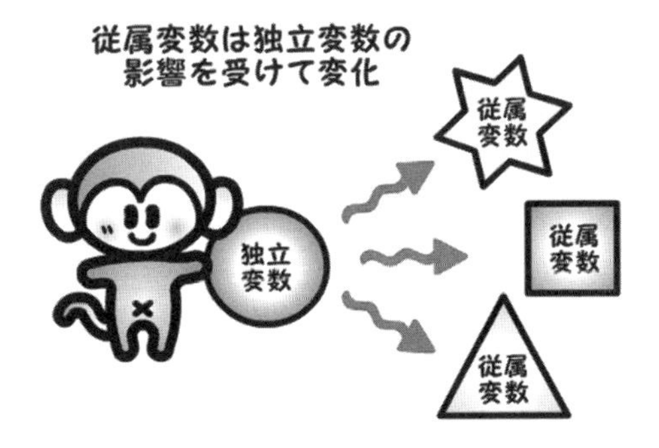

(2) 要因と水準

もう１つ重要な概念があります。それは，［要因］と［水準］です★11。ここで，お菓子の例に戻って考えてみると，結果が生じる原因となる［独立変数］は男女という

★11：［要因］と［水準］は，第８章～第12章で解説する分散分析では頻繁に出てきますので，しっかり理解してください。

［性別］でした。これを別のよび方で［要因］と言い，［性別要因］などと言います。また，［性別要因］には［男］と［女］という2つのカテゴリが存在します★12。この［要因］におけるカテゴリのことを［水準］あるいは［条件］と言います。

★12：現在の社会では性的多様性の観点から，性別を男性と女性という二分法で捉えないという考えが浸透しつつあります。著者の所属大学では実験や調査において性別を尋ねるとき，男女の他に［その他］という項目も設けています。ここでは，みなさんの統計的知識の理解促進のために，男女という二分法的使い方をしていると解釈いただければ幸いです。決して，差別や区別といった悪意のある考え方をしているわけではありません。

先ほどのラットの迷路内行動の例で考えてみると，もしも［薬の種類］要因に［偽薬］・［抗不安薬］・［抗鬱薬］という3種類の薬を使用したならば，［3水準］などと言います。また，植物の発芽日数の例で考えてみると，［日照時間］要因に［1時間］・［3時間］・［5時間］・［7時間］という4種類が設定されていたならば，［4水準］ということになります。なお，［要因］は1つであるとは限らず，複数のときもあります。

(3) 対応のある・ない

得られたデータを分析するときに，どのようなデザインのもとで実験を行なったのかを，よく考える必要があります。例えば，先ほどのお菓子の例では，［男性10名］，［女性10名］から評価が得られています。［男性］と［女性］は，［性別要因］の水準に該当しており，これら2つの水準は別々の被験者から構成されています。このように，各水準のデータが異なる被験者から得られている場合，［対応がない］とか［対応なし］と言います★13。

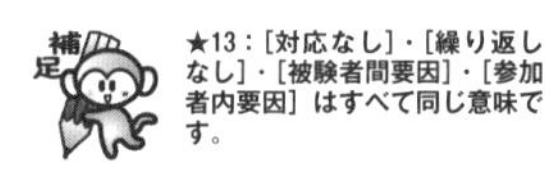

★13：［対応なし］・［繰り返しなし］・［被験者間要因］・［参加者内要因］はすべて同じ意味です。

一方，［10名］の各被験者が照明の［明るい部屋］と［暗い部屋］の両方で，ある課題を行なったときに，どちらの部屋のほうが課題の得点が良いかを調べる実験があったと仮定します。この場合は，同じ被験者が［明るい部屋］と［暗い部屋］の両方の部屋で課題を行なっているため，先ほどの［対応がない］場合と少し違います。［明るい部屋］と［暗い部屋］は，［明るさ要因］の水準に該当しており，これら2つの水準のデータは同じ被験者から得られています。つまり，データに対応関係があるというわけです。このように，各水準のデータが同一の被験者から得られている場合，［対応がある］とか［対応あり］と言います★14。

★14：［対応あり］・［繰り返しあり］・［被験者内要因］・［参加者内要因］はすべて同じ意味です。

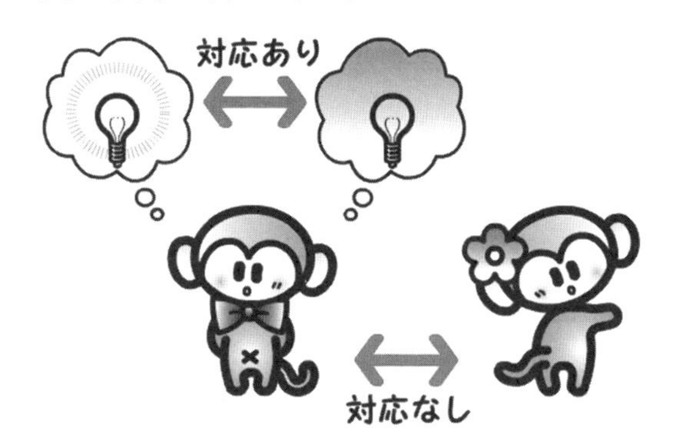

第3節　尺度レベルについて

［尺度］という用語を聞くと難しそうに聞こえますが，［数字をはかる物差し］と考えるとよいと思います。7時50分や国道24号線，摂氏36度に運動会のリレーでの1着など，わたしたちの身の回りにはさまざまな数字があふれていますが，すべての数字が同じ意味をもっているわけではありません。それぞれの数字に応じた物差しを使って考えなければならないのです。数字は基本的に［0］～［9］の十進法で表記しま

すので，それらの性質をほとんど区別することはありませんが，統計上はすべてが同じカテゴリに属するのではなく，その性質に応じて次の４つのタイプに分類されます。

⑴ 名義尺度

例えば，国道24号線は京都～奈良～和歌山間を結ぶ関西の動脈の１つです。この［24］という数字はただ単なるラベルにすぎず，国土交通省（昔の建設省）が番号を割り振ったものです。現在では国道24号線となっていますが，決め方によっては国道１号線でもよかったでしょうし，国道777号線でもよかったはずです。このように，ラベルとしての意味しかもたない尺度を，［名義尺度］といいます。考えればわかることですが，［国道24号線］×［国道５号線］＝［国道120号線］という式は，計算することはできるものの，まったく何の意味ももちません★15。名義尺度では，演算はおろか大小関係や優劣関係も表現できません。

★15：データ入力のとき，［男性］を［１］，［女性］を［２］とするのも名義尺度です。なぜなら，［男性］が［０］，［女性］が［77］でもよいのですから。

⑵ 順序尺度

別名，［順位尺度］ともよばれます。ここで，運動会のリレーの順番を考えます。１着から最下位の人まで速い順に順番をつけることができますが，この数字は［名義尺度］のような，単なるラベルではありません★16。優劣や大小の決定に欠かせない，順番をつけるという重要な役割があるのです。しかし，単に順番をつけるだけで，その順番の間の等間隔性は保証されません。つまり，１着の人は３着の人の３倍すぐれているとは言えないのです。なぜなら，リレーで１着の人のタイムが30秒，２着の人のタイムが33秒，３着の人のタイムが35秒だった場合，１着のタイム（30秒）は３着のタイム（35秒）の３倍優れているとは言えないことからわかります。このような尺度を［順序尺度］とよびます。［順序尺度］でも，［１着］＋［３着］＝［４着］という式が計算可能ではありますが，意味をもたないことからもわかるように，演算すること自体に意味はありません。

★16：［名義尺度］と［順序尺度］を併せて，［質的データ］とよびます。また，［名義尺度］と［順序尺度］に関する統計分析のことを［ノンパラメトリック検定］とよぶこともあります。

⑶ 間隔尺度

温度計を考えてみましょう。温度計の数字は［名義尺度］・［順序尺度］の２つの尺度と性質が違います。温度計の目盛りは，たいてい１度単位でついています。［順序尺度］のリレーの順番と同じように，この１度間隔の目盛りは順番通り並んでいますが，その間隔が等しいところが［順序尺度］と違います。さらに，温度は［摂氏］と［華氏］の両方で表現できますが，双方の０度はまったく違った意味をもちます★17。言い換えると，変換ができるということになり，基準になるゼロが存在しない，つまり［絶対ゼロ］がないと言えます。このような尺度を［間隔尺度］とよびます。［間隔尺度］では，［足し算］と［引き算］が可能です。

★17：摂氏０度は華氏０度と異なります。ちなみに，摂氏と華氏の換算式は，［摂氏＝(華氏－32)×5÷9］となっています。質問紙調査でよく用いられる５段階評価などの結果は，厳密には［順序尺度］ですが，間隔が等しいと考えて慣例的に［間隔尺度］とみなして分析してもよいようです。

⑷ 比率尺度

別名，［比例尺度］ともよばれます。人間の身長を考えてみましょう。今，１人の男性がいて，身長は［170 cm］でした。さて，この［170］という数字にはどのような意味があるのでしょうか？　まず，この数字は［名義尺度］のようなラベルではありません。しかし，［150 cm］の人は［170 cm］の人よりも低いといった，［順序尺度］

のような大小関係を表わすことができます。また，［間隔尺度］のように1cmずつの数字の間隔は等しいですが，体重など他の指標に変換することはできません。さらに基準となるゼロである，［絶対ゼロ］が存在します。このような尺度を［比率尺度］といいます★18。［比率尺度］は［足し算］と［引き算］に加えて，［掛け算］や［割り算］も可能になります。

★18：［間隔尺度］と［比率尺度］を併せて，［量的データ］とよびます。また，［間隔尺度］と［比率尺度］に関する統計分析のことを［パラメトリック検定］とよぶこともあります。

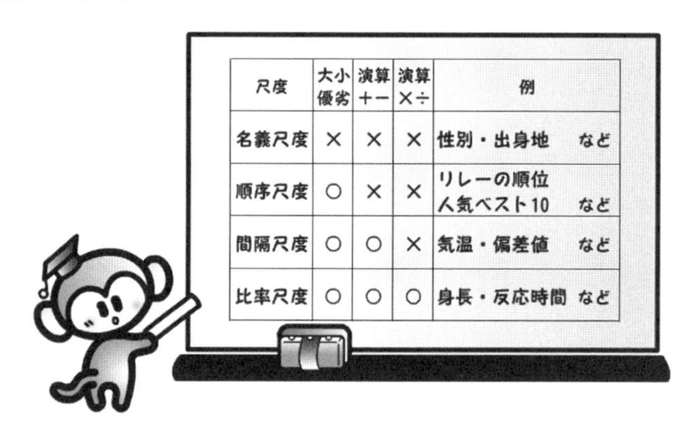

尺度	大小優劣	演算＋−	演算×÷	例
名義尺度	×	×	×	性別・出身地　など
順序尺度	○	×	×	リレーの順位 人気ベスト10　など
間隔尺度	○	○	×	気温・偏差値　など
比率尺度	○	○	○	身長・反応時間　など

第4節　シンタックスの概要とルール

SPSSは簡単なマウス操作で複雑な統計分析を可能にしていることは，第1章・第1節で解説したとおりです。しかし，いくら簡単なSPSSでも，非常に複雑な分析やデータの細かいハンドリングを行なうときに，マウス操作だけでは不十分なことがあります。そんなときに役に立つのがシンタックス（Syntax）です。

シンタックスは，典型的なコンピュータ・プログラムの姿をしています。第1章・第3節で解説したとおり，SPSSではマウス操作で可能なあらゆる分析が対応するシンタックスに自動的に翻訳されて，コンピュータ内部で密かに実行されています。一見，難解そうに見えるシンタックスは非常に柔軟性があり，うまく使いこなすことができれば大きなアドバンテージとなるでしょう★19。特に，第11章の単純主効果の検定などではシンタックスが必須になりますので，本節ではシンタックスを使用する際の基本ルールを解説します。

★19：例えば，シンタックスを作成して保存しておけば，どのようなプロセスを経て分析を行なったかが一目瞭然となりますので大変便利です。

(1) シンタックス・エディタの開き方

シンタックスは，シンタックス・エディタとよばれる専用のウィンドウを開いて，キーボードから入力します。シンタックス・エディタの開き方には2種類あり，1つ目はデータ・エディタのメニューから［ファイル］→［新規作成］→［シンタックス］と順にクリックする方法（【図6-3】参照），2つ目はマウス操作で分析を進めている途中のウィンドウで［貼り付け］ボタンをクリックする方法です（【図6-4】参照）★20。

1つ目の方法を使うと何も入力されていない新しいシンタックス・エディタが開きます（【図6-5】参照）。シンタックスを新規に組むときに便利です。2つ目の方法を使うと，分析のシンタックスがある程度入力されたシンタックス・エディタが開きます（【図6-6】参照）。シンタックスの特定部分の変更や，シンタックスの追加などに便利です★21・22。

★20：［貼り付け］ボタンはどの分析ウィンドウにもあります。

補足

★21：シンタックスの左側に，縦方向に数字が続いています。これは行番号です。

★22：［図6-6］を見ると，1行目が空行になっていますが，シンタックスは問題なく実行されます。

【図 6-3】

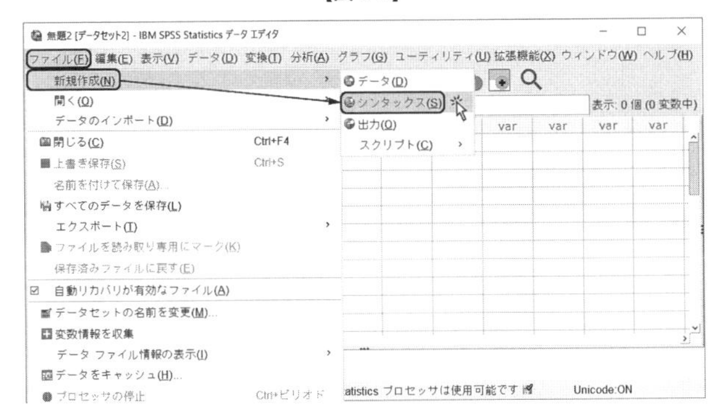

【図 6-4】

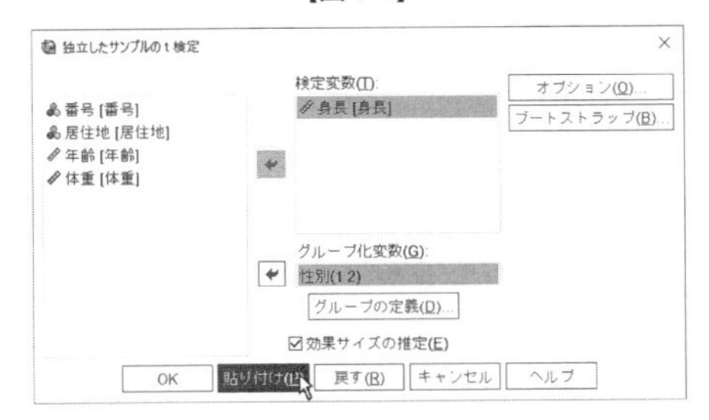

【図 6-5】

【図 6-6】

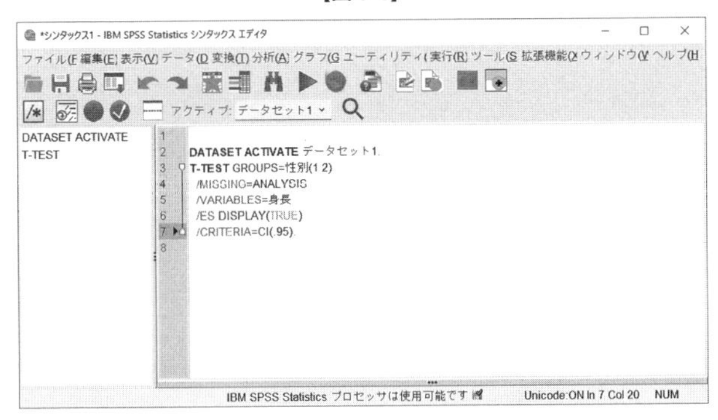

(2) シンタックス・エディタの概要

シンタックス・エディタは4つの領域と各種ボタンから構成されています。1つ目はシンタックスを入力したり編集したりするメインの領域である［エディタ枠］，2つ目はエディタ枠のすぐ左側にあって行番号などを表示する［ガッター］，3つ目はガッターの左側にあって入力したすべてのコマンド一覧を表示する［ナビゲーション枠］，4つ目はエディタ枠の下にあってエラー表示をする［エラー枠］です（【図6-7】参照）★23。これら4領域は境界線をマウスでドラッグするとサイズを変更することができます。

★23：［エラー枠］が最初から表示されていない場合があります。その場合，［エディタ枠］と［エラー枠］との境界線をマウスでドラッグすると［エラー枠］が出現しますし，シンタックスを実行して実際に何らかのエラーが発生しても出現します。

【図6-7】

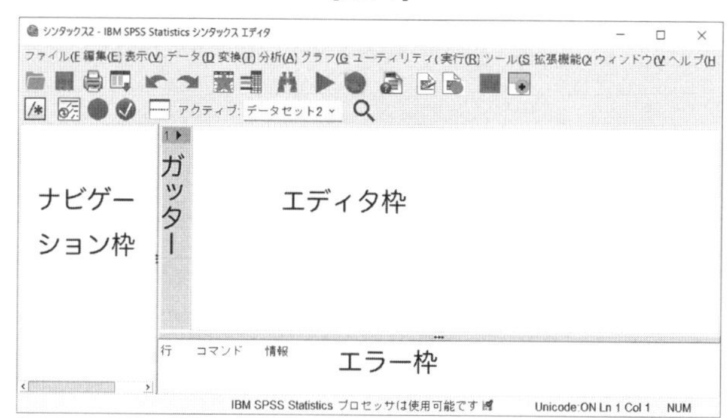

【図6-8】のように［エディタ枠］にシンタックスを入力すると，［ナビゲーション枠］に入力したコマンドが一覧表示されます。この例では［DATASET ACTIVATE］と［T-TEST］と［CORRELATIONS］という3つのコマンドが表示されています★24。また，［ガッター］には縦線が2本表示され，コマンドのまとまりを視覚的に表わしています。［エディタ枠］のシンタックスにはカラフルな色がついています。これは，後に詳しく解説するコマンドやサブコマンドなどをわかりやすくする目的があり，コマンドは紺色の太字，サブコマンドは緑色，キーワードは茶色，キーワードで指定する値はオレンジ色，エラーは赤色で表示されます（【図6-8】参照）★25。

★24：1つ目のコマンドの［DATASET ACTIVATE］とは，分析対象とするデータセット（データの集まり）がどれなのかを特定するためのものです。ここでは［エディタ枠］に［DATASET ACTIVATE データセット1］と記述され，分析対象が［データセット1］だということが分かります。最近のSPSSでは複数のデータセット（複数のデータ・エディタ）を扱えるようになっているため，どのデータセット（データ・エディタ）を分析対象としているのか，注意しながら進めましょう。複数のデータセット（データ・エディタ）を表示している際に，時折，異なるデータセットを分析対象としていたため，シンタックスが表示されなくて困惑することがあります。

★25：エラーがなくても赤色で表示されることもありますので，赤色で表示されたからといってがっかりするのは早いです。また，ユーザー側で色を指定することもできます。なお，本書は白黒印刷されるはずなので，みなさんが本書で色を見分けるのは困難だと思います。申し訳ありません。

【図6-8】

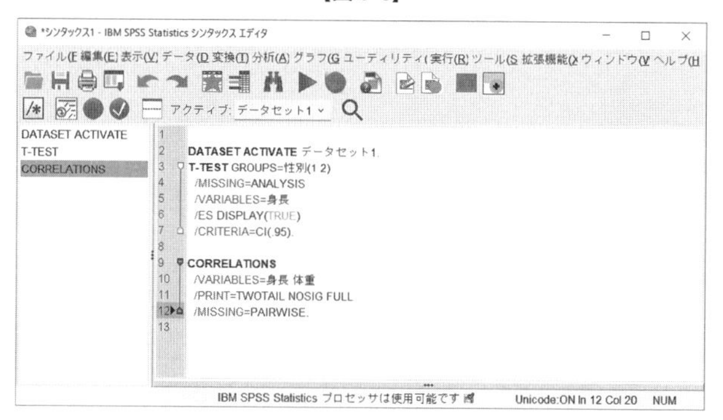

シンタックスを実行して何らかのエラーが発生すると，［エラー枠］にエラーが発生した行番号とコマンド名，およびエラーに関する情報が表示されます（【図 6-9】参照）。エラーが発生した場合は，行番号やエラーに関する情報を元にして，エラーの原因となっている場所を特定します★26。

★26：SPSS の初心者には少し悩ましいのですが，表示されている行番号の部分に必ずエラーの原因があるとは限りません。その場合は，表示されているコマンドの近所のどこかにエラーが潜んでいることになります。【図 6-9】は，3行目の［性別］の右側のカッコ内で，(1 2) が正しいのに，(1 2 3) と余計な数字［3］を加えたことによるエラーが示されています。

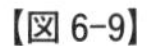
【図 6-9】

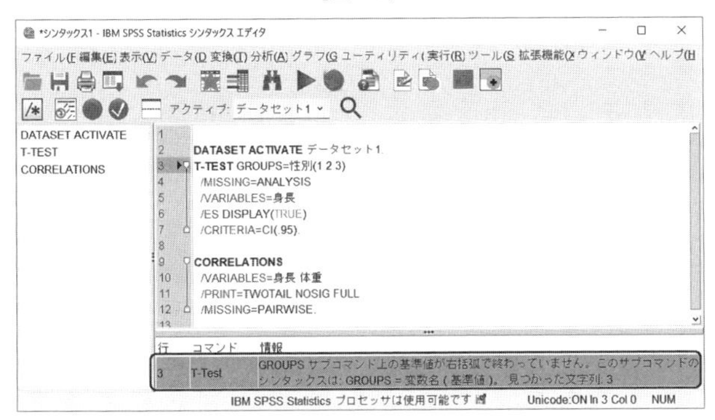

第1章・第4節でも解説しているように、シンタックスを保存すると［.sps］という拡張子が付属したファイルができます。次回からはこのファイルをダブルクリックするだけでシンタックスをよび出すことができます。

(3) シンタックスで使用できる文字

シンタックスで使用できる文字は制限されており，基本的には半角のアルファベット★27および半角の数字を使用します。また，半角の四則演算子［+］・［−］・［*］・［/］，イコール［=］，ベキ演算子［**］，不等号［<］・［>］，ピリオド［.］，カンマ［,］なども使用できます。ひらがな・カタカナ・漢字の，いわゆる2バイト文字は入力できますが，変数名の部分だけにしか使えません。スペースも使えますが，全角スペースはエラーが発生しますので，必ず半角スペースを使用してください★28。

★27：アルファベットの大文字・小文字の区別はありません。大文字で入力したシンタックスと，小文字で入力したシンタックスを実行しても，同じ結果が得られます。

★28：SPSS の授業を行なっていて，このエラーが極めて多いです。スペースは空白部分しか見えませんから，それが半角スペースなのか全角スペースなのか，ひと目で判断がつきにくいのです。スペースはとにかく絶対に半角！　と覚えてください。

(4) コマンド入力のルール

シンタックスは，［コマンド］（命令文），およびそれに準ずる［サブコマンド］・［ユーザー定義変数］といった，［キーワード］の集合体です。最初に分析に関するコマンドを記述し，ピリオド［.］が入力されるまで，そのコマンドの支配下になります。また，空行を挿入した場合は，その空行がコマンドの終了と解釈されます。分析の種類によって数は異なりますが，コマンドに続いていくつかのサブコマンドを用い，細かい設定を行ないます。サブコマンドはスラッシュ［/］で始め★29，さらに詳しい設定を行なうキーワードを伴うこともあります（【図 6-10】参照）。

シンタックスを見やすくするために半角スペース★30を適宜挿入するとよいでしょう。半角スペースは，挿入可能なところであればいくつ挿入しても問題ありません。挿入できる箇所は，スラッシュ［/］，カッコ［()］，算術演算子［+］・［−］・［*］・［/］・［**］・［<］・［>］，カンマ［,］，ピリオド［.］の左右両側，および変数名と変数名との間などです（【図 6-11】参照）。

★29：厳密には，コマンド直後のサブコマンドに限って，スラッシュ［/］をつけなくても実行できます。また，サブコマンドに続く［=］は本当はつけなくても大丈夫なのですが，キーワードの混乱を避けるためにつけるクセをつけましょう。

★30：繰り返しますが，スペースは絶対に半角！　です。全角はダメ！。

【図 6-10】

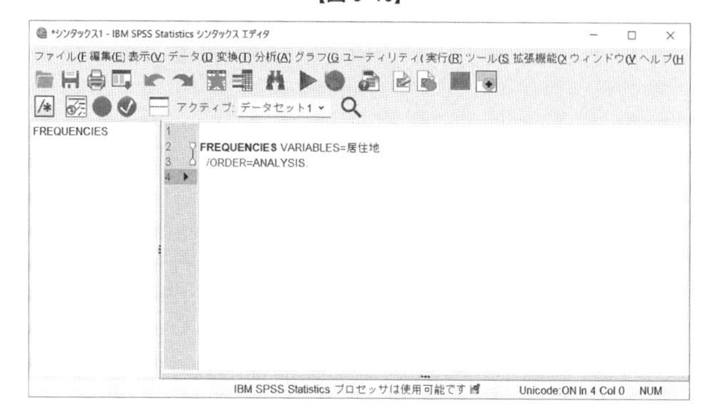

【図 6-11】

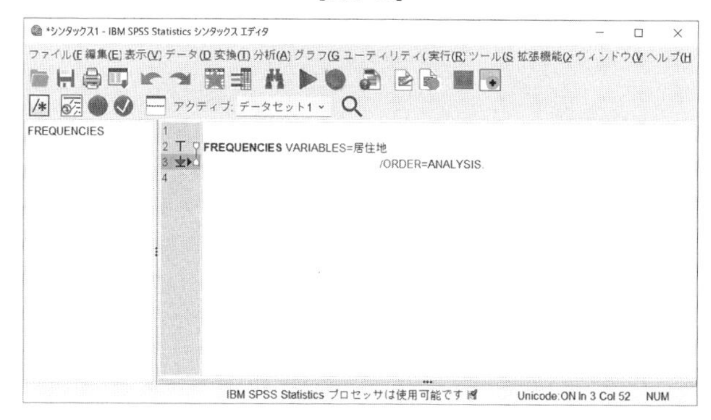

【図 6-10】では，［度数分布表］を作成するためのシンタックスが入力されています。2行目（行番号2）に［FREQUENCIES］という度数分布表を作成するためのコマンドが記述され，3行目（行番号3）は，行頭にスラッシュ［/］がついていることからサブコマンドであることがわかり，最後にコマンドの終了を意味する，ピリオド［.］が入力されています★31。

★31：3行目の行頭がインデント（字下げ）されていますが，これはコマンドとサブコマンドの行を区別するためのものです。もちろん，インデントせずに記述してもまったく問題ありません。インデントは一般的なプログラミング言語では見やすさのための常套手段となっています。

シンタックス・エディタでは，行の概念が厳密に決められているわけではありません★32。つまり，2～3行の短いシンタックスならば改行せずに1行に収めることも可能で，【図 6-10】と【図 6-11】と【図 6-12】は同じシンタックスの意味を持ちます。

★32：1行に入力できる文字数は半角で［80文字まで］と規定されていますので，行の概念が厳密ではないからといって延々と記述できるわけではありません。

また，1つのサブコマンドなどを1行で記述するには長すぎる場合，シンタックスを見やすくする目的で複数行に改行することもあります。例えば，【図 6-13】と【図 6-14】は［/WSDESIGN］サブコマンドの行数が異なりますが，まったく同じ意味になります。

先ほど，シンタックスでは行の概念が厳密ではないと書きましたが，例外があります。それは，スペースを挿入できない位置では改行できないことです。【図 6-14】のように見やすく改行することは可能ですが，改行して空行を挿入するとそこで分析は止まってしまいますし，キーワードの途中などで改行しても分析は停止してしまいます。【図 6-15】はスペースを挿入できない位置で改行した悪い例です。

この例では，たった1つのコマンドだけを取り上げました。しかし，分析に際して単一のコマンドだけが許されているわけではありません。場合によって，2つ3つの分析を一気に行なうこともありますし，変数を変えて同じ分析を複数回繰り返すこと

【図 6-12】

【図 6-13】

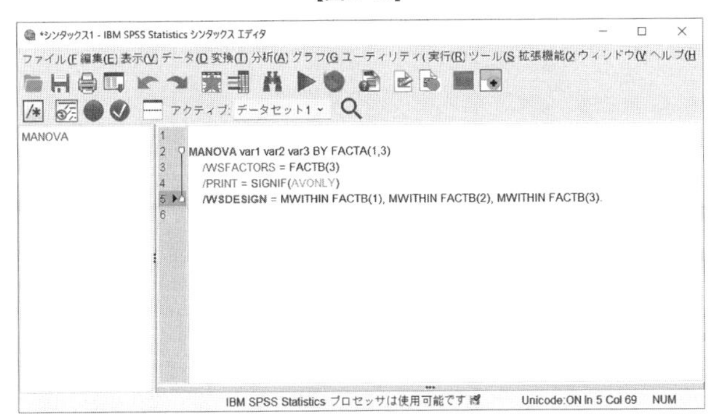

【図 6-14】

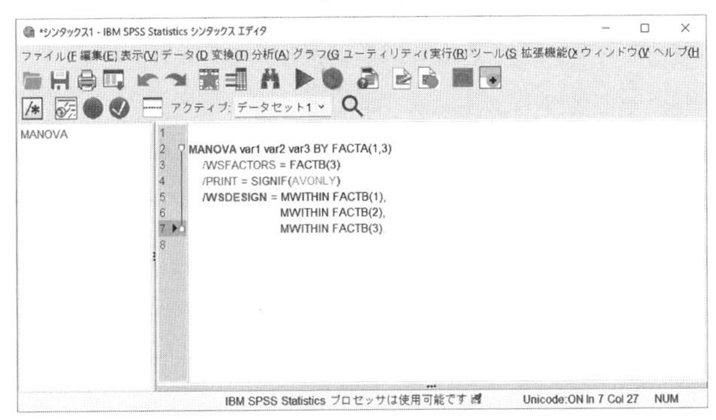

【図 6-15】

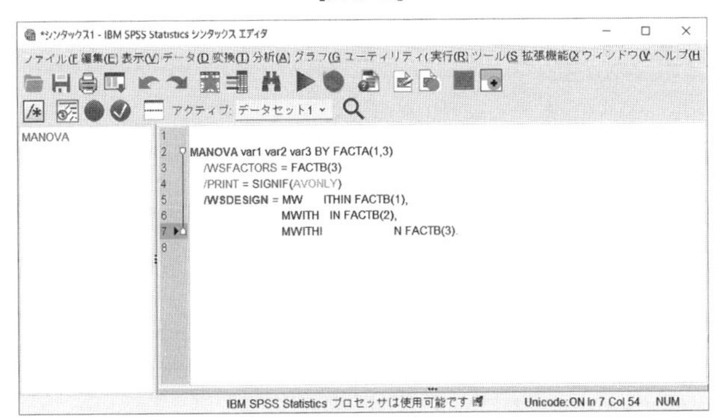

もあります。そのようなときには，1つ目のコマンドが終了する合図であるピリオド［.］の直下から，2つ目のコマンドを記述していきます。3つ目のコマンドがあるときも同じ要領で追加できます。次の例では，［MANOVA］コマンドによる［多変量分散分析］の次に，［T-TEST］コマンドによる［t検定］を行なっています（【図6-16】参照）★33。

★33：複数のコマンドを一気に実行するときは，各コマンドの最終行にピリオド［.］を入力してそのコマンドがその位置で終了していることを明示してください。つまり，コマンドの数だけピリオド［.］が存在することになります。

【図6-16】

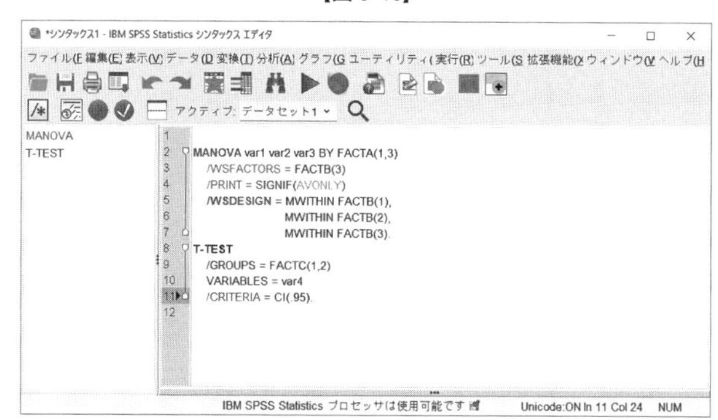

⑸ コメントの挿入

数行のシンタックスであれば特に気にする必要はありませんが，時としてかなり長いシンタックスや複雑なシンタックスを組むこともあります。そんなときは，どの行でどのようなサブコマンドを使用していて，最終的にどのような結果を得ようとしているのかといった付加的情報を記して残しておくと，事後にシンタックスを見たときに処理過程が一目瞭然になります。あるいは，シンタックスの冒頭で作成した日付や作成者などの情報★34を記録したいときがあるかもしれません。

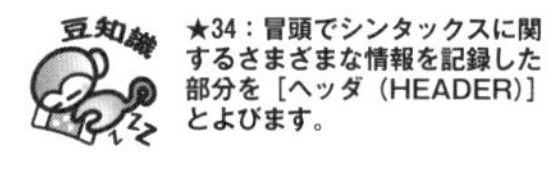

★34：冒頭でシンタックスに関するさまざまな情報を記録した部分を［ヘッダ（HEADER）］とよびます。

これらを実現する機能が［コメント］です。行頭のアスタリスク［*］からピリオド［.］が入力されているまでの間を分析とは無関係なコメントと見なし，無視するようSPSSに伝えます。コメント部分ではどのような文字や数字を入力しても一切分析には影響しませんし，複数行にわたるコメントも許されています。例えば，次のコメントを含んだシンタックスを作成することもできます。コメントと認識されている部分はグレーの淡色表示になります（【図6-17】参照）★35。

★35：ただし，このアスタリスク［*］からピリオド［.］までのコメントはメインとなるコマンド（【図6-17】では［MANOVA］コマンド）の直前にしか記述することができません。コマンドとサブコマンドの間や，サブコマンド間に記述するとエラーが生じてしまいます。

【図6-17】

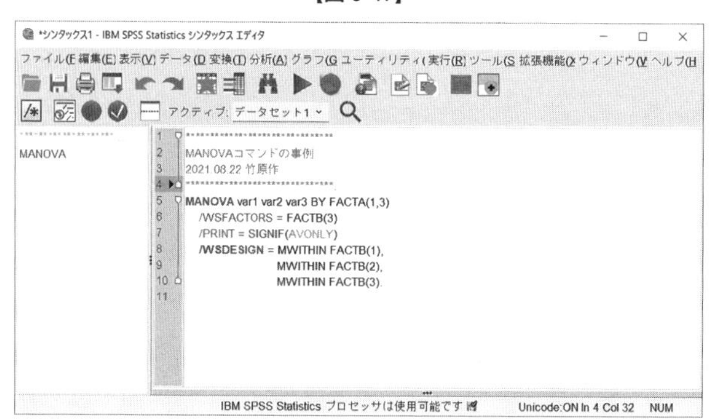

さらに，［/*］で始めて［*/］で終わるコメントもあり，この2つの文字で囲まれた部分は単なるコメントと解釈され，分析で無視されます★36。このタイプのコメントは，メインとなるコマンドやサブコマンドの行にも記述することができますが，複数行にまたがってしまうとエラーが発生するので，必ず単一行内に記述するよう注意してください。例えば，次の例ではメインとなるコマンド行と，［/WSDESIGN］サブコマンド行でコメントを記述しています（【図 6-18】参照）。ここでも，コメントとして認識されている部分は，グレーの淡色で表示されます。

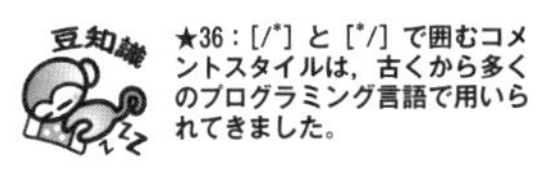

★36：［/*］と［*/］で囲むコメントスタイルは，古くから多くのプログラミング言語で用いられてきました。

【図 6-18】

(6) シンタックスの実行

シンタックスを実行するには，シンタックス・エディタのメニュー，あるいはツールバーのボタンを操作します。まず，メニューから実行する方法ですが，メニューの［実行］をクリックすると，何種類かの実行方法が確認できます（【図 6-19】参照）。

［すべて］を選択すると，文字どおり入力したすべてのシンタックスが一気に実行されます。コマンドが1つの場合はこの実行方法で大丈夫です（【図 6-20】参照）。

【図 6-19】

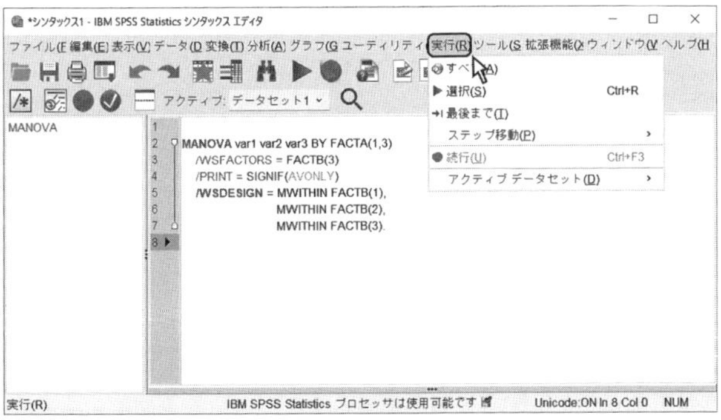

【図6-20】

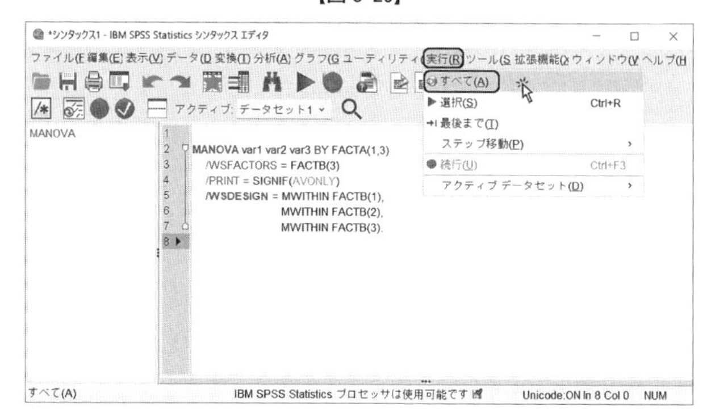

［選択］を選択すると，シンタックス内でマウスカーソルが点滅している部分のコマンド，あるいはドラッグして選択された部分のコマンドだけが実行されます。例えば，【図6-21】の1行目の［MANOVA］コマンド行が選択されて反転しており，このままで［選択］を選択すると，［MANOVA］コマンドの部分だけ（つまり7行目まで）が実行され，その下の［T-TEST］コマンドの部分は実行されません（【図6-21】参照）。

【図6-21】

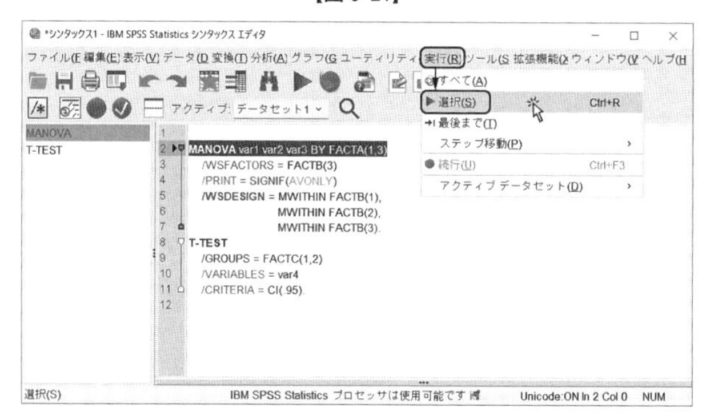

［最後まで］を選択すると，マウスカーソルが点滅している位置のコマンドから，最後のコマンドまでが実行されます。例えば，［MANOVA］コマンドの行にマウスカーソルを置いて［最後まで］を選択すると，［MANOVA］コマンドと［T-TEST］コマンドの両方が実行されます（【図6-22】参照）★37。

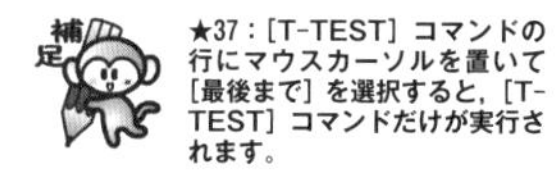

★37：［T-TEST］コマンドの行にマウスカーソルを置いて［最後まで］を選択すると，［T-TEST］コマンドだけが実行されます。

【図6-22】

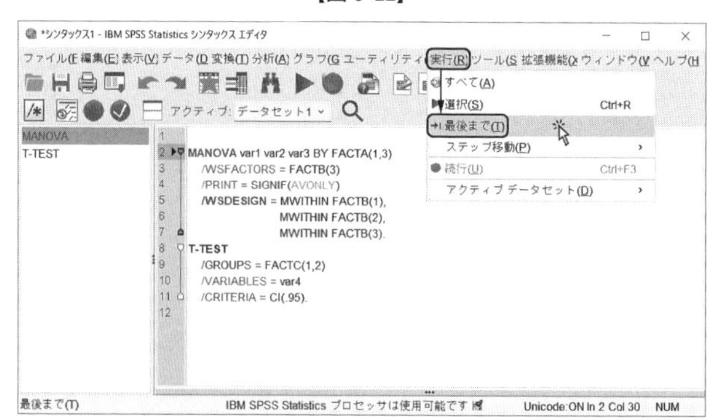

第7章

t 検定

2つの水準があって，それらの平均値間に統計的な差があるかどうかを検定するのがｔ検定です。ｔ検定では，被験者のデータがどちらか一方の群に属する「対応なし（繰り返しなし・被験者間要因）のｔ検定」と，同じ被験者のデータがどちらの群にも属する「対応あり（繰り返しあり・被験者内要因）のｔ検定」の，2つのパターンがあります。

第1節　t 検定とは

★1：名前の由来は，[t 分布] にあります。ウィリアム・ゴセット（William Gossett）がギネスビール社に勤務していた頃に [t 分布] を使用して検定することを考え出しました。しかし，会社が実名で発表することを許さず，[Student] というペンネームを使ったため，[スチューデントの t 検定] と呼ばれます。[t 分布] はゴセットが名づけたようです。

[t 検定][★1]は，別名 [スチューデントの t 検定] とよばれます。2つの条件があって，それらの平均値の差が統計的に有意であるかどうかを検定する方法です。最終的に，[t 値] という統計量を求めて，その値が有意かどうかを判定します。例えば，薬の臨床試験などで新薬を投与する群と偽薬を投与する群とを設定し，薬の効果を検証する場合などに用いられます。t 検定は心理学・薬学・生物学などをはじめ，そのシンプルさから多くの研究領域で使用されています。

**平均値に差が
あるかどうかを検定**

t 検定を行なうためには，いくつかの前提条件があります。まず，t 検定はパラメトリック検定ですので，データは [間隔尺度] か [比率尺度] である必要があります。したがって，[名義尺度] や [順序尺度] のデータは，分析対象になりません。次に，各データは正規分布した母集団から無作為に抽出されている必要があります。もし，母集団の正規性が確保されない場合は，[ウェルチ（Welch）の方法] による t 検定を行なう必要があります。これは，SPSS が自動的に計算してくれます。

また，t 検定では対応の [ある]・[ない] が重要になってきます。例えば，[A条件] と [B条件] があり，各条件のデータが別々の被験者から得られたような場合は [対応なし] の t 検定を行ないます。一方，同一の被験者から [A条件] と [B条件] の両方のデータが得られたような場合はデータの対応関係が成立すると考えて，[対応あり] の t 検定を行ないます[★2]。

★2：第6章・第2節でも解説したとおり，[対応なし] は [繰り返しなし]・[被験者間] と同義，[対応あり] は [繰り返しあり]・[被験者内] と同義です。

第2節　対応なしの t 検定

★3：t 検定を行なう前に，第6章・第1節～第3節を必ずご確認ください。

本節では2条件のデータについて，各条件のデータが別々の被験者から得られた場合（対応なし；被験者間）の t 検定を解説します[★3]。ここでは，[性別] によって [数学の点数] の平均値に差があるかどうかを，次のデータ（【図 7-1】参照）を用いて t 検定を行なってみます。データの数字は数学の点数で，[独立変数] は [性別]，[従属変数] は [数学の点数] になります。また，帰無仮説は [性別の違いによって数学の平均点に差はない] となります。

データをデータ・エディタに入力すると，次のようになります（【図 7-2】参照）。[変数ビュー] も掲載しておきます（【図 7-3】参照）。なお，ここでは [性別] 変数として [男性] に [1] を，[女性] に [2] を割り当てています。また，[性別] 変数

【図 7-1】

男性	女性
175	159
173	162
165	165
178	155
169	153

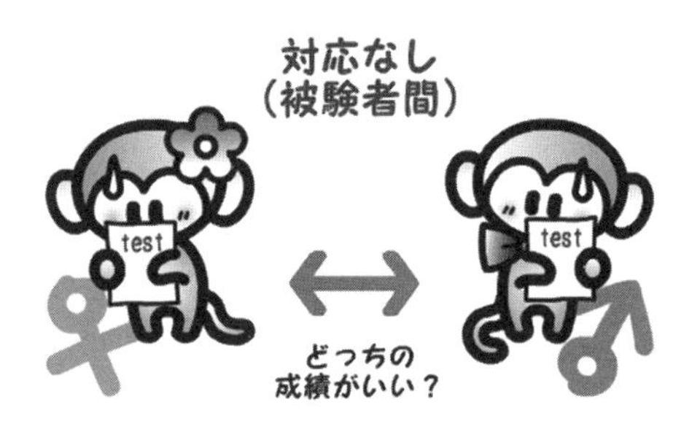

を表わす［1］や［2］という数字は単なるラベルとしての数字ですので，［尺度］を［名義］に変更してください★4。同様に，［数学の点数］の［尺度］を［スケール］に変更します。

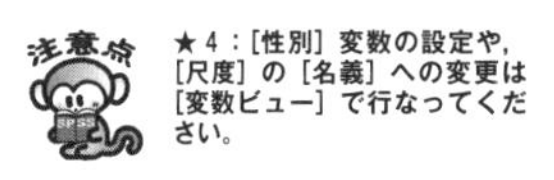

★4：［性別］変数の設定や，［尺度］の［名義］への変更は［変数ビュー］で行なってください。

【図 7-2】

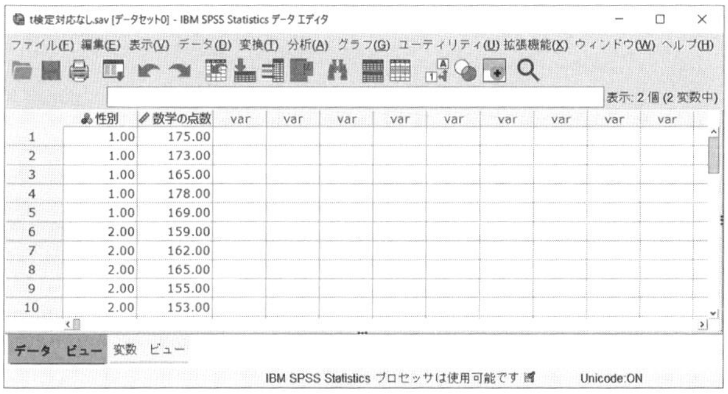

t検定対応なし.sav [データセット0] - IBM SPSS Statistics データ エディタ

ファイル(F) 編集(E) 表示(V) データ(D) 変換(T) 分析(A) グラフ(G) ユーティリティ(U) 拡張機能(X) ウィンドウ(W) ヘルプ(H)

表示: 2 個 (2 変数中)

	性別	数学の点数	var	var	var	var	var	var	var	var	var
1	1.00	175.00									
2	1.00	173.00									
3	1.00	165.00									
4	1.00	178.00									
5	1.00	169.00									
6	2.00	159.00									
7	2.00	162.00									
8	2.00	165.00									
9	2.00	155.00									
10	2.00	153.00									

データ ビュー　変数 ビュー

IBM SPSS Statistics プロセッサは使用可能です　Unicode:ON

【図 7-3】

t検定対応なし.sav [データセット0] - IBM SPSS Statistics データ エディタ

ファイル(F) 編集(E) 表示(V) データ(D) 変換(T) 分析(A) グラフ(G) ユーティリティ(U) 拡張機能(X) ウィンドウ(W) ヘルプ(H)

	名前	型	幅	小数桁数	ラベル	値	欠損値	列	配置	尺度	役割
1	性別	数値	8	2	性別	なし	なし	8	右	名義	入力
2	数学の点数	数値	8	2	数学の点数	なし	なし	8	右	スケール	入力
3											
4											
5											
6											
7											
8											
9											
10											
11											

データ ビュー　変数 ビュー

IBM SPSS Statistics プロセッサは使用可能です　Unicode:ON

データ・エディタのメニューから［分析］→［平均の比較］→［独立したサンプルのｔ検定］を順にクリックします（【図 7-4】参照）。

【図 7-4】

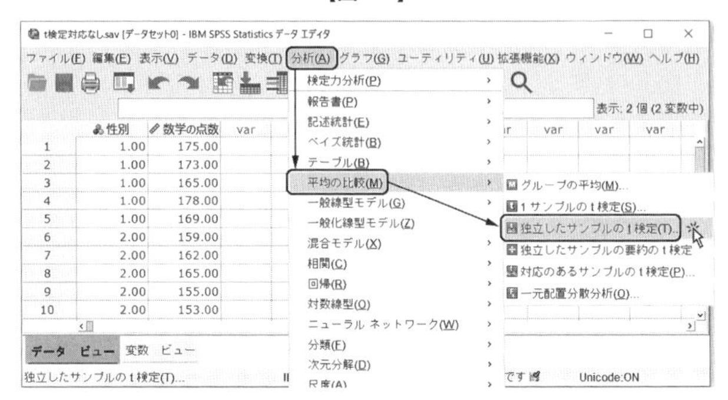

次のウィンドウが出現します。このウィンドウでは，さまざまな定義を行ないます（【図 7-5】参照）。

【図 7-5】

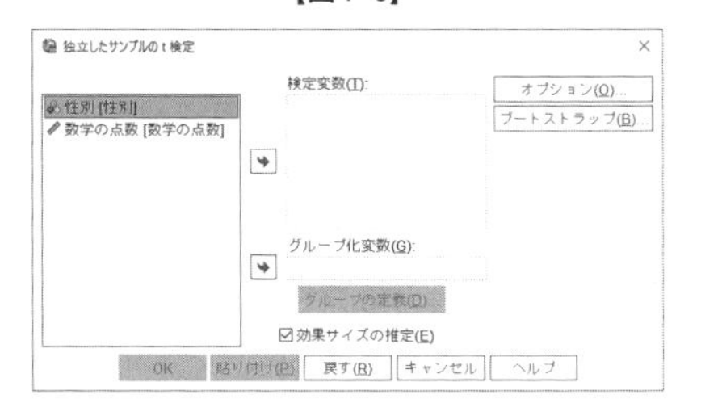

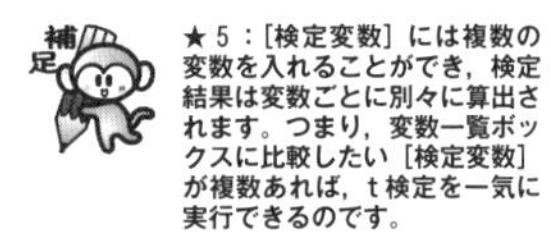

★5：[検定変数] には複数の変数を入れることができ，検定結果は変数ごとに別々に算出されます。つまり，変数一覧ボックスに比較したい [検定変数] が複数あれば，t 検定を一気に実行できるのです。

ここで，ウィンドウ左側の変数一覧のボックスから中央の［検定変数］に，平均値を比較したい変数，つまり［従属変数］を投入します★5。この例で［従属変数］は［数学の点数］ですから，「数学の点数［数学の点数］」を投入します。また，その下の［グループ化変数］には比較対象となるグループの，グループ分け基準となる変数，つまり［独立変数］を投入します。この例で［独立変数］は［性別］ですから，「性別［性別］」を投入します。また，［グループ化変数］欄が現段階では［性別（？　？）］となっていることに留意してください（【図 7-6】参照）。

【図 7-6】

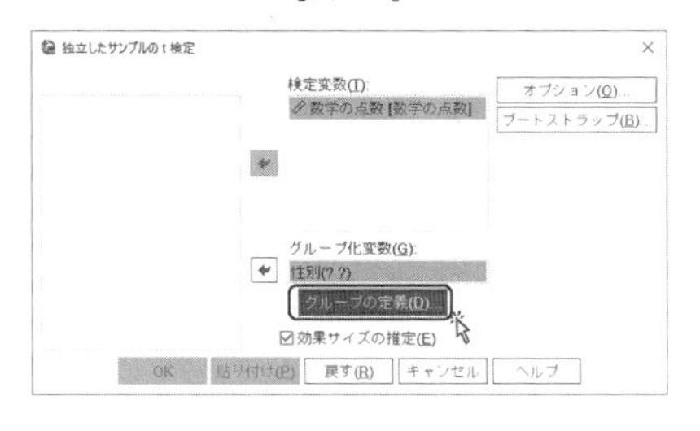

★6：もし［グループの定義］ボタンが淡色表示になっていてクリックできないときは，「性別（？ ?）」というところをクリックするとボタンが濃色表示になってクリックできるようになります。

続いて，ウィンドウ下部の［グループの定義］ボタン★6をクリックすると，次のウィンドウが現われます（【図 7-7】参照）。

【図 7-7】

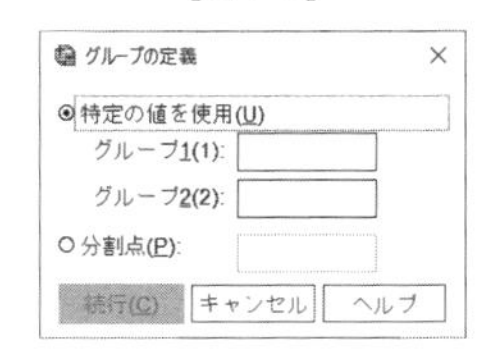

このウィンドウではグループの定義を行ないます。今，［性別］のグループは［男性］が［1］，［女性］が［2］と定義されていますので，［グループ1］には［1］を，［グループ2］には［2］を入力します★7。この数字は，グループ化の変数の値です。今回の例では，［性別］変数には［男性］を表わす［1］と，［女性］を表わす［2］しかありませんので，それぞれ［1］と［2］を入力しています（【図 7-8】参照）。

★7：もしも男性が［3］，女性が［7］というようなグループ化であれば，それぞれ［3］と［7］をグループ化変数として入力します。

【図 7-8】

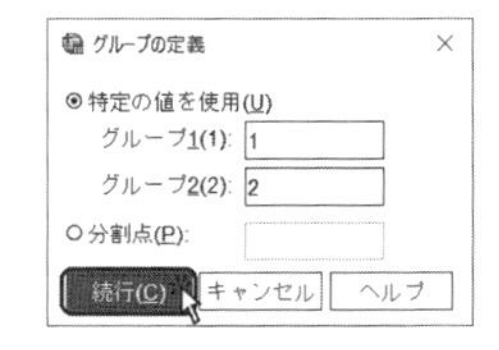

［続行］ボタンをクリックすると元の設定画面に戻り，先ほど［性別（?　?)］だったところが，［性別（1　2)］に変更されているのが確認できます（【図 7-9】参照）★8。

★8：［グループの定義］ボタンの下に，［効果サイズの推定］というチェックボックスがあります。ここにチェックが入っていると，［効果量］が算出されます。

【図 7-9】

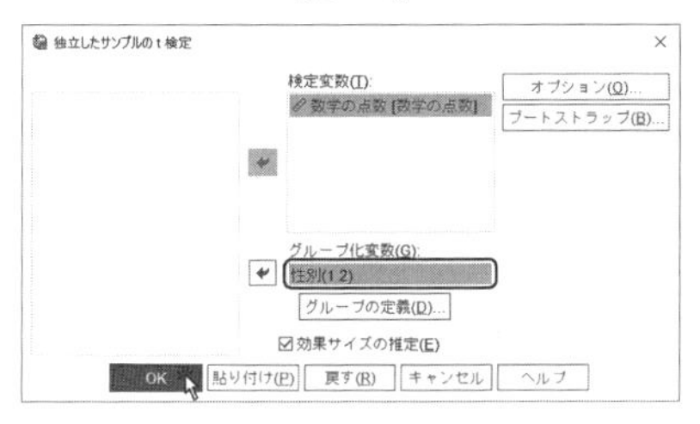

［OK］ボタンをクリックすると分析が実行され，ビューアに結果が表示されます（【図 7-10】参照）★9。

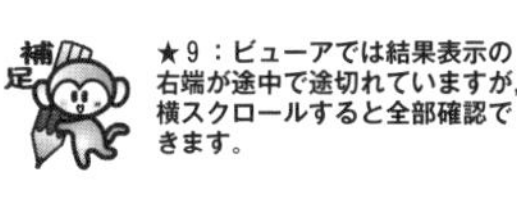

★9：ビューアでは結果表示の右端が途中で途切れていますが，横スクロールすると全部確認できます。

【図 7-10】

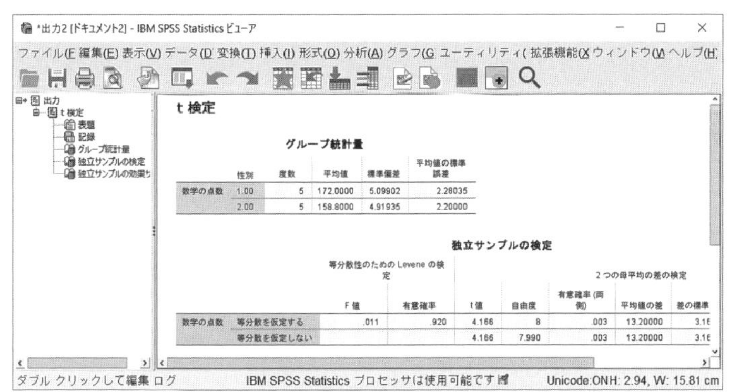

	性別	度数	平均値	標準偏差	平均値の標準誤差
数学の点数	1.00	5	172.0000	5.09902	2.28035
	2.00	5	158.8000	4.91935	2.20000

		等分散性のための Levene の検定 F 値	有意確率	t 値	自由度	有意確率 (両側)	平均値の差	差の標準
数学の点数	等分散を仮定する	.011	.920	4.166	8	.003	13.20000	3.16
	等分散を仮定しない			4.166	7.990	.003	13.20000	3.16

［グループ統計量］の項目には，［性別］ごとの［度数］・［平均値］・［標準偏差］な

どの記述統計量が表示されます。続いてその下にt検定の結果である［独立サンプルの検定］という項目が表示されます（【図7-11】参照）。

【図7-11】

独立サンプルの検定

		等分散性のための Levene の検定		2つの母平均の差の検定						
									差の 95% 信頼区間	
		F 値	有意確率	t 値	自由度	有意確率 (両側)	平均値の差	差の標準誤差	下限	上限
数学の点数	等分散を仮定する	.011	.920	4.166	8	.003	13.20000	3.16860	5.89320	20.50680
	等分散を仮定しない			4.166	7.990	.003	13.20000	3.16860	5.89157	20.50843

検定結果は上下2段になっていて，上段が［等分散を仮定する］，下段が［等分散を仮定しない］となっています★10。それぞれの群の分散が等しいかどうかが等分散性とよばれるもので，通常は等分散性を仮定した上で統計処理を進めますが，仮定できない場合も多いので，必ずどちらであるかを見極めなければなりません。その見極めの指標となるのが，横に表示されている［*F*値］の［有意確率］です。この［有意確率］の値が有意であれば（.05未満），下段の［等分散を仮定しない］の結果を参照し，有意でなければ（.05以上），上段の［等分散を仮定する］の結果を参照します。

★10：等分散性が仮定されない場合，ウェルチの方法によるt検定が実行されます。ウェルチの方法によるt検定では自由度が整数になるとは限りません。自由度が［10未満］の場合には小数自由度の*t*分布表を利用し，自由度が［10以上］の場合には小数部分を切り捨てて整数部分の自由度を利用します。

この結果では，［*F*値］の［有意確率］が［.920］と，5％水準を上回っているため，上段の［等分散を仮定する］の結果を見ます。t検定の結果，［t=4.166］，自由度が［8］，［有意確率］が［.003］となっていますので，1％水準で有意であることがわかります。したがって，帰無仮説を棄却して，［性別の違いによって数学の平均点数に差がある］と判断できます★11。

★11：検定結果の下の［独立サンプルの効果サイズ］という項目に，［効果量］が算出されます。3種類の［効果量］が出力されており，一般的には［Cohen の d］が用いられることが多いようです。［ポイント推定］の値が［2.635］と大きな値となっていますが，これはこの例のサンプル数があまりに少ないためだと考えられます。

また，直上の［グループ統計量］に掲載されている具体的な平均値を見ると，［男性］は［172.0000］，［女性］は［158.8000］となっているため，［男性（172.00点）］の方が［女性（158.80点）］よりも，有意に［数学の点数］が高いと最終的に結論できます。

【分析結果の書き方例】★12・13

★12：あくまでも一例ですから，別の良い書き方があればそちらを参考にしてください。

★13：結果を書くときの注意点は第16章を参照してください。

> 性別の違いによって数学の平均点数に差があるかどうかを検証するために，対応のないt検定を行なった。その結果，平均値間に統計的に有意な差が認められ（$t(8)=4.17$，$p<.01$），男性の平均点数は女性の平均点数よりも有意に高いことが判明した。

第3節　対応ありのt検定

本節では，各被験者のデータが，2つの群の両方に属する場合（対応あり；被験者内）のt検定を解説します。このデザインは，1人の被験者が2つの条件に参加するので，被験者数を節約することができ，心理学実験ではよく用いられます。［対応あり］のt検定は，多数の被験者を必要とせずコンパクトなのですが，同じ被験者から2つの条件下でデータを得るために★14，どうしても前後の条件間でデータに相関関係が生じてしまうというデメリットがあります。

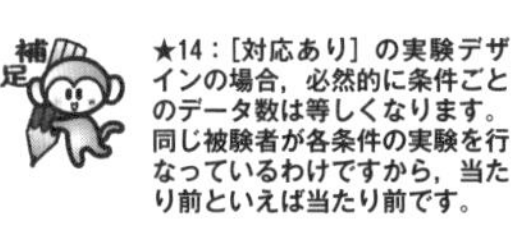

★14：［対応あり］の実験デザインの場合，必然的に条件ごとのデータ数は等しくなります。同じ被験者が各条件の実験を行なっているわけですから，当たり前といえば当たり前です。

次の例を考えます★15。次のデータは無作為に選んだ被験者［10名］に，［札幌の水］

★15：t検定を行なう前に，第6章・第1節～第3節を必ずご確認ください。

と［東京の水］と両方を飲み比べてもらって，その［おいしさ］を10点満点（0点：まったくおいしくない～10点：非常においしい）で評定してもらった結果です（【図7-12】参照）。はたして［札幌の水］と［東京の水］の［おいしさ］の平均値間には統計的に有意な差が存在するのでしょうか。帰無仮説は，［札幌と東京の水のおいしさには差がない］となります。

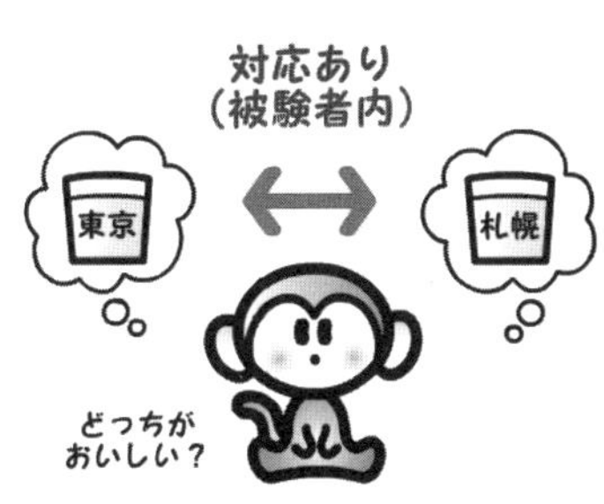

【図7-12】

被験者	札幌の水	東京の水
1	9	5
2	7	4
3	8	3
4	6	6
5	3	4
6	7	5
7	8	5
8	7	5
9	7	3
10	10	4

データ入力は，次の形式になります（【図7-13】参照）★16。また，［変数ビュー］も掲載しておきます（【図7-14】参照）。

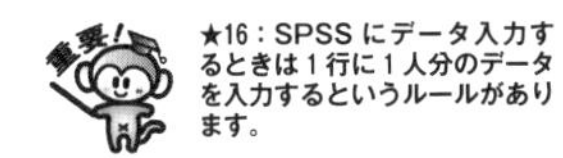

★16：SPSS にデータ入力するときは1行に1人分のデータを入力するというルールがあります。

【図7-13】

t検定対応あり.sav [データセット1] - IBM SPSS Statistics データ エディタ

ファイル(F) 編集(E) 表示(V) データ(D) 変換(T) 分析(A) グラフ(G) ユーティリティ(U) 拡張機能(X) ウィンドウ(W) ヘルプ(H)

表示：2 個 (2 変数中)

	札幌の水	東京の水	var	var	var	var	var	var	var	var	var
1	9.00	5.00									
2	7.00	4.00									
3	8.00	3.00									
4	6.00	6.00									
5	3.00	4.00									
6	7.00	5.00									
7	8.00	5.00									
8	7.00	5.00									
9	7.00	3.00									
10	10.00	4.00									

データ ビュー　変数 ビュー

IBM SPSS Statistics プロセッサは使用可能です　Unicode:ON

データ・エディタのメニューから，［分析］→［平均の比較］→［対応のあるサンプルのt検定］を順にクリックします（【図7-15】参照）。

すると，次のウィンドウが出現します（【図7-16】参照）。

このウィンドウでは，比較したい平均値の変数をペアで指定し，［対応のある変数］というウィンドウ中央のボックスに投入します。ウィンドウ左側の変数一覧ボックス

【図7-14】

t検定対応あり.sav [データセット1] - IBM SPSS Statistics データ エディタ

ファイル(F) 編集(E) 表示(V) データ(D) 変換(T) 分析(A) グラフ(G) ユーティリティ(U) 拡張機能(X) ウィンドウ(W) ヘルプ(H)

	名前	型	幅	小数桁数	ラベル	値	欠損値	列	配置	尺度	役割
1	札幌の水	数値	8	2	札幌の水	なし	なし	8	右	スケール	入力
2	東京の水	数値	8	2	東京の水	なし	なし	8	右	スケール	入力
3											
4											
5											
6											
7											
8											
9											
10											
11											

データ ビュー　変数 ビュー

IBM SPSS Statistics プロセッサは使用可能です　Unicode:ON

【図 7-15】

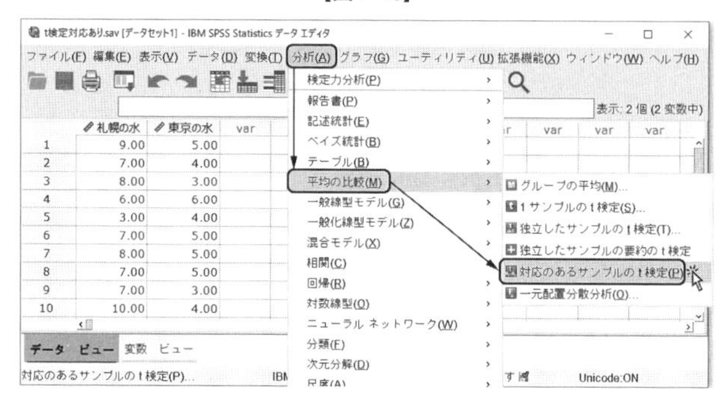

【図 7-16】

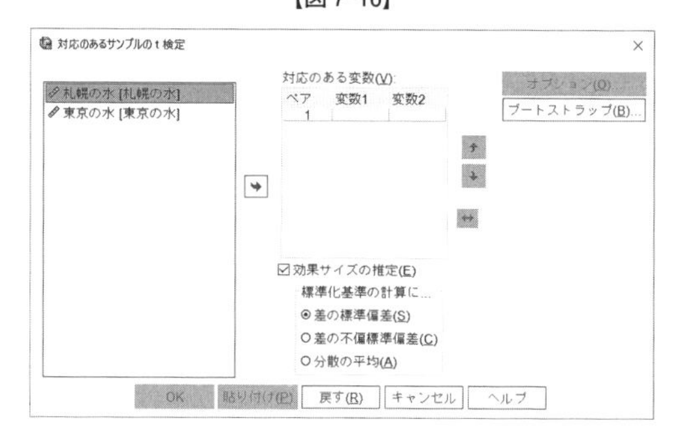

から「札幌の水［札幌の水］」を選択して，中央の［対応のある変数］に投入すると，［変数１］という箇所に表示され，［変数２］がハイライトされます（【図 7-17】参照）。同様に，「東京の水［東京の水］」を選択して，中央の［対応のある変数］に投入すると，［変数２］という箇所に表示されます（【図 7-18】参照）★17・18。

★17：［対応のある変数］欄には２つ目のペアが指定できるように枠が増えています。つまり，複数のペアを同時に検定できるのです。

★18：ウィンドウの中ほどに，［効果サイズの推定］というチェックボックスがあります。ここにチェックが入っていると，［効果量］が算出されます。

【図 7-17】

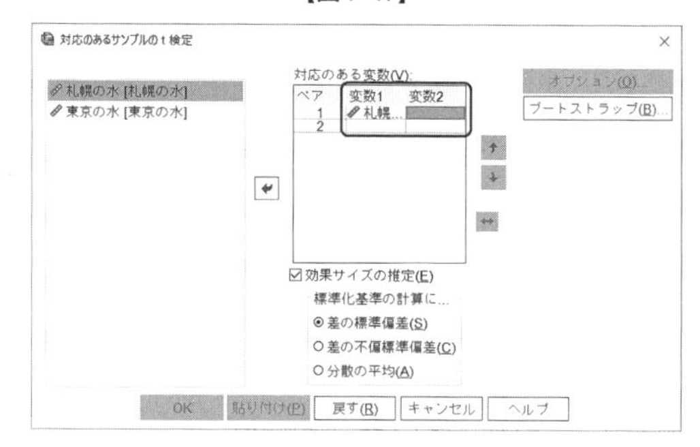

【図 7-18】

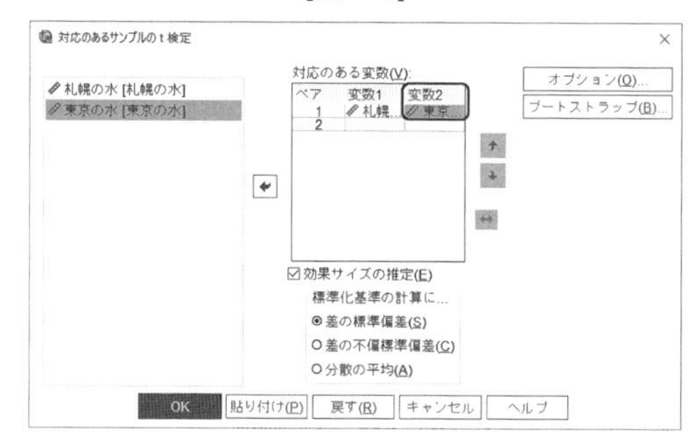

【図 7-19】

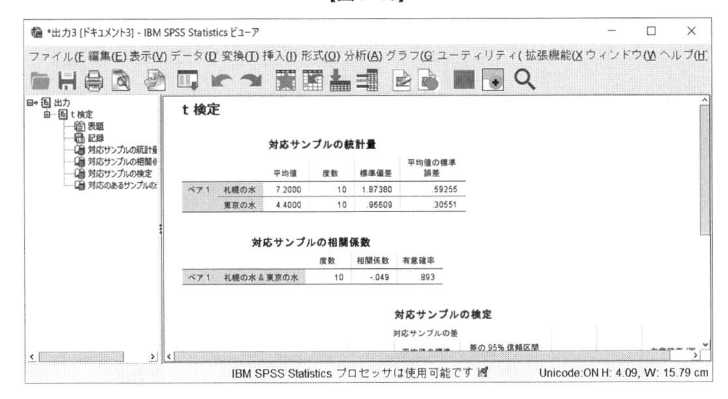

対応サンプルの統計量

		平均値	度数	標準偏差	平均値の標準誤差
ペア 1	札幌の水	7.2000	10	1.87380	.59255
	東京の水	4.4000	10	.96609	.30551

対応サンプルの相関係数

		度数	相関係数	有意確率
ペア 1	札幌の水 & 東京の水	10	-.049	.893

対応サンプルの検定

［OK］ボタンをクリックすると分析が実行されます。分析結果も示します（【図7-19】参照）。

まず，［対応サンプルの統計量］という項目があり，変数ごとの［平均値］・［度数］・［標準偏差］などの基本統計量が表示されます。続いて，［対応サンプルの相関係数］という項目では，２つの変数間にどの程度の相関関係があるのか，［相関係数］が算出されます。この場合の相関係数は，［ピアソンの積率相関係数］★19です。そして，最後に目的のｔ検定の結果が表示されます（【図 7-20】参照）。

★19：積率相関係数については第13章・第２節を参照してください。

【図 7-20】

対応サンプルの検定

		対応サンプルの差 平均値	標準偏差	平均値の標準誤差	差の 95% 信頼区間 下限	上限	t 値	自由度	有意確率 (両側)
ペア 1	札幌の水 - 東京の水	2.80000	2.14994	.67987	1.26203	4.33797	4.118	9	.003

左から比較する変数の［ペア］・［平均値］・［標準偏差］などが表示され，右側に［*t* 値］・［自由度］・［有意確率］が表示されます。この場合，［*t* 値］は［4.118］，［自由度］は［９］，［有意確率］は［.003］となっていて，平均値の差が１％水準で有意であることがわかります。したがって，帰無仮説を棄却して，［札幌と東京の水のおいしさには差がある］と判断できます★20。

★20：検定結果の下の［対応のあるサンプルの効果サイズ］という項目に，［効果量］が算出されます。［Cohen の d］と［Hedges の補正］という2種類の［効果量］が出力されており，一般的には［Cohen の d］が用いられることが多いようです。［ポイント推定］の値が［1.302］と大きな値となっていますが，これはこの例のサンプル数があまりに少ないためだと考えられます。

そこで，結果出力の冒頭にあった［対応サンプルの統計量］に表示されている平均値を見ると，［札幌の水］は［7.2000］，［東京の水］は［4.4000］となっているので，［札幌の水（7.20点）］の方が［東京の水（4.40点）］よりも有意においしく感じられると結論できるのです。

【分析結果の書き方例】★21・22

★21：あくまでも一例ですから，別の良い書き方があればそちらを参考にして下さい。

★22：結果を書くときの注意点は第16章を参照して下さい。

> 都市の違いによって水のおいしさの平均値に差があるかどうかを検証するために，対応のあるｔ検定を行なった。その結果，平均値間に統計的に有意な差が認められ（$t(9)=4.12$，$p<.01$），札幌の水は東京の水より有意においしいことが判明した。

ひと
やすみ

第 8 章

1要因の分散分析（対応［なし］）

分散分析は2水準でも3水準でもそれ以上でも，平均値の比較が可能です。本章では複数グループの平均値の比較を行なうための，対応なしの1要因の分散分析を解説します。同時に，下位検定の一種である多重比較も紹介します。

第1節　分散分析とは

要因の水準が3水準以上になった場合はどのようにして平均値の差を検定するのでしょうか。そんなときに使用されるのが，分散分析（Analysis of Variance; ANOVA）です★[1]。最終的に，［*F* 値］を算出し，この値が有意であるのかどうかを判断します。例えば，［A］・［B］・［C］という3種類のエサがあり，他の要因をできる限り統制した上でこれら3種類のエサを別々のラットに与えて育てた場合，平均体重に統計的な差が見られるのかどうかを検証する場合などが考えられます。

★1：3水準以上ということではなく，分散分析は2水準にも適用できます。したがって，t検定で分析できるデータは分散分析でも分析可能です。2水準のデータをt検定と分散分析の両方で分析した場合，［*t* 値の2乗］=［*F* 値］という関係になり，検定結果は同じになります。

分散分析は平均値の差の検定で有用な分析方法の1つで，心理学のみならず，他の研究領域でも頻繁に用いられています★[2]。

★2：分散分析を行なう前に，第6章・第1節～第3節を必ずご確認ください。

t検定と同じく，分散分析を行なうときにも，いくつかの前提条件が存在します。まず，分散分析はパラメトリック検定ですので，データは［間隔尺度］か［比率尺度］である必要があります。したがって，［名義尺度］や［順序尺度］のデータは分析対象になりません。次に，各データは正規分布した母集団から，無作為に抽出されている必要があり，さらにその母集団の分散が等しい★[3]必要があります。もし，母集団の正規性が確保されない場合は，第14章や第15章で解説する［ノンパラメトリック検定］や，第9章・第1節で解説する［グリーンハウス・ガイサー（Greenhouse-Geisser）の修正］などを用いる必要があります。

★3：［対応なし］の分散分析の場合，これを［分散の等質性］といいます。

また，対応の［あり］・［なし］も重要になってきます。例えば，［A条件］と［B条件］と［C条件］の3水準があり，各条件のデータが別々の被験者から得られた場合は，［対応なし］の分散分析を行ないます。一方，同一の被験者が，［A条件］と［B条件］と［C条件］の，3水準すべてに参加してデータが得られた場合は，データの対応関係が成立すると考えて，［対応あり］の分散分析を行ないます★[4]。

★4：［対応なし］は［繰り返しなし］・［被験者間］と同義，［対応あり］は［繰り返しあり］・［被験者内］と同義です。

第8章と第9章では，結果に影響を及ぼす主な原因である［要因］が1つの場合の，いわゆる1要因の分散分析を解説しますが，ここで結論の導き方について言及しておきます。1要因の分散分析の結果，要因の主効果が有意であった場合，要因の水準数によって後の分析方法が変わります。まず，水準数が［2］の場合に主効果が有意であると判定されれば，直ちに2つの水準の平均値間には有意な差があると結論できます。一方，水準数が［3以上］の場合に主効果が有意であると判定されても，その状態では［どこかの水準の間に差がある］としかわからず，どの水準の組み合わせの間に差が潜んでいるのかを［多重比較］で調べなくてはなりません。具体的な分析の流れを図示しておきます（【図 8-1】参照）。

【図 8-1】

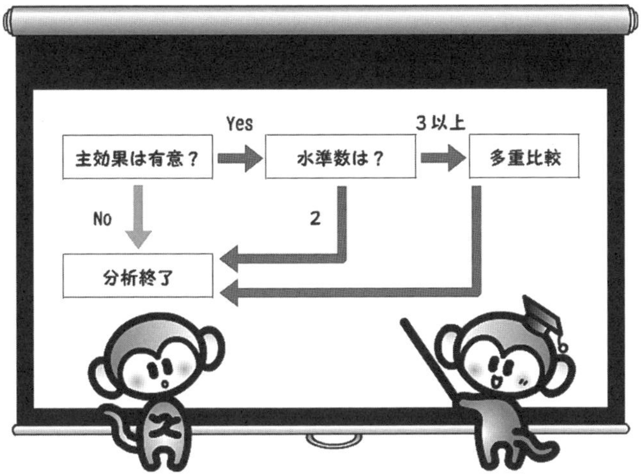

主効果は有意？
Yes
水準数は？
3 以上
多重比較
No
2
分析終了

分散分析
○ 間隔尺度
○ 比率尺度
× 名義尺度
× 順序尺度

第２節　１要因の分散分析（対応［なし］）

このデザインでは要因数が［１］で，各水準に割り当てられる被験者はすべて別人という計画になります★5。

次の例を考えます★6。ある同じテストを，A～D組までの［４組］で実施しました。各組には［５名］が在籍していて，結果が示されています（【図 8-2】参照）。［組］の平均点の間には統計的な差があるでしょうか。帰無仮説は，［組によってテストの平均点には差がない］となります。

★５：英語では Between-Participant Design（以前は Between-Subject Design）と呼ばれます。

★６：分散分析を行なう前に，第６章・第１節～第３節を必ずご確認ください。

【図 8-2】

A組	B組	C組	D組
8	5	12	11
7	6	10	10
9	6	9	15
12	7	14	12
10	3	14	13

要因（つまり独立変数）は［組］ですから１要因，その要因の水準は，A～D組までの４水準です。［従属変数］は，テストの［得点］です。このデータを，次のようにデータ・エディタに入力します（【図 8-3】参照）★7。１列目が，［組］を表わす変数です。［１］が［A組］，［２］が［B組］，［３］が［C組］，［４］が［D組］です。２列目がテストの［得点］です。このように，縦方向にデータが羅列されるような入力スタイルです。［変数ビュー］でも設定を行ないます（【図 8-4】参照）。

★７：データは，データ・エディタの下方向に続いています。適宜スクロールしてください。

【図 8-3】

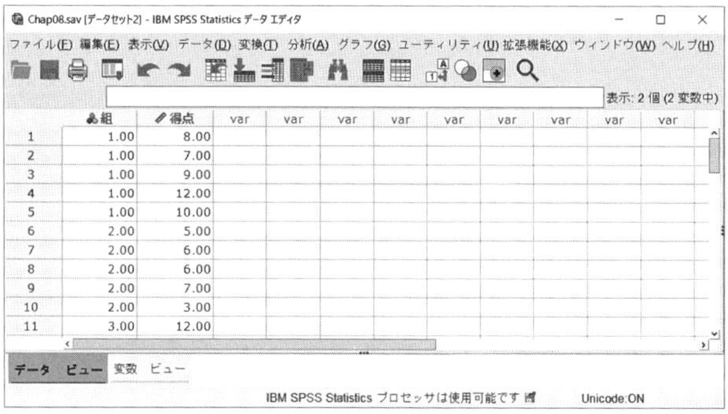

Chap08.sav [データセット2] - IBM SPSS Statistics データ エディタ

ファイル(F) 編集(E) 表示(V) データ(D) 変換(T) 分析(A) グラフ(G) ユーティリティ(U) 拡張機能(X) ウィンドウ(W) ヘルプ(H)

表示: 2 個 (2 変数中)

	組	得点	var	var	var	var	var	var	var	var	var
1	1.00	8.00									
2	1.00	7.00									
3	1.00	9.00									
4	1.00	12.00									
5	1.00	10.00									
6	2.00	5.00									
7	2.00	6.00									
8	2.00	6.00									
9	2.00	7.00									
10	2.00	3.00									
11	3.00	12.00									

データ ビュー　変数 ビュー

IBM SPSS Statistics プロセッサは使用可能です　Unicode:ON

【図 8-4】

分析を実行するには，データ・エディタのメニューから，［分析］→［平均の比較］→［一元配置分散分析］を順にクリックします（【図 8-5】参照）。

★8：［独立変数］と［従属変数］を間違えないように！

【図 8-5】

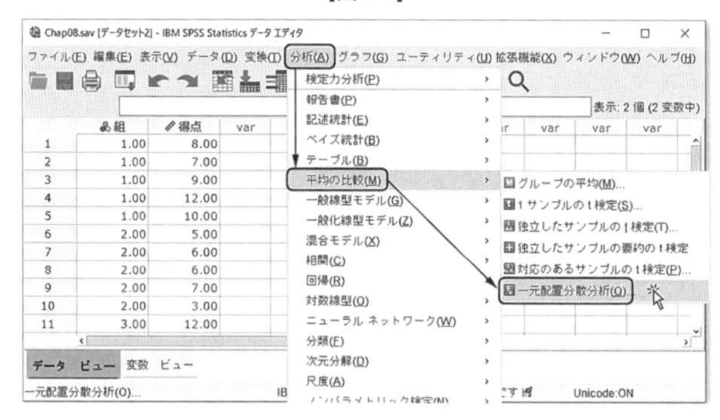

★ 9：［因子］の直下にある［全体の検定に対する効果サイズの推定］にチェックを入れると，［効果量］が算出されます。本章では，［η^2］（イータ2乗）値，［ε^2］（イプシロン2乗）値，［ω^2］（オメガ2乗）値が表示されます。ところが，この［η^2］値は，［partial η^2］（偏イータ2乗）値を意味していることに注意が必要です。

★10：［UNIANOVA］コマンドを使うと，［partial η^2］（偏イータ2乗）値を算出することができます（シンタックスのサブコマンドとしては，［PRINT = ETASQ］）。しかし，本章では［分析］→［平均の比較］→［一元配置分散分析］を解説しており，背後で自動的に組まれているシンタックスのコマンドは［UNIANOVA］ではなく，［ONEWAY］です。ここで，悩ましいのが，［ONEWAY］コマンドでは［/PRINT=ETASQ］サブコマンドを使うことができないということです。［/PRINT=ETASQ］サブコマンドを使って［partial η^2］値を算出する場合は，第10章で対応なし要因を1つに減らして分析を行なってみてください。

すると，次のウィンドウが出現します。このウィンドウでは，［独立変数］や［従属変数］，あるいは他の詳細な設定を行ないます（【図 8-6】参照）。

左側の変数一覧ボックスから，中央の［従属変数リスト］ボックスに［従属変数］である「得点［得点］」を，［因子］ボックスに［独立変数］である「組［組］」を，それぞれ投入します（【図 8-7】参照）★8・9・10。

★11：多重比較を同時に行なう場合は，第3節を参照してください。

このまま分析を実行してもよいのですが★11，結果が理解しやすい形で出力されません。そこで，ウィンドウ右側に縦に3つ並んでいるボタンのうち，［オプション］ボ

【図 8-6】

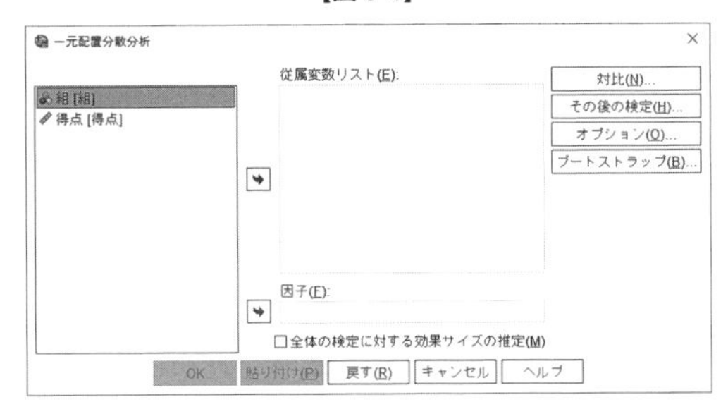

【図 8-7】

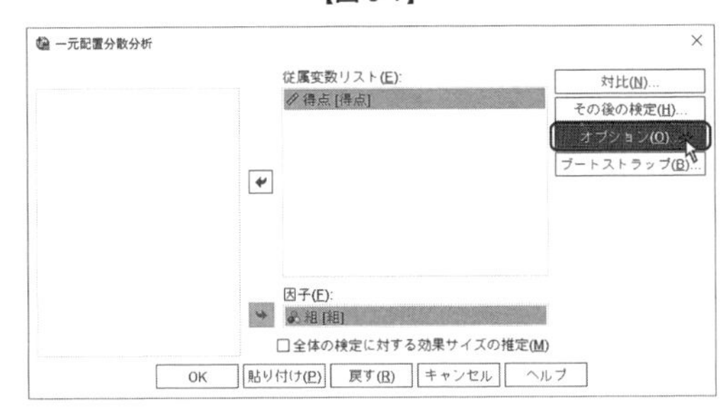

タンをクリックして，さらに見やすい結果表示にします。［オプション］ボタンをクリックすると，次の別ウィンドウが開きます（【図 8-8】参照）。

【図 8-8】

［統計］の中にある［記述統計量］にチェックを入れ★12，その下にある［平均値のプロット］にもチェックを入れて，［続行］ボタンをクリックします。そして，元のウィンドウに戻って［OK］ボタンをクリックすれば分析が実行され，分析結果がビューアに表示されます（【図 8-9】参照）。

分析結果はかなりの量になるため，1画面では表示しきれず，下と右に続いています。最初に，［記述統計］が表示されます。この項目では，各水準の［度数］・［平均値］・［標準偏差］などの値が表示されます（【図 8-10】参照）。

次に，［分散分析］が表示されます（【図 8-11】参照）★13。これは，一般的な分散分析表に対応します。通常の分散分析表を書くと【図 8-12】になり，この［F 値］が，有意かどうかが問題になります★14。この例では［F 値］は［13.150］となっており，［有意確率］は［.000］です。つまり，0.1%水準で要因の主効果が有意であり★15，帰無仮説を棄却して［組によってテストの平均点には差がある］と，結論できることに

★12：［記述統計量］にチェックを入れると平均値等が算出され，［平均値のプロット］にチェックを入れるとグラフが作成されます。また，データの等分散性に自信がないときには，［等分散性の検定］にもチェックを入れておくことをお勧めします。［等分散性の検定］にもチェックを入れておくと［Levene］（ルビーン）の計算を行ない，［Brown-Forsythe］（ブラウン・フォーサイス）や［Welch］（ウェルチ）にチェックを入れることで［Brown-Forsythe］と［Welch］の統計量を計算します。等分散性が仮定できないときは，［Brown-Forsythe］や［Welch］の値の方が［F 値］よりも適している場合があります。

★13：もし，【図 8-7】において［全体の検定に対する効果サイズの推定］にチェックを入れた場合は，［分散分析］の結果の下に［分散分析効果サイズ］という項目が表示されます。その中の，［イータの2乗］という行の［ポイント推定値］で表示されている数字が［η^2］値（本当は［偏 η^2］値）です。

★14：分散分析表内の，［グループ間］は要因のこと，［グループ内］は誤差のことだと考えてください。つまり，［自由度］は要因が［3］，誤差が［16］になります。

★15：有意確率欄に［.000］と表示されるときは，有意確率が［.000］つまり［0.1%］よりも小さいことを意味します。

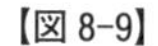

【図8-9】

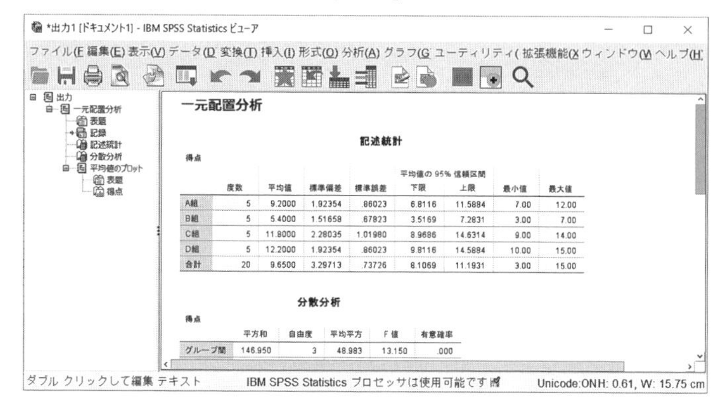

【図8-10】

記述統計

得点

	度数	平均値	標準偏差	標準誤差	平均値の 95% 信頼区間 下限	平均値の 95% 信頼区間 上限	最小値	最大値
A組	5	9.2000	1.92354	.86023	6.8116	11.5884	7.00	12.00
B組	5	5.4000	1.51658	.67823	3.5169	7.2831	3.00	7.00
C組	5	11.8000	2.28035	1.01980	8.9686	14.6314	9.00	14.00
D組	5	12.2000	1.92354	.86023	9.8116	14.5884	10.00	15.00
合計	20	9.6500	3.29713	.73726	8.1069	11.1931	3.00	15.00

【図8-11】

分散分析

得点

	平方和	自由度	平均平方	F値	有意確率
グループ間	146.950	3	48.983	13.150	.000
グループ内	59.600	16	3.725		
合計	206.550	19			

【図8-12】

変動因	SS	df	MS	F
組	146.95	3	48.98	13.15
誤差	59.60	16	3.725	
全体	206.55	19		

なります。要因の水準数が［2］の場合はここで分析終了となりますが，水準数が［3以上］の場合は，どの水準の組み合わせの間に差があるか判断できないため，第3節に進みます。

最後に，［平均値のプロット］でグラフが描画されます（【図8-13】参照）。デフォルトでは簡単な折れ線グラフが作成されますが，編集機能を使用すると折れ線の太さを変更できたり，マーカーの形状を変更できたり，注釈をつけたりと，さまざまな属性を変更できるようになります（【図8-14】参照）。

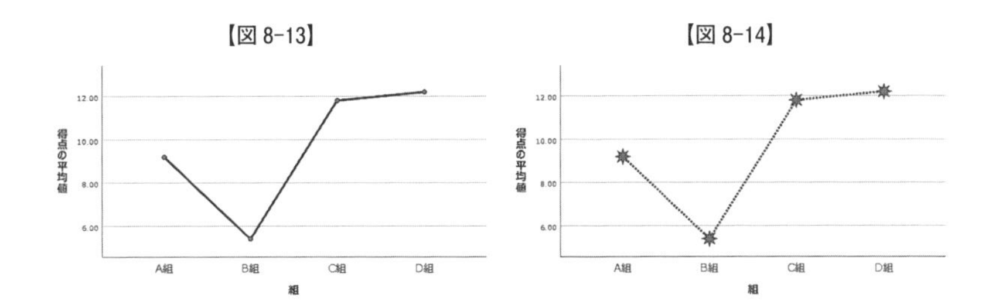

【図8-13】　【図8-14】

第3節　多重比較

主効果が有意であったからといって，分散分析が終了するわけではありません★16。分散分析で主効果が有意という結果が出た場合，それは［各水準の平均値がすべて等しいわけではない］ということを表わしているに過ぎません。つまり，［A組］と［B組］の平均値の差が有意であったのか，［C組］と［D組］の間の差が有意であったのか，あるいはすべての組み合わせの平均値間の差が有意であったのかは，この段階ではわからないのです。どの組み合わせの平均値の差が有意であったのかを検証するために用いられる方法が，［多重比較］です。多重比較では，さまざまな方法が提案されており，そのいくつかを紹介します。

★16：先に述べたように，要因の水準数が［3］以上であれば，多重比較を行なわなければなりません。一方，水準数が［2］の場合は多重比較を行なう必要はありません。なぜなら，水準数が［2］の場合に要因の主効果が有意であれば，2つの水準間の平均値に有意な差があるということを示しているからです。

(1) フィッシャー（Fisher）のLSD検定

t検定と考え方が同じで計算が難しくないため手計算でもできます。しかし，この検定は多重比較の誤差率を調整しないために有意差を甘目にはじき出してしまいます。つまり，この検定では［タイプⅠエラー］★17が起こりやすく，現在では推奨できない手法だとされています。

★17：本当は差がないのに有意差を検出することを［タイプⅠエラー］，差があるのに有意差を検出できないことを［タイプⅡエラー］と呼びます（第6章・第1節参照）。

(2) シェフェ（Scheffé）の方法

1組の平均値を比較した場合に，より慎重に有意性を判定します。これは厳しく有意差を求める場合に使われるようです。

(3) テューキー（Tukey）のHSD検定

フィッシャーのLSD検定以外の多重比較の中では最も検出力が高く，したがって有意差を出しやすいという利点があります。大量の平均値の組み合わせを比較するような場合，下に記すボンフェローニの方法よりも優れています。

(4) ボンフェローニ（Bonferroni）の方法

t検定で組み合わせごとに平均の差の検定を行なっていき，算出した［p値］を解釈する方法ですが，全体の誤差率を制御することによってより正確な判断が可能になります。少量の平均値の組み合わせ★18を算出するような場合には，TukeyのHSD検定よりも優れています。

★18：第11章・第3節を参照してください。

これら4つの方法がよく使用されるようですが，どれを使わなくてはならないかという質問に対しては，各方法が長所と短所を同時に持ち合わせているため，場合によるとしか言えません。テューキーのHSD検定が最も一般的とされているようなので，この方法を使っておくのが無難かもしれませんが，もちろん他の方法を使ってはダメというわけではありません★19。

★19：等分散性が仮定されないときには［Tamhane の T2］，［Dunnett の T3］，［Games-Howell］，および［Dunnett の C］を使用しなければなりません。

本章の例では，［組］要因は4水準ですので，［F 値］が有意であるときは，多重比較を行なう必要性が出てきます。実際に行なう際には，分散分析を行なう途中の段階である【図8-7】で，ウィンドウ右上にある［その後の検定］★20ボタンをクリックします★21。

★20：その後の検定とは少々変な日本語ですが，英語の［post hoc test］の直訳です。事後検定という意味です。

★21：このウィンドウの左下部分に［有意水準］という項目がありますが，この数値を［.01］に変更すると有意水準を1％に設定できます。

すると，次のウィンドウが開きますので，［Tukey］というところにチェックを入れて，［続行］ボタンをクリックします（【図8-15】参照）。

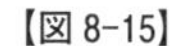
【図 8-15】

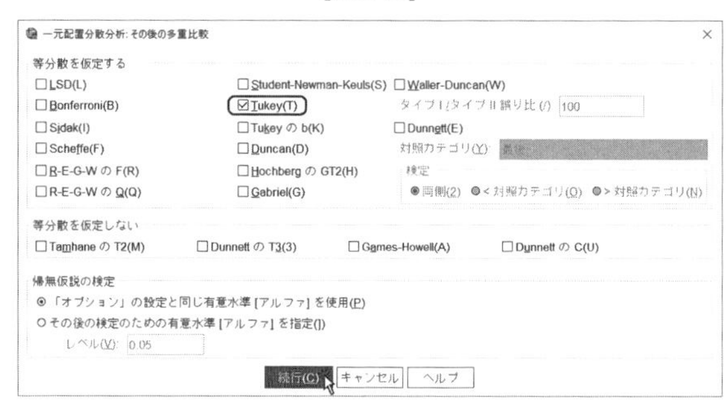

そして，第2節と同様の手続きで分散分析を実行すると，多重比較の結果出力が，［その後の検定］の［多重比較］という項目に追加されていることがわかります（【図8-16】参照）★22。

★22：この例のように分散分析を一度行なってから多重比較を行なうのではなく，分散分析の過程で多重比較を同時に行なうよう設定すると便利です。

【図 8-16】

多重比較

従属変数:　得点

Tukey HSD

(I) 組	(J) 組	平均値の差 (I-J)	標準誤差	有意確率	95% 信頼区間 下限	95% 信頼区間 上限
A組	B組	3.80000*	1.22066	.031	.3077	7.2923
	C組	-2.60000	1.22066	.186	-6.0923	.8923
	D組	-3.00000	1.22066	.106	-6.4923	.4923
B組	A組	-3.80000*	1.22066	.031	-7.2923	-.3077
	C組	-6.40000*	1.22066	.000	-9.8923	-2.9077
	D組	-6.80000*	1.22066	.000	-10.2923	-3.3077
C組	A組	2.60000	1.22066	.186	-.8923	6.0923
	B組	6.40000*	1.22066	.000	2.9077	9.8923
	D組	-.40000	1.22066	.987	-3.8923	3.0923
D組	A組	3.00000	1.22066	.106	-.4923	6.4923
	B組	6.80000*	1.22066	.000	3.3077	10.2923
	C組	.40000	1.22066	.987	-3.0923	3.8923

*. 平均値の差は 0.05 水準で有意です。

この出力ではすべての水準の組み合わせが表示され，有意差が見られる組み合わせにアスタリスク［*］がつけられています★23。左から2列目に［平均値の差（I-J）］という表示があり，水準の平均値の差が表示されています★24。例えば，一番の上の［3.80000］という数値は，［A組の平均値］－［B組の平均値］が［3.80000点］であることを示しており，符号がプラスであることから［A組］の平均値の方が高いこと

★23：アスタリスクは数字の右肩に，ものすごく小さく表示されます。見落とさないように，注意して確認してください。

★24：(I-J) の (I) は左にある［(I) 組］を表し，(J) は左にある［(J) 組］を表しています。言い換えると，(I) に表示されている組の平均値から，(J) に表示されている組の平均値を引いた差だということです。

がわかります★25。同時に，アスタリスク［*］がついているので，５％水準で有意であることもわかります。なお，正確な有意確率は，［有意確率］という列に記載されています。例えば，［A組の平均値－B組の平均値］の組み合わせでは，［.031］という有意確率です。

★25：その下の［A組］と［C組］の組み合わせは，符号がマイナスなので，［C組］の平均値の方が高いことが分かります。

他方，【図 8-10】から平均値がわかり，どの水準の平均値が高いのかわかります。この例では［A組の平均値］と［B組の平均値］の間に差が見られたわけですから，【図 8-10】より，［A組（9.20点）］のほうが［B組（5.40点）］よりも平均値が有意に高いと結論できます。

多重比較の結果から，［B組］は他の３組よりも有意に平均値が低いことがわかりました。その他の組み合わせには有意差は見出されませんでした。

【分析結果の書き方例（1）】★26・27

★26：あくまでも一例ですから，別のよい書き方があればそちらを参考にして下さい。

★27：結果を書くときの注意点は第16章を参照して下さい。

水準数が２つの場合，例えば［A組］と［B組］の２組だったような場合は，次のようになります。

> A組とB組においてテストの平均点に差があるかどうかを検証するために，独立変数を組，従属変数を点数とする対応のない１要因の分散分析を行なった。その結果，統計的に有意な主効果が認められ（$F(3, 16) = 13.15$, $p < .001$）★28，A組の平均点はB組の平均点よりも有意に高いことが判明した。

★28：この値は４水準のものを使用していますので，自由度や F 値などは２水準では異なる数値になります。

【分析結果の書き方例（2）】★29

★29：あくまでも一例ですから，別のよい書き方があればそちらを参考にして下さい。

水準数が４つの場合（本章の例の場合），次のようになります。

> A組からD組までの４組においてテストの平均点に差があるかどうかを検証するために，独立変数を組，従属変数を点数とする対応のない１要因の分散分析を行なった。その結果，統計的に有意な主効果が認められた（$F(3, 16) = 13.15$, $p < .001$）。Tukey の HSD 検定による多重比較の結果，B組の平均点は他の３組よりも有意に低いことが判明した。

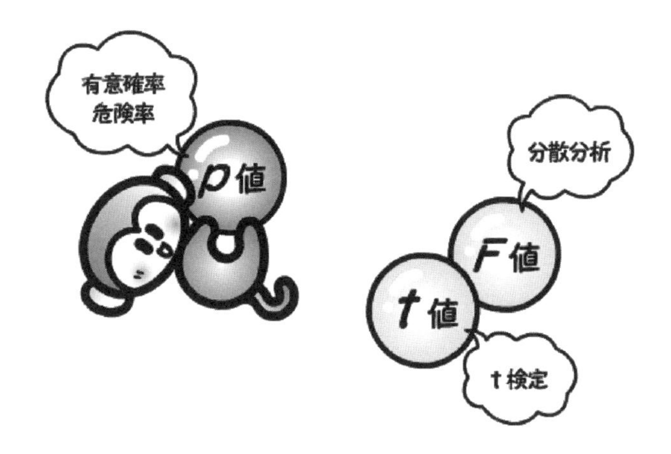

第 9 章

1要因の分散分析（対応［あり］）

対応ありのｔ検定があったように，分散分析でも対応ありの分析が存在します。この章では，対応ありの1要因の分散分析を解説します。同時に，下位検定の一種である多重比較も紹介します。

第1節　1要因の分散分析（対応［あり］）

★1：英語では Within-Participant Design（以前は Within-Subject Design）とよばれます。

このデザインでは要因数が［1］で，各水準に同じ被験者が割り当てられます。［対応あり］の他に，［繰り返しあり］や［被験者内要因］ともよばれます★1。分散分析は［間隔尺度］・［比率尺度］のデータに適用でき，［名義尺度］・［順序尺度］のデータには適用できないということに，重ねて留意しておく必要があります。また，結論を導くまでの流れとして，【図8-1】を必ず確認しておきましょう。

★2：分析を行なう前に，第6章・第1節〜第3節および第8章・第1節を必ずご確認ください。

次の例を考えます★2。人間は聞く音の違いによって心拍数が異なると言われていますが，それが本当かどうかを仮想実験によって確認しました。【図9-1】には，［無音］，［雑踏音］を聞いたとき，川の［せせらぎ］を聞いたときのそれぞれの［心拍数］が表示されています。このデータは被験者を無作為に［5名］選出し，各被験者にランダムな順序で3条件すべての音を聞いてもらったときの，1分間の［心拍数］です。3条件間における［心拍数］の平均値の差は統計的に有意であると言えるでしょうか。帰無仮説は，［聞く音の違いによって心拍数の平均値には差がない］となります。

【図9-1】

被験者	無音	雑踏音	せせらぎ
1	70	80	68
2	75	85	66
3	68	78	68
4	71	79	69
5	72	81	70

★3：デザインを間違えないように！

まず，デザインを考えます。各被験者は，3条件すべてについて実験を行なっていますので，［対応あり］です★3。要因（独立変数）は［音］ですから1要因，水準は［無音］・［雑踏音］・［せせらぎ］の3水準です。［従属変数］は，［心拍数］です。このデータを図のように，データ・エディタに入力します（【図9-2】参照）。1列目が［無音］の［心拍数］を表わす変数，2列目が［雑踏音］を聞いたときの［心拍数］を表わす変数，3列目が［せせらぎ］を聞いたときの［心拍数］を表わす変数です。［変数ビュー］の表示は，次のとおりです（【図9-3】参照）。

【図9-2】

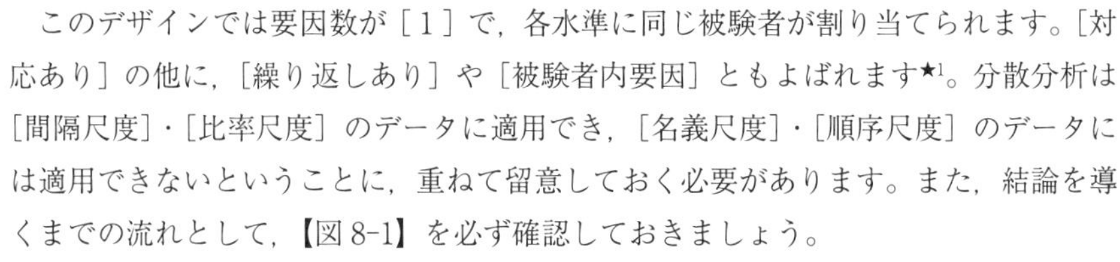

Chap09.sav [データセット3] - IBM SPSS Statistics データ エディタ

ファイル(E) 編集(E) 表示(V) データ(D) 変換(T) 分析(A) グラフ(G) ユーティリティ(U) 拡張機能(X) ウィンドウ(W) ヘルプ(H)

表示: 3 個 (3 変数中)

	無音	雑踏音	せせらぎ	var	var	var	var	var	var	var	var
1	70.00	80.00	68.00								
2	75.00	85.00	66.00								
3	68.00	78.00	68.00								
4	71.00	79.00	69.00								
5	72.00	81.00	70.00								
6											
7											
8											
9											
10											
11											

データ ビュー　変数 ビュー

IBM SPSS Statistics プロセッサは使用可能です　Unicode:ON

【図 9-3】

データ・エディタのメニューから，［分析］→［一般線型モデル］→［反復測定］を順にクリックします（【図 9-4】参照）★4。

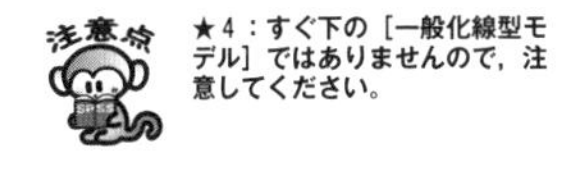

★4：すぐ下の［一般化線型モデル］ではありませんので，注意してください。

【図 9-4】

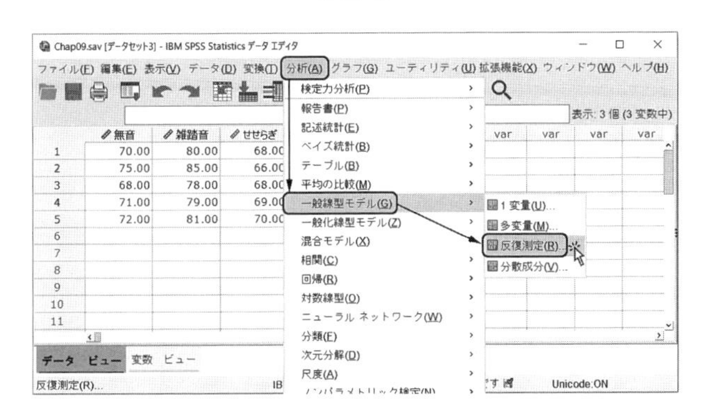

すると，次のウィンドウが出現します。このウィンドウでは［対応あり］要因，つまり［被験者内要因］の変数を特定します（【図 9-5】参照）。

【図 9-5】

［被験者内因子名］には最初から［factor1］と入力されていますが，削除してから［対応あり］要因（被験者内要因）の名前を入力します。この例では［音］要因だったので，［音］とします。続いて，［水準数］には必ず半角で［対応あり］要因の［水準数］を入力します。この例では3水準あったので，［3］と入力します（【図 9-6】参照）。そして，左側にある［追加］ボタンをクリックすると中央のボックスに［被験者内因子名］と［水準数］が，［音（3）］として追加されます（【図 9-7】参照）★5。

★5：被験者内因子名は必ずアルファベットなど，文字で始める必要があります。漢字やひらがななどでもかまいません。長さは，半角で40字（全角で20字）までは実行できることを確認しています。また，水準数の数字は必ず半角で入力してください。

【図 9-6】

【図 9-7】

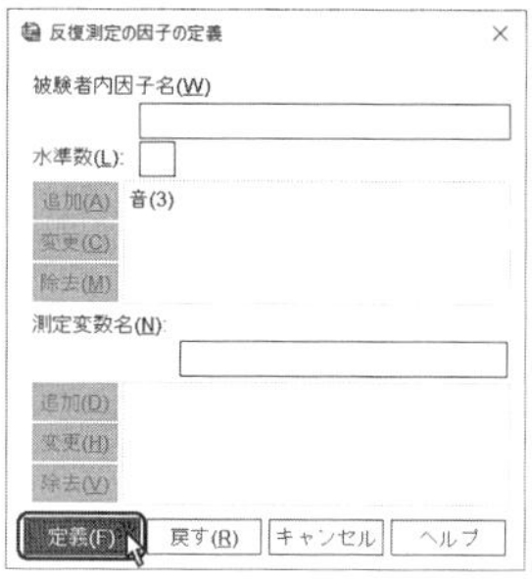

反復測定の因子の定義
被験者内因子名(W)
水準数(L):
追加(A)　音(3)
変更(C)
除去(M)
測定変数名(N):
追加(D)
変更(H)
除去(V)
定義(F)　戻す(R)　キャンセル　ヘルプ

続いて，ウィンドウ左下の［定義］ボタンをクリックすると，次のウィンドウが表示されます（【図 9-8】参照）。

【図 9-8】

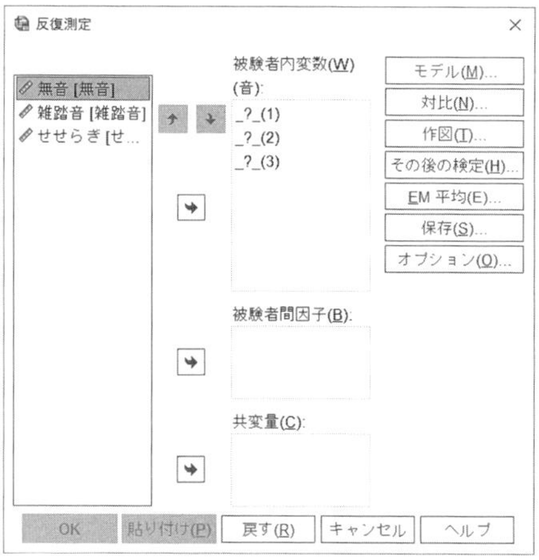

反復測定
無音 [無音]
雑踏音 [雑踏音]
せせらぎ [せ...
被験者内変数(W)
(音):
_?_(1)
_?_(2)
_?_(3)
モデル(M)...
対比(N)...
作図(T)...
その後の検定(H)...
EM 平均(E)...
保存(S)...
オプション(O)...
被験者間因子(B):
共変量(C):
OK　貼り付け(P)　戻す(R)　キャンセル　ヘルプ

ウィンドウ左側の変数一覧ボックスに［音］要因の水準を示す3変数が表示されていて，これらすべてを順に中央の［被験者内変数］ボックスに投入します（【図 9-9】参照）。

このまま分析を実行してもよいのですが，平均値やグラフなどが出力されません。そこで，まず平均値算出の手順を紹介します。【図 9-9】でウィンドウ右側にある［オプション］ボタンをクリックすると，次のウィンドウが開きます（【図 9-10】参照）★6。

★6：平均値は多重比較のところでも解説しています。

【図 9-9】

【図 9-10】

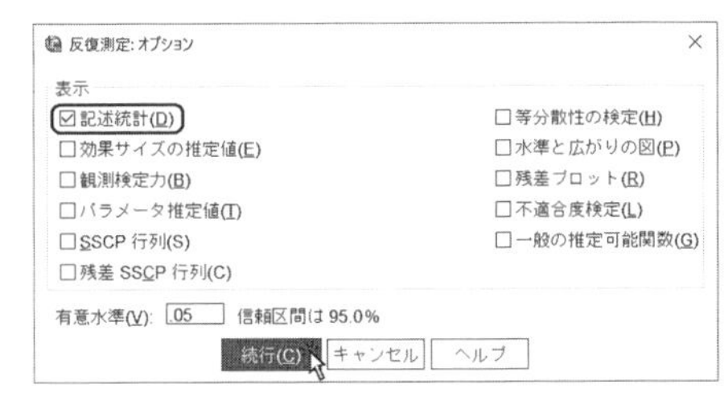

このウィンドウに［表示］という領域があり，その左上に［記述統計］という項目があります。ここにチェックを入れると，［記述統計量］が算出されます★7・8。そして，［続行］ボタンをクリックすると，【図 9-9】に戻ります★9。

続いて，グラフの作成手順を紹介します。【図 9-9】でウィンドウ右上にある［作図］ボタンをクリックすると，次のウィンドウが開きます（【図 9-11】参照）。

★7：ウィンドウ下部の［有意水準］で［.05］を［.01］に変更すると，1％水準で検定できます。また，すでに［記述統計］にチェックが入っている場合があります。

★8：［記述統計］の直下にある［効果サイズの推定値］にチェックを入れると，［partial η^2］（偏イータ2乗）値を算出することができます。

★9：多重比較を同時に行なう場合は，第2節を参照してください。

【図 9-11】

ウィンドウ左上の［因子］ボックスから［音］を，右側の［横軸］に投入します（【図 9-12】参照）。

【図 9-12】

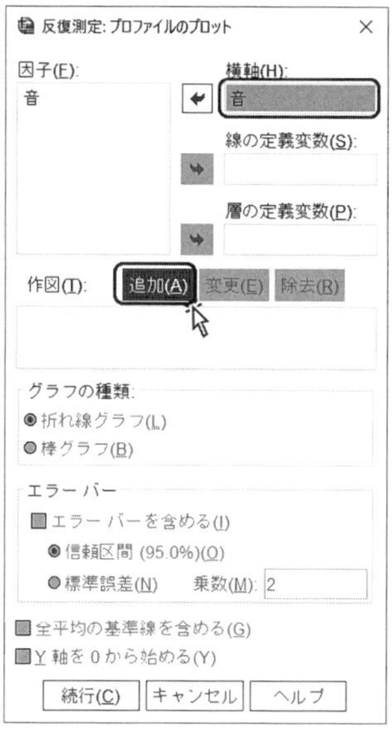

そして，［追加］ボタンをクリックして，ウィンドウ下部の［作図］ボックスに投入し，［続行］ボタンをクリックします（【図 9-13】参照）。

【図 9-13】

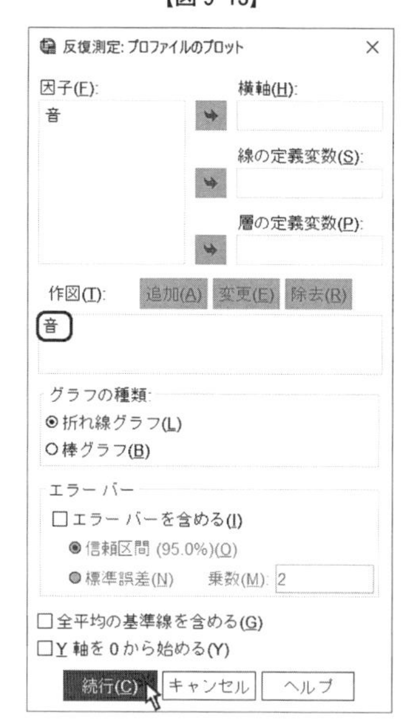

［OK］ボタンをクリックすると分析が始まり，結果がビューアに表示されます（【図 9-14】参照）。

【図 9-14】

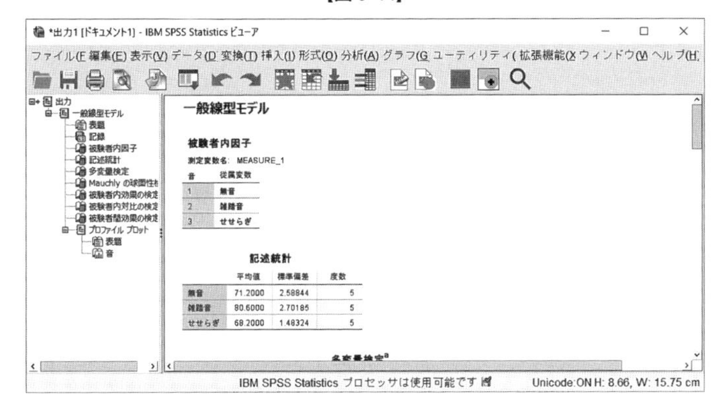

多くの分析結果が出力されますが，見なければならないところはあまり多くありません。まず，［被験者内因子］です。これは，［音］要因を設定しましたので，それぞれの水準に対応する番号が記されています。この例では，［無音］が［1］に，［雑踏音］が［2］に，［せせらぎ］が［3］に，それぞれ対応しています（【図 9-15】参照）。

【図 9-15】

被験者内因子

測定変数名: MEASURE_1

音	従属変数
1	無音
2	雑踏音
3	せせらぎ

次は，［記述統計］です。［音］要因の各水準における，［平均値］・［標準偏差］・［度数］が表示されていて，［無音］の平均値が［71.2000］，［雑踏音］が［80.6000］，［せせらぎ］が［68.2000］であることがわかります（【図 9-16】参照）。

【図 9-16】

記述統計

	平均値	標準偏差	度数
無音	71.2000	2.58844	5
雑踏音	80.6000	2.70185	5
せせらぎ	68.2000	1.48324	5

続いて注目するのは，［Mauchly の球面性検定］です（【図 9-17】参照）★10。この球面性の仮定が有意であれば，次の項目において見るべき値が違いますので注意しなければなりません。この場合，［有意確率］が［.057］となっていて有意ではありませんので，次に説明する［被験者内効果の検定］では［球面性の仮定］の行を見ます。も

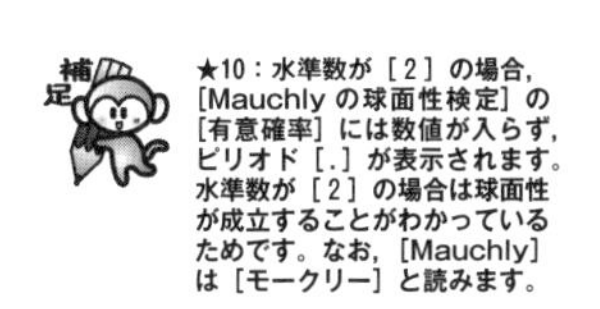

★10：水準数が［2］の場合，［Mauchly の球面性検定］の［有意確率］には数値が入らず，ピリオド［.］が表示されます。水準数が［2］の場合は球面性が成立することがわかっているためです。なお，［Mauchly］は［モークリー］と読みます。

【図 9-17】

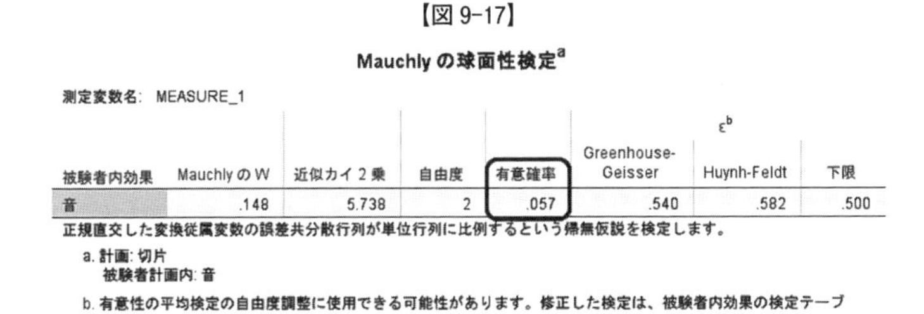

Mauchly の球面性検定[a]

測定変数名: MEASURE_1

					ε[b]		
被験者内効果	Mauchly の W	近似カイ 2 乗	自由度	有意確率	Greenhouse-Geisser	Huynh-Feldt	下限
音	.148	5.738	2	.057	.540	.582	.500

正規直交した変換従属変数の誤差共分散行列が単位行列に比例するという帰無仮説を検定します。

a. 計画: 切片
　被験者計画内: 音

b. 有意性の平均検定の自由度調整に使用できる可能性があります。修正した検定は、被験者内効果の検定テーブルに表示されます。

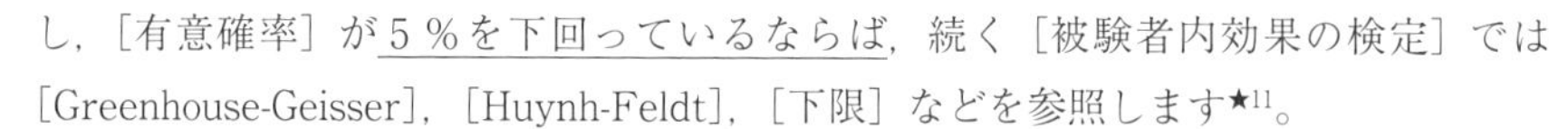

し，［有意確率］が5％を下回っているならば，続く［被験者内効果の検定］では［Greenhouse-Geisser］，［Huynh-Feldt］，［下限］などを参照します★11。

★11：［Greenhouse-Geisser］は［グリーンハウス・ガイサー］，［Huynh-Feldt］は［ウィン・フェルト］と読みます。［ウィン］はベトナム人のために読み方が難しいですが，Google 翻訳で発音させると，最初のHの発音が欠落して［ウィン］でした。前書で［フィン］と書いていましたが，本書で［ウィン］に訂正します。

次は，［被験者内効果の検定］です。［Mauchly の球面性検定］が有意ではなかったので，［球面性の仮定］の行を見ると，［F 値］は［46.332］で［有意確率］は［.000］となっており，0.1％水準で主効果が有意であることがわかります★12・13・14。つまり，帰無仮説を棄却して，［聞く音の違いによって心拍数の平均値には差がある］と判断できます（【図 9-18】参照）★15。要因の水準数が［2］の場合はここで分析終了となりますが，水準数が［3以上］の場合は，どの水準の組み合わせの間に差があるか判断できないため，第2節に進みます。

★12：［Mauchly の球面性検定］の項で球面性が仮定されなければ，［Greenhouse-Geisser］や［Huynh-Feldt］の行に表示されている値を採用します。［自由度］が小数点になっていることに注意が必要です。

★13：有意確率欄に［.000］と表示されるときは，有意確率が［.000］つまり［0.1％］よりも小さいことを意味します。

★14：［図 9-10］において［効果サイズの推定値］にチェックを入れた場合は，［有意確率］の右側に［偏イータ2乗］という項目が表示されます。これが，［partial η^2］値です。ちなみに，本章の例では［partial η^2=0.921］となりました。

★15：この場合は，主効果と誤差の両方に対して，［球面性の仮定］の行を見ます。要因の自由度は［2］，誤差の自由度は［8］であることがわかります。

【図 9-18】

被験者内効果の検定

測定変数名:　MEASURE_1

ソース		タイプ III 平方和	自由度	平均平方	F 値	有意確率
音	球面性の仮定	418.533	2	209.267	46.332	.000
	Greenhouse-Geisser	418.533	1.080	387.631	46.332	.002
	Huynh-Feldt	418.533	1.164	359.628	46.332	.001
	下限	418.533	1.000	418.533	46.332	.002
誤差 (音)	球面性の仮定	36.133	8	4.517		
	Greenhouse-Geisser	36.133	4.319	8.366		
	Huynh-Feldt	36.133	4.655	7.762		
	下限	36.133	4.000	9.033		

この結果を元に分散分析表を書くと，【図 9-19】になります。

【図 9-19】

変動因	SS	df	MS	F
音	418.533	2	209.267	46.332
誤差	36.133	8	4.517	
全体	454.666	10		

最後に，［プロファイルプロット］でグラフが描画されます（【図 9-20】参照）★16。デフォルトでは簡単な折れ線グラフが作成されますが，編集機能を使用すると折れ線の太さを変更できたり，マーカーの形状を変更できたり，注釈をつけたりなどと，さまざまな属性を変更できるようになります。

★16：グラフの横軸に記載されている数字は，［被験者内因子］における音の水準番号に対応しています。つまり，［1］が［無音］，［2］が［雑踏音］，［3］が［せせらぎ］です。具体的な水準名は表示されません。

【図 9-20】

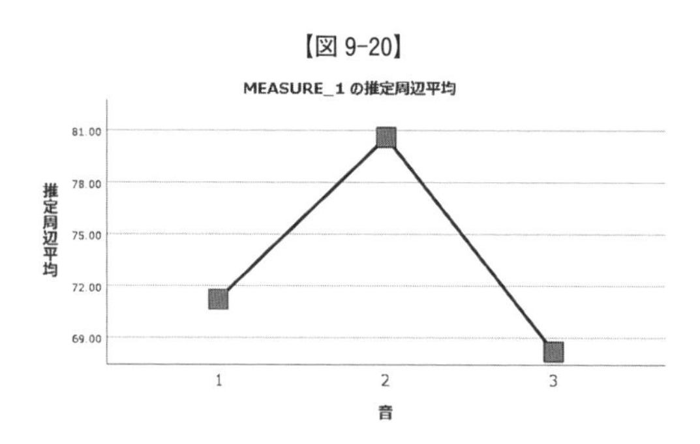

第2節　多重比較

要因の水準が［3以上］で，要因の主効果が有意であれば多重比較を行なわなければなりません。つまり，［無音］・［雑踏音］・［せせらぎ］のどの組み合わせに有意差が見られるのかを検証しなければならないのです。

［対応あり］の分散分析の場合，可能な多重比較の方法として3種類が用意されています。それは，［フィッシャー（Fisher）の LSD 検定］★17・［ボンフェローニ（Bonferroni）の方法］・［シダック（Šidák）の方法］です★18。ここでは，一般的と考えられる，ボンフェローニの方法で行なってみます。

★17：フィッシャーの LSD 検定は，タイプⅠエラーをうまく統制できない検定方法ですから，できるだけ使用しないようにしましょう。

★18：［Šidák］は［シダック］と読み，t 検定に基づいた組み合わせごとの多重比較検定を指します。この方法は，多重比較の有意確率を調整して，ボンフェローニの方法より厳しい限界を設定します。

具体的な方法として，【図 9-9】においてウィンドウ右上にある［EM 平均］ボタンをクリックすると，次のウィンドウが開きます（【図 9-21】参照）。

【図 9-21】

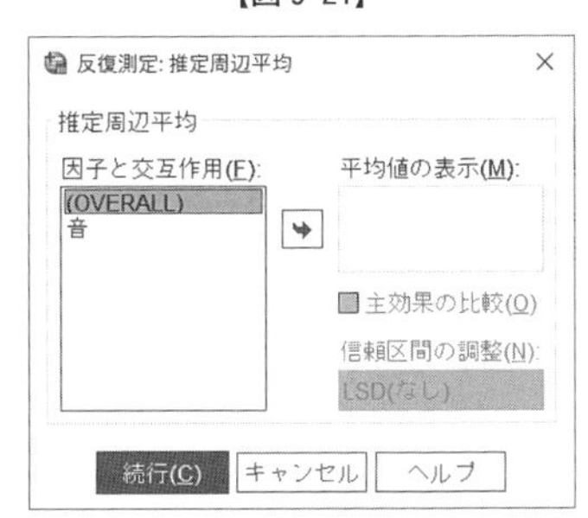

次に，ウィンドウ左にある［因子と交互作用］ボックスから，要因である［音］をクリックして右側にある［平均値の表示］ボックスに投入し，直下にある［主効果の比較］にチェックを入れて，［信頼区間の調整］ドロップダウンリストで［Bonferroni］を選びます（【図 9-22】参照）。

【図 9-22】

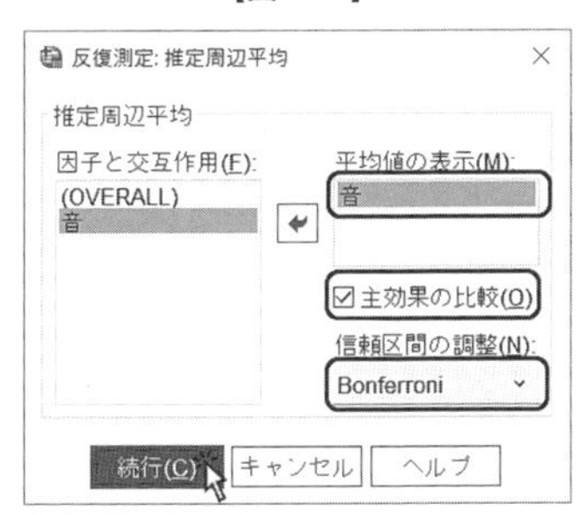

そして，［続行］ボタンをクリックすると【図 9-9】に戻り，［OK］ボタンをクリックすると分析が実行されます。ボンフェローニの方法による多重比較の結果は，出力の下の方にある［ペアごとの比較］という項目に掲載されています（【図 9-23】参照）。

【図 9-23】

ペアごとの比較

測定変数名: MEASURE_1

(I) 音	(J) 音	平均値の差 (I-J)	標準誤差	有意確率[b]	95% 平均差信頼区間[b] 下限	上限
1	2	-9.400*	.400	.000	-10.984	-7.816
	3	3.000	1.549	.375	-3.136	9.136
2	1	9.400*	.400	.000	7.816	10.984
	3	12.400*	1.691	.006	5.702	19.098
3	1	-3.000	1.549	.375	-9.136	3.136
	2	-12.400*	1.691	.006	-19.098	-5.702

推定周辺平均に基づいた

*. 平均値の差は .05 水準で有意です。

b. 多重比較の調整: Bonferroni。

この結果表示では，左から2列目の［平均値の差（I-J）］でアスタリスク［*］が付されている組み合わせに5％水準で有意差が存在することがわかります★19・20。例えば，数字が並んでいる1行目・2列目には，2つの数値［−9.400］と［3.000］が掲載されていて，［−9.400］にはアスタリスク［*］が付されています。これは，その左の列に表示されている［(I)音］の［1］つまり［無音］と，［(J)音］の［2］つまり［雑踏音］との間の差が有意であり，［無音］の平均値から［雑踏音］の平均値を差し引いた値が，［−9.400］であることを示しています。また，［−9.400］の符号はマイナスであるため，［雑踏音］での平均心拍数が［無音］よりも多いことがわかります★21。

★19：アスタリスクは数字の右肩に，ものすごく小さく表示されます。見落とさないように，注意して確認してください。

★20：(I-J) の (I) は左にある［(I) 音］を表し，(J) は左にある［(J) 音］を表しています。言い換えると，(I) に表示されている音の平均値から，(J) に表示されている音の平均値を引いた差だということです。

★21：各組み合わせの詳細な有意確率は右から3列目の［有意確率］に記載されています。

他方，【図9-16】で各水準の平均値が算出されているため，【図9-16】と【図9-23】を併せて参照しても結果がわかります。例えば，【図9-23】で［無音］と［雑踏音］との間に有意な差が存在することが明らかになっているわけですから，【図9-16】を見て，［無音（71.20回）］のほうが［雑踏音（80.60回）］よりも平均の心拍数が有意に少ないことが理解できます。

同様に，多重比較の結果を読み解いていくと，［雑踏音（80.60回）］は，［無音（71.20回）］・［せせらぎ（68.20回）］よりも平均の心拍数が有意に多く，［無音］と［せせらぎ］の間には統計的な差があるとは言えないことが判明しました。

【分析結果の書き方例（1）】★22・23

★22：あくまでも一例ですから，別の良い書き方があればそちらを参考にして下さい。

★23：結果を書くときの注意点は第16章を参照して下さい。

水準数が2つの場合，例えば［雑踏音］と［無音］の2つだったような場合は，次のようになります。

> 雑踏音を聞いたときと何も音を聞かなかったとき（無音）の平均心拍数に差があるかどうかを検証するために，独立変数を音，従属変数を心拍数とする対応のある1要因の分散分析を行なった。その結果，統計的に有意な主効果が認められ（$F(2, 8)=46.33$，$p<.001$）★24，雑踏音を聞いた条件では無音よりも平均心拍数が有意に多いことが判明した。

★24：この値は3水準のものを使用していますので，自由度や F 値などは2水準では異なる数値になります。

【分析結果の書き方例（2）】★25

★25：あくまでも一例ですから，別の良い書き方があればそちらを参考にして下さい。

水準数が3つの場合（本章の例の場合），次のようになります。

> 雑踏音および川のせせらぎを聞いたときと何も音を聞かなかったとき（無音）の平均心拍数に差があるかどうかを検証するために，独立変数を音，従属変数を心拍数とする対応のある1要因の分散分析を行なった。その結果，統計的に有意な主効果が認められた（$F(2, 8)=46.33$，$p<.001$）。ボンフェローニの方法による多重比較の結果，雑踏音を聞いたときは，川のせせらぎを聞いたときおよび無音よりも有意に平均心拍数が多いことが判明した。

第10章

2要因の分散分析（対応［なし］×［なし］）

2つの要因が共に対応なしの2要因の分散分析を紹介します。2要因以上の分散分析では，1要因の分散分析では存在しなかった交互作用を考慮しなければなりません。また，単純主効果の検定や多重比較を行なう必要があり，シンタックスを使った文字ベースのプログラミングも行なわなければなりません。本章では，それらすべてについて解説します。

第1節　2要因の分散分析（対応［なし］×［なし］）

2要因の分散分析では要因数が［2］となり，各水準に割り当てられる被験者はすべて別人という計画になります。例えば，第8章ではA～D組という［組］を要因として仮定しましたが，それに加えて男女の［性別］という要因を仮定するようなときに，2要因となります★1。

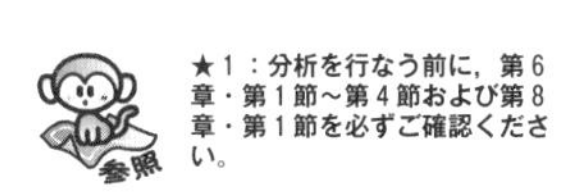

★1：分析を行なう前に，第6章・第1節～第4節および第8章・第1節を必ずご確認ください。

分散分析は［間隔尺度］・［比率尺度］のデータに適用でき，［名義尺度］・［順序尺度］のデータには適用できないということに，重ねて留意しておく必要があります。

第10章～第12章で2要因の分散分析を解説するにあたり，ここで結論の導き方について言及しておきます。2要因の分散分析の結果，要因の主効果だけが有意であった場合と，交互作用が有意であった場合とで，その後の分析方法が変わります。

2つある要因のうち，片方の要因の主効果だけ，あるいは両方の要因の主効果が有意であり，かつ交互作用が有意ではない場合，有意であると判定された主効果について，［多重比較］を行なう必要があります。ただし，多重比較を行なうのはその要因の水準数が［3以上］の場合であり，水準数が［2］の場合には直ちに2つの水準の平均値間には有意な差が存在すると結論できます。

一方，交互作用が有意であると判定された場合は，片方の要因の各水準におけるもう片方の要因の［単純主効果の検定］を行なう必要があります★2。例えば，その単純主効果の検定で，ある単純主効果が有意であったとします。ここでも，水準数が［2］の場合には，直ちに2つの水準の平均値間に有意な差が見られると結論できますが，水準数が［3以上］の場合には，多重比較が必要になります。具体的な分析の流れを図示しておきます（【図10-1】参照）。

★2：単純主効果の検定は，すべての組み合わせにおいて行なう必要はなく，研究の目的や計画によって，特定の組み合わせで行なうことが多いようです。また，要因の主効果が有意であったとしても，交互作用が有意であった場合は単純主効果の検定を行ないます。

【図10-1】

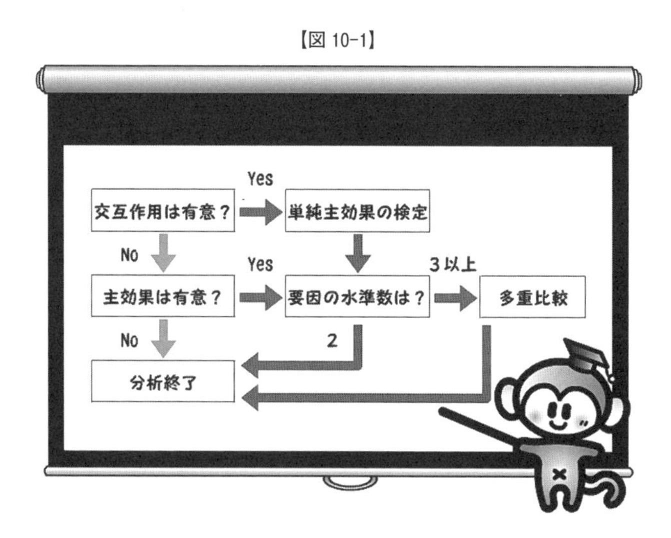

次の例を考えます。［日本］・［韓国］・［米国］の，［男性］・［女性］の学生［5名ずつ］を無作為に抽出し，ある同じ質問紙に回答させて，個人の［得点］を算出しました。［得点］に［性別］および［国籍］による差が見られるかどうかを検定します★3。データは，次のとおりです（【図10-2】参照）。なお，帰無仮説は，［性別および国籍

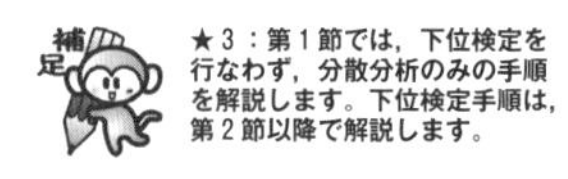

★3：第1節では，下位検定を行なわず，分散分析のみの手順を解説します。下位検定手順は，第2節以降で解説します。

の違いによって平均得点に差はない］となります。

また，これ以降は読者のみなさんの理解のため，［性別A］や［国籍B］のように要因名にアルファベットを，［男性A1］や［日本B1］のように水準名にアルファベットと数字を付記しました★4。みなさんのデータにアルファベットや数字を割り振って対比すればわかりやすいと思います。

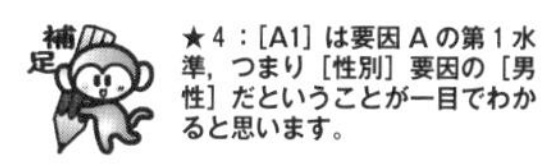

★4：[A1] は要因Aの第1水準，つまり［性別］要因の［男性］だということが一目でわかると思います。

【図 10-2】

男性A1			女性A2		
日本B1	韓国B2	米国B3	日本B1	韓国B2	米国B3
3	4	6	6	2	3
3	3	6	6	6	2
1	4	6	5	3	3
3	5	4	4	6	2
5	7	8	6	4	1

このデータをデータ・エディタに入力すると，次の形式になります（【図 10-3】参照）。1列目が，［性別A］を表わす変数で，［1］が［男性A1］，［2］が［女性A2］です。2列目が，［国籍B］を表わす変数で，［1］が［日本B1］，［2］が［韓国B2］，［3］が［米国B3］です。3列目が，質問紙の［得点］です。このように，縦方向にデータが羅列されるような入力スタイルです★5・6。また，［変数ビュー］でも各変数の設定を行ないます（【図 10-4】参照）。

★5：1列目を［国籍B］，2列目を［性別A］にしても出力がそっくり入れ替わるだけで解釈上まったく問題ありません。

【図 10-3】

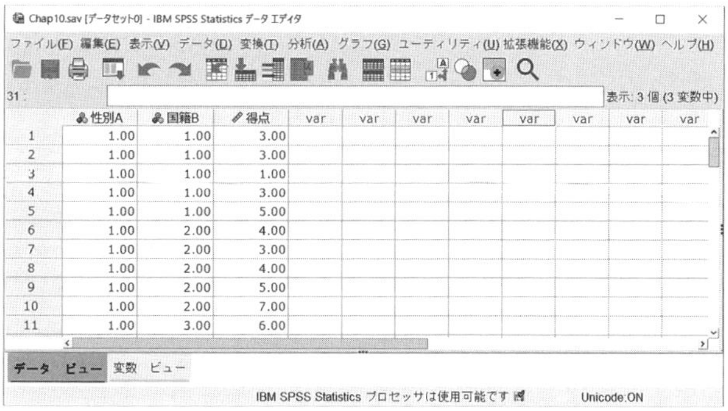

Chap10.sav [データセット0] - IBM SPSS Statistics データ エディタ

ファイル(F) 編集(E) 表示(V) データ(D) 変換(T) 分析(A) グラフ(G) ユーティリティ(U) 拡張機能(X) ウィンドウ(W) ヘルプ(H)

表示: 3 個 (3 変数中)

	性別A	国籍B	得点	var	var	var	var	var	var	var	var
1	1.00	1.00	3.00								
2	1.00	1.00	3.00								
3	1.00	1.00	1.00								
4	1.00	1.00	3.00								
5	1.00	1.00	5.00								
6	1.00	2.00	4.00								
7	1.00	2.00	3.00								
8	1.00	2.00	4.00								
9	1.00	2.00	5.00								
10	1.00	2.00	7.00								
11	1.00	3.00	6.00								

データ ビュー　変数 ビュー

IBM SPSS Statistics プロセッサは使用可能です　Unicode:ON

★6：データは，データ・エディタの下方向に続いています。適宜スクロールしてください。

データ・エディタのメニューから，［分析］→［一般線型モデル］→［1変量］を順にクリックします★7（【図 10-5】参照）。

★7：すぐ下の［一般化線型モデル］ではありませんので，注意してください。

【図 10-4】

【図 10-5】

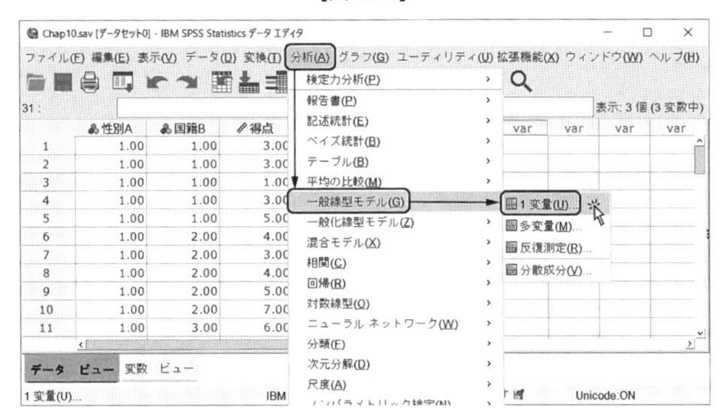

次のウィンドウが出現します。このウィンドウでは，［従属変数］や［独立変数］を指定します（【図 10-6】参照）。

【図 10-6】

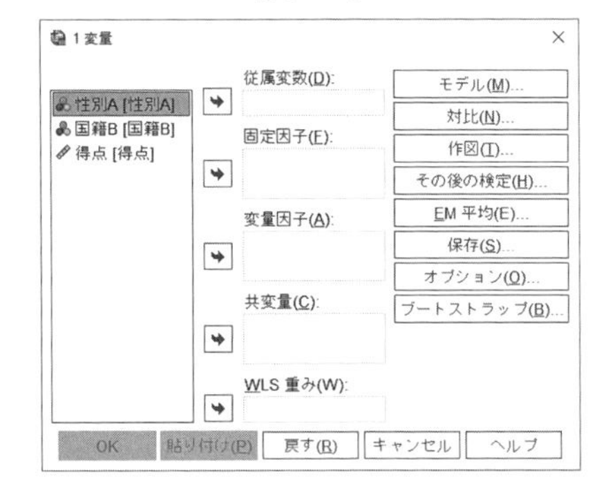

ここで，ウィンドウ左側の変数一覧ボックスから，ウィンドウ中央上部の［従属変数］欄に，［従属変数］である「得点［得点］」を投入し，その直下の［固定因子］欄には，［独立変数］である「性別A［性別A］」と「国籍B［国籍B］」を投入します（【図 10-7】参照）★8。

★8：［独立変数］と［従属変数］を間違わないように！

次に，各水準の平均値を算出するために，ウィンドウ右端の［オプション］ボタンをクリックすると，次のウィンドウが開きます（【図 10-8】参照）。

【図 10-7】

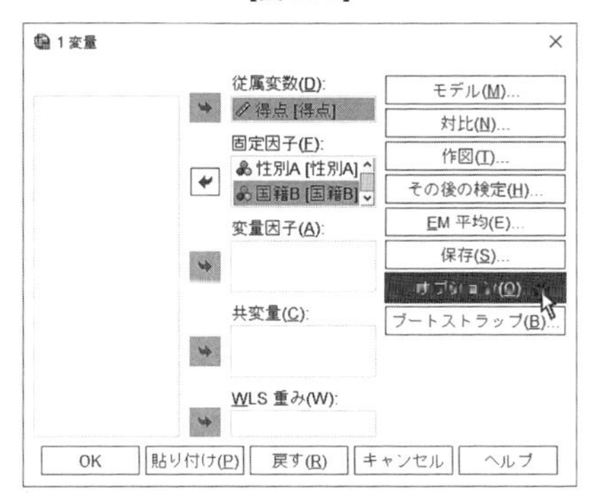

【図 10-8】

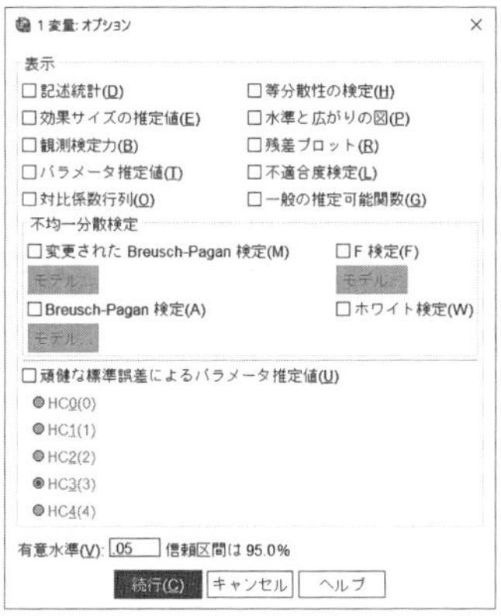

ウィンドウに［表示］領域があり，その左上に［記述統計］があります。ここにチェックを入れて，記述統計量を算出するように設定します（【図 10-9】参照）★9。そして，［続行］ボタンをクリックして【図 10-7】に戻ります。

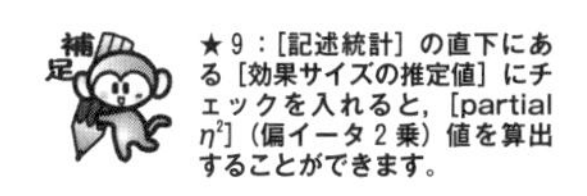

★9：［記述統計］の直下にある［効果サイズの推定値］にチェックを入れると，［partial η^2］（偏イータ2乗）値を算出することができます。

【図 10-9】

続いて，グラフを描画するために【図 10-7】のウィンドウ右上にある［作図］ボタンをクリックすると，次のウィンドウが出現します（【図 10-10】参照）。ウィンドウ左上の［因子］ボックスから，右上の［横軸］ボックスに［国籍B］を，［線の定義変

★10：［横軸］ボックスに3水準ある［国籍B］要因を入れ，［線の定義変数］ボックスに2水準ある［性別A］要因を入れることで，折れ線が2本のグラフができます。逆にすれば，折れ線が3本となって，見にくくなるかもしれません。

数］に［性別A］を，それぞれ投入します（【図 10-11】参照）★10。

【図 10-10】

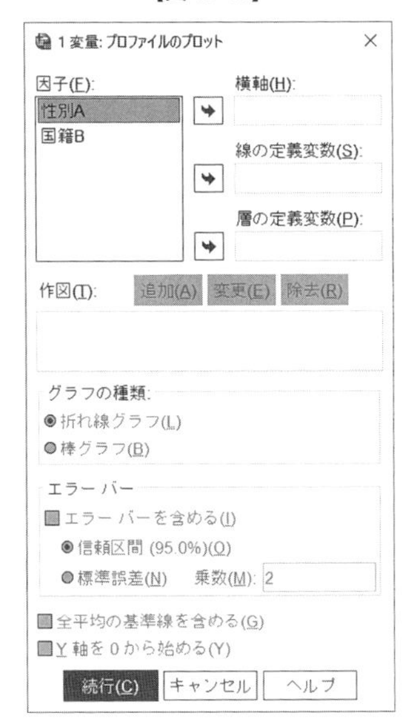

【図 10-11】

ウィンドウ中央の［追加］ボタンをクリックすると，ウィンドウ中央の［作図］ボックスに，［国籍B*性別A］と表示されます（【図 10-12】参照）。最後に，［続行］ボタンをクリックし，【図 10-7】に戻ったら［OK］ボタンをクリックすると，分析が開始されます。

【図 10-12】

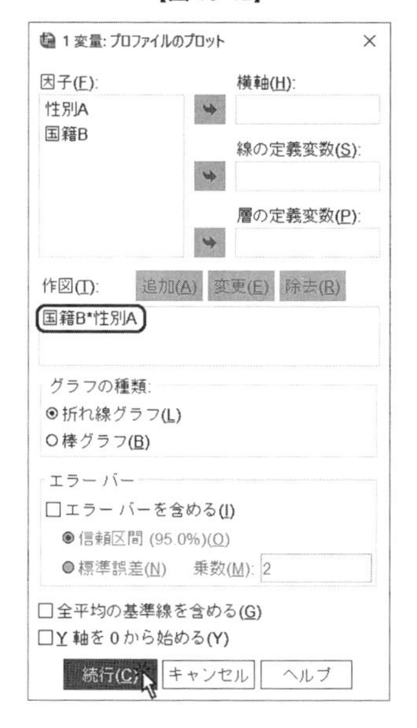

ビューアに，分散分析結果が表示されます（【図 10-13】参照）。

【図 10-13】

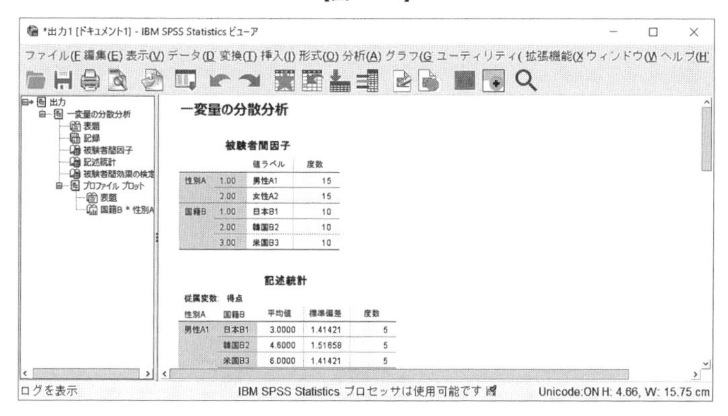

まず注目すべき個所は，［被験者間因子］という項目です。ここには，［性別A］と［国籍B］の2要因に存在する，各水準の番号とラベルが記されています。例えば，［性別A］要因の［1］は［男性 A1］であり，［国籍B］要因の［2］は［韓国 B2］であることがひと目でわかります（【図 10-14】参照）★11。

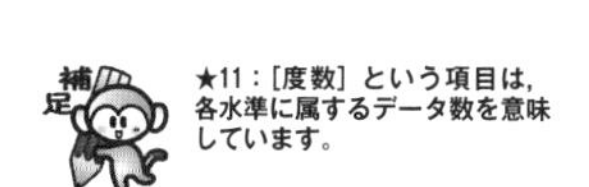

★11：［度数］という項目は，各水準に属するデータ数を意味しています。

【図 10-14】

被験者間因子

		値ラベル	度数
性別A	1.00	男性A1	15
	2.00	女性A2	15
国籍B	1.00	日本B1	10
	2.00	韓国B2	10
	3.00	米国B3	10

次に注目するところは，［記述統計］です（【図 10-15】参照）。この項目には，分散分析では非常に重要となる各水準の記述統計が要約されています。例えば，［男性

【図 10-15】

記述統計

従属変数: 得点

性別A	国籍B	平均値	標準偏差	度数
男性A1	日本B1	3.0000	1.41421	5
	韓国B2	4.6000	1.51658	5
	米国B3	6.0000	1.41421	5
	総和	4.5333	1.84649	15
女性A2	日本B1	5.4000	.89443	5
	韓国B2	4.2000	1.78885	5
	米国B3	2.2000	.83666	5
	総和	3.9333	1.79151	15
総和	日本B1	4.2000	1.68655	10
	韓国B2	4.4000	1.57762	10
	米国B3	4.1000	2.28279	10
	総和	4.2333	1.81342	30

A1］で［日本 B1］の［平均値］は［3.0000］，［日本 B1］全体の［平均値］は［4.2000］，［女性 A2］全体の［平均値］は［3.9333］であることがわかります。

続いて，［被験者間効果の検定］です（【図 10-16】参照）。これは，一般的な分散分析表に対応し，分析結果が集約されています。一番左の列には［ソース］とあり，［変動因］を表わしています。左から3列目には［自由度］が，その2列右には［*F* 値］が，一番右の列には［有意確率］が，それぞれ表示されています★12。この分散分析表の中で見るべきところは，［ソース］の［性別A］・［国籍B］・［性別A*国籍B］・［誤差］と，それぞれの［*F* 値］・［自由度］・［有意確率］です。

★12：【図 10-9】において［効果サイズの推定値］にチェックを入れた場合は，［有意確率］の右側に［偏イータ2乗］という項目が表示されます。これが，［partial η^2］値です。ちなみに，本章の例では，［性別A］は［partial η^2=0.058］，［国籍B］は［partial η^2=0.010］，［性別A*国籍B］は［partial η^2=0.523］となりました。

【図 10-16】

被験者間効果の検定

従属変数: 得点

ソース	タイプ III 平方和	自由度	平均平方	F 値	有意確率
修正モデル	51.367a	5	10.273	5.604	.001
切片	537.633	1	537.633	293.255	.000
性別A	2.700	1	2.700	1.473	.237
国籍B	.467	2	.233	.127	.881
性別A * 国籍B	48.200	2	24.100	13.145	.000
誤差	44.000	24	1.833		
総和	633.000	30			
修正総和	95.367	29			

a. R2 乗 = .539 (調整済み R2 乗 = .443)

まず，［性別A］要因については，［*F* 値］が［1.473］，［自由度］が［1］，［有意確率］が［.237］となっていて，有意ではないことがわかります。次に，［国籍B］要因については，［*F* 値］が［.127］，［自由度］が［2］，［有意確率］が［.881］となっていて，こちらも有意ではないことがわかりました。最後に，交互作用［性別A*国籍B］について，［*F* 値］が［13.145］，［自由度］が［2］，［有意確率］が［.000］となっており，0.1%水準で有意であることが判明しました★13。

★13：誤差の［自由度］は［24］です。

この結果から通常の分散分析表を書くと，次のようになります（【図 10-17】参照）。

【図 10-17】

変動因	SS	df	MS	F
性別A	2.700	1	2.700	1.473
国籍B	0.467	2	0.233	0.127
性別A × 国籍B	48.200	2	24.100	13.145
誤差	44.000	24	1.833	
全体	95.367	29		

最後の出力がグラフになり，［プロファイルプロット］の項目で描画されています（【図 10-18】参照）。横軸に３つの国籍が表示され，性別の折れ線が２本引かれています。縦軸は［推定周辺平均］と書かれていますが，質問紙の［平均得点］を表わしています。もちろん，折れ線の形状やマーカーの種類などは変更が可能です。

【図 10-18】

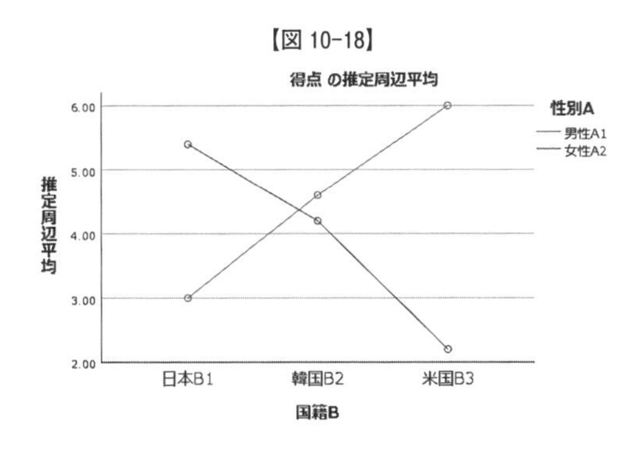

この例では交互作用が有意でした。そのような場合，もし主効果が有意であったとしても，単純主効果の検定を行なわなければなりません。一方，交互作用は有意ではなくて主効果のみが有意であることも頻繁に起こります。そんな場合は，単純主効果の検定は行なわず，当該要因における多重比較を行ないます。次節で解説しますが，対応［なし］×［なし］の分散分析の場合には，単純主効果の検定を行なうと自動的に多重比較が行なわれます。

第２節　単純主効果の検定と多重比較

単純主効果の検定とは，２要因（例えば要因ＡとＢ）の交互作用が有意であるとき，要因Ｂの各水準における要因Ａの主効果，あるいは要因Ａの各水準における要因Ｂの主効果について個別に分析することを指します（【図 10-19】参照）★14・15。

★14：必ずすべての単純主効果を検定しなければならないというわけではなく，研究の特性に応じて検証したい単純主効果の検定だけを行なえばよいようです。

★15：本章の例では，要因Ａの水準数は［2］であり，多重比較は不要です。しかし，これから解説する方法を用いれば，水準数が［3］以上のデータでも自動的に多重比較まで実行されます。もし，要因Ａの水準数が［3］以上のデータを分析される場合，多重比較の結果の解釈は要因Ｂのところを参照してみてください。対応［なし］×［なし］の場合は，要因Ａと要因Ｂを入れ替えてもまったく同じです。

【図 10-19】

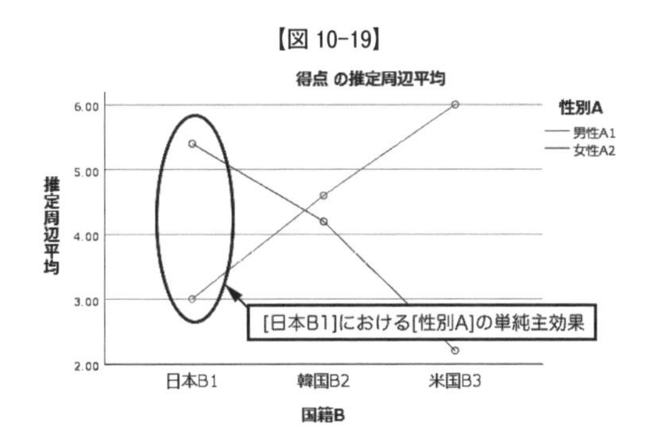

単純主効果の検定を行なうには，シンタックスというプログラミングを行なわなくてはなりません★16。簡単なマウス操作が売りの SPSS にとって，最も遅れている一面であると言えるかもしれません。では，シンタックスを使用して単純主効果の検定を

★16：プログラミングと聞くと，なにやら難しそうなイメージを持ってしまいがちですが，そんなに難しくありません。

行なってみます。

データ・エディタのメニューから，［分析］→［一般線型モデル］→［1変量］を順にクリックし，［従属変数］と［独立変数］を設定するところまでは同じです（【図10-5】～【図10-7】参照）★17。続いて，ウィンドウ右側に位置している［EM平均］ボタンをクリックすると，次のウィンドウが出現します（【図10-20】参照）。

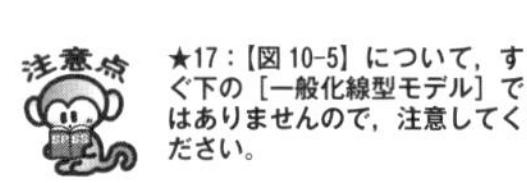

★17：【図10-5】について，すぐ下の［一般化線型モデル］ではありませんので，注意してください。

【図10-20】

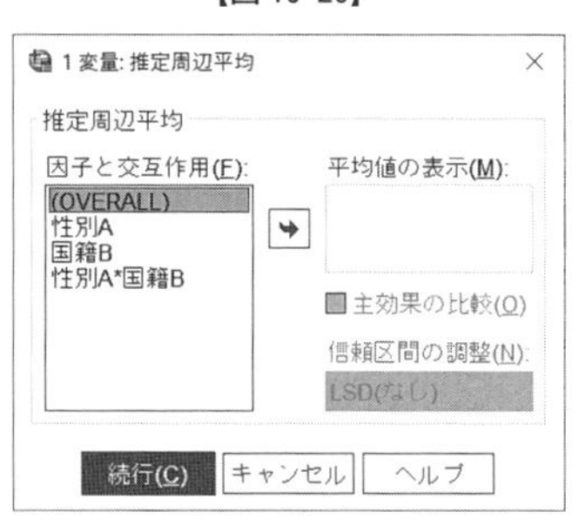

ここで，ウィンドウ左にある［因子と交互作用］ボックスから，右側の［平均値の表示］ボックスに，3水準以上の要因である［国籍B］★18と，交互作用の［性別A*国籍B］を投入し，直下の［主効果の比較］にチェックを入れて，［信頼区間の調整］を［Bonferroni］にします（【図10-21】参照）★19。

★18：［国籍B］要因を［平均値の表示］ボックスに投入して［主効果の比較］にチェックを入れれば，［国籍B］要因の主効果が有意であった場合の多重比較を同時に実行できるシンタックスが出来上がります。

★19：［性別A］要因を投入しないのは，［性別A］要因には2水準しかないためです。2水準であれば多重比較は不要です。［性別A］要因が3水準以上であれば，投入しましょう。

【図10-21】

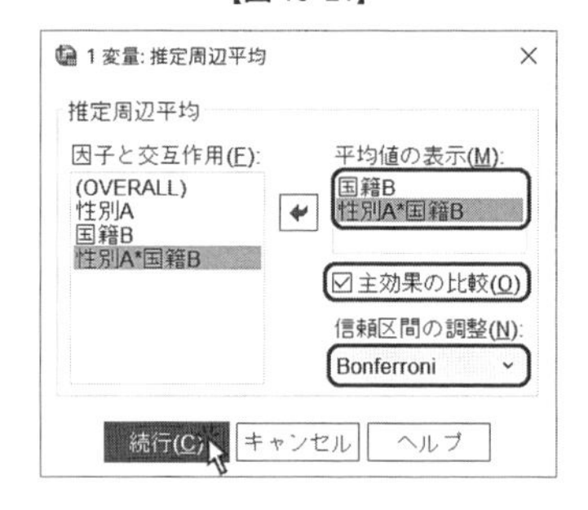

［続行］ボタンをクリックすると【図10-7】に戻るので，ウィンドウ右端の［オプション］ボタンをクリックし，【図10-9】のように，左上にある［記述統計］にチェックが入っていることを確認します。そして，【図10-7】のウィンドウ左下，［OK］ボタンの隣の［貼り付け］ボタンをクリックし，シンタックス・エディタを開きます。するとシンタックスが自動生成されます（【図10-22】参照）★20。

★20：【図10-22】のシンタックスの6行目に，［/PLOT］サブコマンドが記述されています。この行はグラフ作成のためのものですから，なくても全く問題ありません。

シンタックスは，分析過程におけるコンピュータの内部表現だと考えればよいでしょう。マウスで変数などのいろいろな設定を行なったら，コンピュータ内部では文字として自動的にプログラミングされているのです。通常は，シンタックスを意識することなしに分析できますが，単純主効果の検定など，マウス操作では実現できないような複雑な分析などを行なうときは，自分でシンタックスを組まねばなりません★21。

★21：シンタックスの詳細に関しては，第6章・第4節を参照してください。

単純主効果の検定を行なうためには，シンタックスを若干変更する必要があります。この例におけるシンタックスの変更点は次のとおりです。行番号8の行に記述されている，

【図 10-22】

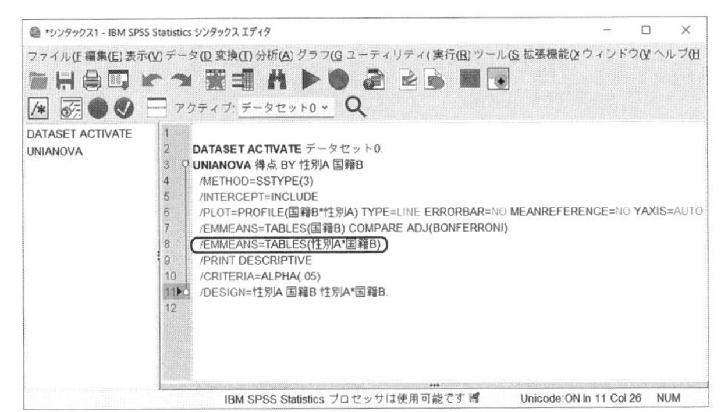

/EMMEANS＝TABLES（性別A*国籍B）

という1行を，キーボードで次の2行に書き換えます★22 。

★22：カッコの後ろにスペースを挿入することと，サブコマンドを示すスラッシュ［/］を先頭につけるのを忘れないでください。

/EMMEANS＝TABLES（性別A*国籍B）COMPARE（性別A）ADJ（BONFERRONI）
/EMMEANS＝TABLES（性別A*国籍B）COMPARE（国籍B）ADJ（BONFERRONI）

上の行では，［/EMMEANS］サブコマンドの次に［COMPARE］キーワードと［(性別A)］という記述で，［国籍B］の各水準における［性別A］の単純主効果の検定を行なうことを宣言しています。また，［ADJ］キーワード★23の直後で［(BONFERRONI)］と記述して，単純主効果が有意であった場合の多重比較は［ボンフェローニ(Bonferroni) の方法］を用いることを宣言しています。

★23：[ADJ] とは [ADJUSTMENT] の省略形で，[調整] を意味します。

下の行でも同じく，［/EMMEANS］サブコマンドの次に，［COMPARE］キーワードと［(国籍B)］という記述で，［性別A］の各水準における［国籍B］の単純主効果の検定を行なうことを宣言しています。また，［ADJ］キーワードの直後で［(BONFERRONI)］★24と記述して，単純主効果が有意であった場合の多重比較は，ボンフェローニの方法を用いることを宣言しています。入力が完了したら下図のようになります（【図 10-23】参照）★25。

★24：(BONFERRONI) の部分を (LSD) にするとフィッシャーのLSD検定が，(SIDAK) にするとシダックによる多重比較が，それぞれ可能になります。ちなみに，(BONFERRONI) を (BON) と略記することもできます。

★25：行番号7の行は，[国籍B] 要因の主効果が有意であったとき，その多重比較を行なうためのサブコマンドです。

【図 10-23】

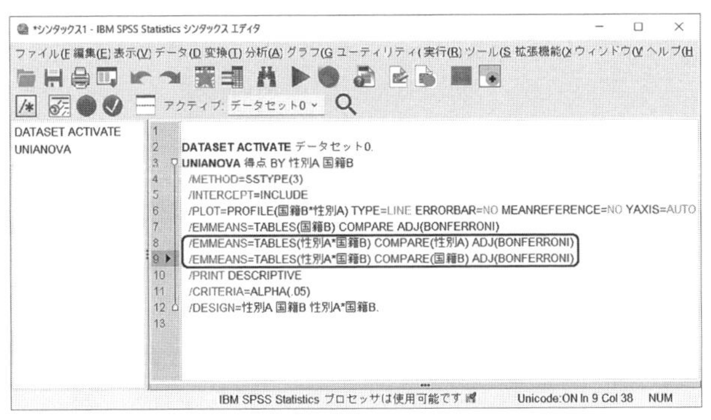

そして，シンタックス・エディタのメニューから，［実行］→［すべて］を順にクリックすると分析が始まります（【図 10-24】参照）★26。

★26：変更したシンタックスに，適当なファイル名をつけて保存しておきましょう。

【図 10-24】

すると，［記述統計］や［被験者間効果の検定］（一般的な分散分析表）など，単純主効果以外のすべての分析が出力されます★27。実際，ウィンドウ左側にあるインデックス表示の領域には，非常にたくさんの項目が出力されていることがわかります（【図 10-25】参照）。

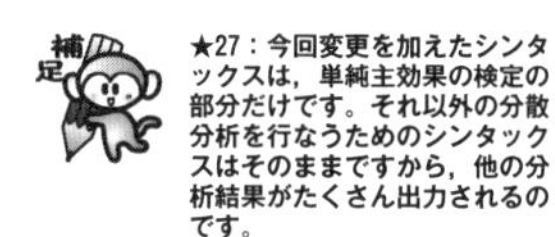

★27：今回変更を加えたシンタックスは，単純主効果の検定の部分だけです。それ以外の分散分析を行なうためのシンタックスはそのままですから，他の分析結果がたくさん出力されるのです。

【図 10-25】

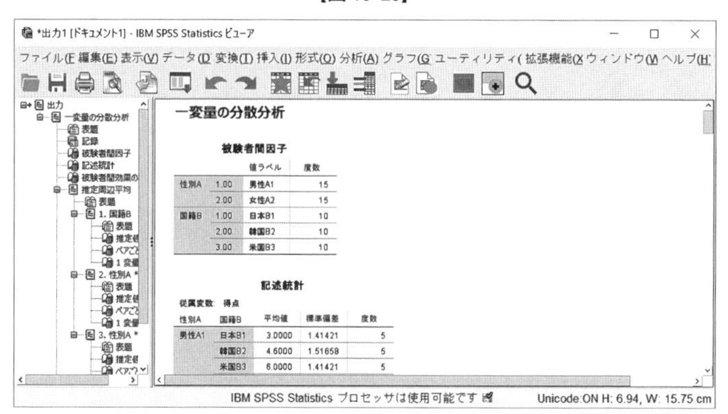

出力の上部は通常の分散分析（第1節）と変わりなく，［推定周辺平均］の［1．国籍B］から多重比較の結果と単純主効果の検定結果になります。まず，単純主効果の検定結果から解説します。［2．性別A*国籍B］の［推定値］では記述統計量が出力され（【図 10-26】参照），［男性 A1］の［日本 B1］の［平均値］が［3.000］，［韓国 B2］の［平均値］が［4.600］，［米国 B3］の［平均値］が［6.000］であることが読み

【図 10-26】

2. 性別A * 国籍B

推定値

従属変数:　得点

性別A	国籍B	平均値	標準誤差	95% 信頼区間 下限	95% 信頼区間 上限
男性A1	日本B1	3.000	.606	1.750	4.250
	韓国B2	4.600	.606	3.350	5.850
	米国B3	6.000	.606	4.750	7.250
女性A2	日本B1	5.400	.606	4.150	6.650
	韓国B2	4.200	.606	2.950	5.450
	米国B3	2.200	.606	.950	3.450

取れます。同じく，［女性A2］についても［日本B1］の［平均値］が［5.400］，［韓国B2］の［平均値］が［4.200］，［米国B3］の［平均値］が［2.200］であることが読み取れます。

２つ下の項目の［１変量検定］で，単純主効果の検定結果を確認します。ここでは，［国籍B］の各水準における，［性別A］の単純主効果の検定結果が掲載されています（【図10-27】参照）。例えば，［日本B1］における［性別A］の単純主効果は，［*F*値］が［7.855］，要因の［自由度］が［1］，誤差の［自由度］が［24］，［有意確率］が［.010］となっていて，１％水準で有意であることがわかります★28。

★28：［有意確率］の［.010］という部分を直接ダブルクリックすると，詳細な確率が表示されます。この例では，［0.009869］でしたので１％水準で有意だということです。

【図10-27】

１変量検定

従属変数:　得点

国籍B		平方和	自由度	平均平方	F 値	有意確率
日本B1	対比	14.400	1	14.400	7.855	.010
	誤差	44.000	24	1.833		
韓国B2	対比	.400	1	.400	.218	.645
	誤差	44.000	24	1.833		
米国B3	対比	36.100	1	36.100	19.691	.000
	誤差	44.000	24	1.833		

F 値は 性別A の多変量効果を検定します。これらの検定は、推定周辺平均中の一時独立対比較検定に基づいています。

前後しますが，その上の［ペアごとの比較］では，［国籍B］要因の各水準における［性別A］の［多重比較］の結果（ボンフェローニの方法）が表示されています（【図10-28】参照）。例えば，２行目に，［日本B1］における［性別A］の多重比較が掲載されています。１つ目の組み合わせの［平均値の差（I-J）］では［−2.400］となっていて，アスタリスク［*］がついていることと，［有意確率］が［.010］と表示されていること，および［平均値の差（I-J）］の符号はマイナスであることから，［(J) 性別A］つまり［女性A2］のほうが，［(I) 性別A］つまり［男性A1］よりも有意に平均値が大きいことがわかります★29・30・31。同時に，【図10-26】から［女性A2（5.40点）］のほうが，［男性A1（3.00点）］よりも平均値が大きいこともわかります。同様に，［米国B3］でも［男性A1］と［女性A2］の間の差が有意であり，［男性A1（6.00点）］のほうが，［女性A2（2.20点）］よりも平均値が大きいことがわかります。

★29：アスタリスクは数字の右肩に，ものすごく小さく表示されます。見落とさないように，注意して確認してください。

★30：(I-J) の (I) は左にある［(I) 性別A］を表し，(J) は左にある［(J) 性別A］を表しています。言い換えると，(I) に表示されている性別の水準の平均値から，(J) に表示されている性別の水準の平均値を引いた差だということです。例えば，1行目の［−2.400］という数字は，［男性A1］から［女性A2］の平均値を引いた値です。

【図10-28】

ペアごとの比較

従属変数:　得点

国籍B	(I) 性別A	(J) 性別A	平均値の差 (I-J)	標準誤差	有意確率b	95% 平均差信頼区間b 下限	上限
日本B1	男性A1	女性A2	-2.400*	.856	.010	-4.167	-.633
	女性A2	男性A1	2.400*	.856	.010	.633	4.167
韓国B2	男性A1	女性A2	.400	.856	.645	-1.367	2.167
	女性A2	男性A1	-.400	.856	.645	-2.167	1.367
米国B3	男性A1	女性A2	3.800*	.856	.000	2.033	5.567
	女性A2	男性A1	-3.800*	.856	.000	-5.567	-2.033

推定周辺平均に基づいた

*. 平均値の差は .05 水準で有意です。

b. 多重比較の調整: Bonferroni。

★31：この例の場合，［性別A］の水準数は［2］ですので，多重比較するまでもなく平均値の大小を述べることが可能ですが，３水準以上の参考のために掲載しておきました。

続いて，［性別A］の各水準における，［国籍B］の単純主効果を検討します。結果出力の［3．性別A*国籍B］の［推定値］で，記述統計量が掲載されています（【図10-29】参照）。

【図 10-29】

3. 性別A * 国籍B

推定値

従属変数:　得点

性別A	国籍B	平均値	標準誤差	95% 信頼区間 下限	95% 信頼区間 上限
男性A1	日本B1	3.000	.606	1.750	4.250
	韓国B2	4.600	.606	3.350	5.850
	米国B3	6.000	.606	4.750	7.250
女性A2	日本B1	5.400	.606	4.150	6.650
	韓国B2	4.200	.606	2.950	5.450
	米国B3	2.200	.606	.950	3.450

次に，2つ下の項目である［1変量検定］を見ます（【図 10-30】参照）。ここでは，［性別A］の各水準における，［国籍B］の単純主効果の検定結果が掲載されます。例えば，［男性 A1］における［国籍B］の単純主効果については，［*F* 値］が［6.145］，要因の［自由度］が［2］，誤差の［自由度］が［24］，［有意確率］が［.007］となっていて，1％水準で有意です★32。

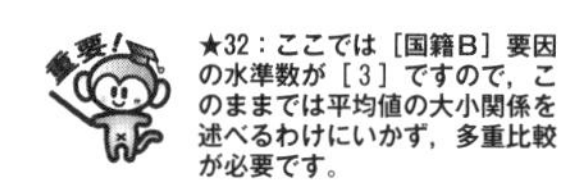

★32：ここでは［国籍B］要因の水準数が［3］ですので，このままでは平均値の大小関係を述べるわけにいかず，多重比較が必要です。

【図 10-30】

1変量検定

従属変数:　得点

性別A		平方和	自由度	平均平方	F 値	有意確率
男性A1	対比	22.533	2	11.267	6.145	.007
	誤差	44.000	24	1.833		
女性A2	対比	26.133	2	13.067	7.127	.004
	誤差	44.000	24	1.833		

F 値は 国籍B の多変量効果を検定します。これらの検定は、推定周辺平均中の一時独立対比較検定に基づいています。

最後は，1つ上の項目である［ペアごとの比較］です（【図 10-31】参照）。ここでは，例えば2行目で［男性 A1］における［国籍B］の組み合わせで，ボンフェローニの方法による［多重比較］が行なわれています。［日本 B1］と［韓国 B2］の組み合わせは［平均値の差（I-J）］が［−1.600］で，有意ではありませんが，［日本 B1］と［米国 B3］の組み合わせは，［平均値の差（I-J）］が［−3.000］，［有意確率］が［.005］となっていて，1％水準で有意であることが読み取れます。【図 10-29】を参照すると，

【図 10-31】

ペアごとの比較

従属変数:　得点

性別A	(I) 国籍B	(J) 国籍B	平均値の差 (I-J)	標準誤差	有意確率[b]	95% 平均差信頼区間[b] 下限	95% 平均差信頼区間[b] 上限
男性A1	日本B1	韓国B2	-1.600	.856	.222	-3.804	.604
		米国B3	-3.000*	.856	.005	-5.204	-.796
	韓国B2	日本B1	1.600	.856	.222	-.604	3.804
		米国B3	-1.400	.856	.345	-3.604	.804
	米国B3	日本B1	3.000*	.856	.005	.796	5.204
		韓国B2	1.400	.856	.345	-.804	3.604
女性A2	日本B1	韓国B2	1.200	.856	.522	-1.004	3.404
		米国B3	3.200*	.856	.003	.996	5.404
	韓国B2	日本B1	-1.200	.856	.522	-3.404	1.004
		米国B3	2.000	.856	.085	-.204	4.204
	米国B3	日本B1	-3.200*	.856	.003	-5.404	-.996
		韓国B2	-2.000	.856	.085	-4.204	.204

推定周辺平均に基づいた

*. 平均値の差は .05 水準で有意です。

b. 多重比較の調整: Bonferroni。

［男性 A1］では［米国 B3（6.00点）］のほうが［日本 B2（3.00点）］よりも，有意に平均値が大きいことになります。

特に必要ありませんが，単純主効果の検定結果を一覧表でまとめておくと便利です（【図 10-32】参照）。

【図 10-32】

単純主効果	SS	df	MS	F	P
性別A（日本B1における）	14.400	1	14.400	7.855	.010
性別A（韓国B2における）	0.400	1	0.400	0.218	.645
性別A（米国B3における）	36.100	1	36.100	19.691	.000
誤差	44.000	24	1.833		
国籍B（男性A1における）	22.533	2	11.267	6.145	.007
国籍B（女性A2における）	26.133	2	13.067	7.127	.004
誤差	44.000	24	1.833		

第3節　主効果が有意であった場合の多重比較

本節では交互作用が有意であるとは言えず，要因の主効果のみが有意であった場合の多重比較について解説します★33。この場合の多重比較は，シンタックスを使用せず，マウス操作で実現できます。

★33：繰り返しますが，水準数が［3］以上の要因の主効果が有意であった場合に多重比較が必要となります。2水準の要因の主効果が有意であった場合は，各水準の平均値からどちらが大きいかを結論することができます。

通常の分散分析の手順を，【図 10-7】まで行ないます。そして，ウィンドウ右側の［その後の検定］ボタンをクリックします（【図 10-33】参照）。

【図 10-33】

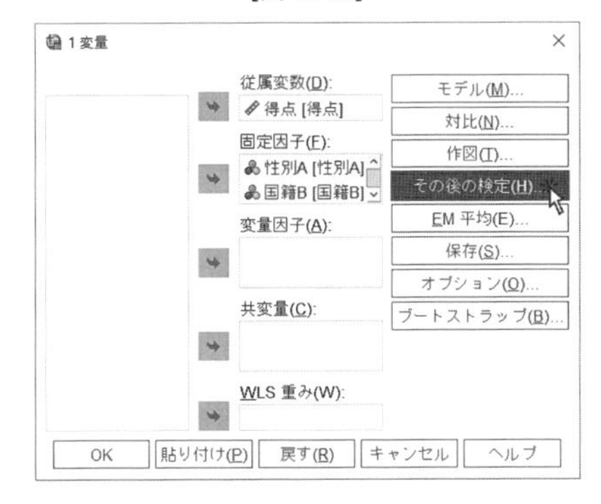

次のウィンドウが出現します（【図 10-34】参照）。

【図 10-34】

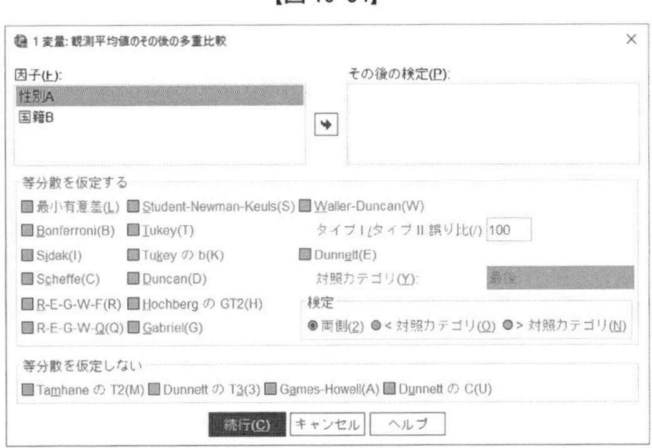

ウィンドウ左上の［因子］ボックスから，右側の［その後の検定］ボックスへ，多重比較を行ないたい要因を投入します。この例では，［性別A］と［国籍B］の両方をクリックして投入します★34。

★34：本章の例では両方の要因の主効果が有意ではありませんでしたし，［性別A］は多重比較が必要のない2水準でしたが，解説のために多重比較を行なっておきます。

続いて，ウィンドウ中央の［等分散が仮定されている］という領域にある，目的としている多重比較法にチェックを入れます。この例では，［Tukey］★35にチェックを入れます（【図10-35】参照）★36。

★35：［Tukey］以外の方法も選択可能です。また，［最小有意差］はフィッシャーのLSD検定を意味します。

★36：等分散性が仮定されないときには［Tamhane の T2］，［Dunnett の T3］，［Games-Howell］，および［Dunnett の C］を使用しなければなりません。

【図10-35】

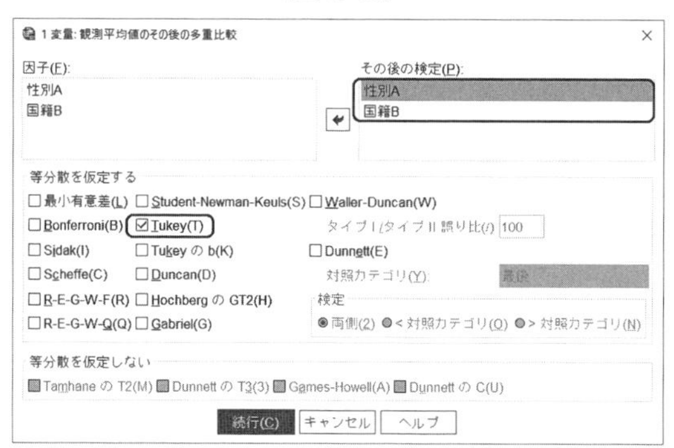

［続行］ボタンをクリックして【図10-7】に戻り，［OK］ボタンをクリックすると，分析結果が表示されます（【図10-36】参照）。

【図10-36】

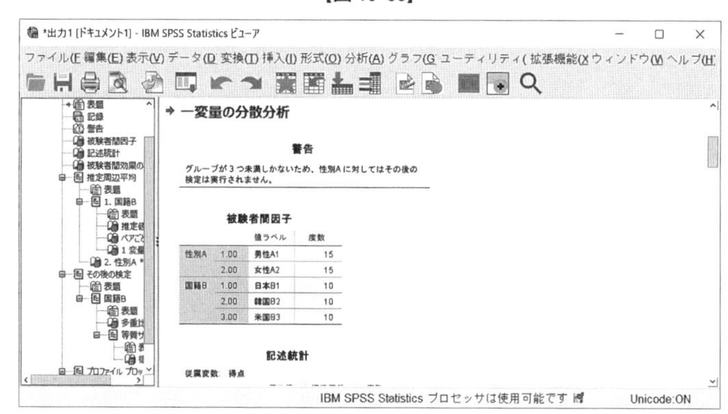

出力の最初に［警告］が出て驚きますが，［性別A］要因は2水準であるために多重比較を行ないませんという内容です。通常，多重比較は3水準以上に適用するため，当然の警告です★37。

★37：繰り返しますが，水準数が［3］以上の要因の主効果が有意であった場合に多重比較が必要となります。2水準の要因の主効果が有意であった場合は，各水準の平均値からどちらが大きいかを結論することができます。

出力の終わりのほう，［その後の検定］という項目の中の［多重比較］に［テューキー（Tukey）のHSD検定］の結果が出力されます（【図10-37】参照）★38。

★38：多重比較の方法を複数指定すれば，指定した方法すべてについて算出されます。

【図 10-37】

多重比較

従属変数: 得点
Tukey HSD

(I) 国籍B	(J) 国籍B	平均値の差 (I-J)	標準誤差	有意確率	95% 信頼区間 下限	95% 信頼区間 上限
日本B1	韓国B2	-.2000	.60553	.942	-1.7122	1.3122
	米国B3	.1000	.60553	.985	-1.4122	1.6122
韓国B2	日本B1	.2000	.60553	.942	-1.3122	1.7122
	米国B3	.3000	.60553	.874	-1.2122	1.8122
米国B3	日本B1	-.1000	.60553	.985	-1.6122	1.4122
	韓国B2	-.3000	.60553	.874	-1.8122	1.2122

観測平均値に基づいています。
誤差項は平均平方 (誤差) = 1.833 です。

例えば，2行目には［日本 B1］と［韓国 B2］，および［米国 B3］との比較が掲載されています。1つ目の組み合わせである［日本 B1］と［韓国 B2］の比較において，［平均値の差（I-J）］が［−.2000］となっていることと，［有意確率］が［.942］と表示されていることから，差が有意ではないことがわかります。同様に，［日本 B1］と［米国 B3］との比較も［平均値の差（I-J）］が［.1000］となっていることと，［有意確率］が［.985］と表示されていることから，差が有意ではないことがわかります★39。

★39：［国籍B］の主効果が有意ではないため，当たり前の結果です。

もし，どれかの水準の組み合わせにおいて差が有意であるならば，［平均値の差（I-J）］の値にアスタリスク［*］がつき，［有意確率］も５％未満の数値が表示されます。その場合，［平均値の差（I-J）］の符号，あるいは【図 10-15】の平均値から，どの水準がどの水準よりも平均値が大きいかを結論することができます。

【分析結果の書き方例】★40・41

本章の例の場合，次のようになります★42・43。

★40：あくまでも一例ですから，別のよい書き方があればそちらを参考にしてください。

★41：結果を書くときの注意点は第16章を参照してください。

★42：本章の例では読者のみなさんの理解のため，［日本 B1］や［男性 A1］などとアルファベットと数字を表記していましたが，そのような文字や数字はあくまでも分析に関することであり，分析結果を書くときは削除して正しい日本語で書いてください。

> 性別および国籍の違いによって質問紙の平均得点に差があるかどうかを検証するために，独立変数を性別と国籍，従属変数を質問紙の得点とする対応のない2要因の分散分析を行なった。その結果，性別要因の主効果（$F(1, 24)=1.47$，*n.s.*）および国籍要因の主効果（$F(2, 24)=0.13$，*n.s.*）はともに有意であるとは言えなかったが，統計的に有意な交互作用が認められた（$F(2, 24)=13.15$，$p<.001$）。単純主効果の検定の結果，日本および米国における性別の単純主効果が有意であり（順に $F(1, 24)=7.86$，$p<.05$；$F(1, 24)=19.69$，$p<.001$），日本においては女性のほうが男性よりも平均得点が高く，逆に米国においては男性のほうが女性よりも平均得点が高いことが明らかとなった。しかし，韓国における性別の単純主効果は有意であるとは言えなかった（$F(1, 24)=0.22$，*n.s.*）。一方，男性および女性における国籍の単純主効果はともに有意であった（順に $F(2, 24)=6.15$，$p<.01$；$F(2, 24)=7.13$，$p<.01$）。ボンフェローニの方法による多重比較の結果，男性では米国が日本よりも有意に平均得点が高く，逆に女性では日本が米国よりも有意に平均得点が高いことが判明した。

★43：文中の［*n.s.*］というのは英語の［nonsignificant］の略記で，有意ではないという意味です。有意ではない場合，*F* 値等を記述しない人もいますが，ここでは参考のため書いておきました。

SPSS
SPSS

第11章

2要因の分散分析（対応［なし］×［あり］）

1つの要因が対応なし，もう1つの要因が対応ありの，2要因の分散分析を紹介します。このデザインにおいても交互作用を考慮しなければならず，シンタックスによるプログラミングを行なわなければなりません。第10章とは異なり，下位検定のほとんどをシンタックスで組む必要があります。

第1節　2要因の分散分析（対応［なし］×［あり］）

本節では，片方の1要因が［対応なし］，もう片方の1要因が［対応あり］の，混合計画の2要因の分散分析を解説します。例えば，男女別の被験者にそれぞれ同じ実験を3回繰り返して得られる結果などに相当します。［性別］という［対応なし］要因と，実験を同一被験者が3回繰り返すという［対応あり］要因が混じっているわけです★1。

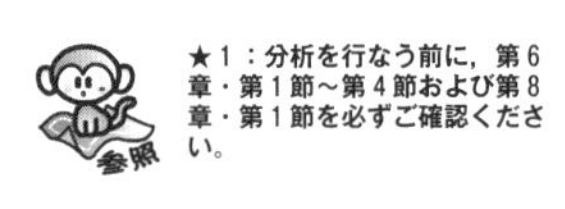
★1：分析を行なう前に，第6章・第1節～第4節および第8章・第1節を必ずご確認ください。

分散分析は［間隔尺度］・［比率尺度］のデータに適用でき，［名義尺度］・［順序尺度］のデータには適用できないということに，重ねて留意しておく必要があります。また第10章と同様に，要因の主効果だけが有意であった場合と，交互作用が有意であった場合とで，その後の分析方法が変わります★2。

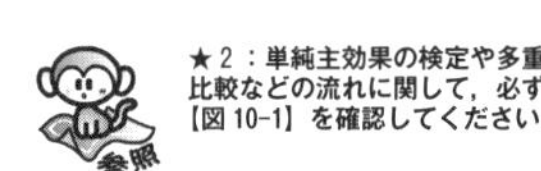
★2：単純主効果の検定や多重比較などの流れに関して，必ず【図10-1】を確認してください。

次の例を考えます。ある薬物が，テストへどのような影響を及ぼすのかを国際的に調べるために，［日本］・［米国］・［中国］という3国からそれぞれ［5人］ずつ集まってもらいました。これら3つの被験者グループに対して，薬を飲む日の［朝］のテストの成績，薬を飲んだ直後の［昼］のテストの成績，薬を飲んだ日の［夜］のテストの成績を比較しました★3。［国籍］および薬を飲んだ［時間］によって，テストの平均得点に差があるでしょうか。なお，テストは3回とも同じテストで，各被験者が3回繰り返したとし，得られた仮想データは次のとおりでした（【図11-1】参照）。帰無仮説は，［国籍および薬を飲んだ時間の違いによってテストの平均得点には差がない］となります。また，［対応なし］要因は［国籍］，［対応あり］要因は［時間］，［従属変数］は［得点］になります。

★3：本来ならば薬を飲んだ時刻を細かく特定すべきですが，例題として理解しやすくするため，［朝］・［昼］・［夜］という大ざっぱな条件にしました。ご了承ください。なお，薬は昼に飲み，その直後にテストを行なったと仮定しています。

【図11-1】

	時間B		
国籍A	朝B1	昼B2	夜B3
日本A1	150	71	50
日本A1	335	156	118
日本A1	149	9	115
日本A1	159	127	71
日本A1	292	184	225
米国B1	346	300	28
米国B1	426	329	350
米国B1	359	183	183
米国B1	371	270	308
米国B1	282	225	189
中国C1	128	95	350
中国C1	329	104	393
中国C1	263	141	420
中国C1	317	85	331
中国C1	338	91	377

なお，これ以降は読者の皆さんの理解のため，［国籍A］や［時間B］のように要因名にアルファベットを，［日本A1］や［朝B1］のように水準名にアルファベットと数字を付記しました★4。みなさんのデータにアルファベットや数字を割り振って対比すればわかりやすいと思います。

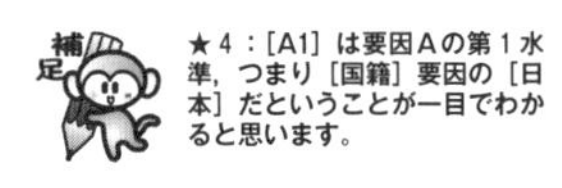
★4：［A1］は要因Aの第1水準，つまり［国籍］要因の［日本］だということが一目でわかると思います。

このデータをデータ・エディタに入力すると，次のようになります（【図11-2】参照）。［変数ビュー］も掲載しておきます（【図11-3】参照）。なお，変数［国籍A］の値は，［日本A1］が［1］，［米国A2］が［2］，［中国A3］が［3］です。

【図 11-2】

Chap11.sav [データセット0] - IBM SPSS Statistics データ エディタ

ファイル(F) 編集(E) 表示(V) データ(D) 変換(T) 分析(A) グラフ(G) ユーティリティ(U) 拡張機能(X) ウィンドウ(W) ヘルプ(H)

38 :　　表示: 4 個 (4 変数中)

	国籍A	朝B1	昼B2	夜B3	var	var	var	var	var	var
1	1.00	150.00	71.00	50.00						
2	1.00	335.00	156.00	118.00						
3	1.00	149.00	9.00	115.00						
4	1.00	159.00	127.00	71.00						
5	1.00	292.00	184.00	225.00						
6	2.00	346.00	300.00	28.00						
7	2.00	426.00	329.00	350.00						
8	2.00	359.00	183.00	183.00						
9	2.00	371.00	270.00	308.00						
10	2.00	282.00	225.00	189.00						
11	3.00	128.00	95.00	350.00						

データ ビュー　変数 ビュー

IBM SPSS Statistics プロセッサは使用可能です　Unicode:ON

【図 11-3】

*Chap11.sav [データセット0] - IBM SPSS Statistics データ エディタ

ファイル(F) 編集(E) 表示(V) データ(D) 変換(T) 分析(A) グラフ(G) ユーティリティ(U) 拡張機能(X) ウィンドウ(W) ヘルプ(H)

	名前	型	幅	小数桁数	ラベル	値	欠損値	列	配置	尺度	役割
1	国籍A	数値	8	2	国籍A	{1.00, 日本A1}...	なし	8	右	名義	入力
2	朝B1	数値	8	2	朝B1	なし	なし	8	右	スケール	入力
3	昼B2	数値	8	2	昼B2	なし	なし	8	右	スケール	入力
4	夜B3	数値	8	2	夜B3	なし	なし	8	右	スケール	入力
5											
6											
7											
8											
9											
10											
11											
12											

データ ビュー　変数 ビュー

IBM SPSS Statistics プロセッサは使用可能です　Unicode:ON

データ・エディタのメニューから，［分析］→［一般線型モデル］→［反復測定］を順にクリックします（【図 11-4】参照）★5。

注意
★5：すぐ下の［一般化線型モデル］ではありませんので，注意してください。

【図 11-4】

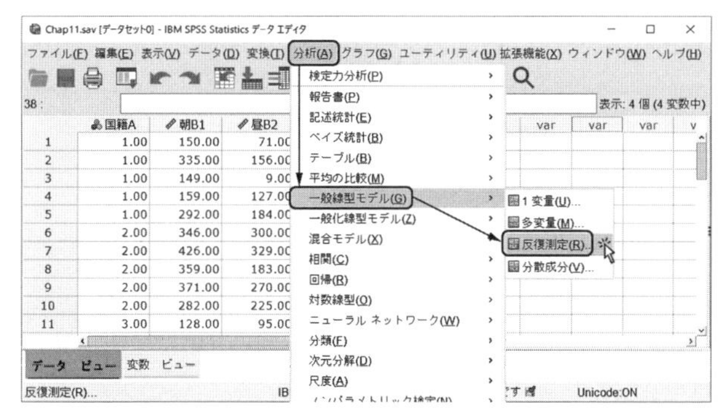

次のウィンドウが出現します（【図 11-5】参照）。

ここでは，［被験者内因子］（対応あり要因）についての設定を行ないます。［被験者内因子名］には最初から［factor1］と入力されていますので，削除してから［対応あり］要因を表わす適当な名前を入力します。この例では3つの時間で同じテストを行なっていますので，［時間B］とします。続いて，［水準数］について，今回は［朝B1］・［昼B2］・［夜B3］の3水準ありましたから［3］と入力し★6，［追加］ボタンを

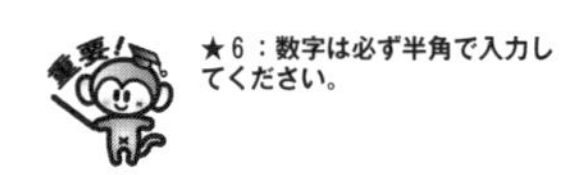

★6：数字は必ず半角で入力してください。

【図 11-5】

クリックすると，その下のボックスに［時間B（3）］と登録されます（【図 11-6】参照）。

【図 11-6】

次に，ウィンドウ左下の［定義］ボタンをクリックすると，別のウィンドウが出現します（【図 11-7】参照）。

【図 11-7】

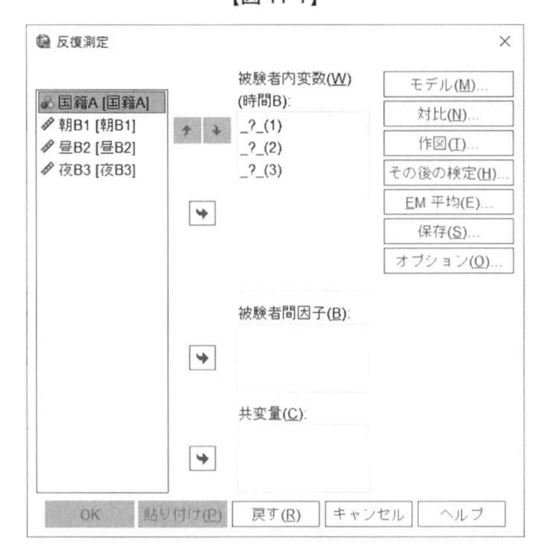

ここでは，［被験者内変数］（対応ありの変数）と［被験者間変数］（対応なしの変数）を指定します。まず，ウィンドウ左側の変数一覧ボックスから中央の［被験者内変数］ボックスに，［対応あり］変数である「朝B1［朝B1］」・「昼B2［昼B2］」・「夜B3

［夜B3］」を投入し，その下の［被験者間因子］に，［対応なし］変数である「国籍A［国籍A］」を投入します（【図 11-8】参照）★7。

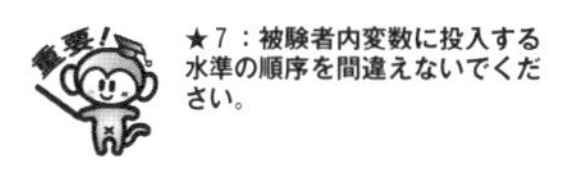

★7：被験者内変数に投入する水準の順序を間違えないでください。

【図 11-8】

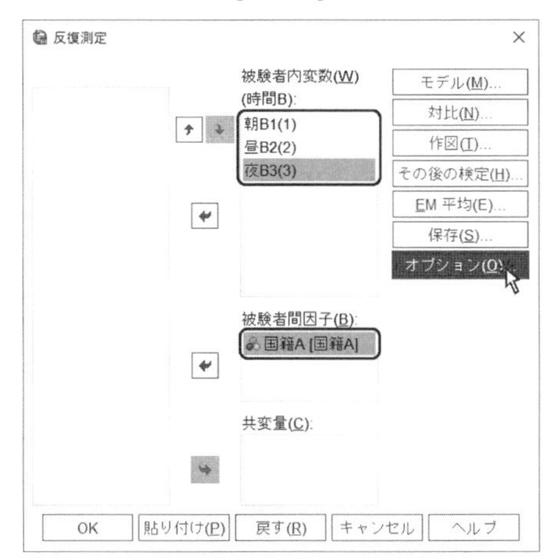

次に，各水準の平均値を算出するために，ウィンドウ右側の［オプション］ボタンをクリックすると，次のウィンドウが開きます（【図 11-9】参照）。

【図 11-9】

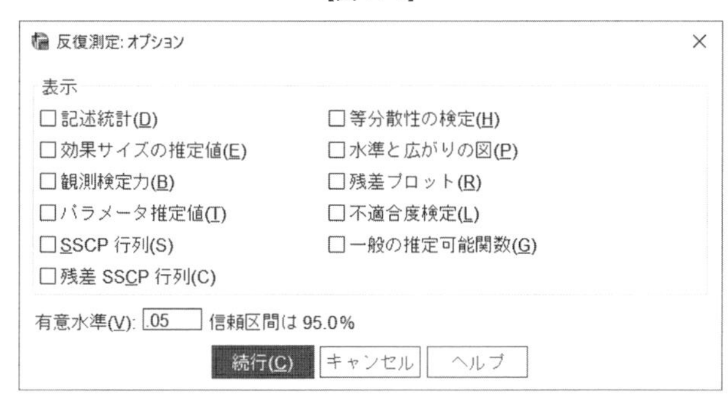

ウィンドウに［表示］領域があり，その左上に［記述統計］の項目があります。ここにチェックを入れて，記述統計量を算出するように設定します（【図 11-10】参照）★8。

★8：［記述統計］の直下にある［効果サイズの推定値］にチェックを入れると，［partial η^2］（偏イータ2乗）値を算出することができます。

そして，［続行］ボタンをクリックして【図 11-8】に戻ります。

続いて，グラフを描画するために，ウィンドウ右上の［作図］ボタンをクリックすると，次のウィンドウが出現します（【図 11-11】参照）。

ウィンドウ左上の［因子］ボックスから右上の［横軸］ボックスに［時間B］を，［線の定義変数］に［国籍A］をそれぞれ投入します（【図 11-12】参照）★9。

★9：横軸に［時間B］を設定したほうが，より理解しやすいグラフになります。

［追加］ボタンをクリックすると，ウィンドウ中央の［作図］ボックスに［時間B*国籍A］と表示されます（【図 11-13】参照）。

最後に，［続行］ボタンをクリックし，【図 11-8】に戻って［OK］ボタンをクリックすると，分析が開始されます。分析が終了すると，ビューアに分散分析結果が表示されます（【図 11-14】参照）。

【図 11-10】

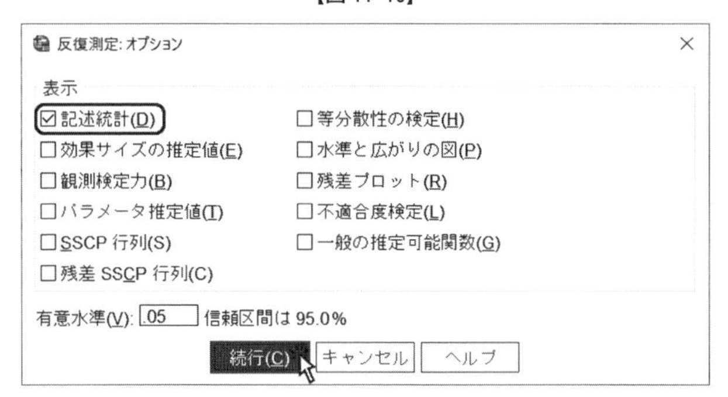

【図 11-11】

【図 11-12】

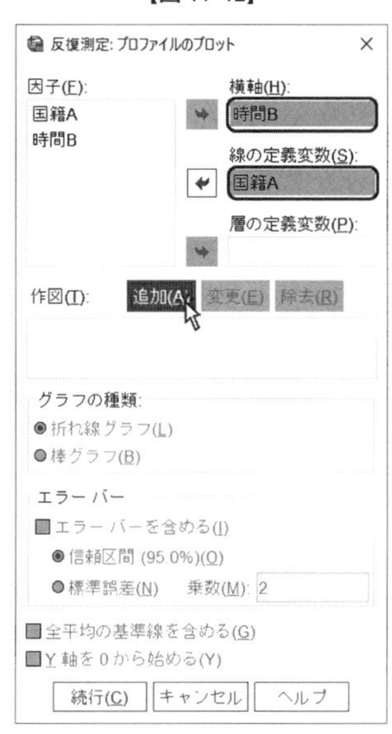

まず注目する項目は，［被験者内因子］と［被験者間因子］です。ここには，［時間B］と［国籍A］の2つの要因に存在する，各水準の番号が記されています。例えば，［被験者内因子］である［時間B］要因の［1］は［朝B1］であり，［被験者間因子］である［国籍A］要因の［2］は［米国A2］であることがわかります（【図 11-15】参照）。

次に，［記述統計］に注目します（【図 11-16】参照）。この項目には，分散分析では非常に重要になる各水準の［平均値］・［標準偏差］・［度数］が要約されています。例えば，［朝B1］の［日本A1］の［平均値］は［217.0000］，［朝B1全体］の［平均値］は［282.9333］であることがわかります。

続いて，［Mauchly の球面性検定］を見ます（【図 11-17】参照）。この項目の［有意確率］が［5％以上］であれば，球面性が仮定されたと考えます★10。この例では，［有意確率］は［.624］となっていて有意ではありませんので球面性が仮定されました。よって，これ以降の［対応あり］要因については，［球面性の仮定］の行を見ます。

★10：球面性が仮定されない場合については，第9章・第1節を参照してください。

【図 11-13】

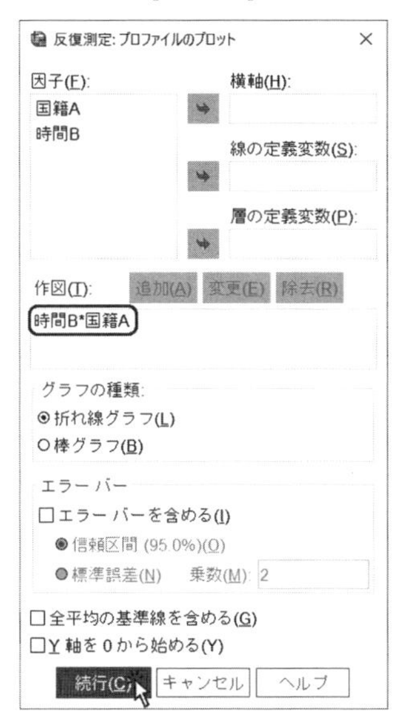

【図 11-14】

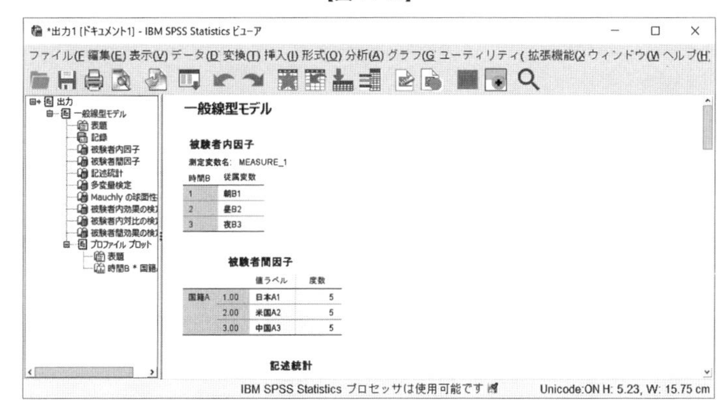

【図 11-15】

被験者内因子

測定変数名: MEASURE_1

時間B	従属変数
1	朝B1
2	昼B2
3	夜B3

被験者間因子

		値ラベル	度数
国籍A	1.00	日本A1	5
	2.00	米国A2	5
	3.00	中国A3	5

【図 11-16】

記述統計

	国籍A	平均値	標準偏差	度数
朝B1	日本A1	217.0000	89.47905	5
	米国A2	356.8000	51.73683	5
	中国A3	275.0000	87.18085	5
	総和	282.9333	93.52881	15
昼B2	日本A1	109.4000	70.00214	5
	米国A2	261.4000	58.32067	5
	中国A3	103.2000	22.23061	5
	総和	158.0000	90.81614	15
夜B3	日本A1	115.8000	67.57736	5
	米国A2	211.6000	125.98135	5
	中国A3	374.2000	35.03855	5
	総和	233.8667	135.56963	15

【図 11-17】

Mauchly の球面性検定[a]

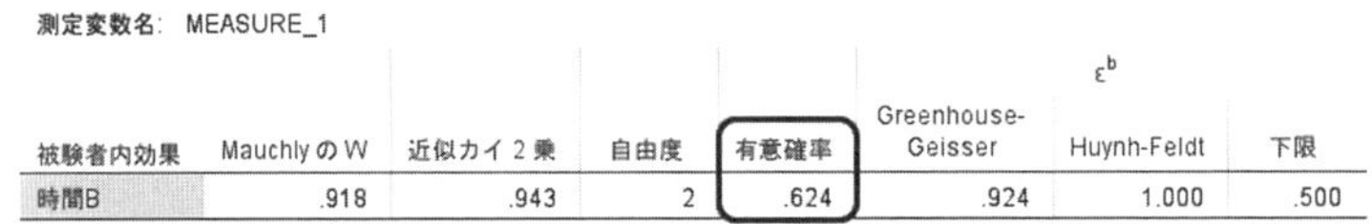

測定変数名: MEASURE_1

被験者内効果	Mauchly の W	近似カイ 2 乗	自由度	有意確率	ε[b] Greenhouse-Geisser	Huynh-Feldt	下限
時間B	.918	.943	2	.624	.924	1.000	.500

正規直交した変換従属変数の誤差共分散行列が単位行列に比例するという帰無仮説を検定します。

a. 計画: 切片 + 国籍A
　被験者計画内: 時間B

b. 有意性の平均検定の自由度調整に使用できる可能性があります。修正した検定は、被験者内効果の検定テーブルに表示されます。

次は，［被験者内効果の検定］です。この項目では，［対応あり］要因である［時間B］と，交互作用である［時間B×国籍A］の分析結果が表示されています（【図11-18】参照）。先ほど球面性が仮定されましたので，表内の［時間B］・［時間B×国籍A］・［誤差（時間B）］の3つの項目ではすべて［球面性の仮定］の行を見ます。

結果としては，［時間B］要因の主効果について，［F値］は［18.141］，［自由度］は［2］，［有意確率］は［.000］となっていて，0.1％水準で有意です。また，交互作用［時間B×国籍A］については，［F値］は［12.211］，［自由度］は［4］，［有意確率］は［.000］となっており，こちらも0.1％水準で有意でした★11・12。

★11：いずれも誤差の［自由度］は［24］です。

★12：【図11-10】において［効果サイズの推定値］にチェックを入れた場合は，［有意確率］の右側に［偏イータ2乗］という項目が表示されます。これが，［partial η^2］値です。ちなみに，本章の例では，［時間B］は［partial η^2=0.602］，［時間B×国籍A］は［partial η^2=0.671］となりました。

【図 11-18】

被験者内効果の検定

測定変数名: MEASURE_1

ソース		タイプ III 平方和	自由度	平均平方	F 値	有意確率
時間B	球面性の仮定	118858.133	2	59429.067	18.141	.000
	Greenhouse-Geisser	118858.133	1.848	64312.346	18.141	.000
	Huynh-Feldt	118858.133	2.000	59429.067	18.141	.000
	下限	118858.133	1.000	118858.133	18.141	.001
時間B * 国籍A	球面性の仮定	160010.667	4	40002.667	12.211	.000
	Greenhouse-Geisser	160010.667	3.696	43289.681	12.211	.000
	Huynh-Feldt	160010.667	4.000	40002.667	12.211	.000
	下限	160010.667	2.000	80005.333	12.211	.001
誤差 (時間B)	球面性の仮定	78621.867	24	3275.911		
	Greenhouse-Geisser	78621.867	22.178	3545.092		
	Huynh-Feldt	78621.867	24.000	3275.911		
	下限	78621.867	12.000	6551.822		

次は，2つ下の項目である［被験者間効果の検定］です。ここでは，［対応なし］要因であった［国籍A］要因の分析結果が記載されています（【図11-19】参照）。結果的には，［国籍A］要因の主効果について，［F値］は［7.232］，［自由度］は［2］，［有意確率］が［.009］となっていて，1％水準で有意であることがわかります★13・14。

★13：誤差の［自由度］は［12］です。

★14：【図11-10】において［効果サイズの推定値］にチェックを入れた場合は，［有意確率］の右側に［偏イータ2乗］という項目が表示されます。これが，［partial η^2］値です。ちなみに，本章の例では，［国籍A］は［partial η^2=0.547］となりました。

【図 11-19】

被験者間効果の検定

測定変数名: MEASURE_1
変換変数: 平均

ソース	タイプ III 平方和	自由度	平均平方	F 値	有意確率
切片	2276775.200	1	2276775.200	234.802	.000
国籍A	140249.200	2	70124.600	7.232	.009
誤差	116358.933	12	9696.578		

ここで，分散分析表を書くと次のようになります（【図11-20】参照）★15。

★15：分散分析表は分散分析の結果をまとめるものですので，分析結果に必ず含めなければならないというものではありません。

【図 11-20】

変動因	SS	df	MS	F
国籍A	140249.200	2	70124.600	7.232
誤差	116358.933	12	9696.578	
時間B	118858.133	2	59429.067	18.141
国籍A × 時間B	160010.667	4	40002.667	12.211
誤差	78621.867	24	3275.911	
全体	614098.800	44		

最後の出力がグラフになり，［プロファイルプロット］の項目で描画されています（【図 11-21】参照）。横軸には，左から順に［朝B1］の［1］，［昼B2］の［2］，［夜B3］の［3］の３つの水準が表示され，［国籍A］の折れ線が３本引かれていることがわかります。縦軸は［推定周辺平均］と書かれていますが，今回の例ではテストの［平均得点］を意味します。もちろん，折れ線の形状やマーカーの種類などは変更が可能です。

【図 11-21】

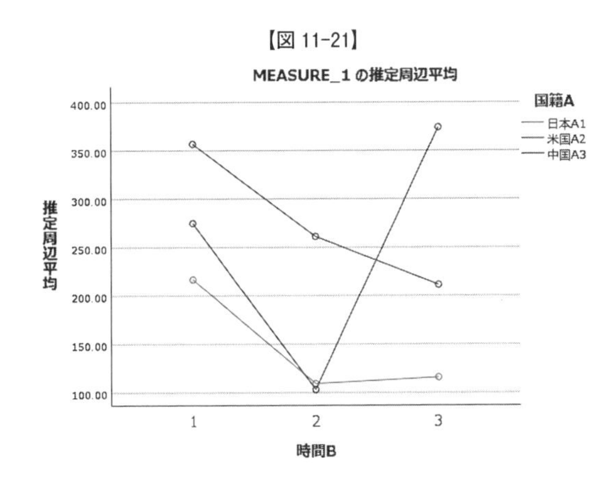

本章の例では，主効果ならびに交互作用が有意でした。そのような場合，たとえ主効果が有意であったとしても，単純主効果の検定を行なわなければなりません。一方，交互作用が有意ではなく，主効果のみが有意である場合は，単純主効果の検定は行なわずに多重比較を行ないます。

［対応あり］要因を含んだ分散分析の場合，単純主効果の検定では誤差項の使い方に注意しなければなりません。具体的には，［対応あり］要因の各水準における，［対応なし］要因の単純主効果の検定を行なうときに，違う誤差項★16と自由度を用いて計算し直すことがあるからです。

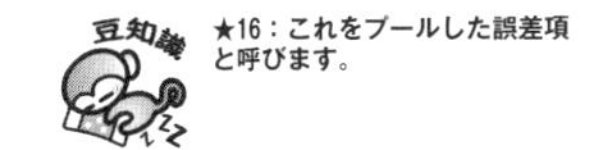

★16：これをプールした誤差項と呼びます。

一方，宮本・山際・田中（1991）は［対応あり］要因に対して単純主効果の検定を行なうときには，プールした誤差項を用いないほうがよいと論じており，プールした誤差項を使用するのがよいのか，使用しないのがよいのかは，意見が分かれるところですので，研究者の考え方によってどちらを使用するか決定すればよいようです。次節からは，プールした誤差項を使用しない場合の分析方法を解説します。

第 2 節　単純主効果の検定

繰り返しますが，本節では，プールした誤差項を使用しない場合の単純主効果の検

★17：必ずすべての単純主効果を検定しなければならないというわけではなく，研究の特性に応じて検証したい要因の単純主効果の検定だけを行なえばよいようです。

定を解説します★17。［対応なし］要因と［対応あり］要因が混在するデザインでは，第10章のように，ある程度までマウスでSPSSを操作し，その上でシンタックス・エディタを起動して単純主効果の検定を実行するということはできません。

そこで，シンタックス・エディタにコマンドを新規に直接入力して，［対応あり］要因の単純主効果の検定，および［対応なし］要因の単純主効果の検定を，別々に実行する手続きを解説します★18・19。単純主効果が有意であった場合，その後の多重比較については，第3節を参照してください。

★18：シンタックスの詳細に関しては，第6章・第4節を参照してください。

★19：本書では［MANOVA］コマンドを使用します。［MANOVA］コマンドはシンタックスでのみ使え，マウス操作による分析では使えません。

(1) 対応あり要因の単純主効果の検定

この項では，［対応なし］要因（つまり［国籍A］要因）の各水準（つまり［日本A1］・［米国A2］・［中国A3］）における，［対応あり］要因（つまり［時間B］要因）の単純主効果の検定を行ないます。データ・エディタのメニューから，［ファイル］→［新規作成］→［シンタックス］を順にクリックします（【図11-22】参照）。

【図11-22】

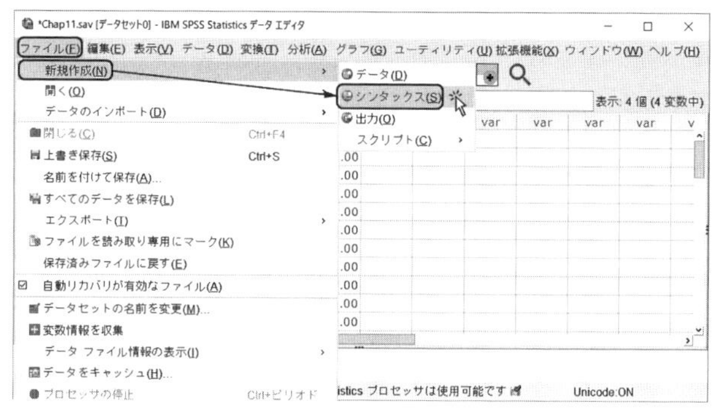

すると，シンタックス・エディタが新規に起動するので，［国籍A］要因の各水準における，［時間B］要因の単純主効果を検定します。入力するシンタックスは【図11-23】のとおりで，シンタックス・エディタに入力すると，【図11-24】になります。また，シンタックスに関する解説も掲載しておきます。

【図11-23】

```
MANOVA 朝B1 昼B2 夜B3 BY 国籍A(1,3)
 /WSFACTORS = 時間B(3)
 /PRINT = SIGNIF(AVONLY)
 /DESIGN = MWITHIN 国籍A(1), MWITHIN 国籍A(2), MWITHIN 国籍A(3).
```

【図11-24】

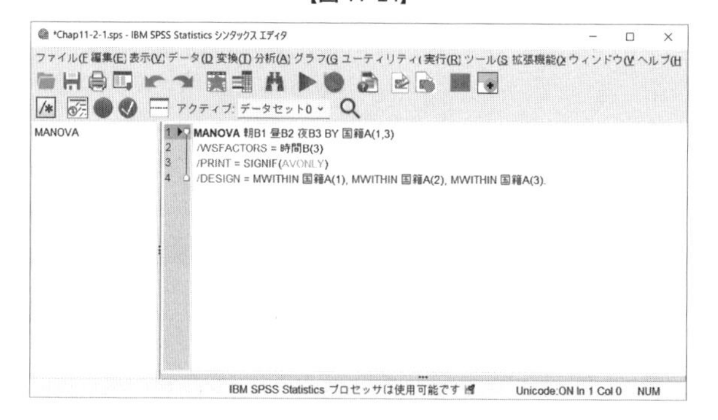

❖1行目

MANOVA 朝B1 昼B2 夜B3 BY 国籍A（1，3）

［MANOVA］コマンド★20を使って分析することを宣言します。［MANOVA］コマンドの直後に［対応あり］要因の水準を半角スペースで区切って列挙します。この例では，［朝B1］・［昼B2］・［夜B3］となります。［BY］キーワードに続いて，［対応なし］要因を記述します。この例における［対応なし］要因は，［国籍A］です。［国籍A（1，3）］とは，［国籍A］要因には3水準存在することを示しており，カッコの中の数字は要因の水準の範囲を表わしています。例えば，［国籍A（1，3）］は，［国籍A］要因の水準には第1水準～第3水準まで存在するという意味です。

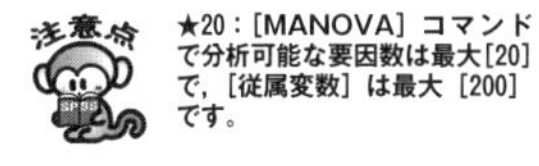

★20：［MANOVA］コマンドで分析可能な要因数は最大［20］で，［従属変数］は最大［200］です。

❖2行目

/WSFACTORS ＝ 時間B（3）

［/WSFACTORS］サブコマンドを使って，1行目の［MANOVA］コマンドで指定した［対応あり］要因を，［時間B］という名前で定義しています。また，カッコの中の数字は，［対応あり］要因における水準数を指定しています。この例では［朝B1］・［昼B2］・［夜B3］の3水準ですので，［3］となるわけです。

❖3行目

/PRINT ＝ SIGNIF（AVONLY）

［/PRINT］サブコマンドを使って，不要な出力が表示されないようにします。このサブコマンドは見やすさのために記述しているので，特につけなければならないというわけではありません★21。

補足　★21：［SIGNIF（HF）］とすれば，［Huynh-Feldt］の値が，［SIGNIF（GG）］とすれば，［Greenhouse-Geisser］の値が出力されます。

❖4行目

/DESIGN ＝ MWITHIN 国籍A（1），MWITHIN 国籍A（2），MWITHIN 国籍A（3）.

［/DESIGN］サブコマンドを使って，具体的な単純主効果の指示を行なっています。［MWITHIN］キーワードの後に，［国籍A（1）］・［国籍A（2）］・［国籍A（3）］をカンマで区切って列挙して，［対応なし］要因（［国籍A］要因）の3つの水準における，［時間B］の単純主効果を検定するように命令します★22。

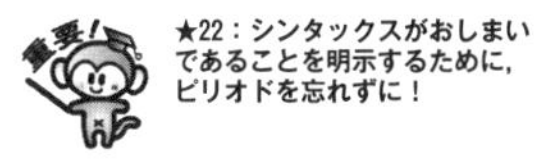

★22：シンタックスがおしまいであることを明示するために，ピリオドを忘れずに！

そして，分析を実行するために，メニューから，［実行］→［すべて］を順にクリックします（【図11-25】参照）。

【図11-25】

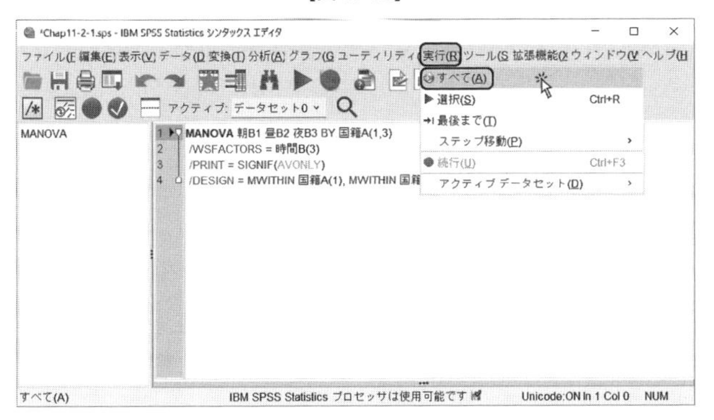

すると，ビューアに結果が表示されます（【図 11-26】参照）。

【図 11-26】

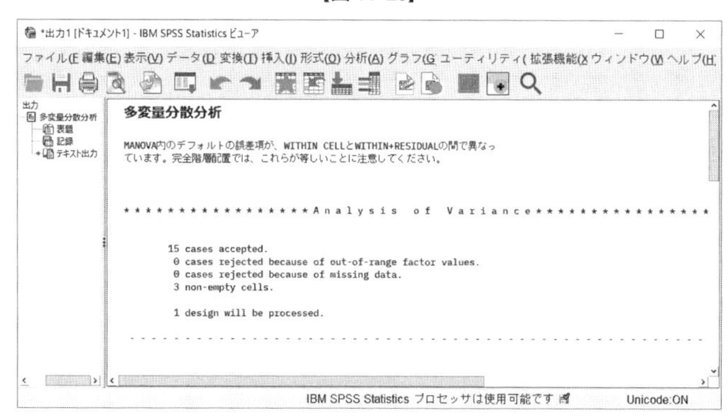

分析結果のタイトルが［多変量分散分析］となっていますが，［単純主効果の検定］と読み替えてください★23。出力の最後に［Tests involving ‘時間B’ Within-Subject Effect.］という項目があり，［国籍A］要因の各水準における，［時間B］の単純主効果の検定結果が表示されています（【図 11-27】参照）★24。

★23：シンタックス・エディタで［MANOVA］コマンドを使用したために多変量分散分析と表示されます。間違いではありません。

★24：使用するフォントによって，結果表示が整列されない場合があります。［図 11-27］でも，［SS］・［DF］・［MS］・［F］の列がこれらの項目名と数字とが整列されていません。

【図 11-27】

```
* * * * * * * * * * * * * * * * * A n a l y s i s   o f   V a r i a n c e -- Design   1 * * * * * * * *

Tests involving '時間B' Within-Subject Effect.

 AVERAGED Tests of Significance for MEAS.1 using UNIQUE sums of squares
 Source of Variation          SS       DF       MS          F  Sig of F

 WITHIN+RESIDUAL        78621.87       24   3275.91
 MWITHIN 国籍A(1) B     36433.60        2  18216.80      5.56      .010
 Y 時間B
 MWITHIN 国籍A(2) B     54440.40        2  27220.20      8.31      .002
 Y 時間B
 MWITHIN 国籍A(3) B    187994.80        2  93997.40     28.69      .000
 Y 時間B

 - - - - - - - - - - - - - - - - - - - - - - - - - - - - - - - - - - - - - - - -
```

まず，［WITHIN＋RESIDUAL］が掲載され，［誤差］を表わします。その下に各水準における結果が表示されています。例えば，［MWITHIN 国籍A（1）BY 時間B］，つまり［日本A1］における［時間B］の単純主効果は，［F］（F値）は［5.56］，［DF］（自由度）は［2］，［Sig. of F］（有意確率）は［.010］となっていて，5％水準で有意であることがわかります★25。

★25：［時間B］要因の水準数は［3］なので，このまま平均値の比較はできません。続いて多重比較が必要になります。水準数が［2］の場合は多重比較は不要です。続く多重比較は第3節を参照してください。

同じく，［MWITHIN 国籍A（2）BY 時間B］つまり［米国A2］と，［MWITHIN 国籍A（3）BY 時間B］つまり［中国A3］における，［時間B］の単純主効果は，［米国A2］について［F］（F値）は［8.31］，［DF］（自由度）は［2］，［Sig. of F］（有意確率）は［.002］で1％水準で有意，［中国A3］について［F］（F値）は［28.69］，［DF］（自由度）は［2］，［Sig. of F］（有意確率）は［.000］となっていて0.1％水準で有意であることがわかります★26。

★26：誤差の［自由度］はすべて［24］です。

⑵ 対応なし要因の単純主効果の検定

続いて，［対応あり］要因（つまり［時間B］要因）の各水準における，［対応なし］要因（つまり［国籍A］要因）の単純主効果を検定します。データ・エディタのメニューから，［ファイル］→［新規作成］→［シンタックス］を順にクリックし，シンタックス・エディタを新規に起動します。入力するシンタックスは【図 11-28】のとおりで，シンタックス・エディタに入力すると，【図 11-29】になります★27。また，シンタックスに関する解説も掲載しておきます。

★27：シンタックス・エディタでは［MANOVA］コマンドと［/WSDESIGN］サブコマンドがエラーを示す赤色で表示されますが，問題なく実行できます。［/WSDESIGN］サブコマンドに続くイコール［=］を削除すれば赤色表示は解消されます。SPSS 公式マニュアルを参照しても，［=］をつけてあったりつけてなかったりで，統一されていません。

【図11-28】

```
MANOVA 朝B1 昼B2 夜B3 BY 国籍A(1,3)
 /WSFACTORS = 時間B(3)
 /PRINT = SIGNIF(AVONLY)
 /WSDESIGN = MWITHIN 時間B(1), MWITHIN 時間B(2), MWITHIN 時間B(3).
```

【図 11-29】

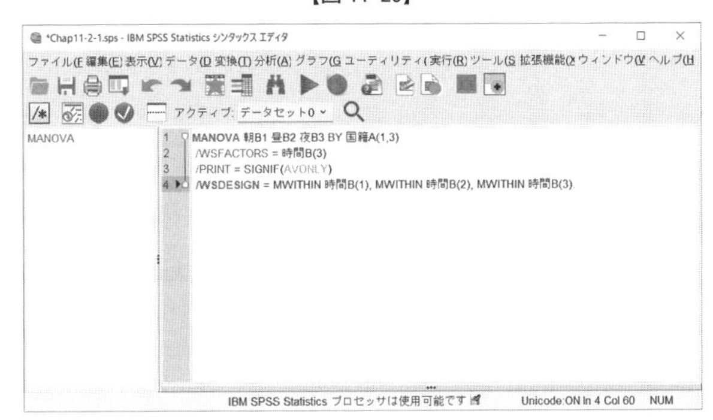

❖1行目

MANOVA　朝B1　昼B2　夜B3　BY　国籍A（1，3）

［MANOVA］コマンドを使って分析することを宣言します。［MANOVA］コマンドの直後に，［対応あり］要因の水準を半角スペースで区切って列挙します。この例では，［朝B1］・［昼B2］・［夜B3］となります。［BY］キーワードに続いて，［対応なし］要因を記述します。この例における［対応なし］要因は［国籍A］です。［国籍A（1，3）］とは，［国籍A］要因には3水準存在することを示しています。つまり，カッコの中はその要因の水準の範囲を表わしています。例えば，［国籍A（1，3）］は，［国籍A］要因の水準には第1水準〜第3水準まで存在するという意味です。

❖2行目

/WSFACTORS ＝ 時間B（3）

［/WSFACTORS］サブコマンドを使って，1行目の［MANOVA］コマンドで指定した［対応あり］要因を，［時間B］という名前で定義しています。また，カッコの中の数字は，［対応あり］要因における水準数を指定しています。この例では，［朝B1］・［昼B2］・［夜B3］の3水準ですので，［3］となるわけです。

❖3行目

/PRINT ＝ SIGNIF（AVONLY）

［/PRINT］サブコマンドを使って，不要な出力が表示されないようにします。このサブコマンドは，見やすさのために記述しているので，特につけなければならないと

★28：［SIGNIF（HF）］とすれば，［Huynh-Feldt］の値が，［SIGNIF（GG）］とすれば，［Greenhouse-Geisser］の値が出力されます。

いうわけではありません★28。

❖4行目

/WSDESIGN ＝ MWITHIN時間B（1），MWITHIN時間B（2），MWITHIN時間B（3）.

［/WSDESIGN］サブコマンドを使って，単純主効果の検定を行なうよう指示しています。［MWITHIN］キーワードの後に，［時間B（1）］・［時間B（2）］・［時間B（3）］をカンマで区切って列挙して，［対応あり］要因の各水準における，［国籍A］の単純主効果を検定するように命令しています★29。

★29：シンタックスがおしまいであることを明示するために，ピリオドを忘れずに！

そして，分析を実行するために，メニューから，［実行］→［すべて］を順にクリックします（【図11-30】参照）。

【図 11-30】

すると，ビューアに結果が表示されます（【図11-31】参照）。

分析結果のタイトルが［多変量分散分析］となっていますが，［単純主効果の検定］と読み替えてください★30。その出力の中ほどあたりから最後にかけて，［時間B］要因の各水準における［国籍A］の単純主効果の検定結果が個別に表示されています（【図11-32】参照）。

★30：シンタックス・エディタで［MANOVA］コマンドを使用したために多変量分散分析と表示されます。間違いではありません。

3つの部分に区切られて結果が表示されており，それぞれ［Tests involving 'MWITHIN時間B（1）' Within-Subject Effect.］・［Tests involving 'MWITHIN時間B（2）' Within-Subject Effect.］・［Tests involving 'MWITHIN時間B（3）' Within-Subject Effect.］というタイトルが確認できます。一番上から，［時間B（1）］つまり［朝B1］における［国籍A］の単純主効果，［時間B（2）］つまり［昼B2］における［国籍A］の単純主効果，［時間B（3）］つまり［夜B3］における［国籍A］の単純主効果が記されています。

★31：誤差の［自由度］はすべて［12］です。

ここで，一番上の［朝B1］における［国籍A］の単純主効果の検定結果を例にあげて解説します。まず，［WITHIN＋RESIDUAL］が掲載されていて，これが［誤差］★31を表わします。その2行下に，［朝B1］における結果が表示されています。具体的には，［国籍A BY MWITHIN 間B（1）］★32，つまり［朝B1］における［国籍A］の単純主効果は，［*F*］（*F*値）が［4.05］，［*DF*］（自由度）が［2］，［Sig. of *F*］（有意確率）は［.045］となっていて，5％水準で有意であることがわかります。同様に，［昼B2］における［国籍A］の単純主効果と，［夜B3］における［国籍A］の単純主効果も，ともに1％水準で有意となっていることがわかります★33。

★32：【図11-32】では［時間B］と表示されずに，［時］という文字が欠落し，［間B］と表示されています。これは日本語特有の2バイト文字（全角文字）による文字化けです。半角アルファベットを使っていれば文字化けは起こりません。読みにくいですが，適宜読み替えてください。日本語を変数名に使用すると，しばしばこのような現象が生じます。

★33：［国籍A］要因の水準数は［3］なので，このまま平均値の比較はできず，多重比較が必要になります。水準数が［2］の場合は多重比較は不要です。続く多重比較は第3節を参照してください。

【図 11-31】

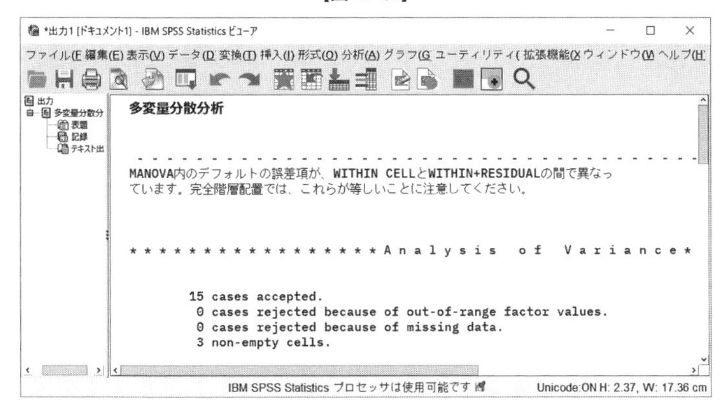

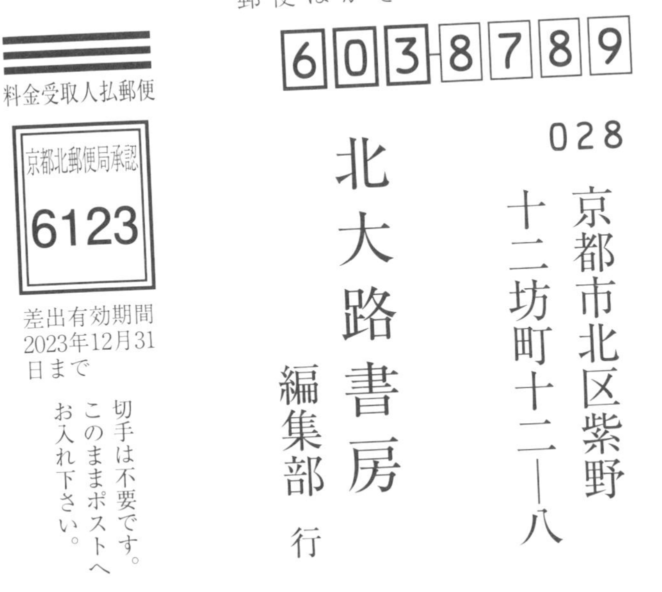

特 … リです

(【図

★34：【図 11-33】で［国籍A］の単純主効果における誤差の［SS］や［MS］の値が無いのは，【図 11-32】を見てもわかるように，［時間B］の各水準によって数値が異なるからです。プールした誤差項を使用しない場合，このようなことが生じます。しかし，誤差の［自由度］は 3 水準において［12］と一貫していますので結果を書くときには特段問題にはなりません。

第3節　単純主効果が有意であった場合の多重比較

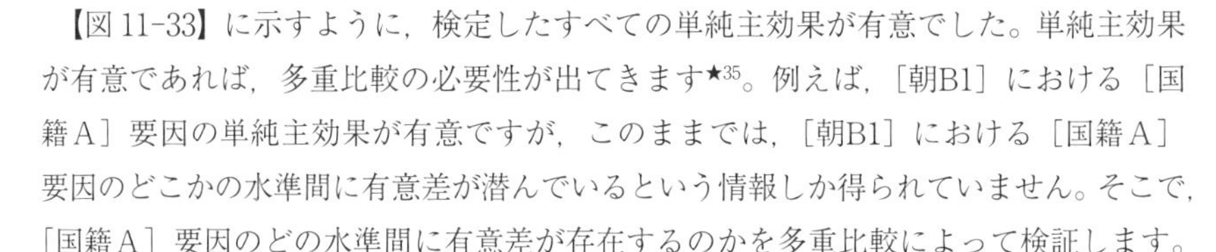

【図 11-33】に示すように，検定したすべての単純主効果が有意でした。単純主効果が有意であれば，多重比較の必要性が出てきます★[35]。例えば，［朝B1］における［国籍A］要因の単純主効果が有意ですが，このままでは，［朝B1］における［国籍A］要因のどこかの水準間に有意差が潜んでいるという情報しか得られていません。そこで，［国籍A］要因のどの水準間に有意差が存在するのかを多重比較によって検証します。

★35：繰り返しますが，水準数が［2］であれば多重比較をすることなく，どちらの水準の値が有意に高い・低いと結論してもよいことになります。

残念ながら，SPSS では対応［なし］×［あり］の分散分析において，マウス操作だけで単純主効果検定後の多重比較を行なうことはできません★[36]。そこで，シンタックスを記述して多重比較を行ないます。

★36：厳密に言えば，［対応なし］要因の多重比較はほんの少しのシンタックス操作を除いて，マウス操作でできます。

さらにややこしいのですが，シンタックスを用いてそのまま多重比較を終えると，事前比較（planned comparisons/a priori comparisons）とよばれる多重比較となり，今やろうとしている事後比較（post hoc comparisons）とは少し質の異なる多重比較になります。したがって，ここではいったんシンタックスを用いて事前比較を行ない，そのあと修正式を用いて最終的な事後比較を行ないます。

なぜ修正式を用いて修正を行なうのでしょうか。多重比較では対比較を行なうため，事前比較より事後比較で比較する組み合わせの数が必然的に多くなってしまいます。そうすると，タイプＩエラー★[37]を起こす確率が増加してしまうので，有意水準を調整する必要があり，修正式を用いて修正を行なわなければならないのです。

★37：第6章・第1節を参照してください。

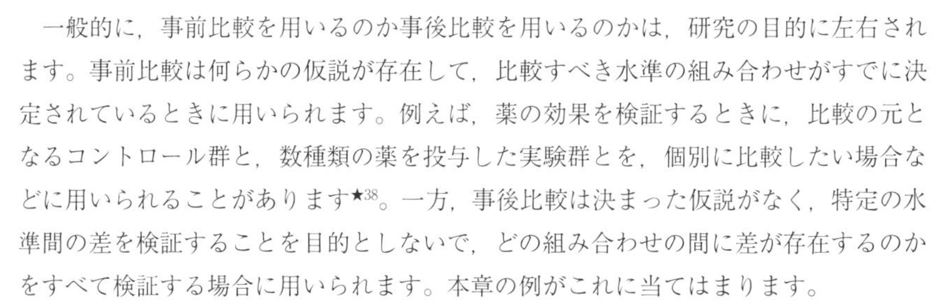

一般的に，事前比較を用いるのか事後比較を用いるのかは，研究の目的に左右されます。事前比較は何らかの仮説が存在して，比較すべき水準の組み合わせがすでに決定されているときに用いられます。例えば，薬の効果を検証するときに，比較の元となるコントロール群と，数種類の薬を投与した実験群とを，個別に比較したい場合などに用いられることがあります★[38]。一方，事後比較は決まった仮説がなく，特定の水準間の差を検証することを目的としないで，どの組み合わせの間に差が存在するのかをすべて検証する場合に用いられます。本章の例がこれに当てはまります。

★38：特定の仮説があるならば，分散分析を行なうことなしに，いきなり事前比較を行なうこともあります。

では以下に，［対応あり］要因における多重比較と，［対応なし］要因における多重比較とに分割して解説します。

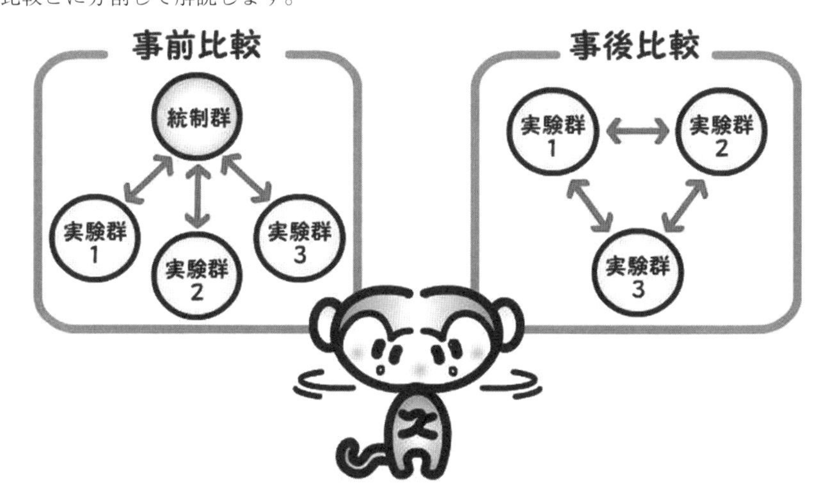

(1) 対応あり要因の多重比較

この項では，［対応なし］要因（つまり［国籍A］要因）の各水準（つまり［日本A1］・［米国A2］・［中国A3］）における，［対応あり］要因（つまり［時間B］要因）の多重比較を行ないます。［日本A1］における［時間B］要因の多重比較，［米国A2］における［時間B］要因の多重比較というように，水準ごとに1つずつ多重比較を行なってもよいのですが，ここでは有意差が見られた3つの水準すべてに対して，同時に多重比較を行ないます★39。

★39：多重比較が1度しか必要ない場合は適宜内容を読み替えてください。

データ・エディタのメニューから，［ファイル］→［新規作成］→［シンタックス］を順にクリックし，シンタックス・エディタを新規に起動します。入力するシンタックスは【図11-34】のとおりで，シンタックス・エディタに入力すると【図11-35】になります。また，シンタックスに関する解説も掲載しておきます。

【図11-34】

```
MANOVA 朝B1 昼B2 夜B3 BY 国籍A(1,3)
 /NOPRINT = SIGNIF(MULTIV)
 /ERROR = WITHIN
 /TRANSFORM( 朝B1 昼B2 夜B3) = SIMPLE(1)
 /RENAME = 無視 , B2vsB1, B3vsB1
 /DESIGN = MWITHIN 国籍A(1), MWITHIN 国籍A(2), MWITHIN 国籍A(3)
 /TRANSFORM( 朝B1 昼B2 夜B3) = SIMPLE(2)
 /RENAME = 無視 , B1vsB2, B3vsB2
 /DESIGN = MWITHIN 国籍A(1), MWITHIN 国籍A(2), MWITHIN 国籍A(3).
```

【図11-35】

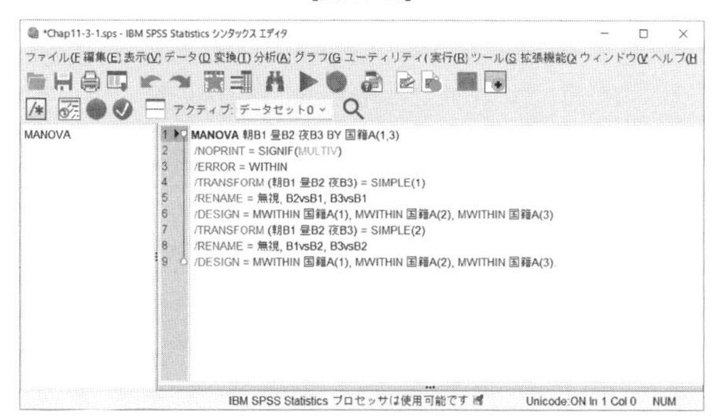

❖1行目

MANOVA 朝B1 昼B2 夜B3 BY 国籍A(1, 3)

［MANOVA］コマンドを使って分析することを宣言します★40。詳しくは第2節を参照してください。

★40：［対応あり］要因の分析には，通常［MANOVA］コマンドの次に［/WSFACTORS］サブコマンドが記述されます。しかし，［/TRANSFORM］サブコマンドを用いるときは［/WSFACTORS］が不要です。

❖2行目

/NOPRINT = SIGNIF(MULTIV)

［/NOPRINT］サブコマンドを使って，あまり関連がない★41出力を制限（表示しないように）します。［SIGNIF(MULTIV)］という記述は多変量F検定の出力を制限し

★41：関連がないわけではなく，結果の解釈にはあまり必要がないという意味です。

て結果を見やすくするものです。ただし，このサブコマンドは見やすさを操作するだけですので，記述しなくても分析にはまったく影響が及びません。多少出力が多くなってもよいという人は記述しなくてもよいでしょう。

❖3行目

/ERROR ＝ WITHIN

［/ERROR］サブコマンドを使った，自由度の設定に関する記述です。ここではつけておきましょう。

❖4行目

/TRANSFORM(朝B1 昼B2 夜B3) ＝ SIMPLE(1)

［/TRANSFORM］サブコマンドを使用して，比較を行なうことを宣言します。サブコマンドの直後にカッコを記述し，その中に比較したい［対応あり］要因の水準名を半角スペースで区切りながら入力していきます★42。そして，［＝］でつないで［SIMPLE］キーワードを使い，［SIMPLE(1)］と記述します。

★42：水準数が多いときは，最初の水準名と最後の水準名を半角スペースと［TO］でつないで略記することができます。本項の例を略記すると，［/TRANSFORM（朝B1 TO 夜B3)］となります。また，厳密には［/TRANSFORM］は比較ではありませんが，理解のために比較と考えてください。

［SIMPLE(1)］は，水準を比較するための参照番号のようなものだと考えればよいでしょう★43。例えば，この例では［対応あり］要因の水準は，順に［朝B1］・［昼B2］・［夜B3］ですので，［SIMPLE(1)］は1つ目の水準を基準にして他の水準と比較せよ，という意味になります。

★43：［SIMPLE］キーワードに続くカッコ内の数字は，要因の水準数から［1］を引いた数まで存在します。この例では，［対応あり］要因の水準数は［3］ですから，［SIMPLE（1)］と［SIMPLE（2)］を記述します。5水準の場合は，［SIMPLE（1)］～［SIMPLE（4)］まで記述します。

ここで，普通に考えれば1つ目の比較は，1つ目の水準同士の比較である［朝B1］と［朝B1］との比較になりますが，［/TRANSFORM］サブコマンドを使用した場合，すべての水準を加えた値に関する比較が計算されます★44。この値は今回の比較では不要ですので，無視しても大丈夫です。そしてそれに続いて，2つ目の水準である［昼B2］と1つ目の水準である［朝B1］との比較，3つ目の水準である［夜B3］と1つ目の水準である［朝B1］との比較が計算されます。

★44：より専門的に言えば，［切片］に関する値です。

理解のために，［/TRANSFORM］サブコマンドで使用される［SIMPLE］キーワードの，比較の概念図★45を掲載します（【図11-36】参照）。網掛けになっている部分は，全水準を加えた値（無視する値）か，重複した比較を意味します。

★45：あくまでも［/TRANSFORM］サブコマンドと［SIMPLE］キーワードとの組み合わせにおけるものです。後述しますが，［/CONTRAST］サブコマンドと［SIMPLE］キーワードを使用した場合は異なります。

❖5行目

/RENAME ＝ 無視，B2vsB1，B3vsB1

［/RENAME］サブコマンドを使用して，出力結果を見やすくします。このサブコマンドは，使用しなければならないというものではありませんが，結果の出力がたいへん見やすくなるので，使用したほうがよいでしょう。この5行目の［/RENAME］サブコマンドで定義する内容は，直上4行目の［/TRANSFORM］サブコマンドの［SIMPLE］キーワードと対になっていて，［SIMPLE］で指定した比較の組み合わせに名前をつける働きがあります★46。

★46：［/RENAME］サブコマンドを使わないと結果出力は［T1］や［T2］などと表記され，理解しにくくなります。また，［/RENAME］サブコマンドの使い方にはクセがあり，慣れるまでは混乱するかもしれません。もちろん，使わなくても分析結果自体にはまったく影響しません。

［＝］に続いて，比較する水準の組み合わせ名が，カンマで区切られて★47 3つ列挙されています。最初は［無視］となっており，結果出力では無視するように促す名前になっています。これは，［SIMPLE(1)］で参照する1つ目の比較が，全水準を加えた値であるためで，結果として採用しない組み合わせです。したがって，この比較の

★47：組み合わせ名は半角で8文字，全角で4文字までです。長くならないように注意しなくてはなりません。また，カンマではなくてスペースで区切っても大丈夫です。

【図 11-36】

	水準		
	1, 2, 3	1, 2, 3, 4	1, 2, 3, 4, 5
SIMPLE(1)	1～3	1～4	1～5
	2 v.s 1	2 v.s 1	2 v.s 1
	3 v.s 1	3 v.s 1	3 v.s 1
	−	4 v.s 1	4 v.s 1
	−	−	5 v.s 1
SIMPLE(2)	1～3	1～4	1～5
	1 v.s 2	1 v.s 2	1 v.s 2
	3 v.s 2	3 v.s 2	3 v.s 2
	−	4 v.s 2	4 v.s 2
	−	−	5 v.s 2
SIMPLE(3)	−	1～4	1～5
	−	1 v.s 3	1 v.s 3
	−	2 v.s 3	2 v.s 3
	−	4 v.s 3	4 v.s 3
	−	−	5 v.s 3
SIMPLE(4)	−	−	1～5
	−	−	1 v.s 4
	−	−	2 v.s 4
	−	−	3 v.s 4
	−	−	5 v.s 4

結果には［無視］という名前をつけています。

［無視］に続いて，［B2vsB1］と記述されています。これは，［SIMPLE(1)］で参照する2つ目の比較の組み合わせ，つまり第1水準と第2水準である，［朝B1］と［昼B2］という組み合わせを意味しています。したがって，［B2vsB1］★48と命名しています。

★48：［B1］つまり［朝B1］と，［B2］つまり［昼B2］が逆転していますが，これは比較参照元が後にくるためです。

最後に［B3vsB1］と記述されています。これは，［SIMPLE(1)］で参照する3つ目の比較の組み合わせ，つまり第1水準と第3水準である，［朝B1］と［夜B3］という組み合わせを意味しています。したがって，［B3vsB1］と命名しています。

❖6行目

/DESIGN ＝ MWITHIN 国籍A(1)，MWITHIN 国籍A(2)，MWITHIN 国籍A(3)

［/DESIGN］サブコマンドと［MWITHIN］キーワードを使用して，多重比較を行なう［対応なし］要因の水準を指定します。この例では，［MWITHIN］キーワードに続いて［国籍A(1)］つまり［日本A1］が指定され，カンマ［,］で分割されて［MWITHIN］キーワードと共に，［国籍A(2)］つまり［米国A2］が指定されています。そして最後にカンマ［,］の次に［MWITHIN］キーワードを伴って［国籍A(3)］つまり［中国A3］が指定されています。この例では，［日本A1］における［時間B］の比較，［米国A2］における［時間B］の比較，［中国A3］における［時間B］の比較を，それぞれ行なうように指示しています★49。

★49：もしも［国籍A(1)］つまり［日本A1］のみにおける［時間B］の比較を行なうのであれば，［/DESIGN=MWITHIN 国籍A(1)］となります。［MWITHIN］を忘れず記述するようにしてください。

❖7，8，9行目

/TRANSFORM(朝B1 昼B2 夜B3) ＝ SIMPLE(2)
/RENAME ＝ 無視，B1vsB2，B3vsB2
/DESIGN ＝ MWITHIN 国籍A(1)，MWITHIN 国籍A(2)，MWITHIN 国籍A(3).

この3行は，4，5，6行目とほとんど同じ方法で記述します。違うのは7行目の［SIMPLE(2)］というカッコ内の数字と，［/RENAME］サブコマンドの右側です。7行目では，［/TRANSFORM］サブコマンドを使用して比較を行なうことを宣言しますが，［SIMPLE］キーワードによる参照番号は［２］となり，［SIMPLE(２)］と書きます。例えば，「対応あり］要因の水準は順に［朝B1］・［昼B2］・［夜B3］ですので，［SIMPLE(２)］は第２水準の［昼B2］を基準にして他の水準と比較せよ，という意味です★50。

★50：比較の組み合わせの概念に関しては，【図 11-36】を参照してください。

４行目と同様に，１つ目の比較は全水準を加えた値の比較になりますから無視します。そして，第１水準の［朝B1］と第２水準の［昼B2］との比較，第３水準の［夜B3］と第２水準の［昼B2］との比較が続きます。

続いて，８行目の［/RENAME］サブコマンドで，結果出力を見やすくします。先ほども述べましたが，［/RENAME］サブコマンドの定義内容は，直上の［/TRANSFORM］サブコマンドの［SIMPLE］キーワードと対になっていて，［SIMPLE］で指定した比較の組み合わせに名前をつける働きがあります。

まず［無視］となっていて，１つ目の比較は全水準を加えた値の算出であるために無視すると考えます。その次は第１水準である［朝B1］と，第２水準で現在の参照元である［昼B2］との比較になるため，［B1vsB2］と名づけられています。そして，最後は第３水準である［夜B3］と，参照元となっている第２水準の［昼B2］との比較を意味しているため，［B3vsB2］と命名されています。

９行目では６行目と同様に［/DESIGN］サブコマンドを使って比較を行なう［対応なし］要因の水準を指定します★51。この例ではやはり［国籍Ａ(１)］・［国籍Ａ(２)］・［国籍Ａ(３)］というすべての水準において［時間Ｂ］要因の比較を行なうように指示しています。

★51：シンタックスがおしまいであることを明示するために，ピリオドを忘れずに！

シンタックス・エディタのメニューから，［実行］→［すべて］を順にクリックすると分析が始まります（【図 11-37】参照）。

【図 11-37】

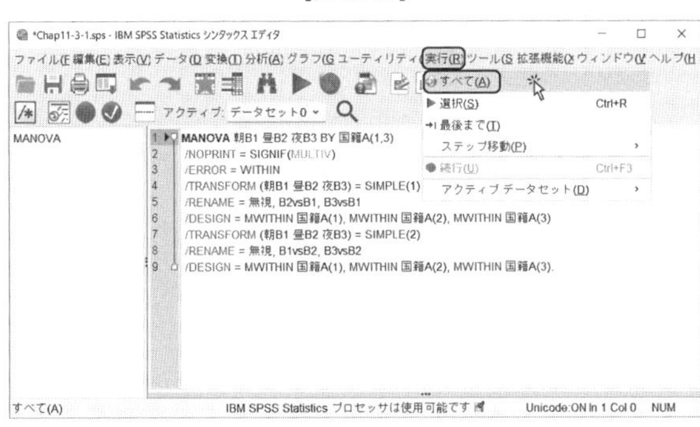

すると，ビューアに結果が表示されます（【図 11-38】参照）。

【図 11-38】

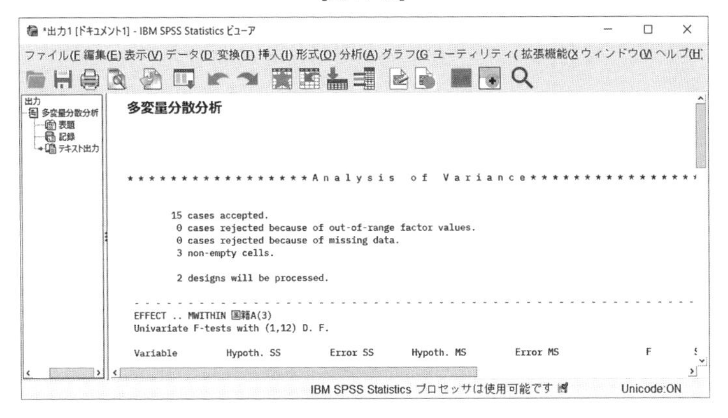

分析結果のタイトルが［多変量分散分析］となっていますが，［多重比較］と読み替えてください★52。［多変量分散分析］の下に［****Analysis of Variance****］と表示されており，［MANOVA］コマンドによる分析の要約があります。ここで，［****Analysis of Variance****］を，［****Analysis of Variance -- design 1****］と読み替えます。つまり，この［design 1］が［SIMPLE(1)］と対応しているというわけです（【図 11-39】参照）。ここでは，［国籍A］要因の各水準である［日本A1］・［米国A2］・［中国A3］それぞれにおける，［昼B2 vs. 朝B1］・［夜B3 vs. 朝B1］の比較を行なうことになります。

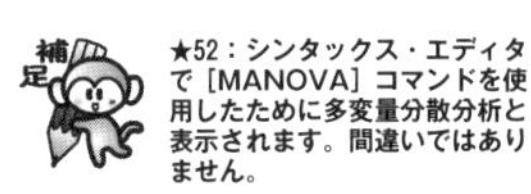

★52：シンタックス・エディタで［MANOVA］コマンドを使用したために多変量分散分析と表示されます。間違いではありません。

【図 11-39】

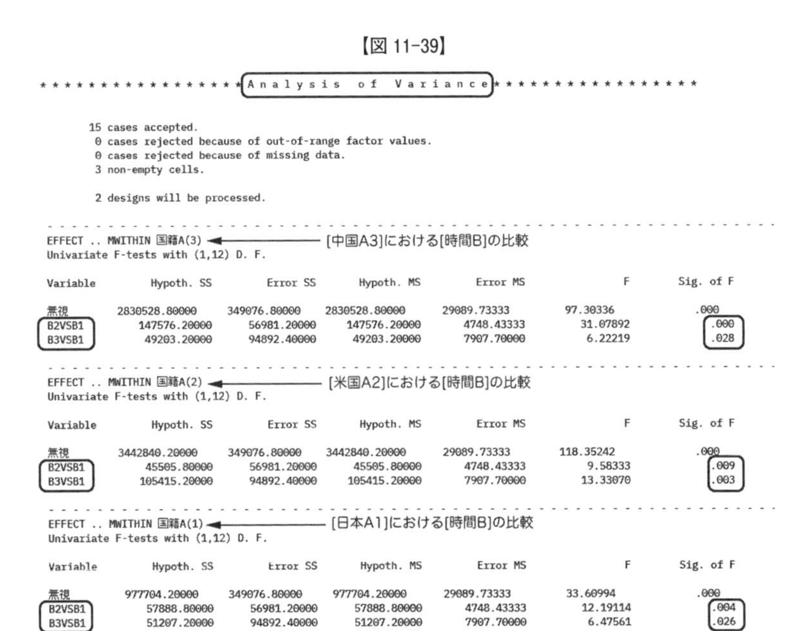

****************Analysis of Variance****************

15 cases accepted.
0 cases rejected because of out-of-range factor values.
0 cases rejected because of missing data.
3 non-empty cells.

2 designs will be processed.

EFFECT .. MWITHIN 国籍A(3) ← ［中国A3］における［時間B］の比較
Univariate F-tests with (1,12) D. F.

Variable	Hypoth. SS	Error SS	Hypoth. MS	Error MS	F	Sig. of F
無視	2830528.80000	349076.80000	2830528.80000	29089.73333	97.30336	.000
B2VSB1	147576.20000	56981.20000	147576.20000	4748.43333	31.07892	.000
B3VSB1	49203.20000	94892.40000	49203.20000	7907.70000	6.22219	.028

EFFECT .. MWITHIN 国籍A(2) ← ［米国A2］における［時間B］の比較
Univariate F-tests with (1,12) D. F.

Variable	Hypoth. SS	Error SS	Hypoth. MS	Error MS	F	Sig. of F
無視	3442840.20000	349076.80000	3442840.20000	29089.73333	118.35242	.000
B2VSB1	45505.80000	56981.20000	45505.80000	4748.43333	9.58333	.009
B3VSB1	105415.20000	94892.40000	105415.20000	7907.70000	13.33070	.003

EFFECT .. MWITHIN 国籍A(1) ← ［日本A1］における［時間B］の比較
Univariate F-tests with (1,12) D. F.

Variable	Hypoth. SS	Error SS	Hypoth. MS	Error MS	F	Sig. of F
無視	977704.20000	349076.80000	977704.20000	29089.73333	33.60994	.000
B2VSB1	57888.80000	56981.20000	57888.80000	4748.43333	12.19114	.004
B3VSB1	51207.20000	94892.40000	51207.20000	7907.70000	6.47561	.026

まず，［EFFECT .. MWITHIN 国籍A(3)］という表示があり，［国籍A(3)］つまり［中国A3］における，［時間B］の比較が行なわれています。たくさんの数字が並んでいますが，［Variable］の下に，［無視］・［B2VSB1］・［B3VSB1］と，3行にわたって比較★53・54の結果が表示されています。［無視］の行は文字通り無視するとして，

★53：この段階では事前比較で，事後比較ではありません。事後比較は後から修正式で算出します。

★54：本来なら，［米国B2と日本B1との比較］というようなわかりやすい名前をつけたいところなのですが，水準の組み合わせ名は全角で4文字，半角で8文字までという制限があるため，［B2VSB1］のような少々わかりにくい表現になりました。

その下の［B2VSB1］の行の［*F*］と，［Sig. of *F*］の列を見ると，［*F*］が［31.07892］，［Sig. of *F*］が［.000］となっています。同様に，その下の行の［B3VSB1］では，［*F*］が［6.22219］，［Sig. of *F*］が［.028］と表示されています。事後比較では，［B2VSB1］の［Sig. of *F*］の［.000］と，［B3VSB1］の［Sig. of *F*］の［.028］が重要になります。

続いて，その下の［EFFECT .. MWITHIN 国籍A（2）］を見ます。ここは，［国籍A（2）］つまり［米国A2］における，［時間B］の比較が行なわれています。先ほどと同じく，［無視］・［B2VSB1］・［B3VSB1］と，3行にわたって比較の結果が表示されています。［無視］の行は無視し，その下の［B2VSB1］の行では［*F*］が［9.58333］，［Sig. of *F*］が［.009］となっています。同様に［B3VSB1］では，［*F*］が［13.33070］，［Sig. of *F*］が［.003］と表示されています。事後比較では，［B2VSB1］の［Sig. of *F*］の［.009］と，［B3VSB1］の［Sig. of *F*］の［.003］が重要になります。

最後に［EFFECT .. MWITHIN 国籍A（1）］を見ます。ここは［国籍A（1）］つまり［日本A1］における，［時間B］の比較が行なわれています。［無視］の行は無視し，その下の［B2VSB1］の行では，［*F*］が［12.19114］，［Sig. of *F*］が［.004］となっています。同様に［B3VSB1］では，［*F*］が［6.47561］，［Sig. of *F*］が［.026］と表示されています。事後比較では，［B2VSB1］の［Sig. of *F*］の［.004］と，［B3VSB1］の［Sig. of *F*］の［.026］が重要になります。

次に，［****Analysis of Variance -- design 2****］を見ます。この［design 2］が，［SIMPLE（2）］と対応しています（【図11-40】参照）。ここでは，［国籍A］要因の各水準である，［日本A1］・［米国A2］・［中国A3］それぞれにおける，［朝B1 vs. 昼B2］・［夜B3 vs. 昼B2］の比較を行ないます。

【図11-40】

```
* * * * * * * * * * * * * * * * * A n a l y s i s   o f   V a r i a n c e -- Design  2 * * * * * * * * * * * * * * * * *

EFFECT .. MWITHIN 国籍A(3)◀―――――――[中国A3]における[時間B]の比較
Univariate F-tests with (1,12) D. F.

Variable     Hypoth. SS     Error SS    Hypoth. MS     Error MS          F    Sig. of F

無視      2830528.80000  349076.80000  2830528.80000  29089.73333   97.30336      .000
B1VSB2     147576.20000   56981.20000   147576.20000   4748.43333   31.07892      .000
B3VSB2     367205.00000   83992.00000   367205.00000   6999.33333   52.46285      .000

- - - - - - - - - - - - - - - - - - - - - - - - - - - - - - - - - - - - - - - - - - - -
EFFECT .. MWITHIN 国籍A(2)◀―――――――[米国A2]における[時間B]の比較
Univariate F-tests with (1,12) D. F.

Variable     Hypoth. SS     Error SS    Hypoth. MS     Error MS          F    Sig. of F

無視      3442840.20000  349076.80000  3442840.20000  29089.73333  118.35242      .000
B1VSB2      45505.80000   56981.20000    45505.80000   4748.43333    9.58333      .009
B3VSB2      12400.20000   83992.00000    12400.20000   6999.33333    1.77163      .208

- - - - - - - - - - - - - - - - - - - - - - - - - - - - - - - - - - - - - - - - - - - -
EFFECT .. MWITHIN 国籍A(1)◀―――――――[日本A1]における[時間B]の比較
Univariate F-tests with (1,12) D. F.

Variable     Hypoth. SS     Error SS    Hypoth. MS     Error MS          F    Sig. of F

無視       977704.20000  349076.80000   977704.20000  29089.73333   33.60994      .000
B1VSB2      57888.80000   56981.20000    57888.80000   4748.43333   12.19114      .004
B3VSB2        204.80000   83992.00000      204.80000   6999.33333     .02926      .867

- - - - - - - - - - - - - - - - - - - - - - - - - - - - - - - - - - - - - - - - - - - -
```

この［design 2］の結果出力の見方は［design 1］と同じです。まず，［EFFECT .. MWITHIN 国籍A（3）］という表示があり，［国籍A（3）］つまり［中国A3］における，［時間B］の比較が行なわれています。［無視］の行は無視し，その下の［B1VSB2］の行の［*F*］と［Sig. of *F*］の列を見ると，［*F*］が［31.07892］，［Sig. of *F*］が［.000］

となっています。その下の行の［B3VSB2］では，［F］が［52.46285］，［Sig. of F］が［.000］と表示されています。事後比較では，［B1VSB2］の［Sig. of F］の［.000］と，［B3VSB2］の［Sig. of F］の［.000］が重要になります。

続いて，その下の［EFFECT .. MWITHIN 国籍A(2)］を見ます。ここは［国籍A(2)］つまり［米国A2］における，［時間B］の比較が行なわれています。先ほどと同じく，［無視］・［B1VSB2］・［B3VSB2］と，3行にわたって比較の結果が表示されています。［無視］の行は無視し，その下の［B1VSB2］の行では，［F］が［9.58333］，［Sig. of F］が［.009］となっています。同様に，［B3VSB2］では，［F］が［1.77163］，［Sig. of F］が［.208］と表示されています。事後比較では，［B1VSB2］の［Sig. of F］の［.009］と，［B3VSB2］の［Sig. of F］の［.208］が重要になります。

最後に，［EFFECT .. MWITHIN 国籍A(1)］を見ます。ここは，［国籍A(1)］つまり［日本A1］における，［時間B］の比較が行なわれています。［無視］の行は無視し，その下の［B1VSB2］の行では，［F］が［12.19114］，［Sig. of F］が［.004］となっています。同様に，［B3VSB2］では，［F］が［.02926］，［Sig. of F］が［.867］と表示されています。事後比較では，［B1VSB2］の［Sig. of F］の［.004］と，［B3VSB2］の［Sig. of F］の［.867］が重要になります。

ここで，比較の結果をいったんまとめておきます（【図11-41】参照）。［B1VSB2］の1行がグレーの網掛けとなっていますが，これは［B2VSB1］と順序が反対になっているだけで，同じ比較であることを示しています★55。

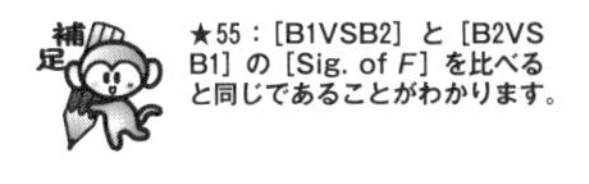
★55：［B1VSB2］と［B2VSB1］の［Sig. of F］を比べると同じであることがわかります。

【図11-41】

具体的な比較	シンタックスでの組み合わせの名前	Sig. of F		
		日本A1	米国A2	中国A3
[昼B2] vs [朝B1]	B2vsB1	0.004	0.009	0.000
[夜B3] vs [朝B1]	B3vsB1	0.026	0.003	0.028
[朝B1] vs [昼B2]	B1vsB2	0.004	0.009	0.000
[夜B3] vs [昼B2]	B3vsB2	0.867	0.208	0.000

先ほども述べたように，ここまでの比較は事前比較とよばれる比較です。事後比較を行なう場合は，修正式を用いて計算する必要があります。本書では，［ボンフェローニ（Bonferroni）の方法］を用いて事後比較を行ないます★56。

★56：修正は［Bonferroni］の他に，［Tukey］・［LSD］・［Duncan］・［Dunnett］・［Scheffé］・［Šidák-Bonferroni］など何種類もあります。

ボンフェローニの方法は，比較の数（一まとめにして族★57［family; familywise］とよびます）が比較的少ない場合に，有効であると言われています。また，この方法はタイプⅠエラー（第6章・第1節参照）が生じる率を調整することができます。

★57：例えば，要因の水準が［4］である場合，比較可能な水準の組み合わせは［6］ですが，それを一まとめにして［族］と呼びます。

ボンフェローニの方法を用いる場合は，次の不等式★58が成立します。なお，式中の［α_F］は族のタイプⅠエラー率を，［α］は比較ごとのエラー率を，［c］は比較の総数を，それぞれ表わしており，通常［α_F］は5％水準となる［0.05］が用いられるようです。

★58：［ボンフェローニの不等式］といいます。

$$\alpha_F < c \times \alpha$$

この不等式を使用するためには，下の式を参照します。

$$\alpha = \frac{\alpha_F}{c}$$

★59：水準数が［4］のとき可能な比較数は［c=6］，水準数が［5］のときは［c=10］，水準数が［6］のときは［c=15］になります。

本章の例では［α_F=0.05］と設定し，比較の総数［c］は3水準であるがゆえに［c=3］となります[★59]。これらの値を上の式に代入すると，［α=0.0167］が得られます。この［α値］と，シンタックスを使用した比較から得られた［Sig. of F］の値（【図11-41】参照）を比べて，その比較に有意差が存在するかどうかを判断し，

- ［Sig. of F<α］ならばその比較における差は有意である
- ［Sig. of F>α］ならばその比較における差は有意ではない

と結論できます。

例えば，【図11-41】を見ると，［日本A1］における［B2VSB1］では，［Sig. of F］が［0.004］となっています。［α_F=0.05］，［c=3］と設定して［α］値を算出すると，先ほどと同じですから，［α=0.0167］が得られます。ここで，［α］と［Sig. of F］の関係は，

$$[\text{Sig. of } F=0.004] < [\alpha=0.0167]$$

であることがわかり，［日本A1］における［昼B2］と［朝B1］の比較における差は有意となり，【図11-16】および【図11-21】から，［朝B1（217.0000）］のほうが［昼B2（109.4000）］よりも平均得点が有意に高いと結論できます。参考までに，他の組み合わせについても掲載しておきます（【図11-42】参照）[★60]。なお，【図11-41】においてグレーの網掛けが施されていた重複部分は削除してあります。平均値（【図11-21】参照）から判断すると，大小関係は【図11-43】のようになるでしょう。

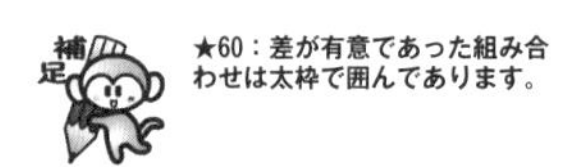

★60：差が有意であった組み合わせは太枠で囲んであります。

【図11-42】

具体的な比較	シンタックスでの組み合わせの名前	Sig. of F		
		日本A1	米国A2	中国A3
[昼B2] vs [朝B1]	B2vsB1	0.004	0.009	0.000
[夜B3] vs [朝B1]	B3vsB1	0.026	0.003	0.028
[夜B3] vs [昼B2]	B3vsB2	0.867	0.208	0.000

α = 0.0167

【図11-43】

具体的な比較	シンタックスでの組み合わせの名前	Sig. of F		
		日本A1	米国A2	中国A3
[昼B2] vs [朝B1]	B2vsB1	昼B2 < 朝B1	昼B2 < 朝B1	昼B2 < 朝B1
[夜B3] vs [朝B1]	B3vsB1	0.026	夜B3 < 朝B1	0.028
[夜B3] vs [昼B2]	B3vsB2	0.867	0.208	夜B3 > 昼B2

α = 0.0167

(2) 対応なし要因の多重比較（シンタックス使用）

前項と同様に，シンタックスを用いて［対応あり］要因（つまり［時間B］要因）の各水準（つまり［朝B1］・［昼B2］・［夜B3］）における，［対応なし］要因（つまり［国籍A］要因）の多重比較を行ないます。［対応あり］要因の多重比較と異なって，［対応なし］要因の多重比較はシンタックスを使わなくても可能ですが[★61]（次項参照），

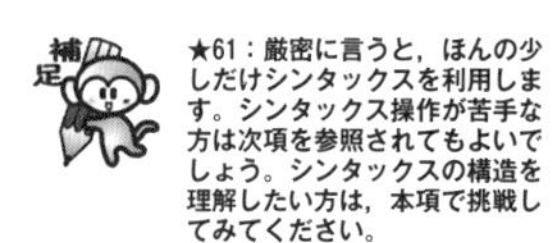

★61：厳密に言うと，ほんの少しだけシンタックスを利用します。シンタックス操作が苦手な方は次項を参照されてもよいでしょう。シンタックスの構造を理解したい方は，本項で挑戦してみてください。

シンタックスを使用する方法を先に掲載しておきます。本項の方法でも次項の方法でも，どちらでも問題ないということを書き添えておきます。

水準ごとに1つずつ比較を行なってもよいのですが，ここでは［日本A1］・［米国A2］・［中国A3］の3水準すべての組み合わせに対して，同時に多重比較を行ないます★62。

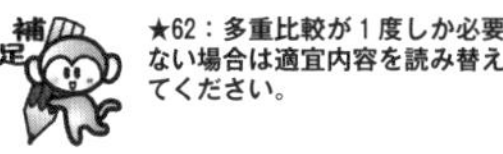

★62：多重比較が1度しか必要ない場合は適宜内容を読み替えてください。

データ・エディタのメニューから，［ファイル］→［新規作成］→［シンタックス］を順にクリックし，シンタックス・エディタを新規に起動します。入力するシンタックスは【図11-44】のとおりで，シンタックス・エディタに入力すると，【図11-45】になります★63。また，シンタックスに関する解説も掲載しておきます。

★63：シンタックス・エディタでは［MANOVA］コマンドと［/WSDESIGN］サブコマンドがエラーを示す赤色で表示されますが，問題なく実行できます。［/WSDESIGN］サブコマンドに続くイコール［=］を削除すれば赤色表示は解消されます。SPSS公式マニュアルを参照しても，［=］をつけてあったりつけてなかったりで，統一されていません。

【図11-44】

```
MANOVA 朝B1 昼B2 夜B3 BY 国籍A(1,3)
 /WSFACTORS = 時間B(3)
 /PRINT = SIGNIF(AVONLY)
 /WSDESIGN = MWITHIN 時間B(1), MWITHIN 時間B(2), MWITHIN 時間B(3)
 /ERROR = WITHIN
 /CONTRAST(国籍A) = SIMPLE(1)
 /DESIGN = 国籍A(1), 国籍A(2)
 /CONTRAST(国籍A) = SIMPLE(2)
 /DESIGN = 国籍A(1), 国籍A(2).
```

【図11-45】

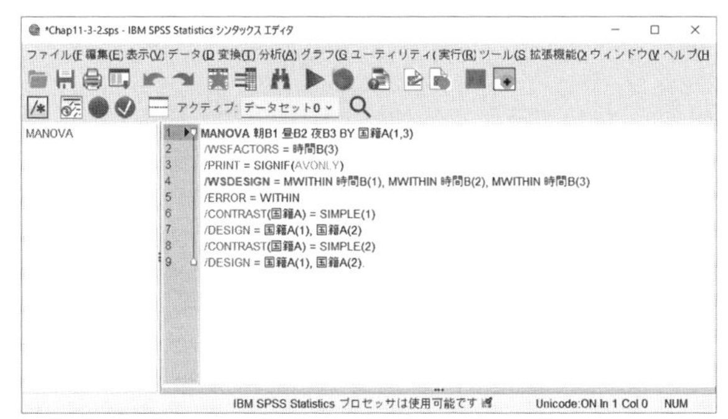

❖1行目

MANOVA　朝B1　昼B2　夜B3　BY　国籍A（1，3）

［MANOVA］コマンドを使って分析することを宣言します。詳しくは第2節を参照してください。

❖2行目

/WSFACTORS ＝ 時間B（3）

［/WSFACTORS］サブコマンドを使って，1行目の［MANOVA］コマンドで指定した［対応あり］要因を，［時間B］という名前で定義しています。また，カッコの中の数字は，［対応あり］要因における水準数を指定しています。この例では，［朝B1］・［昼B2］・［夜B3］の3水準ですので，［3］となるわけです。

❖3行目

/PRINT ＝ SIGNIF（AVONLY）

［/PRINT］サブコマンドを使って，不要な出力が表示されないようにします。このサブコマンドは，見やすさのために記述しているので，特につけなければならないというわけではありません。

❖4行目

/WSDESIGN ＝ MWITHIN 時間B（1），MWITHIN 時間B（2），MWITHIN 時間B（3）

［/WSDESIGN］サブコマンドを使って，多重比較を行なう箇所を指示しています。［MWITHIN］キーワードの後に，［時間B（1）］・［時間B（2）］・［時間B（3）］をカンマで区切って列挙して，これら各水準における［国籍A］の比較を行なうように命令しています。

❖5行目

/ERROR ＝ WITHIN

［/ERROR］サブコマンドを使った，自由度の設定に関する記述です。ここではつけておきましょう。

❖6行目

/CONTRAST（国籍A）＝ SIMPLE（1）

［/CONTRAST］サブコマンドを使用して，比較を行なうことを宣言します。サブコマンドの直後にカッコを記述し，その中に比較したい［対応なし］要因名を入力します。そして，［＝］でつないで［SIMPLE］キーワードを使い，［SIMPLE（1）］と記述します★64。

★64：［/CONTRAST］サブコマンドではラベルづけを行なう［/RENAME］サブコマンドが使えませんので，結果は少々見にくくなります。

［SIMPLE（1）］は，水準を比較するための参照番号のようなものです。例えば，この例では［対応なし］要因の水準は順に［日本A1］・［米国A2］・［中国A3］ですので，［SIMPLE（1）］は1つ目の水準を基準にして他の水準と比較せよ，という意味です。つまり，1つ目の比較は，第2水準である［米国A2］と第1水準である［日本A1］との比較，2つ目の比較は第3水準である［中国A3］と第1水準である［日本A1］との比較ということになります★65。

★65：［/TRANSFORM］サブコマンドのときのように，無視する比較の組み合わせは発生しません。

理解のために，［/CONTRAST］サブコマンドで使用される，［SIMPLE］キーワードの比較の概念図★66を掲載します（【図11-46】参照）。網掛けになっている部分は，重複した比較を意味します。

★66：あくまでも［/CONTRAST］サブコマンドと［SIMPLE］キーワードとの組み合わせにおけるものです。［/TRANSFORM］サブコマンドと［SIMPLE］キーワードを使用した場合は異なります。

❖7行目

/DESIGN ＝ 国籍A（1），国籍A（2）

6行目で，どの比較を行なうかを指定しましたが★67，それを受けて，この行では［/DESIGN］サブコマンドを使用し，［米国A2 vs. 日本A1］が［国籍A（1）］と，［中国A3 vs. 日本A1］が［国籍A（2）］と対応することを指定します。

★67：今回は［米国A2 vs. 日本A1］，［中国A3 vs. 日本A1］の2つです。

【図 11-46】

	水準		
	1, 2, 3	1, 2, 3, 4	1, 2, 3, 4, 5
SIMPLE(1)	2 v.s 1	2 v.s 1	2 v.s 1
	3 v.s 1	3 v.s 1	3 v.s 1
	–	4 v.s 1	4 v.s 1
	–	–	5 v.s 1
SIMPLE(2)	1 v.s 2	1 v.s 2	1 v.s 2
	3 v.s 2	3 v.s 2	3 v.s 2
	–	4 v.s 2	4 v.s 2
	–	–	5 v.s 2
SIMPLE(3)	–	1 v.s 3	1 v.s 3
	–	2 v.s 3	2 v.s 3
	–	4 v.s 3	4 v.s 3
	–	–	5 v.s 3
SIMPLE(4)	–	–	1 v.s 4
	–	–	2 v.s 4
	–	–	3 v.s 4
	–	–	5 v.s 4

❖8，9行目
/CONTRAST(国籍A) = SIMPLE(2)
/DESIGN = 国籍A(1)，国籍A(2).

この2行は，6，7行目とほぼ同じ方法で記述します。違うのは，8行目の[SIMPLE(2)]というカッコ内の数字です。8行目では，[/CONTRAST]サブコマンドを使用して比較を行なうことを宣言しますが，[SIMPLE]キーワードによる参照番号は[2]となり，[SIMPLE(2)]と書きます。例えば，[対応なし]要因の水準は順に[日本A1]・[米国A2]・[中国A3]ですので，[SIMPLE(2)]は第2水準を基準にして他の水準と比較せよ，という意味です。つまり，第1水準である[日本A1]と第2水準である[米国A2]との比較，第3水準である[中国A3]と第2水準である[米国A2]との比較です（【図 11-46】参照）。

続く9行目では，7行目と同様に[/DESIGN]サブコマンドを使って，[日本A1 vs. 米国A2]が[国籍A(1)]と，[中国A3 vs. 米国A2]が[国籍A(2)]と対応することを指定します★68。

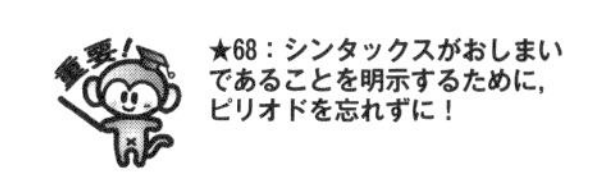

★68：シンタックスがおしまいであることを明示するために，ピリオドを忘れずに！

シンタックス・エディタのメニューから，[実行]→[すべて]を順にクリックすると分析が始まります（【図 11-47】参照）。

【図 11-47】

すると，ビューアに結果が表示されます（【図 11-48】参照）。

【図 11-48】

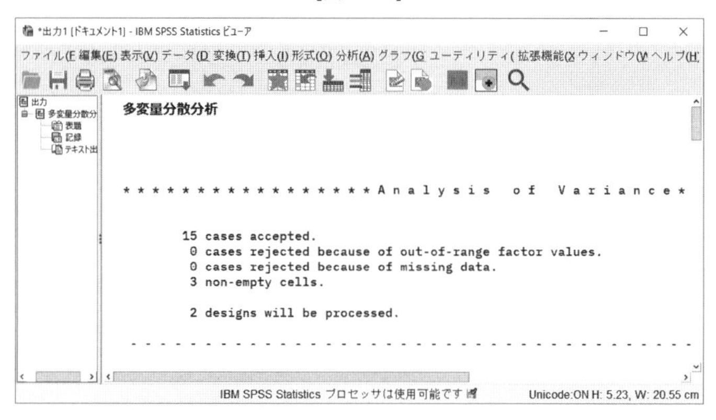

分析結果のタイトルが［多変量分散分析］となっていますが，［多重比較］と読み替えてください★69。［多変量分散分析］の少し下に［****Analysis of Variance****］と表示されていて，［MANOVA］コマンドによる分析の要約が掲載されています。その下に，［****Analysis of Variance -- design 1****］と表示されているブロックが3つ続きます。この［design 1］が［SIMPLE（1）］と対応していて，［時間B］要因の各水準である，［朝B1］・［昼B2］・［夜B3］それぞれにおける，［米国A2 vs. 日本A1］・［中国A3 vs. 日本A1］の比較を行なうわけです。

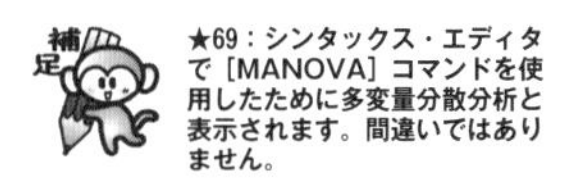
★69：シンタックス・エディタで［MANOVA］コマンドを使用したために多変量分散分析と表示されます。間違いではありません。

まず，［Tests involving ‘MWITHIN 時間B（1）’ Within-Subject Effect.］という表示があり，［時間B（1）］つまり［朝B1］における，［国籍A］の比較が行なわれています（【図 11-49】参照）。そこから5行下に［国籍A（1） BY MWITHIN 時間B（1）］，さらにその下に［国籍A（2） BY MWITHIN 時間B（1）］と表示されています。はじめの［国籍A（1） BY MWITHIN 時間B（1）］は，［朝B1］における［米国A2］と［日本A1］との比較を表わしていて，［*F*］が［8.02］，［Sig. of *F*］が［.015］となっています。次の［国籍A（2） BY MWITHIN 時間B（1）］は，［朝B1］における［中国A3］と［日本A1］との比較を表わしていて，［*F*］が［1.38］，［Sig. of *F*］が［.263］となっています。事後比較では，これら2つの［Sig. of *F*］値が重要になります。

【図 11-49】

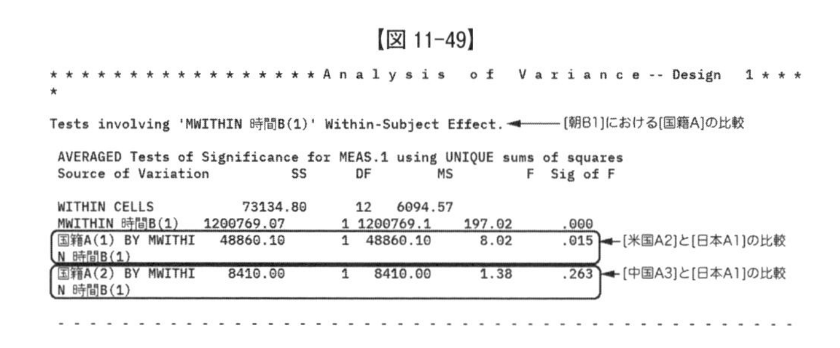
```
* * * * * * * * * * * * * * * * * A n a l y s i s   o f   V a r i a n c e -- Design   1 * * *
*

Tests involving 'MWITHIN 時間B(1)' Within-Subject Effect.

 AVERAGED Tests of Significance for MEAS.1 using UNIQUE sums of squares
 Source of Variation          SS      DF        MS         F  Sig of F

 WITHIN CELLS           73134.80      12   6094.57
 MWITHIN 時間B(1)     1200769.07       1 1200769.1    197.02      .000
 国籍A(1) BY MWITHI     48860.10       1  48860.10      8.02      .015
 N 時間B(1)
 国籍A(2) BY MWITHI      8410.00       1   8410.00      1.38      .263
 N 時間B(1)
 - - - - - - - - - - - - - - - - - - - - - - - - - - - - - - - - - - - - - - - - -
```


その下に，［Tests involving ‘MWITHIN 時間B（2）’ Within-Subject Effect.］という表示があり，［時間B（2）］つまり［昼B2］における，［国籍A］の比較が行なわれています（【図11-50】参照）。先ほどと同じく，その下に［国籍A（1） BY MWITHIN

時間B（2）］，さらにその下に［国籍A（2）BY MWITHIN 時間B（2）］と表示されています。はじめの［国籍A（1）BY MWITHIN 時間B（2）］は，［昼B2］における［米国A2］と［日本A1］との比較を表わしていて，［*F*］が［19.70］，［Sig. of *F*］が［.001］となっています。次の［国籍A（2）BY MWITHIN 時間B（2）］は，［昼B2］における［中国A3］と［日本A1］との比較を表わしていて，［*F*］が［.03］，［Sig. of *F*］が［.859］となっています。事後比較では，これら2つの［Sig. of *F*］値が重要になります。

【図11-50】

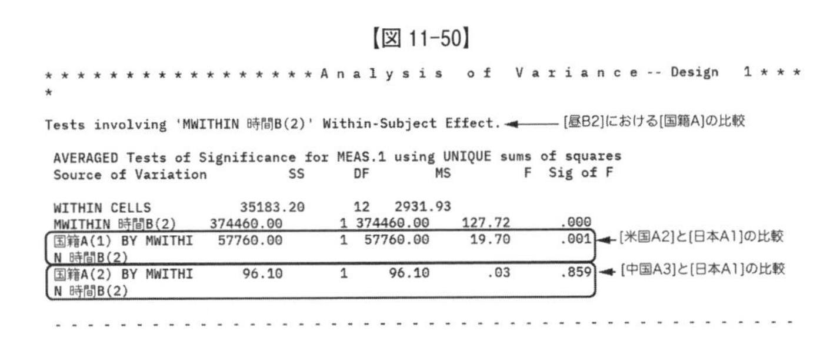
```
* * * * * * * * * * * * * * * * * * A n a l y s i s   o f   V a r i a n c e -- Design  1 * * * *

Tests involving 'MWITHIN 時間B(2)' Within-Subject Effect.

 AVERAGED Tests of Significance for MEAS.1 using UNIQUE sums of squares
 Source of Variation          SS      DF       MS        F  Sig of F

 WITHIN CELLS           35183.20      12  2931.93
 MWITHIN 時間B(2)      374460.00       1 374460.00  127.72     .000
 国籍A(1) BY MWITHI     57760.00       1 57760.00    19.70     .001
 N 時間B(2)
 国籍A(2) BY MWITHI        96.10       1    96.10      .03     .859
 N 時間B(2)
 - - - - - - - - - - - - - - - - - - - - - - - - - - - - - - - - - - - - - - - -
```


続いて，［Tests involving ‘MWITHIN 時間B（3）’ Within-Subject Effect.］という表示があり，［時間B（3）］つまり［夜B3］における，［国籍A］の比較が行なわれています（【図11-51】参照）。その下に［国籍A（1）BY MWITHIN 時間B（3）］，さらにその下に［国籍A（2）BY MWITHIN 時間B（3）］と表示されています。はじめの［国籍A（1）BY MWITHIN 時間B（3）］は，［夜B3］における［米国A2］と［日本A1］との比較を表わしていて，［*F*］が［3.18］，［Sig. of *F*］が［.100］となっています。次の［国籍A（2）BY MWITHIN 時間B（3）］は，［夜B3］における［中国A3］と［日本A1］との比較を表わしていて，［*F*］が［23.11］，［Sig. of *F*］が［.000］となっています。事後比較では，これら2つの［Sig. of *F*］値が重要になります。

【図11-51】

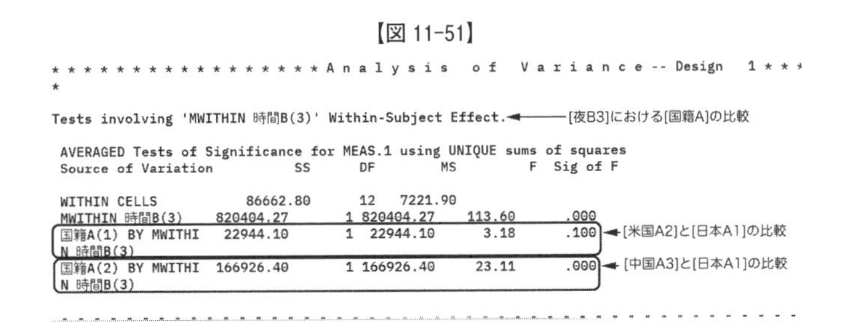
```
* * * * * * * * * * * * * * * * * * A n a l y s i s   o f   V a r i a n c e -- Design  1 * * * *

Tests involving 'MWITHIN 時間B(3)' Within-Subject Effect.

 AVERAGED Tests of Significance for MEAS.1 using UNIQUE sums of squares
 Source of Variation          SS      DF       MS        F  Sig of F

 WITHIN CELLS           86662.80      12  7221.90
 MWITHIN 時間B(3)      820404.27       1 820404.27  113.60     .000
 国籍A(1) BY MWITHI     22944.10       1 22944.10     3.18     .100
 N 時間B(3)
 国籍A(2) BY MWITHI    166926.40       1 166926.40   23.11     .000
 N 時間B(3)
 - - - - - - - - - - - - - - - - - - - - - - - - - - - - - - - - - - - - - - - -
```


さらに下には，［****Analysis of Variance -- design 2****］と表示されているブロックが3つ続きます。この［design 2］が［SIMPLE（2）］と対応していて，［時間B］要因の各水準である，［朝B1］・［昼B2］・［夜B3］それぞれにおける，［日本A1 vs. 米国A2］・［中国A3 vs. 米国A2］の比較を行なうわけです。

まず，［Tests involving ‘MWITHIN 時間B（1）’ Within-Subject Effect.］という表示があり，［時間B（1）］つまり［朝B1］における，［国籍A］の比較が行なわれています（【図11-52】参照）。そこから5行下に［国籍A（1）BY MWITHIN 時間B（1）］，

さらにその下に［国籍A（2）BY MWITHIN 時間B（1）］と表示されています。はじめの［国籍A（1）BY MWITHIN 時間B（1）］は，［朝B1］における［日本A1］と［米国A2］との比較を表わしていて，［*F*］が［8.02］，［Sig. of *F*］が［.015］となっています。次の［国籍A（2）BY MWITHIN 時間B（1）］は，［朝B1］における［中国A3］と［米国A2］との比較を表わしていて，［*F*］が［2.74］，［Sig. of *F*］が［.123］となっています。事後比較では，この2つの［Sig. of *F*］値が重要になります。

【図 11-52】

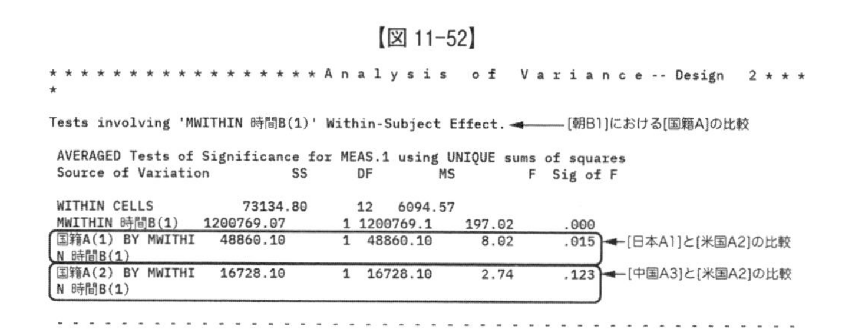

```
* * * * * * * * * * * * * * * * * * Analysis of Variance -- Design 2 * * *
*
Tests involving 'MWITHIN 時間B(1)' Within-Subject Effect.
```

Source of Variation	SS	DF	MS	F	Sig of F
WITHIN CELLS	73134.80	12	6094.57		
MWITHIN 時間B(1)	1200769.07	1	1200769.1	197.02	.000
国籍A(1) BY MWITHIN 時間B(1)	48860.10	1	48860.10	8.02	.015
国籍A(2) BY MWITHIN 時間B(1)	16728.10	1	16728.10	2.74	.123

点線で結果出力が区切られた下に，［Tests involving ‘MWITHIN 時間B（2）’ Within-Subject Effect.］という表示があり，［時間B（2）］つまり［昼B2］における，［国籍A］の比較が行なわれています（【図 11-53】参照）。先ほどと同じく，その下に［国籍A（1）BY MWITHIN 時間B（2）］，さらにその下に［国籍A（2）BY MWITHIN 時間B（2）］と表示されています。はじめの［国籍A（1）BY MWITHIN 時間B（2）］は，［昼B2］における［日本A1］と［米国A2］との比較を表わしていて，［*F*］が［19.70］，［Sig. of *F*］が［.001］となっています。次の［国籍A（2）BY MWITHIN 時間B（2）］は，［昼B2］における［中国A3］と［米国A2］との比較を表わしていて，［*F*］が［21.34］，［Sig. of *F*］が［.001］となっています。事後比較では，この2つの［Sig. of *F*］値が重要になります。

【図 11-53】

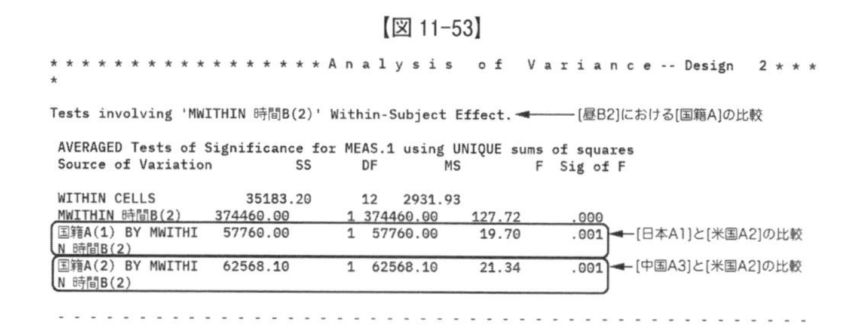

```
* * * * * * * * * * * * * * * * * * Analysis of Variance -- Design 2 * * *
*
Tests involving 'MWITHIN 時間B(2)' Within-Subject Effect.
```

Source of Variation	SS	DF	MS	F	Sig of F
WITHIN CELLS	35183.20	12	2931.93		
MWITHIN 時間B(2)	374460.00	1	374460.00	127.72	.000
国籍A(1) BY MWITHIN 時間B(2)	57760.00	1	57760.00	19.70	.001
国籍A(2) BY MWITHIN 時間B(2)	62568.10	1	62568.10	21.34	.001

最後に，［Tests involving ‘MWITHIN 時間B（3）’ Within-Subject Effect.］という表示があり，［時間B（3）］つまり［夜B3］における，［国籍A］の比較が行なわれています（【図 11-54】参照）。その下に［国籍A（1）BY MWITHIN 時間B（3）］，さらにその下に［国籍A（2）BY MWITHIN 時間B（3）］と表示されています。はじめの［国籍A（1）BY MWITHIN 時間B（3）］は，［夜B3］における［日本A1］と［米国A2］との比較を表わしていて，［*F*］が［3.18］，［Sig. of *F*］が［.100］となっています。次の［国籍A（2）BY MWITHIN 時間B（3）］は，［夜B3］における［中国A3］と［米国A2］との比較を表わしていて，［*F*］が［9.15］，［Sig. of *F*］が［.011］となっています。事後比較では，この2つの［Sig. of *F*］値が重要になります。

【図 11-54】

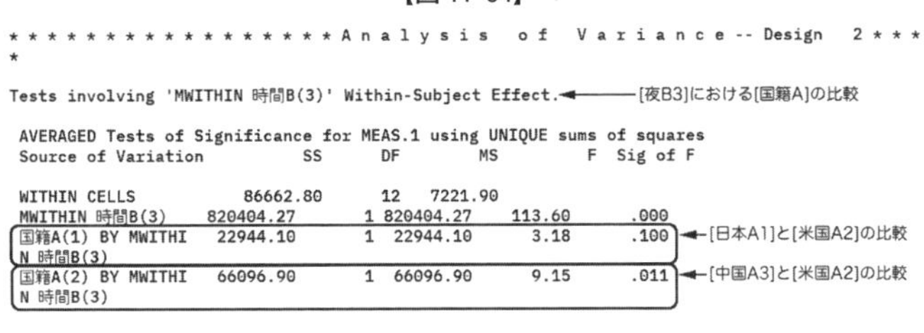

```
*****************Analysis of Variance -- Design 2***
*

Tests involving 'MWITHIN 時間B(3)' Within-Subject Effect.◄――[夜B3]における[国籍A]の比較

 AVERAGED Tests of Significance for MEAS.1 using UNIQUE sums of squares
 Source of Variation          SS       DF        MS         F  Sig of F

 WITHIN CELLS           86662.80       12   7221.90
 MWITHIN 時間B(3)      820404.27        1 820404.27    113.60      .000
 国籍A(1) BY MWITHI     22944.10        1  22944.10      3.18      .100 ◄―[日本A1]と[米国A2]の比較
 N 時間B(3)
 国籍A(2) BY MWITHI     66096.90        1  66096.90      9.15      .011 ◄―[中国A3]と[米国A2]の比較
 N 時間B(3)
- - - - - - - - - - - - - - - - - - - - - - - - - - - - - - - - - - - - - - - -
```

ここで，比較の結果をまとめておきます（【図 11-55】参照）★70。

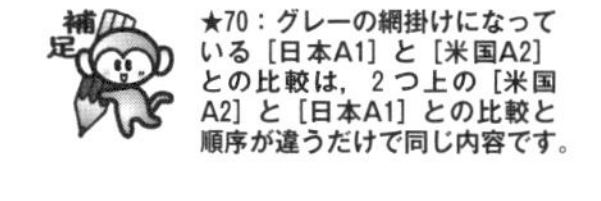

★70：グレーの網掛けになっている［日本A1］と［米国A2］との比較は，2つ上の［米国A2］と［日本A1］との比較と順序が違うだけで同じ内容です。

【図 11-55】

具体的な比較	Sig. of F		
	朝B1	昼B2	夜B3
[米国A2] vs [日本A1]	0.015	0.001	0.100
[中国A3] vs [日本A1]	0.263	0.859	0.000
[日本A1] vs [米国A2]	0.015	0.001	0.100
[中国A3] vs [米国A2]	0.123	0.001	0.011

前項でも述べたように，ここまでの比較は事前比較です。事後比較を行なう場合は，修正式を用いて計算する必要があり，本書ではボンフェローニの方法を用います。

ボンフェローニの方法を用いるには，次の式を参照します。式中の［α_F］は族のタイプⅠエラー率を，［α］は比較ごとのエラー率を，［c］は比較の総数を，それぞれ表わしており，通常［α_F］は5％水準となる［0.05］が用いられます。

$$\alpha = \frac{\alpha_F}{c}$$

本章の例では［$\alpha_F=0.05$］と設定し，比較の数［c］は3水準であるがゆえに［$c=3$］となります。これらの値を上の式に代入すると，［$\alpha=0.0167$］が得られます。この［α 値］と，シンタックスを使用した比較から得られた［Sig. of F］値（【図 11-55】参照）を比べて，その比較に有意差が存在するかどうかを判断し，

- ［Sig. of $F<\alpha$］ならばその比較における差は有意である
- ［Sig. of $F>\alpha$］ならばその比較における差は有意ではない

と結論します。

例えば，【図 11-55】を見ると，［朝B1］における［米国A2］と［日本A1］との比較では，［Sig. of F］が［0.015］となっています。ここで，［Sig. of F］と［α］の関係は，

$$[\text{Sig. of } F=0.015] < [\alpha=0.0167]$$

であることがわかり，［朝B1］における［米国A2］と［日本A1］との比較における差は有意となり，【図 11-16】および【図 11-21】から，［米国A2（356.8000）］のほうが［日本A1（217.0000）］よりも，平均得点が有意に高いと結論できます。参考までに，他の組み合わせについても掲載しておきます（【図 11-56】参照）★71。なお，【図 11-

★71：差が有意であった比較は太枠で囲んであります。

55】においてグレーの網掛けが施されていた重複部分は，削除してあります。また，平均値（【図11-21】参照）から判断すると，大小関係は次のようになるでしょう（【図11-57】参照）。

【図11-56】

具体的な比較	Sig. of F		
	朝B1	昼B2	夜B3
[米国A2] vs [日本A1]	0.015	0.001	0.100
[中国A3] vs [日本A1]	0.263	0.859	0.000
[中国A3] vs [米国A2]	0.123	0.001	0.011

α = 0.0167

【図11-57】

具体的な比較	Sig. of F		
	朝B1	昼B2	夜B3
[米国A2] vs [日本A1]	米国A2 > 日本A1	米国A2 > 日本A1	0.100
[中国A3] vs [日本A1]	0.263	0.859	中国A3 > 日本A1
[中国A3] vs [米国A2]	0.123	中国A3 > 米国A2	中国A3 < 米国A2

α = 0.0167

(3) 対応なし要因の多重比較（マウス操作使用）

［対応あり］要因の各水準（つまり［朝B1］・［昼B2］・［夜B3］）における，［対応なし］要因（つまり［国籍A］要因）の水準間の多重比較の実行は，前項のように必ずしもすべてシンタックスで行なう必要はなく，従来どおりのマウス操作とほんの少しのシンタックス操作を行なうだけでできます★72。

★72：本項における多重比較の方法もボンフェローニの方法です。【図11-66】の最終行を見ると，［多重比較の調整：Bonferroni］と表示されています。

［対応なし］要因，［対応あり］要因の指定や，水準の指定といった操作は，【図11-4】から【図11-8】までと同じです。ここから，多重比較のための操作を行なうわけですが，ウィンドウ右側の［EM平均］ボタンをクリックします（【図11-58】参照）。

【図11-58】

すると，次のウィンドウが出現します（【図11-59】参照）★73。

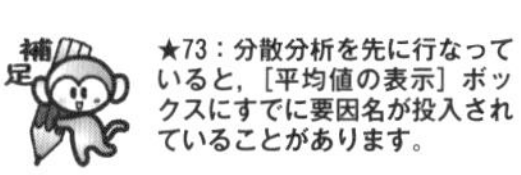

★73：分散分析を先に行なっていると，［平均値の表示］ボックスにすでに要因名が投入されていることがあります。

【図 11-59】

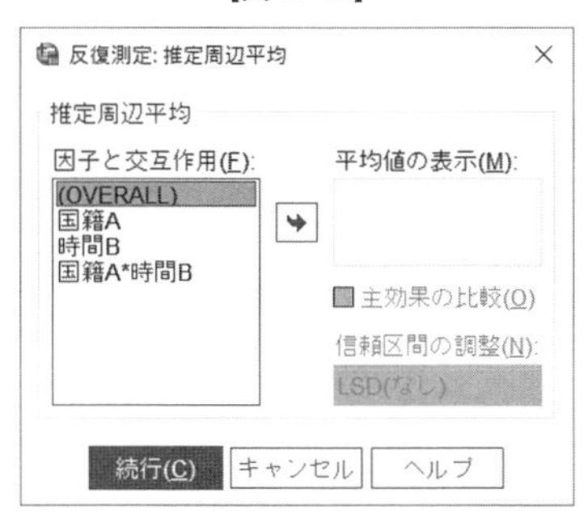

ウィンドウ左にある［因子と交互作用］ボックスから［国籍A*時間B］をクリックして選択し，ウィンドウ右側の［平均値の表示］ボックスに投入します。そして，［続行］ボタンをクリックします（【図 11-60】参照）。

【図 11-60】

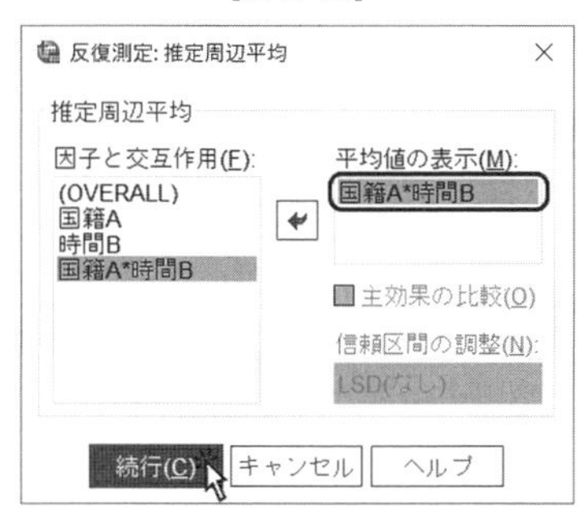

【図 11-58】に戻るので，ここでウィンドウ下側の［貼り付け］ボタンをクリックします（【図 11-61】参照）。

【図 11-61】

すると，下のシンタックス・エディタが出現します（【図 11-62】参照）。

【図 11-62】

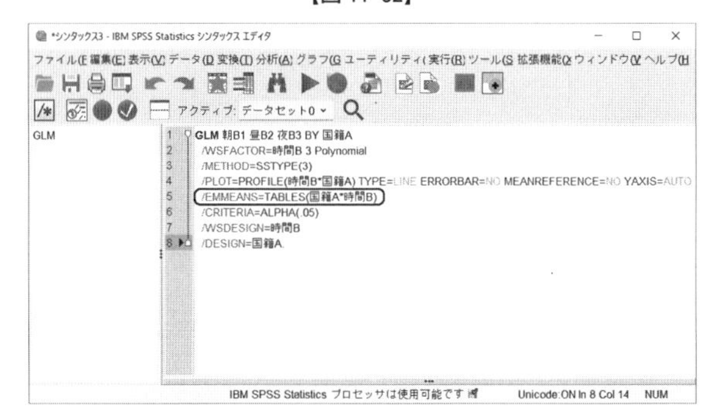

シンタックス中の5行目は，

/EMMEANS ＝ TABLES(国籍A*時間B)

★74：もしも他の設定を行なっていると，複数の［/EMMEANS］サブコマンドが自動的に記述されますが，［TABLES］キーワードのカッコの中が（国籍A*時間B）という交互作用の形式になっているものだけに注目し，変更を加えてください。

となっていますが，この行を以下に変更します★74。

/EMMEANS ＝ TABLES(国籍A*時間B) COMPARE(国籍A) ADJ(BONFERRONI)

補足

★75：［ADJ］とは［ADJUSTMENT］の省略形で，［調整］を意味します。ちなみに，(BONFERRONI)を(BON)と略記することもできます。

この行は，［COMPARE(国籍A)］キーワードで［国籍A］要因の比較を指示し，その際，［ADJ(BONFERRONI)］キーワード★75でボンフェローニの方法を用いるように指示しています。

そして，最終的なシンタックスは，次のようになります（【図 11-63】参照）。

【図 11-63】

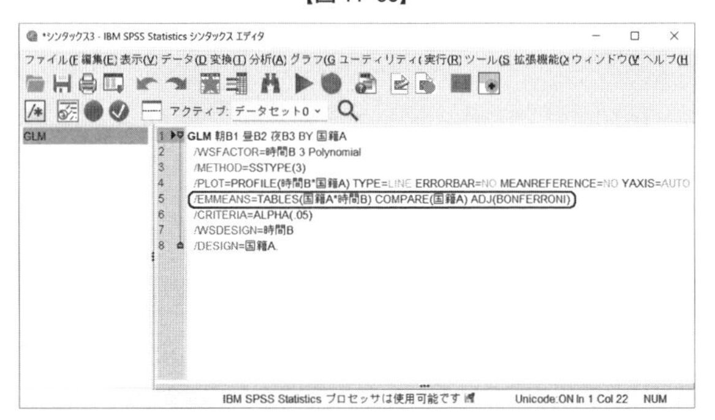

シンタックスを実行するために，［実行］→［すべて］を順にクリックします（【図 11-64】参照）。

【図 11-64】

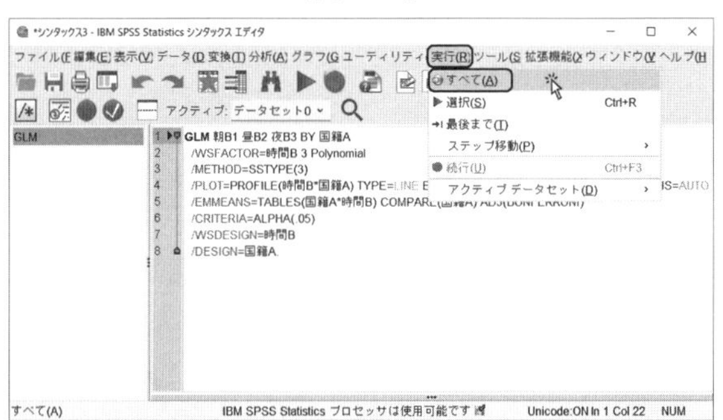

【図 11-65】

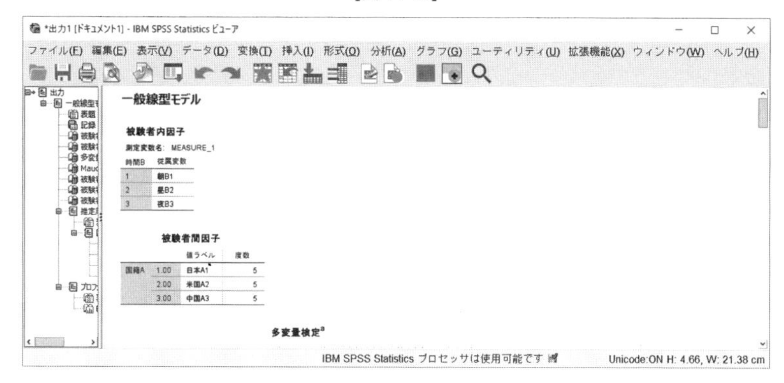

【図 11-66】

ペアごとの比較

測定変数名:　MEASURE_1

時間B	(I) 国籍A	(J) 国籍A	平均値の差 (I-J)	標準誤差	有意確率b	95% 平均差信頼区間b 下限	上限
1	日本A1	米国A2	-139.800*	49.374	.045	-277.035	-2.565
		中国A3	-58.000	49.374	.789	-195.235	79.235
	米国A2	日本A1	139.800*	49.374	.045	2.565	277.035
		中国A3	81.800	49.374	.370	-55.435	219.035
	中国A3	日本A1	58.000	49.374	.789	-79.235	195.235
		米国A2	-81.800	49.374	.370	-219.035	55.435
2	日本A1	米国A2	-152.000*	34.246	.002	-247.185	-56.815
		中国A3	6.200	34.246	1.000	-88.985	101.385
	米国A2	日本A1	152.000*	34.246	.002	56.815	247.185
		中国A3	158.200*	34.246	.002	63.015	253.385
	中国A3	日本A1	-6.200	34.246	1.000	-101.385	88.985
		米国A2	-158.200*	34.246	.002	-253.385	-63.015
3	日本A1	米国A2	-95.800	53.747	.300	-245.189	53.589
		中国A3	-258.400*	53.747	.001	-407.789	-109.011
	米国A2	日本A1	95.800	53.747	.300	-53.589	245.189
		中国A3	-162.600*	53.747	.032	-311.989	-13.211
	中国A3	日本A1	258.400*	53.747	.001	109.011	407.789
		米国A2	162.600*	53.747	.032	13.211	311.989

推定周辺平均に基づいた
*. 平均値の差は .05 水準で有意です。
b. 多重比較の調整: Bonferroni。

シンタックスが実行され，ビューアに分析結果が出力されます（【図 11-65】参照）。

多くの分析結果が出力されますが，［時間B］要因の各水準における，［国籍A］要因の水準間の多重比較は，最後のほうに出力されています。［ペアごとの比較］というタイトルがついているところが，それに当たります（【図 11-66】参照）。

例えば，1行目には［時間B］の第1水準，つまり［朝B1］における，［日本A1］と［米国A2］の比較が掲載されていて，［平均値の差（I-J）］では［−139.800］となっていて，アスタリスク［*］がついていることと，［有意確率］が［.045］と表示されていること，および［平均値の差（I-J）］の符号はマイナスであることから，［米国A2（356.80）］のほうが［日本A1（217.00）］よりも平均値が有意に大きいことがわかります★76。他の組み合わせについても，同じ見方で平均値の大小関係がわかります。

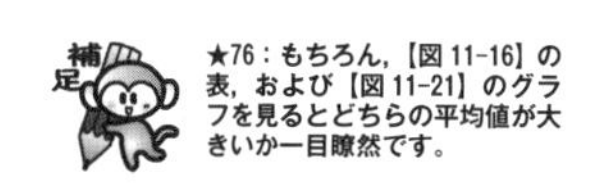

★76：もちろん，【図 11-16】の表，および【図 11-21】のグラフを見るとどちらの平均値が大きいか一目瞭然です。

第4節　主効果が有意であった場合の多重比較

本節では交互作用が有意ではなく，要因の主効果のみが有意であった場合の多重比較について解説します。

この場合の多重比較は，マウス操作で実現できます。データ・エディタのメニューから，［分析］→［一般線型モデル］→［反復測定］を順にクリックし（【図 11-4】参照），設定ウィンドウを出す（【図 11-8】参照）までは第1節の方法のとおりです★77。

★77：すぐ下の［一般化線型モデル］ではありませんので，注意してください。

続いて，ウィンドウ右側に位置している［EM 平均］ボタンをクリックすると，次のウィンドウが出現します（【図 11-67】参照）★78。

★78：何度も分散分析を行なっていると，ウィンドウ右側の［平均値の表示］ボックス中にすでに要因名などが投入されていることがあります。また，すでに平均値を算出するように設定した場合には，［記述統計］にチェックが入っていることがあります。

【図 11-67】

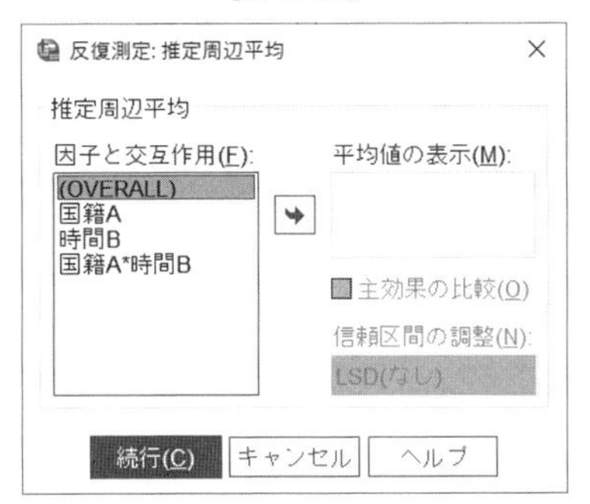

ここで，ウィンドウ左にある［因子と交互作用］ボックスから，右側の［平均値の表示］ボックスに，多重比較を行ないたい要因の［国籍A］と［時間B］を投入し，直下の［主効果の比較］にチェックを入れて，［信頼区間の調整］を［Bonferroni］にします★79。同様に，ウィンドウ下側にある［表示］の中の［記述統計］にも，チェックを入れます（【図 11-68】参照）。

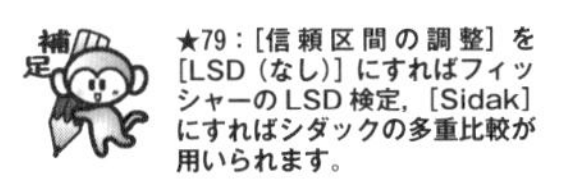

★79：［信頼区間の調整］を［LSD（なし）］にすればフィッシャーのLSD検定，［Sidak］にすればシダックの多重比較が用いられます。

【図 11-68】

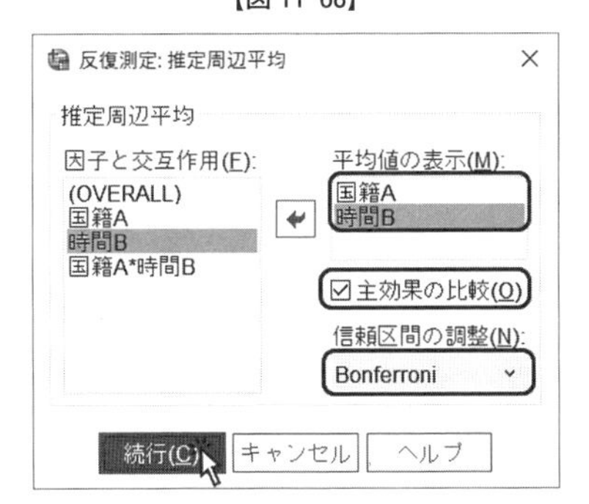

［続行］ボタンをクリックして【図 11-8】に戻り，今度は［オプション］ボタンをクリックします。すると，次のウィンドウが出現します（【図 11-69】参照）。

【図 11-69】

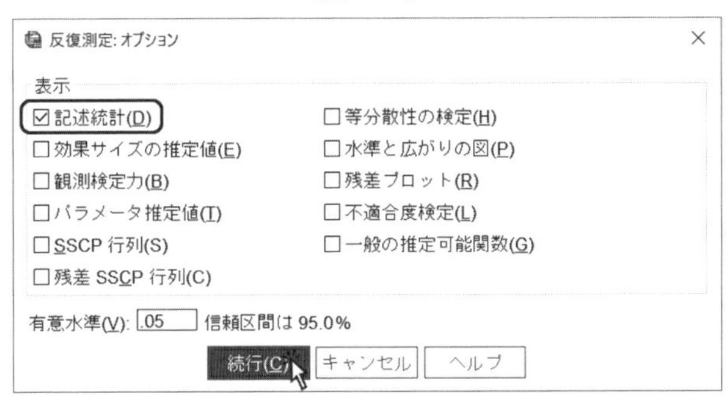

【図 11-70】

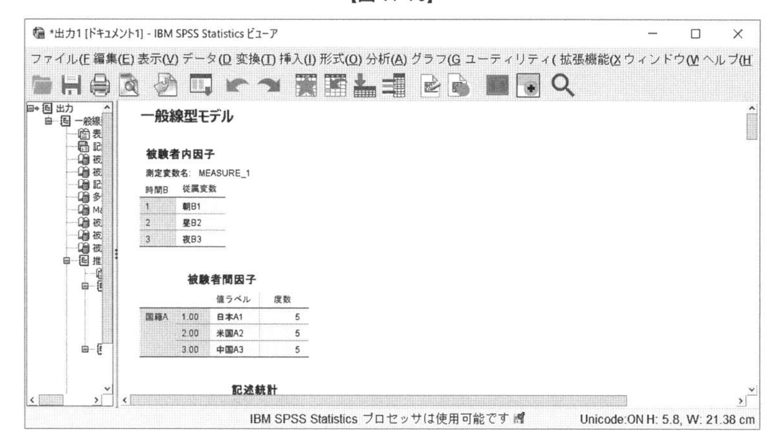

ウィンドウ左上にある［記述統計］にチェックを入れ，［続行］ボタンをクリックすると【図 11-8】に戻るので，［OK］ボタンをクリックすると分析が始まり，ビューアに結果が表示されます（【図 11-70】参照）。

結果出力の最後のほうで，［推定周辺平均］という項目があり，［1．国籍Ａ］と［2．時間Ｂ］が表示されているのがわかります★80。まず，［1．国籍Ａ］項目には［推定値］と［ペアごとの比較］があり，この出力がボンフェローニの方法による［国籍Ａ］の多重比較の結果になります（【図 11-71】参照）。

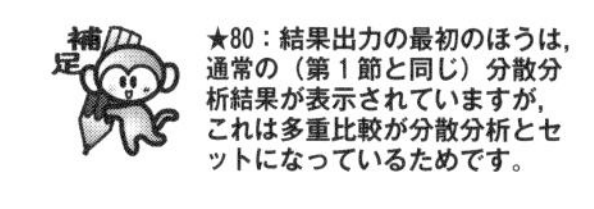

★80：結果出力の最初のほうは，通常の（第１節と同じ）分散分析結果が表示されていますが，これは多重比較が分散分析とセットになっているためです。

［推定値］は，各水準の平均値を表わしており，［ペアごとの比較］が実際の多重比較結果となります。［ペアごとの比較］の見方は，第９章・第２節と同じです。この結果表示では，左から２列目の［平均値の差（I-J）］で，アスタリスク［*］が付されている組み合わせに５％水準で有意差が存在することがわかります。例えば，１行目・２列目には，［−129.200］にアスタリスク［*］が付されています。これは，(I) であ

【図 11-71】

1. 国籍A

推定値

測定変数名: MEASURE_1

国籍A	平均値	標準誤差	95% 信頼区間 下限	95% 信頼区間 上限
日本A1	147.400	25.425	92.003	202.797
米国A2	276.600	25.425	221.203	331.997
中国A3	250.800	25.425	195.403	306.197

ペアごとの比較

測定変数名: MEASURE_1

(I) 国籍A	(J) 国籍A	平均値の差 (I-J)	標準誤差	有意確率[b]	95% 平均差信頼区間[b] 下限	95% 平均差信頼区間[b] 上限
日本A1	米国A2	-129.200*	35.957	.011	-229.140	-29.260
	中国A3	-103.400*	35.957	.042	-203.340	-3.460
米国A2	日本A1	129.200*	35.957	.011	29.260	229.140
	中国A3	25.800	35.957	1.000	-74.140	125.740
中国A3	日本A1	103.400*	35.957	.042	3.460	203.340
	米国A2	-25.800	35.957	1.000	-125.740	74.140

推定周辺平均に基づいた

*. 平均値の差は .05 水準で有意です。

b. 多重比較の調整: Bonferroni。

【図 11-72】

2. 時間B

推定値

測定変数名: MEASURE_1

時間B	平均値	標準誤差	95% 信頼区間 下限	95% 信頼区間 上限
1	282.933	20.157	239.015	326.852
2	158.000	13.981	127.538	188.462
3	233.867	21.942	186.059	281.675

ペアごとの比較

測定変数名: MEASURE_1

(I) 時間B	(J) 時間B	平均値の差 (I-J)	標準誤差	有意確率[b]	95% 平均差信頼区間[b] 下限	95% 平均差信頼区間[b] 上限
1	2	124.933*	17.792	.000	75.480	174.386
	3	49.067	22.960	.162	-14.751	112.884
2	1	-124.933*	17.792	.000	-174.386	-75.480
	3	-75.867*	21.601	.013	-135.907	-15.826
3	1	-49.067	22.960	.162	-112.884	14.751
	2	75.867*	21.601	.013	15.826	135.907

推定周辺平均に基づいた

*. 平均値の差は .05 水準で有意です。

b. 多重比較の調整: Bonferroni。

る［日本A1］と，(J) である［米国A2］との差が有意であり，その差は［−129.200］であることを示しています。また，［−129.200］の符号はマイナスであるため，［米国A2］の平均値が［日本A1］よりも大きいことがわかりますし，直上の［推定値］の項を見ると，［米国A2（276.60）］のほうが［日本A1（147.40）］よりも平均得点が大きいことがわかります。他の組み合わせにおいても，見方は同じです★81。

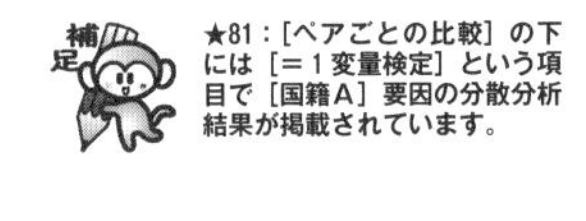

★81：［ペアごとの比較］の下には［＝1変量検定］という項目で［国籍A］要因の分散分析結果が掲載されています。

続いて，［2．時間B］項目にも［推定値］と［ペアごとの比較］があり，この出力がボンフェローニの方法による［時間B］の多重比較の結果になります（【図 11-72】参照）。

出力の見方は，先ほどと同じです。例えば，1行目・2列目には，［124.933］にアスタリスク［*］が付されています。これは，(I) である［時間B］の第1水準，つまり［朝B1］と，(J) である［時間B］の第2水準，つまり［昼B2］との差が有意であり，その差は［124.933］であることを示しています。また，［124.933］の符号はプラスであるため，［朝B1］の平均値が［昼B2］よりも大きいことがわかりますし，直上の［推定値］の項を見ると，［朝B1（282.93）］のほうが［昼B2（158.00）］よりも平

【図 11-73】

均得点が大きいことがわかります。他の組み合わせにおいても，見方は同じです★82。

★82：[ペアごとの比較] の下には [多変量検定] という項目で [時間B] 要因の分散分析結果らしいものが掲載されていますが，自由度などが異なっているように，これを結果の一部として採用することは避けたほうがよいでしょう。

第５節　補足：[対応なし] 要因の多重比較

分散分析の結果，交互作用が有意ではなく要因の主効果のみが有意であった場合には単純主効果の検定を行なわずに，主効果が有意であった要因において多重比較を行ないます。ここで，[対応あり] 要因の多重比較に関しては [Bonferroni]・[LSD]・[Sidak] の３種類しか選択できませんが，[対応なし] 要因の多重比較についてはその他の方法を使用することができます。本節では，[対応なし] 要因の多重比較において上記の３種類以外の方法で行なう場合について補足しておきます。

まず，【図 11-8】においてウィンドウ右側にある [その後の検定] ボタンをクリックします。すると，次のウィンドウが出現します（【図 11-73】参照）。

ウィンドウ左上にある [因子] ボックスから，多重比較を行ないたい要因を右側の [その後の検定] ボックスに投入します。この例の場合，投入できる被験者間要因は [国籍A] 要因ですので，[国籍A] を投入します。そして，[等分散が仮定されている] の中の [Tukey] にチェックを入れます（【図 11-74】参照）★83。

★83：もちろん，他の方法を選択しても問題ありません。また，等分散が仮定されていない場合は，[等分散が仮定されていない] という項目の中の方法を選択しなくてはなりません。

【図 11-74】

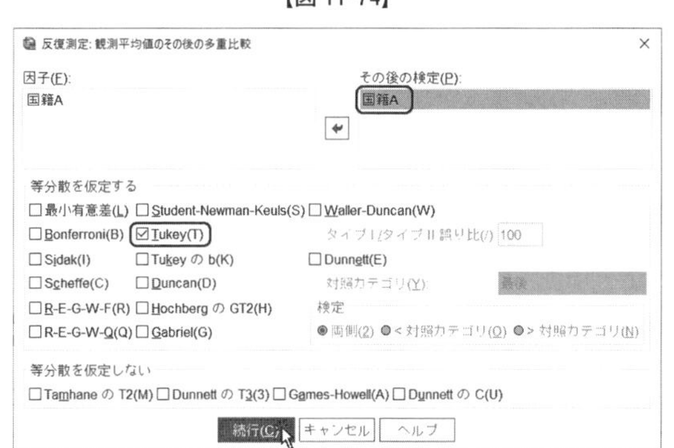

そして，[続行] ボタンをクリックすると【図 11-8】に戻るので，[OK] ボタンをクリックすれば，多重比較を含んだ分散分析が実行されます★84。分散分析の出力はこれまでと同じですが，出力の終わりに近い部分の [その後の検定] の項目にある，[国籍A] の [多重比較] の項目に，[テューキー（Tukey）の HSD 検定] の結果が出力されます。この例では，[日本A1] は [米国A2] よりもテストの平均値が５％水準で有意に低く，[中国A3] と比較しても，同じく５％水準で低いことが判明しました（【図 11-75】参照）。

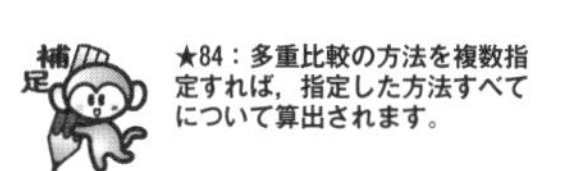
★84：多重比較の方法を複数指定すれば，指定した方法すべてについて算出されます。

【図 11-75】

その後の検定

国籍A

多重比較

測定変数名: MEASURE_1
Tukey HSD

(I) 国籍A	(J) 国籍A	平均値の差 (I-J)	標準誤差	有意確率	95% 信頼区間 下限	95% 信頼区間 上限
日本A1	米国A2	-129.2000*	35.95660	.010	-225.1273	-33.2727
	中国A3	-103.4000*	35.95660	.035	-199.3273	-7.4727
米国A2	日本A1	129.2000*	35.95660	.010	33.2727	225.1273
	中国A3	25.8000	35.95660	.758	-70.1273	121.7273
中国A3	日本A1	103.4000*	35.95660	.035	7.4727	199.3273
	米国A2	-25.8000	35.95660	.758	-121.7273	70.1273

観測平均値に基づいています。
誤差項は平均平方 (誤差) = 3232.193 です。
*. 平均値の差は .05 水準で有意です。

★85：あくまでも一例ですから，別のよい書き方があればそちらを参考にしてください。

★86：結果を書くときの注意点は第16章を参照してください。

★87：本章の例では読者のみなさんの理解のため，［日本A1］や［朝B1］などとアルファベットと数字を表記していましたが，そのような文字や数字はあくまでも分析に関することであり，分析結果を書くときは削除して正しい日本語で書いてください。

【分析結果の書き方例】★85・86

本章の例の場合，次ページのようになります★87。

国籍および薬物投与からの時間の違いによってテストの平均得点に差があるかどうかを検証するために，独立変数を国籍と時間，従属変数をテストの得点とする混合計画の2要因の分散分析を行なった。その結果，国籍要因の主効果および時間要因の主効果，さらに交互作用が有意であった（順に $F(2, 12)=7.23$, $p<.01$；$F(2, 24)=18.14$, $p<.001$；$F(4, 24)=12.21$, $p<.001$）。まず，時間要因の各水準における国籍要因の単純主効果の検定を行なったところ，すべての水準において有意な単純主効果が認められた（朝：$F(2, 12)=4.05$, $p<.05$；昼：$F(2, 12)=13.69$, $p<.01$；夜：$F(2, 12)=11.81$, $p<.01$）。各水準に対してボンフェローニの方法による多重比較を行なったところ，朝と昼では米国のほうが日本よりも平均点が有意に高いことが明らかになった。また，昼において中国は米国よりも平均点が有意に低かったが，夜ではその逆の結果となった。さらに，夜においては中国のほうが日本の平均点よりも有意に高かった。次に，国籍要因の各水準における時間要因の単純主効果の検定を行なったところ，すべての水準において有意な単純主効果が認められた（日本：$F(2, 24)=5.56$, $p<.05$；米国：$F(2, 24)=8.31$, $p<.01$；中国：$F(2, 24)=28.69$, $p<.001$）。各水準に対してボンフェローニの方法による多重比較を行なったところ，日本・米国・中国ではともに朝の平均点が昼の平均点を有意に上回っており，米国では夜の平均点をも有意に上回っていた。さらに，中国では夜の平均点が昼の平均点より有意に高いことが判明した。

第12章

2要因の分散分析（対応［あり］×［あり］）

2つの要因がともに対応ありの，2要因の分散分析を解説します。このデザインにおいても交互作用を考慮しなければならず，交互作用が有意であると判断されれば，単純主効果の検定を行なわなければなりません。

第１節　２要因の分散分析（対応［あり］×［あり］）

★１：分析を行なう前に，第６章・第１節～第３節および第８章・第１節を必ずご確認ください。

本節では，２つの要因がともに［対応あり］の２要因の分散分析を解説します。つまり，同じ被験者がどの条件にもすべて参加する計画となります★1。

★２：単純主効果の検定や多重比較などの流れに関して，必ず【図 10-1】を確認してください。

分散分析は［間隔尺度］・［比率尺度］のデータに適用でき，［名義尺度］・［順序尺度］のデータには適用できないということに，重ねて留意しておく必要があります。また，第10章と同様に，２要因の分散分析の結果，要因の主効果だけが有意であった場合と，交互作用が有意であった場合とで，その後の分析方法が変わります★2。

例えば，服の［種類］と［色］によって，［評価金額］に差が見られるのかどうかを調べるために，［15人］の各被験者に全刺激を提示し，具体的な値段（円）を答えさせたと仮定します。服の［種類］の違いおよび［色］の違いによって，平均の［評価金額］に差が見られるでしょうか。なお，服の［種類］要因には，［セーター］・［Ｔシャツ］・［Ｙシャツ］という３水準を設定し，［色］要因には，［白］・［青］・［赤］の３水準を設定しました。帰無仮説は，［服の種類と色の違いによって平均の評価金額に差はない］となります。このような場合は，すべての条件に同一の被験者から得られたデータが配置されるわけですから，２つの要因は共に対応があります。具体的なデータを下に示します（【図 12-1】参照）。なお，［従属変数］は［評価金額］です。

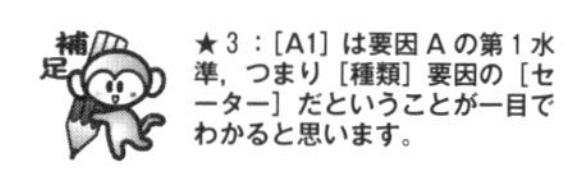

★３：［A1］は要因Ａの第１水準，つまり［種類］要因の［セーター］だということが一目でわかると思います。

これ以降は読者のみなさんの理解のため，［種類Ａ］や［色Ｂ］のように要因名にアルファベットを，［セーター A1］や［白 B1］のように水準名にアルファベットと数字を付記しました★3。みなさんがお持ちのデータにアルファベットや数字を割り振って対比すればわかりやすいと思います。

【図 12-1】

セーターA1			TシャツA2			YシャツA3		
白B1	青B2	赤B3	白B1	青B2	赤B3	白B1	青B2	赤B3
2500	2000	2000	3000	2500	2500	2000	2500	2500
2000	1500	2000	2000	1500	2000	2000	2500	2000
3500	2000	1500	2500	2000	3000	3000	3000	1500
2000	1500	2000	2000	1500	2000	1000	2500	2000
2500	1500	2000	3500	3000	1500	2000	2000	2000
3500	2000	2000	2000	2500	2500	2000	2000	2000
3500	2500	2000	3500	2500	1500	2500	2500	2000
2500	2000	1500	2000	1500	1500	3000	2500	2500
2500	2000	1500	2000	1500	2500	2000	1500	3000
2500	1500	2000	2000	2000	1000	2000	2000	1500
3000	2500	2500	2000	2500	2000	2500	2000	3000
2500	1500	2000	1500	1500	2000	1500	2500	1500
2000	2000	1500	2000	2000	1500	2000	2500	1500
2000	2000	1500	1500	2000	1500	2500	2000	2500
3000	2500	1500	3500	2000	2000	2500	2000	3000

このデータをデータ・エディタに入力すると，次のようになります（【図 12-2】参照）。1列目の上に，各条件の変数が列挙されています。左から，［セーター A1白B1］・［セーター A1青 B2］・［セーター A1赤 B3］となっていて，同じ繰り返しで［Yシャツ A3赤 B3］まで入力されています★4・5・6。

★4：色の順序を間違えないように気をつけましょう。［色B］の順序は［白 B1］・［青 B2］・［赤 B3］です。［種類A］の順序は［セーター A1］・［Tシャツ A2］・［Yシャツ A3］です。

★5：2つの要因に設定した水準の組み合わせ（全部で9通り）の一つひとつが変数になります。

★6：データは，データ・エディタの右および下方向に続いています。適宜スクロールしてください。

【図 12-2】

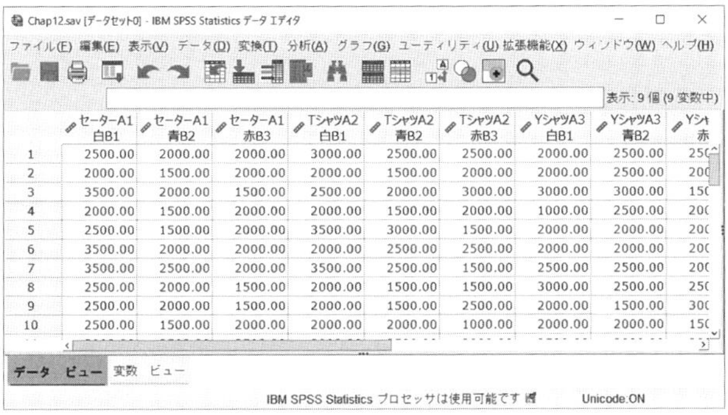

Chap12.sav [データセット0] - IBM SPSS Statistics データ エディタ

ファイル(F) 編集(E) 表示(V) データ(D) 変換(T) 分析(A) グラフ(G) ユーティリティ(U) 拡張機能(X) ウィンドウ(W) ヘルプ(H)

表示: 9 個 (9 変数中)

	セーターA1白B1	セーターA1青B2	セーターA1赤B3	TシャツA2白B1	TシャツA2青B2	TシャツA2赤B3	YシャツA3白B1	YシャツA3青B2	Yシャ 赤
1	2500.00	2000.00	2000.00	3000.00	2500.00	2500.00	2000.00	2500.00	250
2	2000.00	1500.00	2000.00	2000.00	1500.00	2000.00	2000.00	2500.00	200
3	3500.00	2000.00	1500.00	2500.00	2000.00	3000.00	3000.00	3000.00	150
4	2000.00	1500.00	2000.00	2000.00	1500.00	2000.00	1000.00	2500.00	200
5	2500.00	1500.00	2000.00	3500.00	3000.00	1500.00	2000.00	2000.00	200
6	3500.00	2000.00	2000.00	2000.00	2500.00	2500.00	2000.00	2000.00	200
7	3500.00	2500.00	2000.00	3500.00	2500.00	1500.00	2500.00	2500.00	200
8	2500.00	2000.00	1500.00	2000.00	1500.00	1500.00	3000.00	2500.00	250
9	2500.00	2000.00	1500.00	2000.00	1500.00	2500.00	2000.00	1500.00	300
10	2500.00	1500.00	2000.00	2000.00	2000.00	1000.00	2000.00	2000.00	150

データ ビュー　変数 ビュー

IBM SPSS Statistics プロセッサは使用可能です　Unicode:ON

各セルに入力されている数字は，［評価金額（円）］です。［変数ビュー］も示しておきます（【図 12-3】参照）★7。

★7：SPSS では，1行に1人分のデータを入力するという決まりがあることを忘れないでください。

【図 12-3】

Chap12.sav [データセット0] - IBM SPSS Statistics データ エディタ

ファイル(F) 編集(E) 表示(V) データ(D) 変換(T) 分析(A) グラフ(G) ユーティリティ(U) 拡張機能(X) ウィンドウ(W) ヘルプ(H)

	名前	型	幅	小数桁数	ラベル	値	欠損値	列	配置	尺度	役割
1	セーターA1白B1	数値	8	2	セーターA1白B1	なし	なし	8	右	スケール	入力
2	セーターA1青B2	数値	8	2	セーターA1青B2	なし	なし	8	右	スケール	入力
3	セーターA1赤B3	数値	8	2	セーターA1赤B3	なし	なし	8	右	スケール	入力
4	TシャツA2白B1	数値	8	2	TシャツA2白B1	なし	なし	8	右	スケール	入力
5	TシャツA2青B2	数値	8	2	TシャツA2青B2	なし	なし	8	右	スケール	入力
6	TシャツA2赤B3	数値	8	2	TシャツA2赤B3	なし	なし	8	右	スケール	入力
7	YシャツA3白B1	数値	8	2	YシャツA3白B1	なし	なし	8	右	スケール	入力
8	YシャツA3青B2	数値	8	2	YシャツA3青B2	なし	なし	8	右	スケール	入力
9	YシャツA3赤B3	数値	8	2	YシャツA3赤B3	なし	なし	8	右	スケール	入力
10											
11											
12											

データ ビュー　変数 ビュー

IBM SPSS Statistics プロセッサは使用可能です　Unicode:ON

分析を開始するには，データ・エディタのメニューから，［分析］→［一般線型モデル］→［反復測定］を順にクリックします（【図 12-4】参照）★8。

★8：すぐ下の［一般化線型モデル］ではありませんので，注意してください。

すると，次のウィンドウが出現します（【図 12-5】参照）。

ここでは［対応あり］要因についての設定を行ないます。［被験者内因子名］には最初から［factor1］と入力されていますが，削除してから［対応あり］要因を表わす適当な名前を入力します。この例では，3種類×3色つまり合計9枚の服で金額評価を行なっていますので，それぞれ［種類A］と［色B］にします。続いて，［水準数］について，［種類A］については［セーター A1］・［Tシャツ A2］・［Yシャツ A3］の3水準，［色B］についても［白 B1］・［青 B2］・［赤 B3］の3水準ありましたから，双方［3］と入力し★9，［追加］ボタンをクリックします。すると，その下のボックスに［種類A（3）］・［色B（3）］と登録されます（【図 12-6】参照）。

★9：数字は必ず半角で入力してください。

続いて，ウィンドウ下左［定義］ボタンをクリックすると次のウィンドウが出現します（【図 12-7】参照）。

【図 12-4】

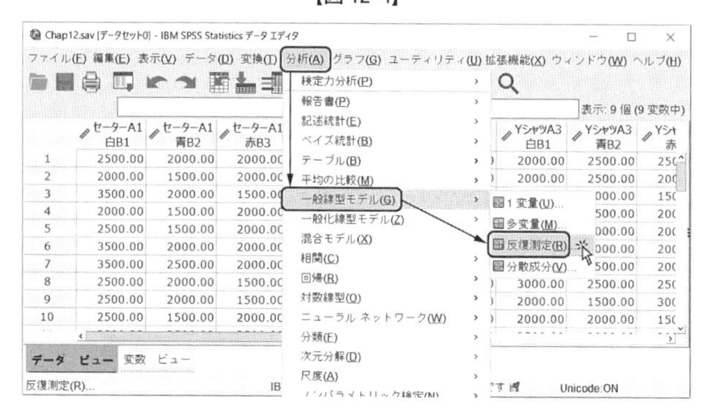

【図 12-5】

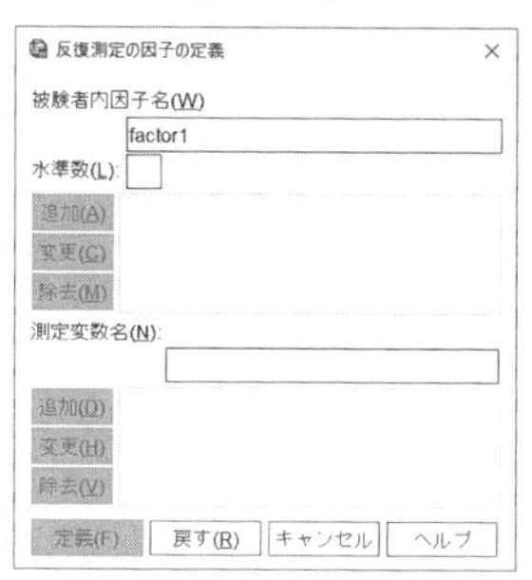

【図 12-6】

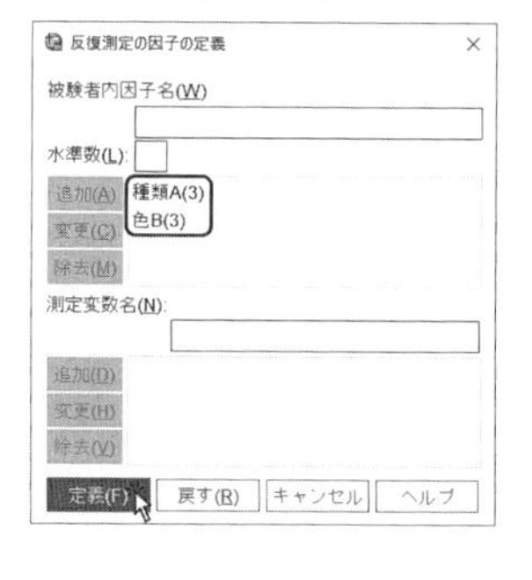

★10：【図 12-7】の変数一覧ボックスでは，変数名がきちんと表示されています。皆さんの環境によっては，変数一覧ボックスの幅が狭く，変数名が途中で切れてしまうことがあります。そのような場合は，このウィンドウの輪郭部分にマウスを持っていき，ドラッグするとウィンドウの大きさを調節することができ，変数一覧ボックスの大きさもそれによって大きくなります。

★11：［被験者内変数］に投入したら，ボックス内のカッコ内の数字が［種類A］と［色B］に対応しているかどうか確認してください。例えば，この例ではカッコ内の左側の数字は［種類A］に対応し，右側の数字は［色B］に対応しています。［セーター A1白 B1］の右のカッコが（1, 1）になっていれば大丈夫で，この他の変数の数字がカッコ内の数字と対応しているかどうかが重要です。

★12：［記述統計］の直下にある［効果サイズの推定値］にチェックを入れると，［partial η^2］（偏イータ２乗）値を算出することができます。

ここでは［被験者内変数］を指定します。ウィンドウ左側の変数一覧ボックスから，中央の［被験者内変数］ボックスに「セーター A1白 B1［セーター A1白 B1］」～「Y シャツ A3赤 B3［Y シャツ A3赤 B3］」までを投入します（【図 12-8】参照）★10。カッコ内の数字に注意してください★11。

次に，各水準の平均値を算出するために，ウィンドウ右側の［オプション］ボタンをクリックし，次のウィンドウを開きます（【図 12-9】参照）。

ウィンドウに［表示］領域があり，その左上に［記述統計］があります。ここにチェックを入れて，記述統計量を算出するように設定します（【図 12-10】参照）★12。そして，［続行］ボタンをクリックして【図 12-8】に戻ります。

続いて，グラフを描画するために［作図］ボタンをクリックすると，次のウィンドウが出現します（【図 12-11】参照）。

ウィンドウ左上の［因子］ボックスから，右上の［横軸］ボックスに［色 B］を，

【図 12-7】

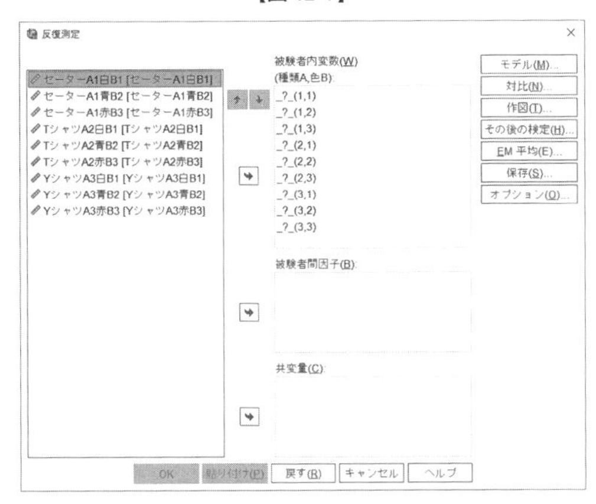

【図 12-8】

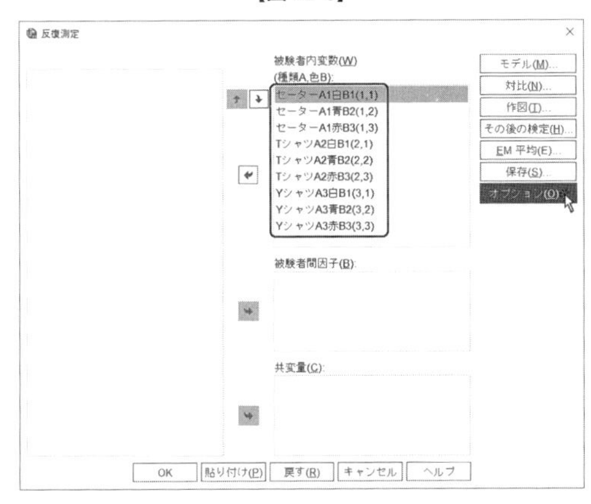

【図 12-9】

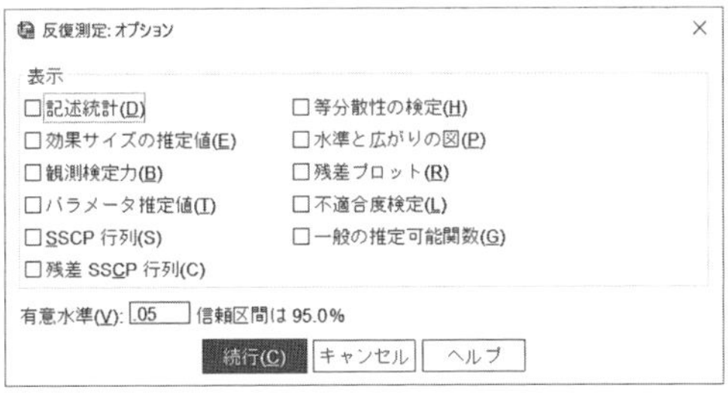

反復測定: オプション
表示
□記述統計(D)　□等分散性の検定(H)
□効果サイズの推定値(E)　□水準と広がりの図(P)
□観測検定力(B)　□残差プロット(R)
□パラメータ推定値(T)　□不適合度検定(L)
□SSCP 行列(S)　□一般の推定可能関数(G)
□残差 SSCP 行列(C)
有意水準(V): .05　信頼区間は 95.0%
続行(C)　キャンセル　ヘルプ

［線の定義変数］に［種類A］をそれぞれ投入します（【図 12-12】参照）★13。

［追加］ボタンをクリックすると，ウィンドウ中央の［作図］ボックスに［色B*種類A］と表示されます（【図 12-13】参照）。

［続行］ボタンをクリックして【図 12-8】に戻り，［OK］ボタンをクリックすると分析が開始され，ビューアに分散分析結果が表示されます（【図 12-14】参照）。

★13：［横軸］に［種類A］を，［線の定義変数］に［色B］を投入してもよいのですが，折れ線の色は SPSS 側で自動的に決められてしまうため，例の色とグラフの折れ線の色が一致せずにコンフリクトを起こしてしまうので，逆の設定にしました。

【図 12-10】

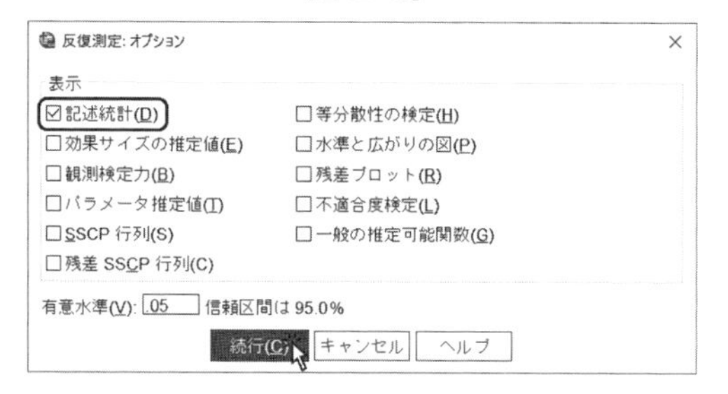

【図 12-11】

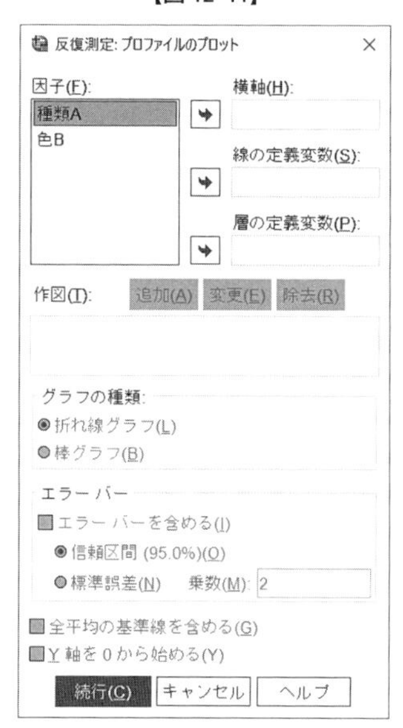

【図 12-12】

【図 12-13】

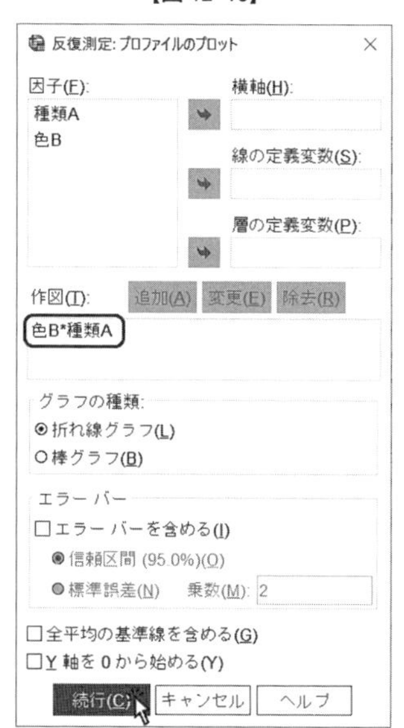

【図 12-14】

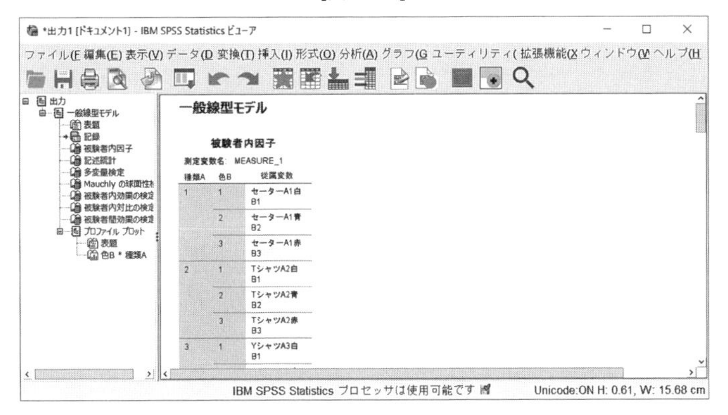

まず，注目すべき箇所は，［被験者内因子］という項目です。ここには，［種類A］・［色B］の2要因に存在する，各水準の番号が記されています。例えば，［種類A］要因の［1］は［セーターA1］であり，［色B］要因の［2］は［青B2］であることなどがわかります（【図 12-15】参照）。

【図 12-15】

被験者内因子

測定変数名: MEASURE_1

種類A	色B	従属変数
1	1	セーターA1白B1
	2	セーターA1青B2
	3	セーターA1赤B3
2	1	TシャツA2白B1
	2	TシャツA2青B2
	3	TシャツA2赤B3
3	1	YシャツA3白B1
	2	YシャツA3青B2
	3	YシャツA3赤B3

次に，［記述統計］に注目します（【図 12-16】参照）。この項目には，分散分析では非常に重要になる各水準の［平均値］・［標準偏差］・［度数］が要約されています。例えば，［セーター A1］で［白 B1］の［平均値］は［2633.3333］，［T シャツ A2］で［赤 B3］の［平均値］は［1933.3333］であることがわかります。

【図 12-16】

記述統計

	平均値	標準偏差	度数
セーターA1白B1	2633.3333	549.89176	15
セーターA1青B2	1933.3333	371.61168	15
セーターA1赤B3	1833.3333	308.60670	15
TシャツA2白B1	2333.3333	698.63813	15
TシャツA2青B2	2033.3333	480.57505	15
TシャツA2赤B3	1933.3333	530.04941	15
YシャツA3白B1	2166.6667	523.26812	15
YシャツA3青B2	2266.6667	371.61168	15
YシャツA3赤B3	2166.6667	556.34864	15

★14：水準数が［2］の場合，［Mauchly の球面性検定］の［有意確率］には数値が入らず，ピリオド［.］が表示されます。水準数が［2］の場合は球面性が成立することがわかっているためです。なお，［Mauchly］は［モークリー］と読みます。

★15：球面性が仮定されない場合は，これ以降の項目では［Greenhouse-Geisser］や［Huynh-Feldt］などを参照します。

続いて，［Mauchly の球面性検定］を見ます★14（【図 12-17】参照)。この項目の［有意確率］が［5％以上］であれば，球面性が仮定されたと考えます。この例では，［有意確率］は［種類 A］・［色 B］・［種類 A*色 B］がそれぞれ［.359］・［.089］・［.262］となっていて，どれも有意ではありませんので球面性が仮定されました。よって，これ以降では［球面性の仮定］の行を見ます★15。

【図 12-17】

Mauchly の球面性検定[a]

測定変数名:　MEASURE_1

被験者内効果	Mauchly の W	近似カイ 2 乗	自由度	有意確率	ε[b] Greenhouse-Geisser	Huynh-Feldt	下限
種類A	.854	2.050	2	.359	.873	.987	.500
色B	.689	4.845	2	.089	.763	.837	.500
種類A * 色B	.403	11.271	9	.262	.747	.972	.250

正規直交した変換従属変数の誤差共分散行列が単位行列に比例するという帰無仮説を検定します。

a. 計画: 切片
被験者計画内: 種類A + 色B + 種類A * 色B

b. 有意性の平均検定の自由度調整に使用できる可能性があります。修正した検定は、被験者内効果の検定テーブルに表示されます。

次は，［被験者内効果の検定］です。この項目では，［対応あり］要因である［種類A］と［色B］の主効果，および交互作用である［種類A＊色B］の計算結果が表示されています（【図 12-18】参照)。一般的な分散分析表です。先ほど球面性が仮定されましたので，表内の［種類A］・［色B］・［種類A＊色B］・［誤差］においてすべて［球面性の仮定］の行を見ます。

【図 12-18】

被験者内効果の検定

測定変数名:　MEASURE_1

ソース		タイプ III 平方和	自由度	平均平方	F 値	有意確率
種類A	球面性の仮定	233333.333	2	116666.667	.648	.531
	Greenhouse-Geisser	233333.333	1.745	133690.414	.648	.512
	Huynh-Feldt	233333.333	1.973	118256.297	.648	.529
	下限	233333.333	1.000	233333.333	.648	.434
誤差 (種類A)	球面性の仮定	5044444.444	28	180158.730		
	Greenhouse-Geisser	5044444.444	24.435	206447.102		
	Huynh-Feldt	5044444.444	27.624	182613.466		
	下限	5044444.444	14.000	360317.460		
色B	球面性の仮定	3900000.000	2	1950000.000	8.791	.001
	Greenhouse-Geisser	3900000.000	1.525	2556664.725	8.791	.003
	Huynh-Feldt	3900000.000	1.674	2329867.975	8.791	.002
	下限	3900000.000	1.000	3900000.000	8.791	.010
誤差 (色B)	球面性の仮定	6211111.111	28	221825.397		
	Greenhouse-Geisser	6211111.111	21.356	290837.522		
	Huynh-Feldt	6211111.111	23.435	265037.891		
	下限	6211111.111	14.000	443650.794		
種類A * 色B	球面性の仮定	3200000.000	4	800000.000	3.726	.009
	Greenhouse-Geisser	3200000.000	2.987	1071183.985	3.726	.019
	Huynh-Feldt	3200000.000	3.887	823179.062	3.726	.010
	下限	3200000.000	1.000	3200000.000	3.726	.074
誤差 (種類Ax色B)	球面性の仮定	12022222.22	56	214682.540		
	Greenhouse-Geisser	12022222.22	41.823	287455.623		
	Huynh-Feldt	12022222.22	54.423	220902.715		
	下限	12022222.22	14.000	858730.159		

結果としては，［種類A］要因については，［F 値］は［.648］，［自由度］は［2］，［有意確率］は［.531］であり，有意ではありません。［色B］要因については，［F 値］

は［8.791］，［自由度］は［2］，［有意確率］は［.001］，交互作用の［種類A＊色B］については，［F 値］は［3.726］，［自由度］は［4］，［有意確率］は［.009］となっており，ともに1％水準で有意でした★16・17。

★16：［種類A］と［色B］の誤差の［自由度］は［28］，［種類A＊色B］の誤差の［自由度］は［56］です。

★17：【図 12-10】において［効果サイズの推定値］にチェックを入れた場合は，［有意確率］の右側に［偏イータ2乗］という項目が表示されます。これが，［partial η^2］値です。ちなみに，本章の例では［種類A］は［partial η^2=0.044］，［色B］は［partial η^2=0.386］，［種類A*色B］は［partial η^2=0.210］となりました。

この結果から，通常の分散分析表を書くと，次のようになります（【図 12-19】参照）。

【図 12-19】

変動因	SS	df	MS	F
種類A	233333.333	2	116666.667	0.648
誤差	5044444.444	28	180158.730	
色B	3900000.000	2	1950000.0	8.791
誤差	6211111.111	28	221825.397	
種類A×色B	3200000.000	4	800000.000	3.726
誤差	12022222.222	56	214682.540	

最後の出力がグラフになり，［プロファイルプロット］の項目で描画されています（【図 12-20】参照）。横軸には左から順に［白 B1］が［1］，［青 B2］が［2］，［赤 B3］が［3］として表示され，［種類A］の折れ線が3本引かれています。縦軸は［推定周辺平均］と書かれていますが，今回の例では平均の［評価金額］を意味します。もちろん，折れ線の形状やマーカーの種類などは変更が可能です。

【図 12-20】

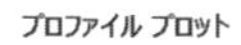

プロファイル プロット

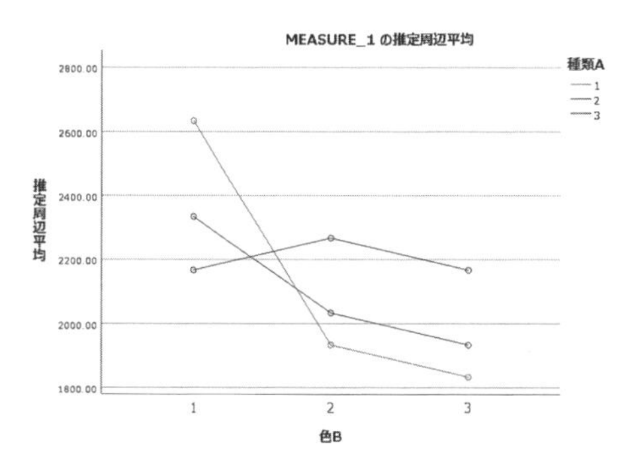

この例では，［色B］の主効果と交互作用が有意でした。そのような場合，単純主効果の検定を行なわなければなりません。一方，交互作用は有意ではなくて，主効果のみが有意である場合は，単純主効果の検定は行なわず，多重比較を行ないます。

第2節　単純主効果の検定と多重比較

本節では，プールした誤差項を使用しない★18場合の下位検定（単純主効果の検定・多重比較）を解説します★19。

★18：対応［あり］×［あり］要因における単純主効果の検定にプールした誤差項を使うかどうかには，明確な結論が出ていません。

★19：必ずすべての単純主効果を検定しなければならないというわけではなく，研究の特性に応じて検証したい要因の単純主効果の検定だけを行なえばよいです。

2要因ともに［対応あり］の場合，シンタックスを使用せずに，マウスクリックで単純主効果の検定が可能です。ここでは新たな分散分析を行なう方法を用いて，各水準における単純主効果の検定と多重比較を行ないます。例えば，［色B］の単純主効果の検定では［種類A］の水準ごとに，［色B］の［対応あり］の分散分析を行ない，［種類A］の単純主効果の検定では［色B］の水準ごとに，［種類A］の［対応あり］

の分散分析を行ないます。

(1) ［種類A］の各水準における［色B］の単純主効果の検定と多重比較

［種類A］の各水準，つまり［セーター A1］・［Tシャツ A2］・［Yシャツ A3］それぞれについて［色B］の単純主効果の検定を行ない，それらが有意であった場合に備えて同時に多重比較も行ないます★20。最初に，［セーター A1］における［色B］の単純主効果を検定します。

★20：水準数が［2］であれば多重比較をすることなく，どちらの水準の値が有意に高い・低いと結論してもよいことになります。

まずデータ・エディタのメニューから，［分析］→［一般線型モデル］→［反復測定］を順にクリックし，現われたウィンドウの［被験者内因子名］に［色B］，［水準数］に［3］を入力して［追加］ボタンをクリックします（【図 12-21】参照）★21。そして，［定義］ボタンをクリックします★22。

★21：すぐ下の［一般化線型モデル］ではありませんので，注意してください。

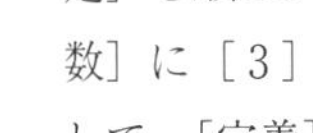

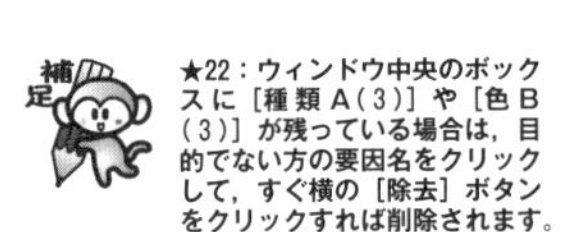

★22：ウィンドウ中央のボックスに［種類A(3)］や［色B(3)］が残っている場合は，目的でない方の要因名をクリックして，すぐ横の［除去］ボタンをクリックすれば削除されます。

【図 12-21】

すると，次のウィンドウが出現します（【図 12-22】参照）。

次に，ウィンドウ左側の変数一覧ボックスから，［被験者内変数］ボックスに検定する変数を投入するのですが，今は［セーター A1］における［色B］の単純主効果を検定するので，「セーター A1白 B1［セーター A1白 B1］」・「セーター A1青 B2［セーター A1青 B2］」・「セーター A1赤 B3［セーター A1赤 B3］」を投入します（【図 12-23】参照）★23。

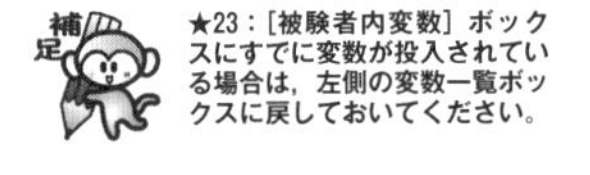

★23：［被験者内変数］ボックスにすでに変数が投入されている場合は，左側の変数一覧ボックスに戻しておいてください。

続いて，ウィンドウ右側にある［EM 平均］ボタンをクリックします。すると，次のウィンドウが出現します（【図 12-24】参照）。

【図 12-22】

【図 12-23】

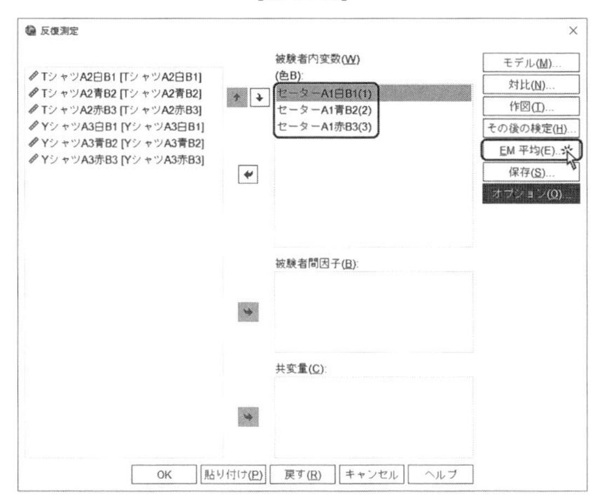

【図 12-24】

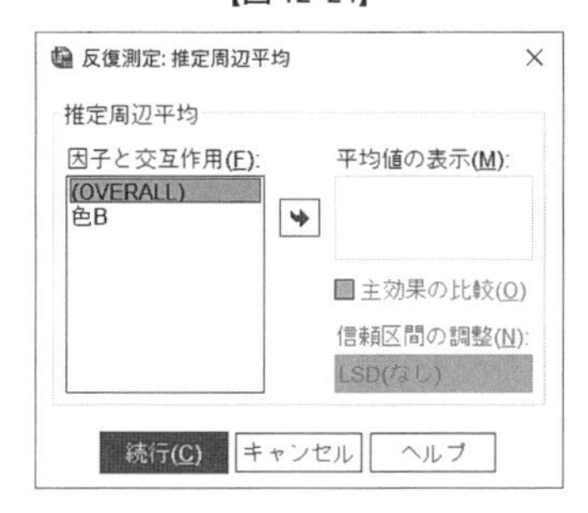

ウィンドウ左に位置する［因子と交互作用］ボックスから，［色B］を右側の［平均値の表示］ボックスに投入し，直下の［主効果の比較］にチェックを入れて［信頼区間の調整］を［Bonferroni］にします（【図 12-25】参照)。この操作で，単純主効果の検定と同時に，［ボンフェローニ（Bonferroni）の方法］による多重比較が実行されます。

【図 12-25】

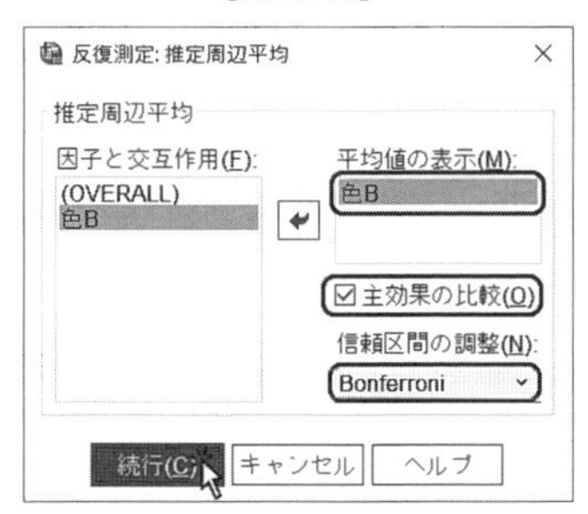

［続行］ボタンをクリックして【図 12-23】に戻り，［OK］ボタンをクリックすると分析が実行され，ビューアに結果が出力されます。実行結果で注目するところは，［記述統計］と［被験者内効果の検定］です。

［記述統計］では，各色の［平均値］・［標準偏差］などが出力されており，［セーター A1白 B1］の［平均値］は［2633.3333]，［セーター A1青 B2］の［平均値］は

[1933.3333]，［セーター A1赤 B3］の［平均値］は［1833.3333］であることがわかります（【図 12-26】参照）。

【図 12-26】

記述統計

	平均値	標準偏差	度数
セーターA1白B1	2633.3333	549.89176	15
セーターA1青B2	1933.3333	371.61168	15
セーターA1赤B3	1833.3333	308.60670	15

［被験者内効果の検定］では，［色 B］要因に対して［F 値］が［21.000］，［自由度］が［2］，誤差の［自由度］は［28］，［有意確率］は［.000］となっていて，［セーター A1］における［色 B］の単純主効果は0.1％水準で有意であることが判明しました（【図 12-27】参照）★24。

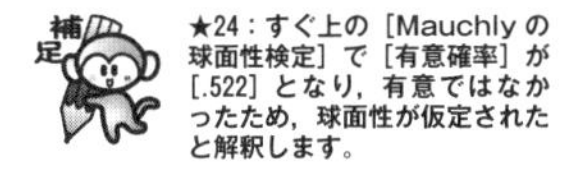

★24：すぐ上の［Mauchly の球面性検定］で［有意確率］が［.522］となり，有意ではなかったため，球面性が仮定されたと解釈します。

【図 12-27】

被験者内効果の検定

測定変数名：MEASURE_1

ソース		タイプ III 平方和	自由度	平均平方	F 値	有意確率
色B	球面性の仮定	5700000.000	2	2850000.000	21.000	.000
	Greenhouse-Geisser	5700000.000	1.826	3121052.632	21.000	.000
	Huynh-Feldt	5700000.000	2.000	2850000.000	21.000	.000
	下限	5700000.000	1.000	5700000.000	21.000	.000
誤差（色B）	球面性の仮定	3800000.000	28	135714.286		
	Greenhouse-Geisser	3800000.000	25.568	148621.554		
	Huynh-Feldt	3800000.000	28.000	135714.286		
	下限	3800000.000	14.000	271428.571		

下のほうの［推定周辺平均］の［色 B］の中に，［ペアごとの比較］という項目が出力されています（【図 12-28】参照）。ここがボンフェローニの方法による多重比較の結果です。1列目には［色 B］の水準組み合わせが，2列目には［平均値の差（I-J）］が表示されています。例えば，［色 B］の［1］は［白 B1］，［色 B］の［2］は［青 B2］です。それらの［平均値の差（I-J）］は［700.000］となっていて，アスタリスク［*］がついていること★25，［有意確率］が［.000］と表示されていること，および［平均値の差（I-J）］の符号はプラスであることと，【図 12-26】から，［セーター A1］においては［白 B1（2633.3333円）］のほうが［青 B2（1933.3333円）］よりも有意に［評価金額］の平均値が大きいことになります。同様に，［白 B1（2633.3333円）］のほうが［赤 B3（1833.3333円）］よりも［評価金額］の平均値が大きいこともわかります。

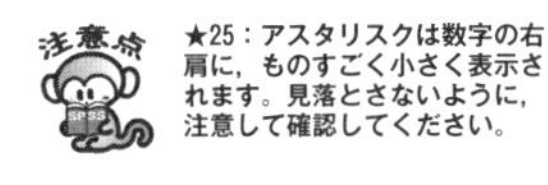

★25：アスタリスクは数字の右肩に，ものすごく小さく表示されます。見落とさないように，注意して確認してください。

この例では，［セーター A1］における［色 B］の単純主効果を検定しましたが，別

【図 12-28】

ペアごとの比較

測定変数名：MEASURE_1

(I) 色B	(J) 色B	平均値の差 (I-J)	標準誤差	有意確率b	95% 平均差信頼区間b 下限	上限
1	2	700.000*	117.514	.000	380.626	1019.374
	3	800.000*	152.753	.000	384.856	1215.144
2	1	-700.000*	117.514	.000	-1019.374	-380.626
	3	100.000	130.931	1.000	-255.838	455.838
3	1	-800.000*	152.753	.000	-1215.144	-384.856
	2	-100.000	130.931	1.000	-455.838	255.838

推定周辺平均に基づいた

*. 平均値の差は .05 水準で有意です。

b. 多重比較の調整：Bonferroni。

途［Tシャツ A2］と［Yシャツ A3］についても単純主効果の検定が必要になってきます。【図 12-23】の［被験者内変数］に投入する水準が異なる他はまったく同じ操作なので分析し忘れのないように注意してください。

(2) ［色B］の各水準における［種類A］の単純主効果の検定と多重比較

続いて，［色B］の各水準（つまり［白 B1］・［青 B2］・［赤 B3］）において［種類A］の単純主効果の検定を行ない，それらが有意であった場合に備えて同時に多重比較も行ないます★26。最初に，［白 B1］における［種類A］の単純主効果を検定します。

データ・エディタのメニューから，［分析］→［一般線型モデル］→［反復測定］を順にクリックし，現われたウィンドウの［被験者内因子名］に［種類A］，［水準数］に［3］を入力して［追加］ボタンをクリックします（【図 12-29】参照）★27。そして，［定義］ボタンをクリックします★28。

★26：水準数が［2］であれば多重比較をすることなく，どちらの水準の値が有意に高い・低いと結論してもよいことになります。

★27：すぐ下の［一般化線型モデル］ではありませんので，注意してください。

★28：他の要因がすでに入っている場合は，削除しておきます。

【図 12-29】

すると，次のウィンドウが出現します（【図 12-30】参照）★29。

★29：［被験者内変数］ボックスにすでに変数が投入されている場合は，左側の変数一覧ボックスに戻しておいてください。

【図 12-30】

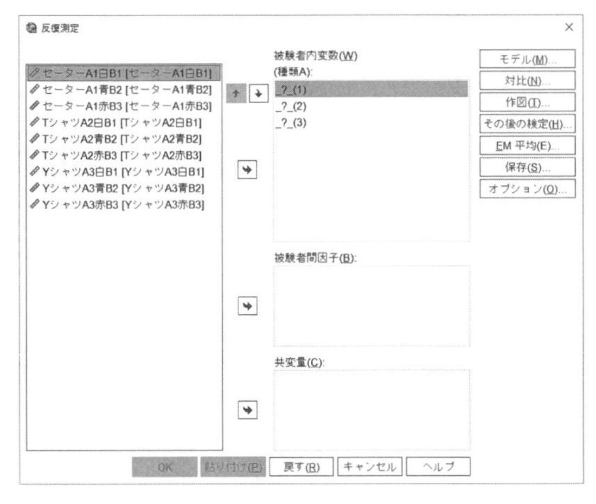

次に，ウィンドウ左側の変数一覧ボックスから［被験者内変数］ボックスに検定する変数を投入するのですが，今は［白 B1］における［種類A］の単純主効果を検定するので，「セーター A1白 B1［セーター A1白 B1］」・「Tシャツ A2白 B1［Tシャツ A2白 B1］」・「Yシャツ A3白 B1［Yシャツ A3白 B1］」を投入します（【図 12-31】参

【図 12-31】

【図 12-32】

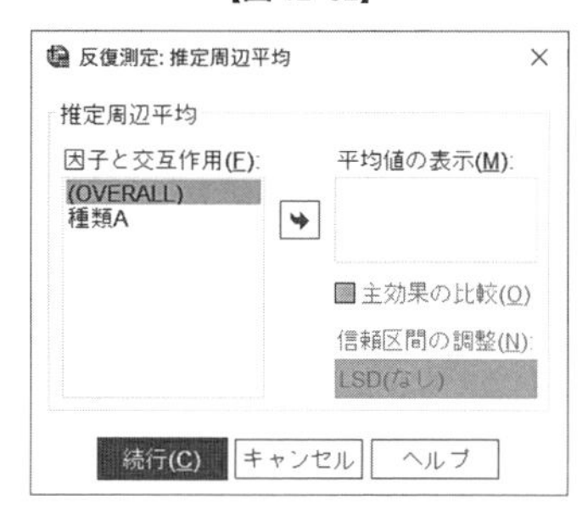

★30：［Ctrl］キーを押しながらクリックすると，複数個の変数を一度に選択できます。

★31：すでに平均値を算出するように設定した場合には，［記述統計］にチェックが入っていることがあります。

照）★30。

続いて，ウィンドウ右側にある［EM 平均］ボタンをクリックすると，次のウィンドウが出現します（【図 12-32】参照）★31。

ウィンドウ左に位置する［因子と交互作用］ボックスから，［種類A］を右側の［平均値の表示］ボックスに投入し，直下の［主効果の比較］にチェックを入れて［信頼区間の調整］を［Bonferroni］にします（【図 12-33】参照）。この操作で，単純主効果の検定と同時に，ボンフェローニの方法による多重比較が実行されます。

【図 12-33】

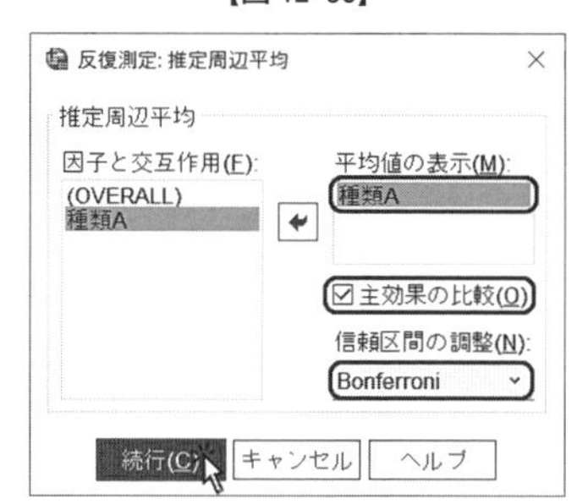

［続行］ボタンをクリックして【図 12-31】に戻り，［OK］ボタンをクリックすると分析が実行されます。実行結果で注目するところは，［記述統計］と［被験者内効果の

検定］です。

［記述統計］では，各色の［平均値］・［標準偏差］などが出力されており，［セーター A1白 B1］の［平均値］は［2633.3333］，［Tシャツ A2白 B1］の［平均値］は［2333.3333］，［Yシャツ A3白 B1］の［平均値］は［2166.6667］であることがわかります（【図 12-34】参照）。

【図 12-34】

記述統計

	平均値	標準偏差	度数
セーターA1白B1	2633.3333	549.89176	15
TシャツA2白B1	2333.3333	698.63813	15
YシャツA3白B1	2166.6667	523.26812	15

［被験者内効果の検定］では，［種類A］要因に対して，［*F* 値］が［3.715］，［自由度］が［2］，誤差の［自由度］は［28］，［有意確率］は［.037］となっていて，［白 B1］における［種類A］の単純主効果は5％水準で有意であることが判明しました（【図 12-35】参照）。

【図 12-35】

被験者内効果の検定

測定変数名: MEASURE_1

ソース		タイプ III 平方和	自由度	平均平方	F 値	有意確率
種類A	球面性の仮定	1677777.778	2	838888.889	3.715	.037
	Greenhouse-Geisser	1677777.778	1.754	956616.952	3.715	.044
	Huynh-Feldt	1677777.778	1.985	845248.580	3.715	.037
	下限	1677777.778	1.000	1677777.778	3.715	.074
誤差 (種類A)	球面性の仮定	6322222.222	28	225793.651		
	Greenhouse-Geisser	6322222.222	24.554	257481.100		
	Huynh-Feldt	6322222.222	27.789	227505.413		
	下限	6322222.222	14.000	451587.302		

下のほうの［推定周辺平均］の［色B］の中に，［ペアごとの比較］という項目が出力されています（【図 12-36】参照）。ここがボンフェローニの方法による多重比較の結果となります。1列目には［種類A］の水準の組み合わせが，2列目には［平均値の差（I-J）］が表示されています。例えば，［種類A］の［1］は［セーター A1］，［種類A］の［3］は［Yシャツ A3］であり，それらの［平均値の差（I-J）］は［466.667］となっていて，アスタリスク［*］がついていることと★32，［有意確率］が［.016］と表示されていること，および［平均値の差（I-J）］の符号はプラスであることと【図 12-34】から，［白 B1］においては［セーター A1（2633.3333円）］のほうが［Yシャ

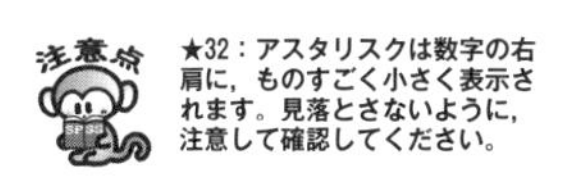

★32：アスタリスクは数字の右肩に，ものすごく小さく表示されます。見落とさないように，注意して確認してください。

【図 12-36】

ペアごとの比較

測定変数名: MEASURE_1

(I) 種類A	(J) 種類A	平均値の差 (I-J)	標準誤差	有意確率b	95% 平均差信頼区間b 下限	上限
1	2	300.000	174.574	.323	-174.450	774.450
	3	466.667*	141.981	.016	80.796	852.537
2	1	-300.000	174.574	.323	-774.450	174.450
	3	166.667	199.205	1.000	-374.723	708.056
3	1	-466.667*	141.981	.016	-852.537	-80.796
	2	-166.667	199.205	1.000	-708.056	374.723

推定周辺平均に基づいた

*. 平均値の差は .05 水準で有意です。

b. 多重比較の調整: Bonferroni。

ツ A3（2166.6667円）］よりも有意に［評価金額］の平均値が大きいことになります。

この例では［白 B1］における［種類A］の単純主効果を検定しましたが，別途［青 B2］と［赤 B3］についても同じ手続きで単純主効果の検定が必要になってきます。【図 12-31】の［被験者内変数］に投入する水準が異なる他はまったく同じ操作なので分析し忘れのないように注意してください。

ここで，単純主効果の検定結果をまとめておきます（【図 12-37】参照）。

【図 12-37】

単純主効果	SS	df	MS	F	P
色B（セーターA1における）	5700000	2	2850000	21.000	.000
色B（TシャツA2における）	1300000	2	650000	2.416	.108
色B（YシャツA3における）	100000	2	50000	0.203	.818
誤差		28			
種類A（白B1における）	1677777	2	838888	3.715	.037
種類A（青B2における）	877777	2	438888	2.659	.088
種類A（赤B3における）	877777	2	438888	2.007	.153
誤差		28			

第３節　主効果が有意であった場合の多重比較

主効果だけが有意で単純主効果の検定が不要である場合，単に多重比較の結果だけを参照します。そんなときは，【図 12-8】においてウィンドウ右側に位置する［EM 平均］ボタンをクリックして次のウィンドウを開きます（【図 12-38】参照）。

【図 12-38】

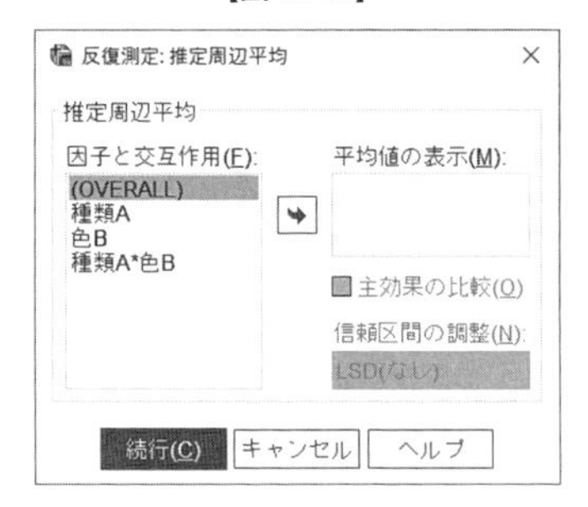

ウィンドウ左上の［因子と交互作用］ボックスから，多重比較を行ないたい要因の［種類A］・［色B］を，それぞれ右側の［平均値の表示］ボックスに投入し，直下の［主効果の比較］にチェックを入れて［信頼区間の調整］を［Bonferroni］にします（【図 12-39】参照）。この操作で，ボンフェローニの方法による多重比較が実行されます。［続行］ボタンをクリックすると【図 12-8】に戻りますので，［OK］をクリックします。

【図 12-39】

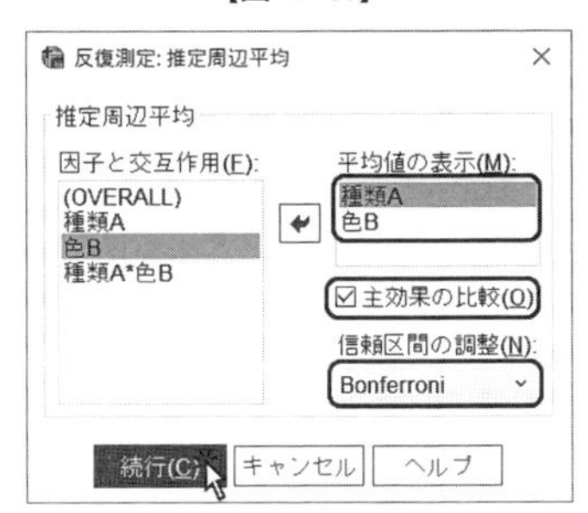

結果は，下のほうの［推定周辺平均］に出力され，［1．種類A］（【図 12-40】参照）および［2．色B］（【図 12-41】参照）という項目の中の［ペアごとの比較］に詳細が表示されます。内容の見方は，第2節の多重比較と同じです。

【図 12-40】

1. 種類A

推定値

測定変数名: MEASURE_1

種類A	平均値	標準誤差	95% 信頼区間 下限	95% 信頼区間 上限
1	2133.333	76.636	1968.966	2297.700
2	2100.000	101.314	1882.703	2317.297
3	2200.000	71.270	2047.142	2352.858

ペアごとの比較

測定変数名: MEASURE_1

(I) 種類A	(J) 種類A	平均値の差 (I-J)	標準誤差	有意確率[a]	95% 平均差信頼区間[a] 下限	95% 平均差信頼区間[a] 上限
1	2	33.333	81.650	1.000	-188.570	255.237
	3	-66.667	79.349	1.000	-282.318	148.985
2	1	-33.333	81.650	1.000	-255.237	188.570
	3	-100.000	105.158	1.000	-385.794	185.794
3	1	66.667	79.349	1.000	-148.985	282.318
	2	100.000	105.158	1.000	-185.794	385.794

推定周辺平均に基づいた

a. 多重比較の調整: Bonferroni。

【図 12-41】

2. 色B

推定値

測定変数名: MEASURE_1

色B	平均値	標準誤差	95% 信頼区間 下限	95% 信頼区間 上限
1	2377.778	116.686	2127.512	2628.043
2	2077.778	62.713	1943.271	2212.285
3	1977.778	74.299	1818.423	2137.132

ペアごとの比較

測定変数名: MEASURE_1

(I) 色B	(J) 色B	平均値の差 (I-J)	標準誤差	有意確率[b]	95% 平均差信頼区間[b] 下限	95% 平均差信頼区間[b] 上限
1	2	300.000*	80.013	.006	82.544	517.456
	3	400.000*	123.657	.018	63.931	736.069
2	1	-300.000*	80.013	.006	-517.456	-82.544
	3	100.000	88.790	.837	-141.308	341.308
3	1	-400.000*	123.657	.018	-736.069	-63.931
	2	-100.000	88.790	.837	-341.308	141.308

推定周辺平均に基づいた

*. 平均値の差は .05 水準で有意です。

b. 多重比較の調整: Bonferroni。

★33：あくまでも一例ですから，別の良い書き方があればそちらを参考にしてください。

★34：結果を書くときの注意点は第16章を参照してください。

★35：本章の例では読者のみなさんの理解のため，［セーターA1］や［白B1］などとアルファベットと数字を表記していましたが，そのような文字や数字はあくまでも分析に関することであり，分析結果を書くときは削除して正しい日本語で書いてください。

★36：文中の［*n.s.*］というのは英語の［nonsignificant］の略記で，有意ではないという意味です。有意ではない場合，*F*値等を記述しない人もいますが，ここでは参考のため書いておきました。

【分析結果の書き方例】★33・34

本章の例の場合，次のようになります★35・36。

服および色の違いによって平均評価金額に差が見られるどうかを検証するために，独立変数を服と色の種類，従属変数を評価金額とする対応のある2要因の分散分析を行なった。その結果，服の種類の主効果は有意であるとは言えなかったが（$F(2, 28)=0.65$, *n.s.*），色の種類の主効果は有意であった（$F(2, 28)=8.79$, $p<.01$）。また，有意な交互作用も認められた（$F(4, 56)=3.73$, $p<.01$）。単純主効果の検定の結果，セーターにおける色の単純主効果，および白色における服の種類の単純主効果が有意であった（順に$F(2, 28)=21.00$, $p<.001$；$F(2, 28)=3.72$, $p<.05$）。それぞれに対してボンフェローニの方法による多重比較を行なったところ，セーターでは白色が最も平均評価金額が高く，白色の服ではセーターのほうがYシャツより有意に平均評価金額が高いことが明らかになった。

第13章

相関分析と回帰分析

相関分析とは，２変量間の関係の強さを探る分析です。本章では，ピアソンの積率相関分析・スピアマンの順位相関分析・ケンドールの順位相関分析・偏相関分析の，４つの相関分析を紹介します。また，回帰分析とは，予測と影響関係の分析です。回帰分析には独立変数が１つの単回帰分析と，複数の重回帰分析があります。本章では単回帰分析について解説します。

第1節　相関分析とは

2つの変数があって，その関係の強さを探るのが相関分析です。また，その関係の強さを表わす指標を，［相関係数］といいます。相関分析にはいくつかの方法があり，変数の持つ尺度によって分析方法が異なります。具体的には，［間隔尺度］および［比率尺度］のデータには［ピアソン（Pearson）の積率相関係数］を算出し，［順序尺度］のデータには［ケンドール（Kendall）の順位相関係数］や，［スピアマン（Spearman）の順位相関係数］を算出すると考えておけばよいでしょう★1。

★1：名義尺度の変数には［クラメール（Cramer）の連関係数］を求めます。第14章・第8節で詳しく解説しています。

「考えておけばよい」と記述したのにはワケがあり，実はピアソンの積率相関係数を算出するためにはデータが［間隔尺度］あるいは［比率尺度］の［量的データ］であり，かつ正規分布している集団から抽出されなければならないという前提があります。また，スピアマンやケンドールの順位相関係数を算出するときはデータが量的データであっても正規分布している必要がないのです。つまり，順位相関係数は正規分布していない量的データと，［順序尺度］のデータの両方に適用できるわけです★2。

★2：分析の前に，第6章・第3節を参照してください。

相関係数を算出する前には，2変数間に外れ値および線形関係があるかどうかを確かめるために，必ずグラフ（散布図）を描いてみましょう★3。分析の結果，2変数間に強い関係があってもその関係が直線的でない場合，相関係数は関連の測定に適しているとは言えないのです。

★3：外れ値があると誤った結果が出る可能性があります。

変数間の関係

相関分析を解説するにあたり，まず変数［A］が増加すると変数［B］も増加した，あるいは変数［A］が減少すると変数［B］も減少したという場合を考えます。これをグラフで表わすと次のようになり，右上がりの関係性が浮かび上がってきます（【図13-1】参照）。この関係を，［正の相関関係］とよびます。

逆に，変数［A］が増加すると変数［B］が減少し，変数［A］が減少すると変数［B］が増加するような場合は，グラフが右下がりとなります（【図13-2】参照）。この関係を［負の相関関係］とよびます。

一方，変数［A］の振る舞いと変数［B］の振る舞いにほとんど関係性がみられず，散布図を描画しても右上がりや右下がりといった顕著な傾向が見られない場合，変数［A］と変数［B］の間には［相関がない］とか，［無相関］★4であるといいます。その場合，たいていの散布図は，円形に近くなります（【図13-3】参照）。

★4：相関がないことを［無相関］といいます。

もう1つ，相関係数について議論するときに大切なことがあります。それは2変数

【図 13-1】　【図 13-2】　【図 13-3】

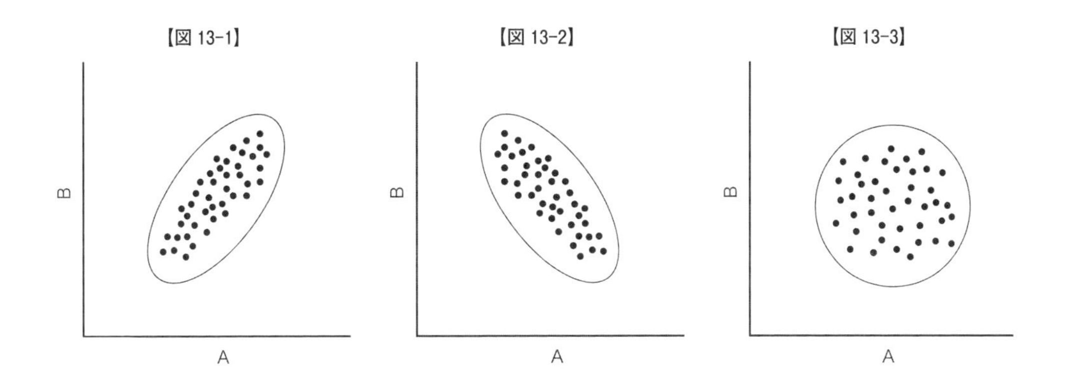

間に有意な相関があるからといって，それらに因果関係を求めることはできないということです。［変数Aが増えるから変数Bも増える］というのは間違いで，相関関係はあくまでも［関係がある］としか言えず，因果関係までは言及できないのです★5。

また，相関係数を［r］で表現すると，［r］は［$-1.0 \leqq r \leqq +1.0$］の範囲に存在し，［-1.0］に近いほど［負の相関］が高く，［$+1.0$］に近いほど［正の相関］が高いと言えます。［0.0］は［無相関］です（【図 13-4】参照）。

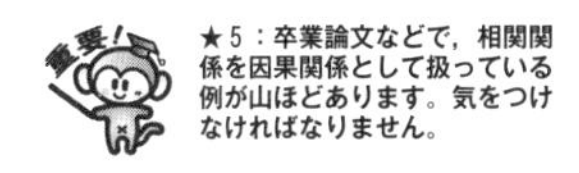

★5：卒業論文などで，相関関係を因果関係として扱っている例が山ほどあります。気をつけなければなりません。

【図 13-4】

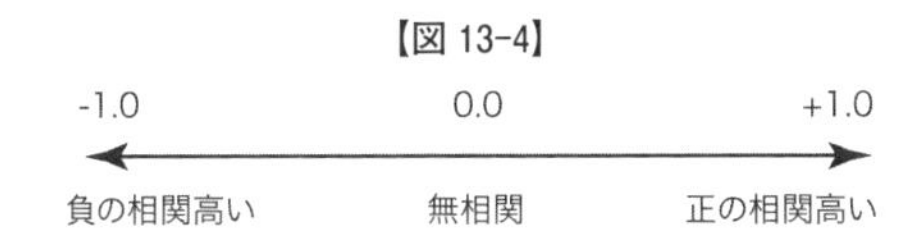

相関係数が［+1.0］や［−1.0］に近く，有意であったからといって結果を鵜呑みにすることは危険です。本当は相関関係が無いにもかかわらず，見かけ上は相関関係が見られる［擬似相関］といった現象や，一部のデータをある基準で除外した後に相関関係が変化するような，［切断効果］（【図 13-5】参照）などの現象が潜んでいる可能性があります。そのような危険性を排除するためには，２つの変数の関係性を再確認したり，全データの散布図を再度眺めてみたりすることが大切です。

【図 13-5】

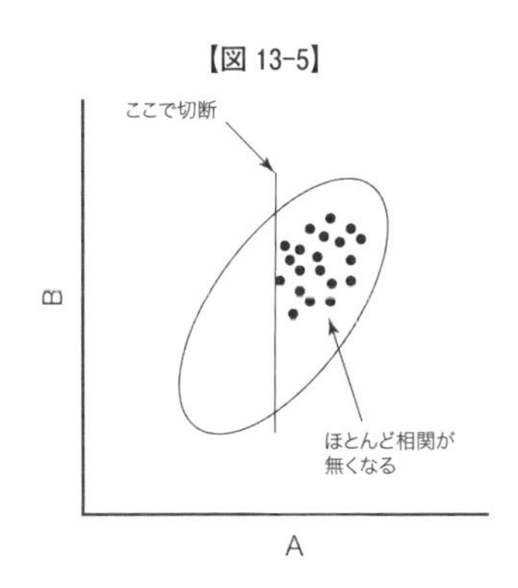

第2節　ピアソンの積率相関分析

★6：第6章・第3節を参照してください。

ピアソンの積率相関係数は［間隔尺度］・［比率尺度］の量的データ★6に対して算出可能であり，慣習的に［r］で示すことになっています。次のデータを用いて算出してみます（【図13-6】参照）。このデータはある質問紙を用いて［友人への自己開示度］と［親への自己開示度］を測定したものです。2変量間には相関関係があるでしょうか。［FSD］は［友人への自己開示度］，［PSD］は［親への自己開示度］を示しています。

【図13-6】

被験者	1	2	3	4	5	6	7	8	9	10	11	12	13	14	15
FSD	31	26	29	33	35	21	37	39	28	37	31	33	24	31	34
PSD	29	29	27	45	36	15	31	44	28	37	32	27	20	29	32

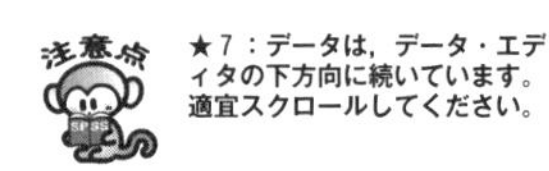

★7：データは，データ・エディタの下方向に続いています。適宜スクロールしてください。

データ・エディタに入力すると，次のようになります（【図13-7】参照）★7。また，［変数ビュー］も掲載しておきます（【図13-8】参照）。

【図13-7】

【図13-8】

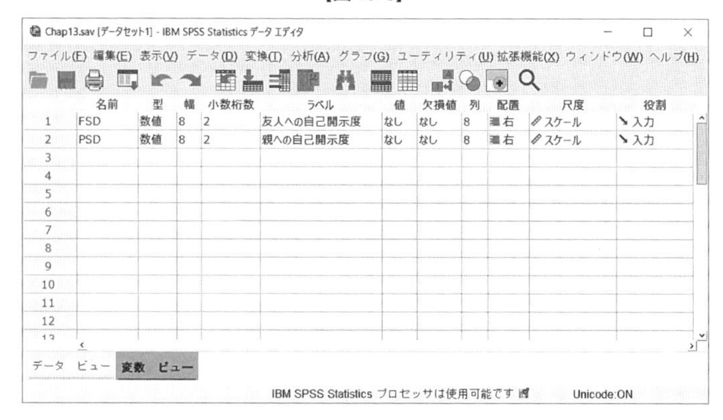

実際の分析に関しては，データ・エディタのメニューから，［分析］→［相関］→［2変量］を順にクリックします（【図13-9】参照）。

すると，次のウィンドウが出現します（【図13-10】参照）。

【図 13-9】

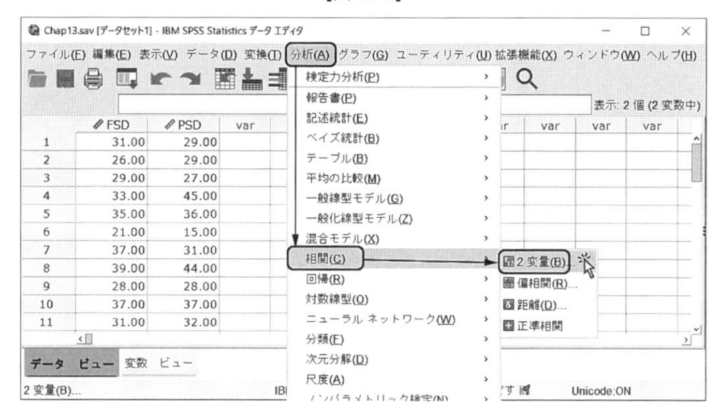

【図 13-10】

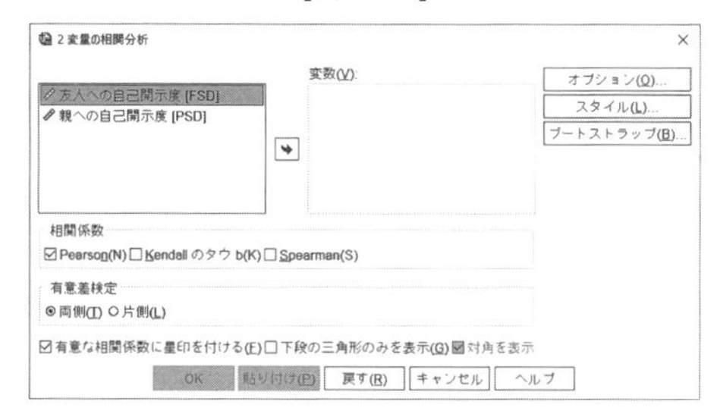

このウィンドウでは相関係数算出のためにさまざまな設定を行ないます。まず，ウィンドウ左上の変数一覧ボックスから右側の［変数］ボックスに，相関係数を算出するための２つの変数を投入します。この例では，［友人への自己開示度］と［親への自己開示度］の間の相関関係を検証するので，「友人への自己開示度［FSD]」と「親への自己開示度［PSD]」をそれぞれ右側の［変数］ボックスに投入します★8。

★8：［変数］ボックスに２変数以上入れると，変数の全組み合わせの相関係数が算出されます。

ピアソンの積率相関係数を算出する場合は，ボックスの直下にある［相関係数］という項目の［Pearson］にチェックを入れます★9。その下の［有意差検定］は通常はデフォルトで［両側］となっていて問題ありません。［有意な相関係数に星印を付ける］にチェックが入っていると，相関係数が有意な場合に星印がつきます。これもデフォルトでチェックが入っていますので変更する必要はありません。さらに，その右にある［下段の三角形のみを表示］にもチェックを入れます。この操作によって，余計な出力が抑えられて結果が見やすくなる効果があります。加えて，その右にある［対角を表示］のチェックを外します（【図 13-11】参照）★10。

★9：［Kendall のタウb］と［Spearman］にもチェックを入れると，これらの相関係数も同時に計算されます。

★10：［下段の三角形のみを表示］にチェックを入れると，［友人への自己開示度］と［親への自己開示度］の相関と，［親への自己開示度］と［友人への自己開示度］の相関というような，変数の関係が単に逆になっただけで，相関係数が全く同じになる余計な出力が抑えられ，とても見やすくなります。また，［対角を表示］のチェックを外すと，［友人への自己開示度］と［友人への自己開示度］，あるいは［親への自己開示度］と［親への自己開示度］といった，必ず相関係数が［1.00］になる不要な組み合わせにおける結果出力が抑えられ，やはりとても便利です。

【図 13-11】

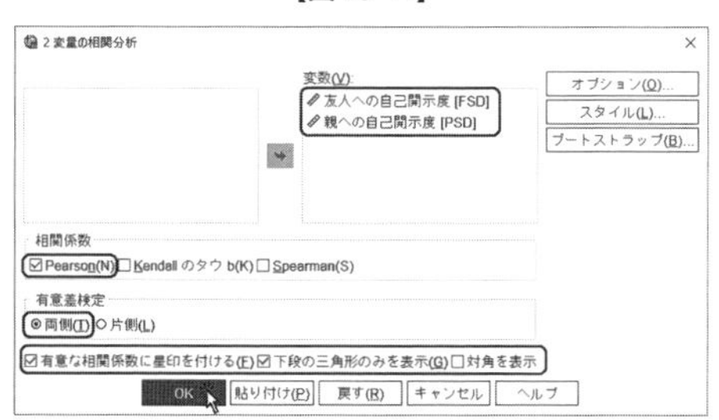

これらすべてを確認して［OK］ボタンをクリックすると，分析結果がビューアに表示されます（【図 13-12】参照）★[11]。

★11：みなさんの使用環境によって，ビューアの冒頭に数行のシンタックスが表示されることがあります。これは SPSS が隠れて実行しているシンタックスですので，気にしなくても大丈夫です。

【図 13-12】

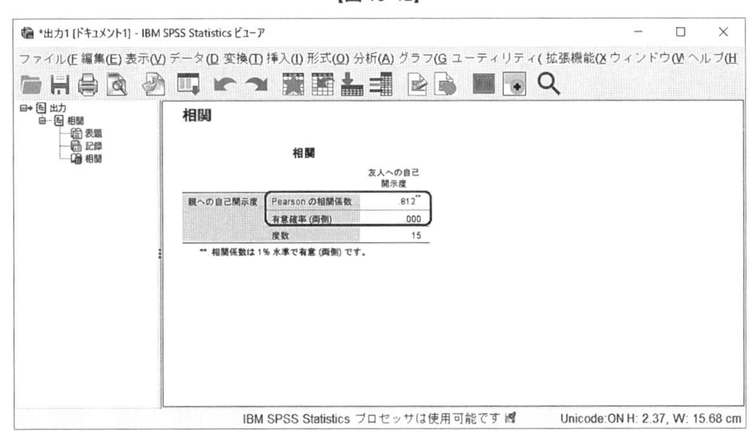

★12：同時に［度数］も表示されています。この例では［15］のデータが分析に使用されていることがわかります。

相関係数が表の状態で表示されます★[12]。相関係数は，［Pearson の相関係数］の行に［r=.812］と算出されています。つまり，［友人への自己開示度］と［親への自己開示度］の間に，非常に強い正の相関関係の存在が判明しました。また，この値にはアスタリスクが2つついていて，その下の［有意確率（両側）］が［.000］となっていることから0.1%水準で有意であることもわかります★[13・14・15]。

★13：無相関検定によって有意性検定が行なわれます。

【分析結果の書き方例】★[16・17]

本節の例の場合，次のようになります。

★14：アスタリスクは数字の右肩に，ものすごく小さく表示されます。見落とさないように，注意して確認してください。

> 友人への自己開示度と親への自己開示度との間にどのような関係性が存在するのかを検証するために，ピアソンの積率相関係数を算出したところ，有意な正の相関関係が認められた（r=0.81，p<.001）。

★15：表の下に［相関係数は1%水準で有意（両側）です。］と表示されていますが，実際の相関係数は［r=0.000233］でしたから，0.1%水準で有意です。

★16：結果を書くときの注意点は第16章を参照して下さい。

第３節　ケンドールの順位相関分析

★17：あくまでも一例ですから，別の良い書き方があればそちらを参考にして下さい。

ケンドールの順位相関係数は，［順序尺度］のデータや正規分布していない量的データを元に算出でき，［τ（タウ）］で示すことになっています★[18]。順位相関係数はデータを一旦順序に変換してから係数を算出しますが，その作業は SPSS が自動的にやってくれるので気にする必要はありません。

★18：分析の前に，第６章・第３節を参照してください。

第２節のデータにおける［友人への自己開示度］や［親への自己開示度］は正規分布していますが，今回は正規分布していないと仮定した上で，［友人への自己開示度］と［親への自己開示度］との順位相関係数★[19]を求めてみます。元となるデータは第２節と同じデータを用います。データビューは【図 13-7】を，変数ビューは【図 13-8】をそれぞれ参照してください。

★19：ケンドールの順位相関係数も［τ］も，［−1.0］から［+1.0］の範囲の値を取ります。

データ・エディタのメニューから［分析］→［相関］→［２変量］を順にクリック

し，設定ウィンドウを出して［変数］ボックスに「友人への自己開示度［FSD］」と「親への自己開示度［PSD］」を入れるところまでは同じです。ここで，［相関係数］の項目で，［Kendall のタウ b］にチェックを入れます（【図 13-13】参照）。これだけでケンドールの順位相関係数の設定が完了です★20。ここでも，［有意な相関係数に星印を付ける］・［下段の三角形のみを表示］にチェックを入れ，その右にある［対角を表示］のチェックを外しておくと結果がとても見やすくなります。

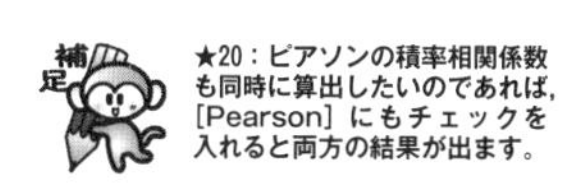
★20：ピアソンの積率相関係数も同時に算出したいのであれば，［Pearson］にもチェックを入れると両方の結果が出ます。

【図 13-13】

［OK］ボタンをクリックすれば分析が始まり，結果がビューアに表示されます（【図 13-14】参照）★21。

★21：みなさんの使用環境によって，ビューアの冒頭に数行のシンタックスが表示されることがあります。これは SPSS が隠れて実行しているシンタックスですので，気にしなくても大丈夫です。

【図 13-14】

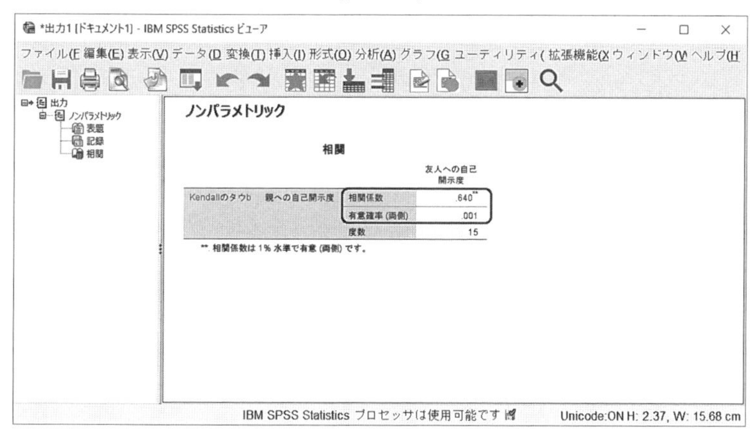

結果表示は，先ほどのピアソンの積率相関係数と類似しています★22。確認すべきところは，［相関係数］という行で［.640**］と表示され，今回は［τ=.640］という結果が得られたことになり，非常に強い正の相関関係の存在が判明しました。また，この値にはアスタリスクが2つついていて，その下の［有意確率（両側）］の値が［.001］と表示されていることから，相関係数は1％水準で有意であることもわかります★23。

★22：ピアソンの積率相関係数とケンドールの順位相関係数は誤差の範囲内でほとんど相関係数が同じになります。これは次節のスピアマンの順位相関係数でも同じです。

★23：アスタリスクは数字の右肩に，ものすごく小さく表示されます。見落とさないように，注意して確認してください。

【分析結果の書き方例】★24・25

本節の例の場合，次のようになります。

> 友人への自己開示度と親への自己開示度との間にどのような関係性が存在するのかを検証するために，ケンドールの順位相関係数を算出したところ，有意な正の相関関係が認められた（τ=0.64，p<.01）。

★24：結果を書くときの注意点は第16章を参照して下さい。

★25：あくまでも一例ですから，別の良い書き方があればそちらを参考にして下さい。

第4節　スピアマンの順位相関分析

もう1つの順位相関係数がスピアマンの順位相関係数で，［ρ（ロー）］で示すことになっています★26。扱い方はケンドールの順位相関係数とまったく同じで，計算過程が若干違うだけです。この例でも第2節と同じデータを使用します。データビューは【図13-7】を，変数ビューは【図13-8】をそれぞれ参照してください。

★26：分析の前に，第6章・第3節を参照してください。

データ・エディタのメニューから，［分析］→［相関］→［2変量］を順にクリックし，設定ウィンドウを出して［変数］ボックスに，「友人への自己開示度［FSD］」と「親への自己開示度［PSD］」を入れるところまでは同じです。ここで，［相関係数］の項目で［Spearman］にチェックを入れます（【図13-15】参照）。これだけでスピアマンの順位相関係数★27の設定が完了です★28。ここでも，［有意な相関係数に星印を付ける］・［下段の三角形のみを表示］にチェックを入れ，その右にある［対角を表示］のチェックを外しておくと結果がとても見やすくなります。

★27：スピアマンの順位相関係数［ρ］も，［−1.0］から［＋1.0］の範囲の値を取ります。

★28：ピアソンの積率相関係数やケンドールの順位相関係数も同時に算出したいのであれば，［Pearson］や［Kendall のタウ b］にもチェックを入れておくとすべて計算されます。

【図13-15】

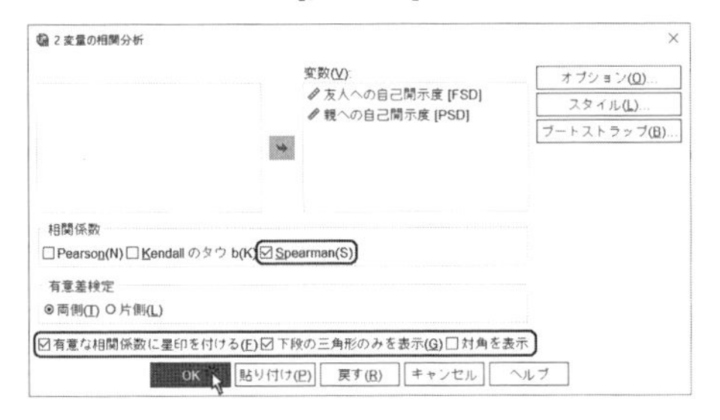

［OK］ボタンをクリックすれば分析が始まり，結果がビューアに表示されます（【図13-16】参照）★29。

★29：みなさんの使用環境によって，ビューアの冒頭に数行のシンタックスが表示されることがあります。これは SPSS が隠れて実行しているシンタックスですので，気にしなくても大丈夫です。

結果表示もピアソンの積率相関係数やケンドールの順位相関係数とかなり類似しています。確認すべきところは［相関係数］の行で，［.784**］と表示され，今回は［ρ＝.784］という結果が得られたことになり，非常に強い正の相関関係の存在が判明し

【図13-16】

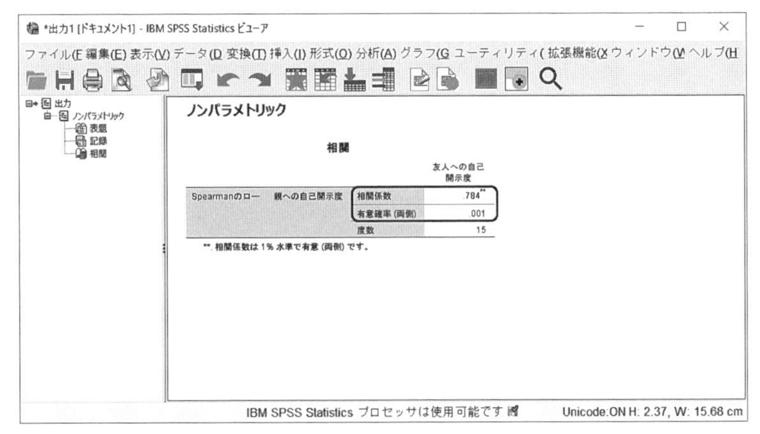

ました。また，この値にはアスタリスクが2つついていて，その下の［有意確率（両側）］が［.001］であるため，相関係数は1％水準で有意であることも判明しました★30。

★30：アスタリスクは数字の右肩に，ものすごく小さく表示されます。見落とさないように，注意して確認してください。

【分析結果の書き方例】★31・32

本節の例の場合，次のようになります。

> 友人への自己開示度と親への自己開示度との間にどのような関係性が存在するのかを検証するために，スピアマンの順位相関係数を算出したところ，有意な正の相関関係が認められた（$\rho=0.78$，$p<.01$）。

★31：結果を書くときの注意点は第16章を参照して下さい。

★32：あくまでも一例ですから，別の良い書き方があればそちらを参考にして下さい。

第5節　偏相関分析

この章の冒頭で，相関分析は2つの変量間の関係の強さを測定する分析であると述べました。しかし，要因が複雑に絡み合っているケースでは2変量以外の変量も関連していることがよくあります。純粋な2変量間の相関関係を測定するには，2変量以外の変量を除去したうえで行なわなければなりません★33・34。それを実現するのが［偏相関分析］です。

★33：2変量以外で何らかの関連がありそうな変量が混じっている場合には，特に注意が必要です。

★34：2変量以外の変量のことを［制御変数］とよびます。

この章の第4節までに，［友人への自己開示度（FSD）］と［親への自己開示度（PSD）］の相関関係を測定し，両者の間にはかなり強い正の相関関係が存在することが判明しました。これは自己開示するという行為そのものが類似しているため，相関関係が存在したとしてもそんなに驚くことではありません。しかし，自己開示するという行動には，感情的な側面が大いに関係しているとも考えられます。そこで，ある質問紙を使用して個人の［感情得点］を算出したところ，次のようになりました（【図13 17】参照）。最下行の［EMO］は［感情得点］を示しており，データ・エディタの［PSD］の列の右にデータを追加しておきます。

【図 13-17】

被験者	1	2	3	4	5	6	7	8	9	10	11	12	13	14	15
FSD	31	26	29	33	35	21	37	39	28	37	31	33	24	31	34
PSD	29	29	27	45	36	15	31	44	28	37	32	27	20	29	32
EMO	12	14	13	15	16	28	14	18	15	18	15	15	30	14	12

データ・エディタに入力すると，次のようになります（【図13-18】参照）★35。また，［変数ビュー］も掲載しておきます（【図13-19】参照）。

★35：データは，データ・エディタの下方向に続いています。適宜スクロールしてください。

【図 13-18】

	FSD	PSD	EMO
1	31.00	29.00	12.00
2	26.00	29.00	14.00
3	29.00	27.00	13.00
4	33.00	45.00	15.00
5	35.00	36.00	16.00
6	21.00	15.00	28.00
7	37.00	31.00	14.00
8	39.00	44.00	18.00
9	28.00	28.00	15.00
10	37.00	37.00	18.00
11	31.00	32.00	15.00

【図 13-19】

	名前	型	幅	小数桁数	ラベル	値	欠損値	列	配置	尺度	役割
1	FSD	数値	8	2	友人への自己開示度	なし	なし	8	右	スケール	入力
2	PSD	数値	8	2	親への自己開示度	なし	なし	8	右	スケール	入力
3	EMO	数値	8	2	感情得点	なし	なし	8	右	スケール	入力

手始めに，［友人への自己開示度（FSD）］・［親への自己開示度（PSD）］・［感情得点（EMO）］のそれぞれの組み合わせにおいて，ピアソンの積率相関係数を算出してみると，次のようになりました（【図 13-20】参照）。図を見ればわかるように，［友人への自己開示度（FSD）］と［親への自己開示度（PSD）］の間には非常に強い正の相関関係があり，［感情得点（EMO）］と［友人への自己開示度（FSD）］および［親への自己開示度（PSD）］の間には負の相関関係が見られます。

【図 13-20】

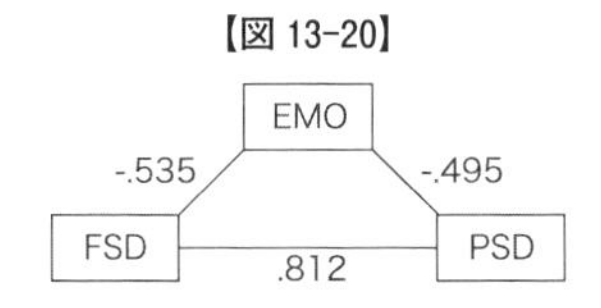

純粋な［友人への自己開示度（FSD）］と［親への自己開示度（PSD）］との相関関係を調べるためには，［感情得点（EMO）］と［友人への自己開示度（FSD）］・［親への自己開示度（PSD）］との負の相関関係を排除した相関関係を求めなくてはなりません★36。それを実現するために，偏相関分析を行ないます。

注意点 ★36：他のいくつかの要因との関係が示唆される場合，それらをすべて排除した相関係数を求めなければなりません。

データ・エディタのメニューから，［分析］→［相関］→［偏相関］を順にクリックします（【図 13-21】参照）。

【図 13-21】

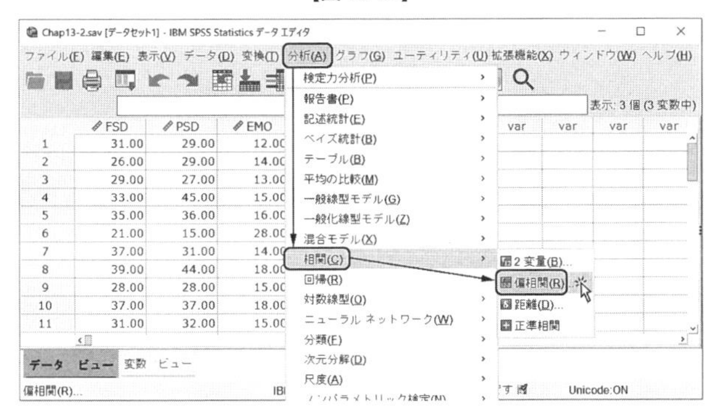

すると，次のウィンドウが出現します（【図 13-22】参照）。

【図 13-22】

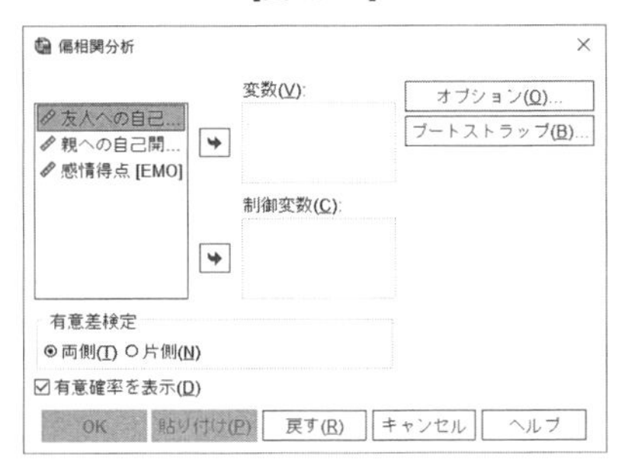

ウィンドウ左側の変数一覧ボックスから，中央の［変数］ボックスに純粋な相関関係を求めたい 2 変数の［友人への自己開示度（FSD)］と［親への自己開示度（PSD)］を投入し，直下の［制御変数］ボックスに排除したい変数の［感情得点（EMO)］を投入します（【図 13-23】参照）★37。

これらを確認して［OK］ボタンをクリックすると，分析結果がビューアに表示されます（【図 13-24】参照）★38。

［感情得点（EMO)］を排除して，［友人への自己開示度（FSD)］と［親への自己開示度（PSD)］の偏相関分析を行なったわけですが，確認すべき相関係数は［友人への自己開示度］と［親への自己開示度］が交差する 1 つのセルだけで，［相関係数］の行を見ます。そこには［.746］と表示され，今回は［r=.746］という結果が得られたことになり，非常に強い正の相関関係の存在が判明しました。残念なことに，この値にはアスタリスクがついていませんが，その下の［有意確率（両側)］が［.002］であるため，偏相関係数は 1 %水準で有意であることがわかります。通常の 2 変量間の相関分析では，［r=.812］という相関係数でしたが（【図 13-20】参照），偏相関分析では若干ですが相関係数が小さくなりました★39。

★37：第 4 節までの相関係数と異なり，偏相関では［下段の三角形のみを表示］や［対角を表示］などの，結果を見やすくする操作はできません。

★38：みなさんの使用環境によって，ビューアの冒頭に数行のシンタックスが表示されることがあります。これは SPSS が隠れて実行しているシンタックスですので，気にしなくても大丈夫です。

★39：ある変数を排除して偏相関係数を求めたところ，正の相関関係だったものが，いきなり負の相関関係になることもあります。

【分析結果の書き方例】★40・41

本節の例の場合，次のようになります。

★40：結果を書くときの注意点は第16章を参照して下さい。

★41：あくまでも一例ですから，別の良い書き方があればそちらを参考にして下さい。

【図 13-23】

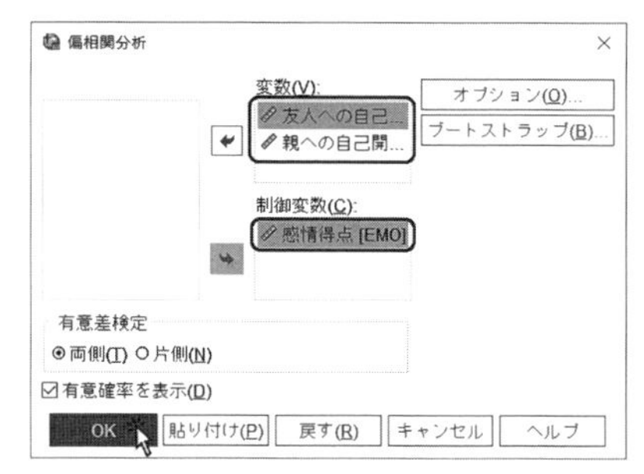

【図 13-24】

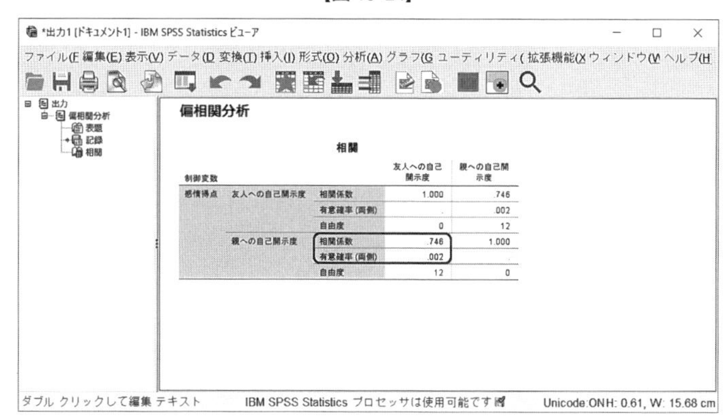

偏相関分析

相関

制御変数			友人への自己開示度	親への自己開示度
感情得点	友人への自己開示度	相関係数	1.000	.746
		有意確率（両側）	.	.002
		自由度	0	12
	親への自己開示度	相関係数	.746	1.000
		有意確率（両側）	.002	.
		自由度	12	0

友人への自己開示度と親への自己開示度との間にどのような関係性が存在するのかを検証するために，感情得点を制御変数とした偏相関係数を算出したところ，有意な正の相関関係が認められた（$r=0.75$，$p<.01$）。

第6節　回帰分析とは

★42：分析の前に，第6章・第3節を参照してください。

【図 13-25】のデータがあったとします★42。データ数が少ないですが，このように2変数間に直線的な関係が存在するとき，言い換えると2変数に相関関係があるとき，片方の変数［x］からもう片方の変数［y］をある程度予測することができます。

【図 13-25】はかなり正の相関が強そうなデータですが，この散布図は微妙に凸凹していますので当然ながらすべてのデータにぴったり当てはまる直線を引くのは不可能です。しかし，おおよそ当てはまるような右上がりの直線は引けそうです（【図 13-26】参照)。その直線の方程式を求めるのが，（単）回帰分析です。直線が1本決まれば，実際にデータが得られていなくても，［X］の値にデータを代入すると，［Y］の値は自動的に1つに決まり，予測が可能になります。また，直線の方程式の係数から影響の強さも測定できます★43。

★43：単回帰分析で影響関係を測定してもあまり意味がないかもしれません。

どのようにすれば，直線の方程式が求められるのでしょうか。それは，直線から各データまでの距離を最小にすれば，直線は数学的にたった1本に決定してしまうということを利用します★44。

★44：この直線の方程式の求め方を［最小二乗法］といいます。導き方を知らなくても，SPSSが自動的に計算してくれます。ちなみに，数学者のガウスが考案した方法です。

【図 13-25】

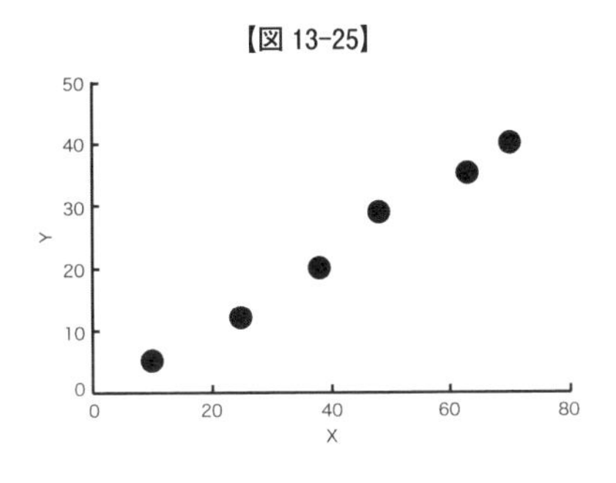

【図 13-26】

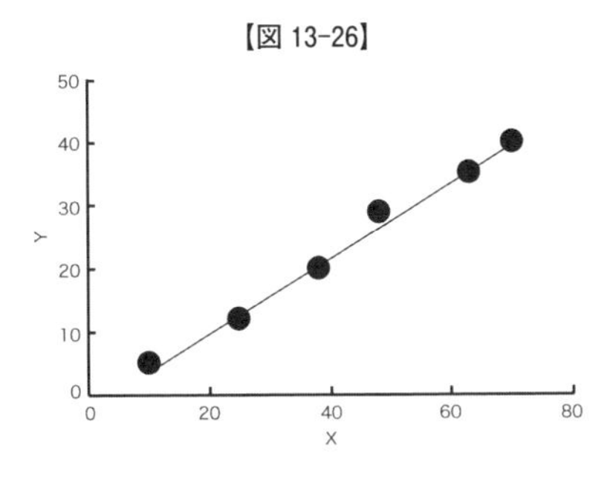

回帰分析を行なう際に重要になってくるのが，［独立変数］と［従属変数］の特定です★45。物事に原因と結果があるとすれば，［原因］に相当するのが［独立変数］，［結果］に相当するのが［従属変数］です。通常，［$x-y$ 平面］においては［x］が［独立変数］，［y］が［従属変数］です。2次元の［$x-y$ 平面上］における直線の方程式は，一般的に，

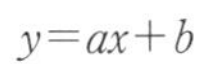

$$y=ax+b$$

という1次関数の形で表わすことができ，これを［回帰方程式］とよびます。［x］と［y］がデータですから，つまりは傾き［a］と切片［b］が求まれば直線は1本に決まってしまうということになります。言い換えれば，回帰分析とは直線の方程式の傾き［a］と切片［b］を求める分析ということになるかもしれません。なお，［傾き］は［回帰係数］ともよばれます。

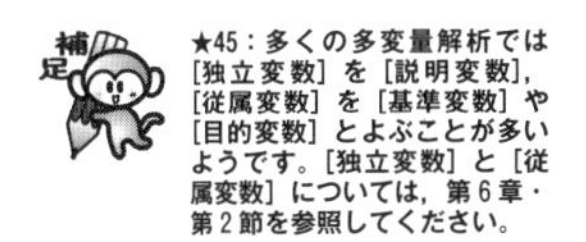

★45：多くの多変量解析では［独立変数］を［説明変数］，［従属変数］を［基準変数］や［目的変数］とよぶことが多いようです。［独立変数］と［従属変数］については，第6章・第2節を参照してください。

第7節　単回帰分析

具体的なデータを用いて回帰分析を行ないます。一般的に，高校の成績と大学の成績との間には，ある程度の相関関係があると考えてよいでしょう。では，大学の成績は高校の成績から予測できるのでしょうか？　また，高校の成績は大学の成績にどの程度影響を及ぼすのでしょうか？　これらを回帰分析で検証することによって，大学の成績を事前に予測できるばかりか，高校の成績がどの程度影響するのかも判明することになります★46。

模擬データとして，［高校の成績］と［大学の成績］を用います（【図 13-27】参照）★47。データ・エディタに入力すると，【図 13-28】になります★48。また，［変数ビュー］も掲載しておきます（【図 13-29】参照）。

★46：［独立変数］は［高校の成績］，［従属変数］は［大学の成績］となります。

★47：回帰分析は，［間隔尺度］・［比率尺度］の量的データに対して適用できます。

★48：データは，データ・エディタの下方向に続いています。適宜スクロールしてください。

【図 13-27】

学生	1	2	3	4	5	6	7	8	9	10	11	12	13
高校	60	80	75	95	55	70	75	90	50	80	60	85	90
大学	65	80	70	95	50	75	70	85	60	90	65	90	80

【図 13-28】

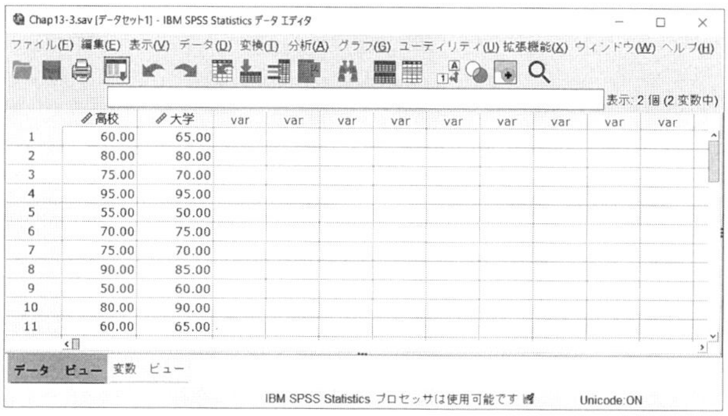

Chap13-3.sav [データセット1] - IBM SPSS Statistics データ エディタ

	高校	大学
1	60.00	65.00
2	80.00	80.00
3	75.00	70.00
4	95.00	95.00
5	55.00	50.00
6	70.00	75.00
7	75.00	70.00
8	90.00	85.00
9	50.00	60.00
10	80.00	90.00
11	60.00	65.00

【図 13-29】

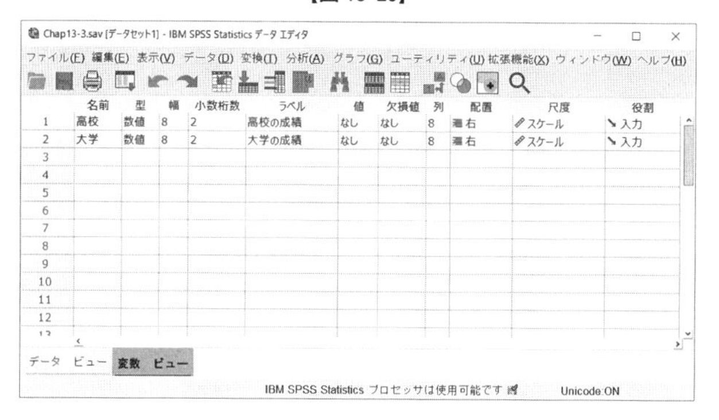

データ・エディタのメニューから，［分析］→［回帰］→［線型］を順にクリックします（【図 13-30】参照）。

すると，次のウィンドウが出現します（【図 13-31】参照）。

このウィンドウで回帰分析に必要な設定を行ないます。［独立変数］が1つの単回帰分析の場合は［従属変数］と［独立変数］の指定のみで設定完了です。今回は［従属変数］に「大学の成績［大学］」，［独立変数］に「高校の成績［高校］」を，左側の変数一覧ボックスから投入します（【図 13-32】参照）。

［OK］ボタンをクリックすると分析が開始され，結果がビューアに表示されます（【図 13-33】参照）★49。

★49：みなさんの使用環境によって，ビューアの冒頭に数行のシンタックスが表示されることがあります。これは SPSS が隠れて実行しているシンタックスですので，気にしなくても大丈夫です。

まず，［投入済み変数または除去された変数］では，［独立変数］と［従属変数］の情報が表示されます（【図 13-34】参照）。［投入済み変数］が［独立変数］のことで，この例では，［高校の成績］です。表の下に［a．従属変数 大学の成績］という表示があり，［大学の成績］が［従属変数］であることがわかります★50。

★50：これらが間違っていると無意味な分析になりますので，必ず確認するようにしましょう。

次に，［モデルの要約］です（【図 13-35】参照）。この項目では，［重相関係数］である［*R*］，［決定係数］である［*R*2乗］などが出力されます。中でも，［決定係数］の［*R*2乗］は［独立変数］の合成変量が［従属変数］の分散を説明できる［%］に相当しています。簡単に言えば，回帰直線がどのくらいぴったりと散布図に当てはまって

【図 13-30】

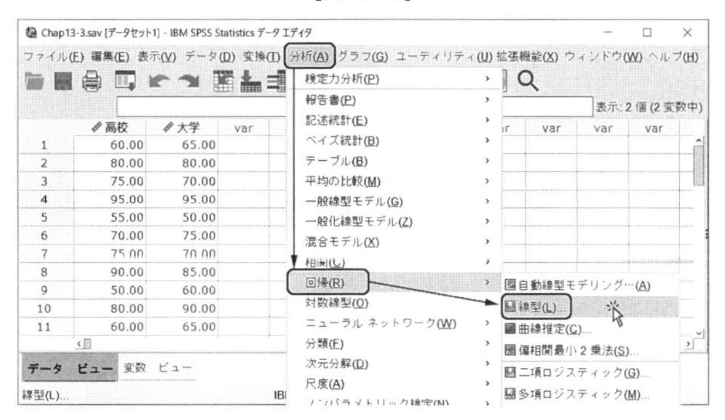

【図 13-31】

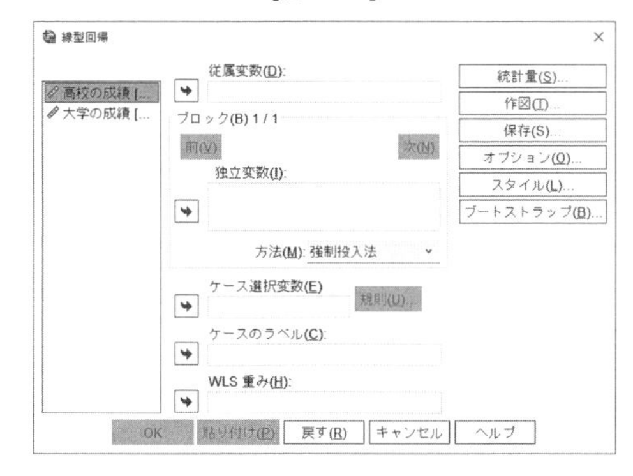

【図 13-32】

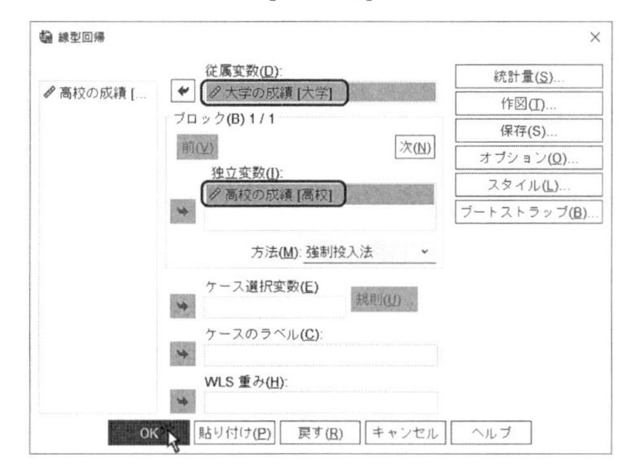

いるかという［当てはまりの良さ］を表わしていて，［説明率］とよばれることもあります★51。この値が高ければ高いほど，回帰直線は散布図にぴったりと当てはまっていると言えます。なお，単回帰分析を行なったときには，［R］は単なる相関係数を表わします。

この例では，［R=.896］となり，［高校の成績］と［大学の成績］との間の相関係数は［.896］で，非常に強い正の相関関係が認められます。また，決定係数が［R2乗=.803］ということからも，回帰直線が相当ぴったり当てはまっていることがわかります。

続いて，［分散分析］です（【図 13-36】参照）。この項目では，分散分析によって回

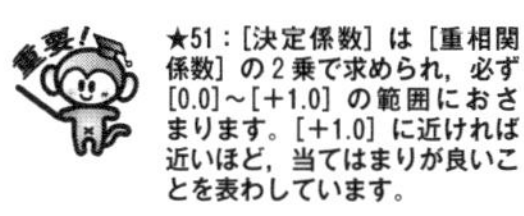

★51：［決定係数］は［重相関係数］の2乗で求められ，必ず［0.0］~［+1.0］の範囲におさまります。［+1.0］に近ければ近いほど，当てはまりが良いことを表わしています。

【図 13-33】

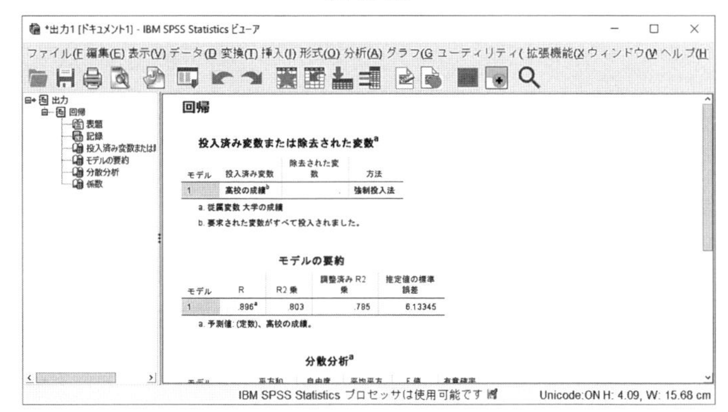

【図 13-34】

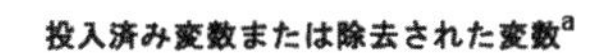
投入済み変数または除去された変数a

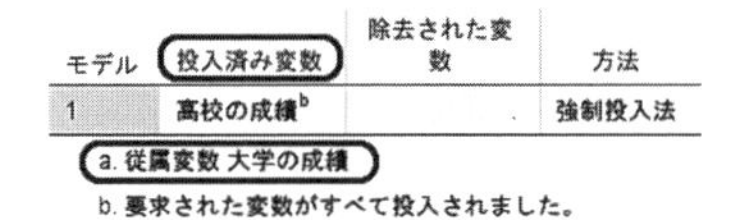

モデル	投入済み変数	除去された変数	方法
1	高校の成績b	.	強制投入法

a. 従属変数 大学の成績
b. 要求された変数がすべて投入されました。

【図 13-35】

モデルの要約

モデル	R	R2 乗	調整済み R2 乗	推定値の標準誤差
1	.896a	.803	.785	6.13345

a. 予測値: (定数)、高校の成績。

【図 13-36】

分散分析a

モデル		平方和	自由度	平均平方	F 値	有意確率
1	回帰	1686.188	1	1686.188	44.822	.000b
	残差	413.812	11	37.619		
	合計	2100.000	12			

a. 従属変数 大学の成績
b. 予測値: (定数)、高校の成績。

帰分析全体の有意性を検討しています。言い換えれば，行なっている回帰分析自体が統計的に意味のあるものなのかどうかがわかるわけです★52。分散分析の結果が統計的に有意であれば，行なった回帰分析が意味のあるもので，さらに正確な予測ができると言えるでしょう。この例では，［*F* 値］が［44.822］，［有意確率］が［.000］となっていて，0.1％水準で有意であることから，回帰分析が統計的に有意であることが判明しました。

★52：分散分析の結果が有意であるとは言えない場合，行なっている回帰分析自体が意味のないものになります。

最後に，［係数］です（【図 13-37】参照）。この項目には，最終的な目的である回帰直線の方程式に必要な情報が入っています。ここでは，［独立変数］である［高校の成績］と［定数］の［非標準化係数］（標準化されていない係数）に相当する［B］，および［標準化係数］に相当する［ベータ］，それらが有意かどうかのt検定結果の［*t* 値］が表示されます★53。

★53：［標準化係数］は別名［標準化偏回帰係数］ともよばれ，変数を標準化したときに用い，影響の強さを表わします。［＋1.0］に近いほど正の影響が大きく，［−1.0］に近いほど負の影響が大きいということになります。また，単回帰分析の場合には，相関係数と同じ値になります。

［非標準化係数］の［B］の列を見ると，［定数］が［13.943］，［高校の成績］が［.823］となっています。これらの値が回帰直線の方程式の［*b*］と［*a*］に相当します。

【図 13-37】

係数[a]

モデル		非標準化係数 B	標準誤差	標準化係数 ベータ	t 値	有意確率
1	(定数)	13.943	9.277		1.503	.161
	高校の成績	.823	.123	.896	6.695	.000

a. 従属変数 大学の成績

よって，回帰方程式は，

$$y = 0.823x + 13.943$$

という形に決まります。回帰直線の方程式が決定すると，実際に予測が可能になります。例えばデータを取った母集団の中に，［高校の成績］が［72点］という人がいたとすると，その人の［大学の成績］は次の式を用いて，約［73.199点］であると予測できます★54。

［大学の成績］＝0.823×72＋13.943＝73.199

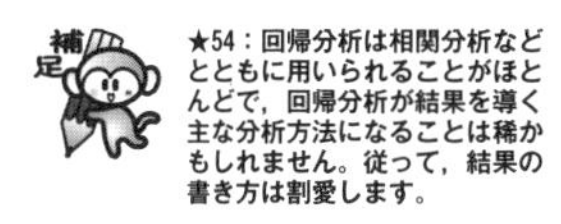

★54：回帰分析は相関分析などとともに用いられることがほとんどで，回帰分析が結果を導く主な分析方法になることは稀かもしれません。従って，結果の書き方は割愛します。

第14章

名義尺度データの分析

男性は［1］，女性は［2］など，単なるラベルとして機能する名義尺度データの分析について解説します。人数（度数）に偏りがあるのかを検定する χ^2（カイ2乗）検定とその残差分析，フィッシャーの正確確率検定，マクネマー検定，コクランのQ検定，カッパ（一致率）検定・クラメールの連関係数を解説します。

第1節　χ^2検定（1変数）

★1：分析の前に，第6章・第1節～第3節を参照してください。

★2：回答カテゴリが［2つ］の場合は，［二項検定］という分析方法でも分析可能です。

★3：実際に得られた分布が，理論的な分布と違うかどうかを検証するため，この検定を［適合度の検定］と呼ぶこともあります。

★4：縦方向に100名分のデータを表示しきれないので，最初の11人分だけ表示しました。実際には，［やる気が出る］が［85名］，［やる気が出ない］が［15名］だったと考えてください。データは，データ・エディタの下方向に続いています。適宜スクロールしてください。

1変数におけるχ^2（カイ2乗）検定は，ある理論や仮説によって各カテゴリの出現頻度がわかっていて，その理論的分布と実際に得られた各カテゴリの出現頻度の分布とが，統計的に異なるのかどうかを検証する方法です。この検定は，［名義尺度］のデータに対して適用できます★1。

例えば，［90名］の被験者を対象にして，［色］変数の中で［赤］・［青］・［緑］の3種類の好みを調査したとき，［赤］が好きだと答えた人は［25名］，［青］が［35名］，［緑］が［30名］だったとします★2。色の3つのカテゴリに対して，色の好みに偏りがなければ，理論的に各色［30名］という度数が期待されます。χ^2検定では，実際に得られた度数（観測度数）と，理論的に期待される度数（期待度数）との間に，統計的な差があるかどうかを検証することができます★3。帰無仮説は，［観測度数と期待度数には差がない］，つまり［観測度数と期待度数は同じ］となります。算出される統計量は，［χ^2値］です。

次の例を考えます。［100名］の大学生を対象に，ある大学教員の授業方法に対して，やる気が出るかどうかの調査を行なったと仮定します。その結果，［やる気が出る］が［85名］，［やる気が出ない］が［15名］で，【図14-1】にまとめられています。各カテゴリの人数に偏りはみられるでしょうか。［やる気が出る］を［1］に，［やる気が出ない］を［0］にしてデータ・エディタに入力すると，【図14-2】になります。［85］や［15］といった人数を表わす数字がそのまま入力されるのではなく，1名1名の［1］か［0］の回答データが，100人分入力されることに注意してください★4。

【図14-1】

やる気が出る	やる気が出ない
85	15

【図14-2】

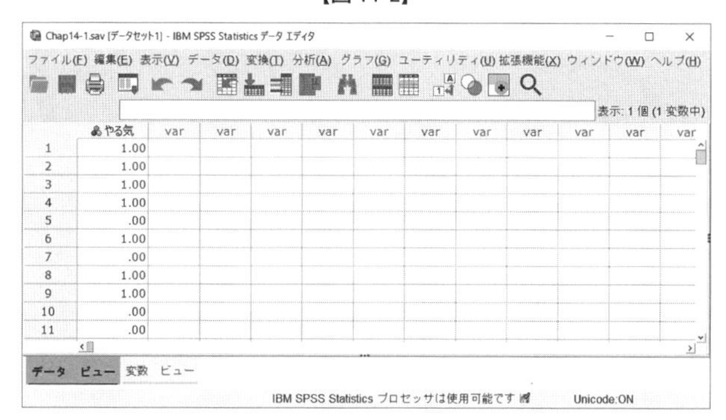

［変数ビュー］も掲載しておきます（【図 14-3】参照）。［値］の列では，［やる気が出ない］に［0］を，［やる気が出る］に［1］を割り当てています★5。また，変数［やる気］は名義尺度データとなりますので，［尺度］の列では［名義］に変更を加えています。

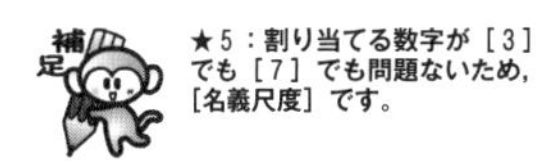

【図 14-3】

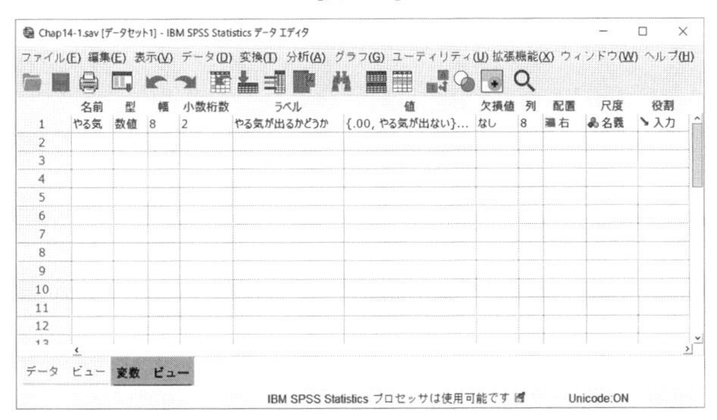

分析実行に関しては，データ・エディタのメニューから，［分析］→［ノンパラメトリック検定］→［過去のダイアログ］→［カイ 2 乗］を順にクリックします（【図 14-4】参照）★6。

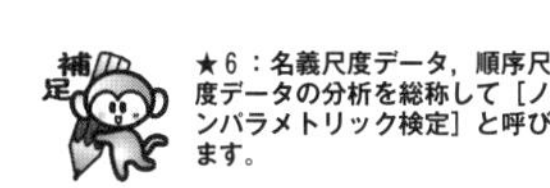

【図 14-4】

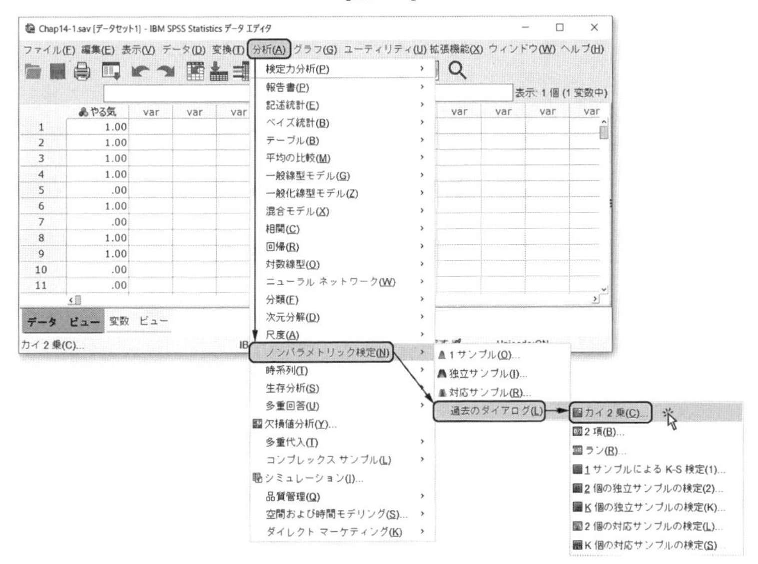

すると，次のウィンドウが出現します（【図 14-5】参照）。左上の変数一覧ボックスから右側の［検定変数リスト］ボックスに，「やる気が出るかどうか［やる気］」を投入します（【図 14-6】参照）★7。

★7：ウィンドウ右下部にある［期待度数］が［全てのカテゴリが同じ］になっていますが，［値］から設定することで期待度数を調整できます。期待度数が異なる場合などに使います。

続いて，ウィンドウ左下の［OK］ボタンをクリックすると分析が始まり，結果がビューアに表示されます（【図 14-7】参照）★8。

★8：みなさんの使用環境によって，ビューアの冒頭に数行のシンタックスが表示されることがあります。これは SPSS が隠れて実行しているシンタックスですので，気にしなくても大丈夫です。

出力中，［やる気が出るかどうか］という項目では，［やる気が出ない］大学生と［やる気が出る］大学生の［観測度数 N］と［期待度数 N］などの集計結果が表示さ

【図 14-5】

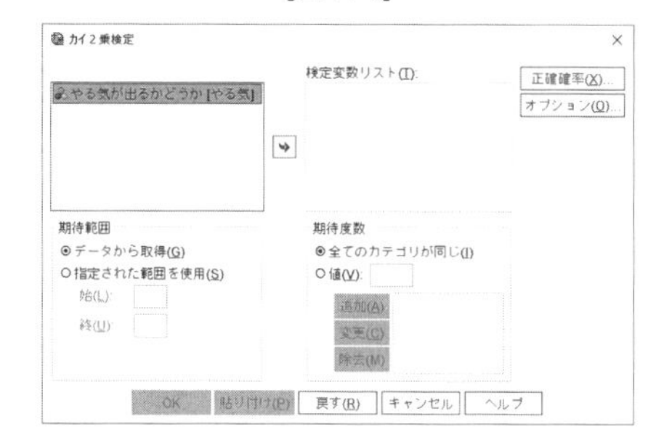

【図 14-6】

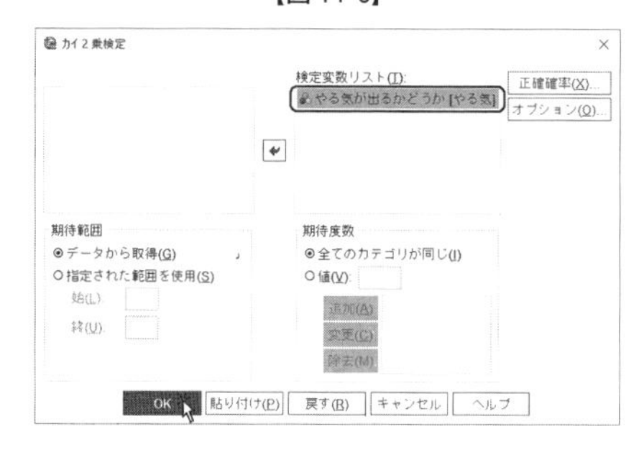

【図 14-7】

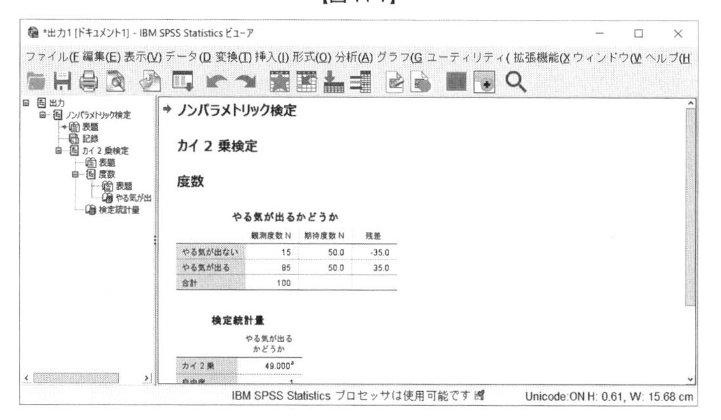

【図 14-8】

やる気が出るかどうか

	観測度数 N	期待度数 N	残差
やる気が出ない	15	50.0	-35.0
やる気が出る	85	50.0	35.0
合計	100		

れています（【図 14-8】参照）。

その下に，検定結果が出力されています（【図 14-9】参照）。それによると，［カイ２乗］が［49.000］，［自由度］が［１］，［漸近有意確率］が［.000］となっており，これから［χ^2値］が［49.000］，［自由度］が［１］，［有意確率］が［.000］であることがわかります。つまり，0.1％水準で有意となりました。よって，帰無仮説を棄却して，［観測度数と期待度数には差がある］と判断でき，観測度数からやる気が出ると答えた学生のほうが多かったと結論できます★9。

★9：今回の例では回答カテゴリ数が［2］で，どちらが有意に人数が多いと結論できました。しかし，カテゴリ数が［3以上］になると検定結果だけではどのセルが有意に偏っているかがわかりません。そのような場合は下位検定を行なわなければなりません。［ライアン（Ryan）の方法］や［ボンフェローニ（Bonferroni）の方法］などが考案されていますが，繁桝・柳井・森（2002, p.48）によると，完全に確立した手法はまだないようです。

【図 14-9】

検定統計量

	やる気が出るかどうか
カイ2乗	49.000[a]
自由度	1
漸近有意確率	.000

a. 0 セル (0.0%) の期待度数は 5 以下です。必要なセルの度数の最小値は 50.0 です。

第2節　χ^2検定（2×2分割表）と残差分析

変数を2変数に増やして，2×2分割表（クロス集計表）で構成されるデータを考えます★10。第1節と違って，このタイプのχ^2検定は，2つの変数が互いに独立であるかどうか（関連があるかどうか）を検証するもので，［独立性の検定］とよばれることもあります。検定結果が有意であれば，2変数の間には関連があると結論できますし，有意でなければ2変数の間には関連がなく，互いに独立であると結論できます。第1節と同じく，［名義尺度］のデータに対して適用できますが，より厳密に言えば，2×2分割表のχ^2検定では，［度数の差］を検定するのではなく，［度数の比率の差］を検定します。算出される統計量は，［χ^2値］です。

★10：2×2のχ^2検定において，どこかのセルの期待度数が［5以下］であったり，周辺度数に［10未満］のものがあったりした場合にはχ^2分布への近似が悪くなり，第4節の［フィッシャー（Fisher）の正確確率検定］を行ないます。

2×2のχ^2検定における注意点は，1つのデータは必ずどこかのセルにたった1度だけ属さなければならないということです。つまり，あるデータが複数のセルに同時に入るということがあってはならず，被験者1名からのデータは単一のセルに属します。

次の例を考えます★11。大学生の中から，［日本］の学生［60名］，［米国］の学生［40名］，合計［100名］を無作為に集めて喫煙調査を行なったところ，［日本］で喫煙する学生は［45名］，［米国］で喫煙する学生は［15名］であるという結果が得られたと仮定します（【図14-10】参照）。大学生の［国籍］と，［喫煙］との度数の比率には関連があるといえるでしょうか？　つまり，［国籍］という変数と，［喫煙］という変数とが互いに独立かどうか（互いに関連があるかどうか）を検証しようというわけです。帰無仮説は，［国籍と喫煙には関連が無い］となります。

★11：分析の前に，第6章・第1節〜第3節を参照してください。

【図 14-10】

	喫煙	非喫煙
日本	45	15
米国	15	25

［国籍］において［日本］を［1］，［米国］を［2］とし，［喫煙］において［非喫煙］を［0］，［喫煙］を［1］としてデータ・エディタに入力すると，【図14-11】になります★12。第1節と同様に，［45］や［15］といった数字がそのまま入力されるのではなく，1名1名の回答データが100人分入力されることに注意してください。［変数ビュー］も掲載しておきます（【図14-12】参照）。［変数レビュー］における［国籍］の［値］の列では，［日本］に［1］を，［米国］に［2］を割り当て，［喫煙］の［値］の列では，［非喫煙］に［0］を，［喫煙］に［1］を割り当てています。

★12：縦方向に100名分のデータを表示しきれないので，最初の11人分だけ表示しました。これは表示上の問題なので，実際の分析では全データを入力しなければなりません。データは，データ・エディタの下方向に続いています。適宜スクロールしてください。

【図 14-11】

Chap14-2.sav [データセット1] - IBM SPSS Statistics データ エディタ

ファイル(F) 編集(E) 表示(V) データ(D) 変換(T) 分析(A) グラフ(G) ユーティリティ(U) 拡張機能(X) ウィンドウ(W) ヘルプ(H)

表示: 2 個 (2 変数中)

	国籍	喫煙	var	var	var	var	var	var	var	var	var
1	1.00	1.00									
2	1.00	1.00									
3	1.00	.00									
4	1.00	1.00									
5	2.00	.00									
6	2.00	.00									
7	1.00	1.00									
8	1.00	.00									
9	1.00	1.00									
10	1.00	1.00									
11	1.00	1.00									

データ ビュー　変数 ビュー

IBM SPSS Statistics プロセッサは使用可能です　Unicode:ON

【図 14-12】

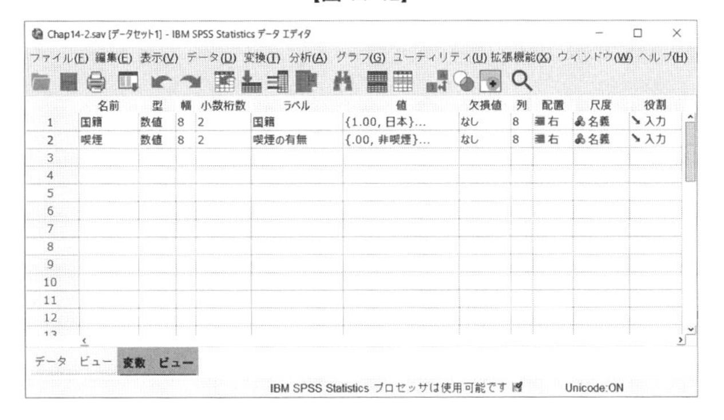

Chap14-2.sav [データセット1] - IBM SPSS Statistics データ エディタ

ファイル(F) 編集(E) 表示(V) データ(D) 変換(T) 分析(A) グラフ(G) ユーティリティ(U) 拡張機能(X) ウィンドウ(W) ヘルプ(H)

	名前	型	幅	小数桁数	ラベル	値	欠損値	列	配置	尺度	役割
1	国籍	数値	8	2	国籍	{1.00, 日本}...	なし	8	右	名義	入力
2	喫煙	数値	8	2	喫煙の有無	{.00, 非喫煙}...	なし	8	右	名義	入力
3											
4											
5											
6											
7											
8											
9											
10											
11											
12											

データ ビュー　変数 ビュー

IBM SPSS Statistics プロセッサは使用可能です　Unicode:ON

分析実行に関しては，データ・エディタのメニューから，[分析] → [記述統計] → [クロス集計表] を順にクリックします（【図 14-13】参照）。

すると，次のウィンドウが出現します（【図 14-14】参照）。

ウィンドウ左側の変数一覧ボックスから，中央の [行] ボックスに，「国籍 [国籍]」を，[列] ボックスに「喫煙の有無 [喫煙]」を順に投入します（【図 14-15】参照）。

続いて，ウィンドウ右上の [統計量] ボタンをクリックすると，次のウィンドウが出現するので，[カイ 2 乗] にチェックを入れます（【図 14-16】参照）。

[続行] ボタンをクリックすると【図 14-15】に戻りますので，今度はウィンドウ右上の [セル] ボタンをクリックします。次のウィンドウが出現するので，ウィンドウ左上の [度数] の [観測]・[期待] と，ウィンドウ中央右の [残差] の中の [調整済みの標準化]★13にチェックを入れます（【図 14-17】参照）★14。

★13：[標準化] にチェックを入れても大した差はないようですが，Haberman（1974）は [調整済みの標準化] を推奨しています。

★14：こうすることで [期待度数] も算出され，データの詳細をつかむことが出来ますし，後に解説する残差分析が可能になります。

【図 14-13】

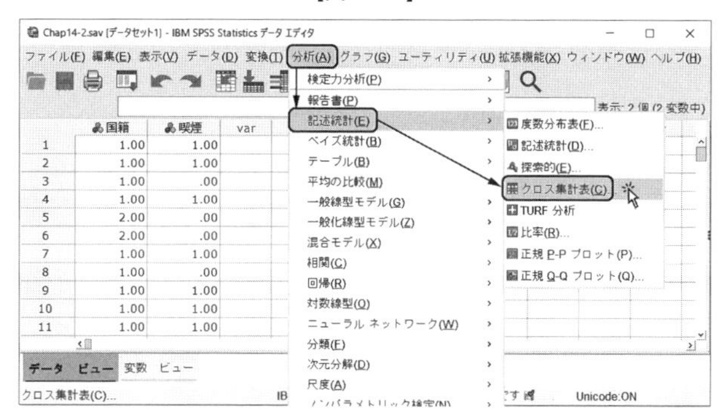

【図 14-14】

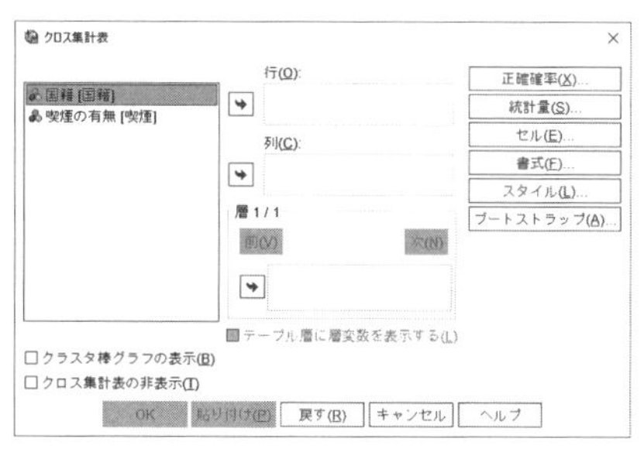

【図 14-15】

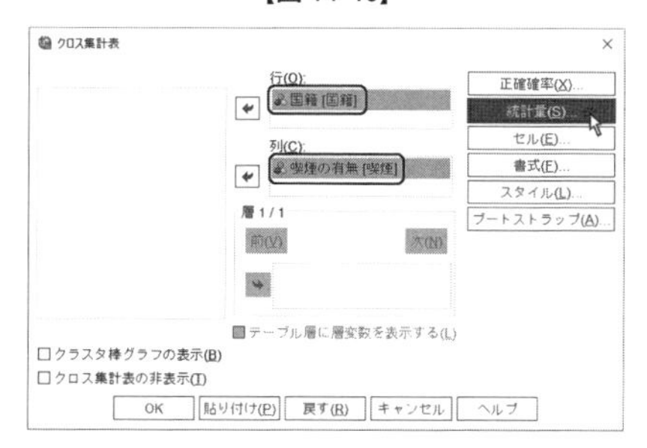

【図 14-16】

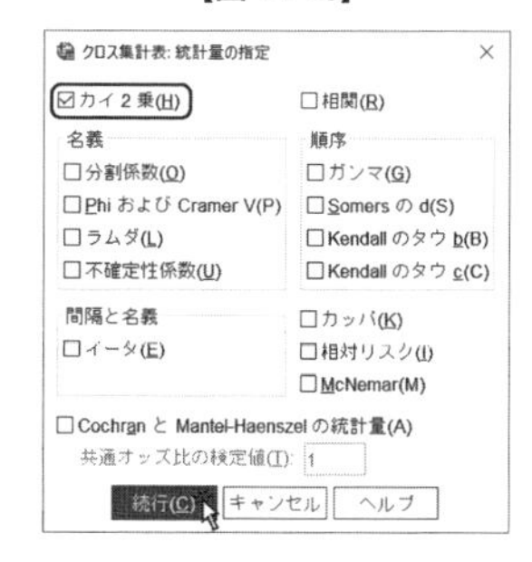

【図 14-17】

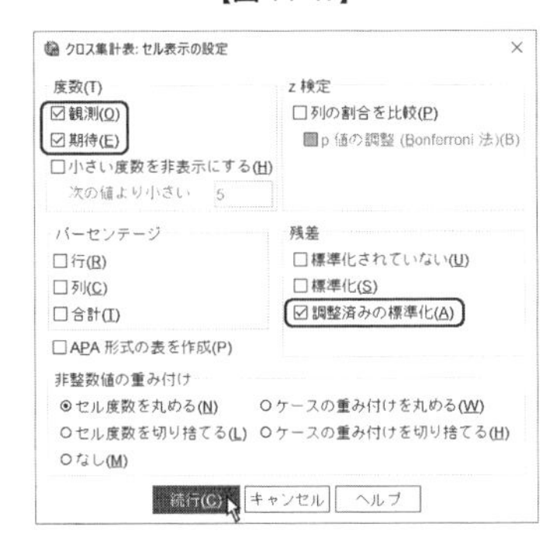

そして，［続行］ボタンをクリックして【図 14-15】に戻り，［OK］ボタンをクリックするとビューアに結果が表示されます（【図 14-18】参照）★15。

★15：みなさんの使用環境によって，ビューアの冒頭に数行のシンタックスが表示されることがあります。これは SPSS が隠れて実行しているシンタックスですので，気にしなくても大丈夫です。

【図 14-18】

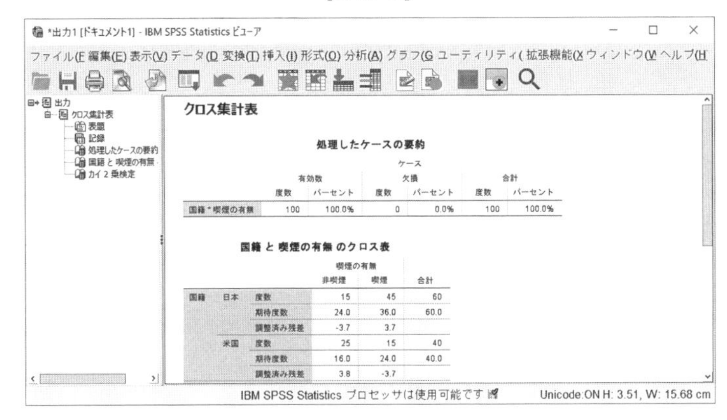

結果出力では，まずデータの［有効数］や［欠損］などの情報が要約され，続いて［国籍と喫煙の有無のクロス表］が作成されます（【図 14-19】参照）。［度数］・［期待度数］・［調整済み残差］が，きちんと表示されているか確認してください。

【図 14-19】

国籍 と 喫煙の有無 のクロス表

			喫煙の有無		
			非喫煙	喫煙	合計
国籍	日本	度数	15	45	60
		期待度数	24.0	36.0	60.0
		調整済み残差	-3.7	3.7	
	米国	度数	25	15	40
		期待度数	16.0	24.0	40.0
		調整済み残差	3.8	-3.7	
合計		度数	40	60	100
		期待度数	40.0	60.0	100.0

★16：カール・ピアソン（Karl Pearson）が開発した検定手法なので，［Pearson のカイ 2 乗］となっています。ピアソンの積率相関係数を開発したピアソンと同一人物です。

★17：［漸近有意確率］とは，通常の［有意確率］とほぼ同義です。

最後に，［カイ 2 乗検定］という項目で，χ^2検定の検定結果が表示されます（【図 14-20】参照）。この図の［Pearson のカイ 2 乗］★16の項目が，χ^2検定結果に相当します。つまり，［値］が［14.063］，［自由度］が［1］，［漸近有意確率（両側）］★17が［.000］となっており，これらから［χ^2値］が［14.063］，［自由度］が［1］，［有意確率］が［.000］であることがわかり，0.1%水準で有意となりました。結果的に帰無仮説を棄却して，［国籍と喫煙には関連がある］と結論できます★18。

★18：【図14-20】には［Fisherの直接法］という項目が算出されています。これに関しては第4節を参照してください。

【図 14-20】

カイ 2 乗検定

	値	自由度	漸近有意確率 (両側)	正確な有意確率 (両側)	正確有意確率 (片側)
Pearson のカイ 2 乗	14.063[a]	1	.000		
連続修正[b]	12.543	1	.000		
尤度比	14.197	1	.000		
Fisher の直接法				.000	.000
線型と線型による連関	13.922	1	.000		
有効なケースの数	100				

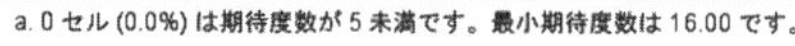
a. 0 セル (0.0%) は期待度数が 5 未満です。最小期待度数は 16.00 です。
b. 2x2 表に対してのみ計算

ここで，χ^2検定の結果が有意であると判断された場合，どのセルの［観測度数］が［期待度数］よりも有意に多い（少ない）かが，［残差分析］★19によってわかります。残差分析では，［期待度数］と［観測度数］の差，つまり［残差］という値を元にして各セルの有意性を判断します。

★19：ハバーマン（Haberman）によって開発されたので，［ハバーマン法による残差分析］とよぶ場合もあります。

先の【図 14-19】を見ると，［日本］および［米国］の3行目に［調整済み残差］という項目が出力されています。この値が［+1.96］を超えていれば，そのセルの［観測度数］は［期待度数］よりも5％水準で有意に多く，逆に［−1.96］を下回っていれば，そのセルの［観測度数］は［期待度数］よりも5％水準で有意に少ないと言えます★20。

★20：残差分析はまだ発展途中の分析方法であるために，行なうか行なわないかの判断は意見が分かれています。

この観点から各セルを見てみると，［日本］の［非喫煙］と［米国］の［喫煙］が，ともに［−1.96］を下回っているので，［観測度数］が［期待度数］よりも有意に少なく，［日本］の［喫煙］と［米国］の［非喫煙］がともに［+1.96］を上回っているので，［観測度数］が［期待度数］よりも有意に多いと言えます。

第3節　χ^2検定（$m\times n$分割表）と残差分析

本節では，行が［2以上］，列も［2以上］の場合の分割表からχ^2検定を行なう方法を解説します★21。基本的な考え方は第2節と同じで，このタイプのχ^2検定は2つの変数が互いに独立であるかどうか（関連があるかどうか）を検証し，［独立性の検定］とよばれることもあります。検定結果が有意であれば，2変数の間には関連があると結論できますし，有意でなければ2変数の間には関連がなく，互いに独立であると結論できます。算出される統計量は，［χ^2値］です。

★21：3次元のχ^2検定（例えば2×3×3など）も理論的には可能ですが，結果の解釈困難性の問題から，2次元までに留めるべきであるという主張もあります（Brace, Kemp, & Snelgar, 2003, p. 100）。どうしても3次元にしたい場合は，対数線形モデルの使用をお勧めします。

次の例を考えます★22。親であれば誰でも子どもの育ち方に興味があると思います。そこで，［奈良］・［京都］・［大阪］の3都市に住む親，合計［150名］を無作為に抽出し，子どもがどのように育って欲しいか質問して，次のデータが得られたと仮定します（【図 14-21】参照）★23。

★22：分析の前に，第6章・第1節〜第3節を参照してください。

★23：3都市の親の人数は等しくありません。

では，住む都市によって，子どもの育ち方を希望する割合に差があるといえるでしょうか。帰無仮説は，［居住都市と子どもの育ち方の希望との間には関連が無い］となります。

［都市］において［奈良］を［1］，［京都］を［2］，［大阪］を［3］とし，［育ち方］において［おおらか］を［1］，［真面目］を［2］，［元気］を［3］としてデ

【図 14-21】

	おおらか	真面目	元気
奈良	37	12	11
京都	15	23	12
大阪	12	13	15

★24：縦方向に150名分のデータを表示しきれないので，最初の11人分だけ表示しました。これは表示上の問題なので，実際の分析では全データを入力しなければなりません。データは，データ・エディタの下方向に続いています。適宜スクロールしてください。

ータ・エディタに入力すると，次の形式になります（【図 14-22】参照）★24。また，［変数ビュー］も掲載しておきます（【図 14-23】参照）。［都市］の［値］の列では，［奈良］に［1］を，［京都］に［2］を，［大阪］に［3］を割り当て，［育ち方］の［値］の列では，［おおらか］に［1］を，［真面目］に［2］を，［元気］に［3］を割り当てています。

【図 14-22】

Chap14-3.sav [データセット1] - IBM SPSS Statistics データ エディタ

ファイル(F) 編集(E) 表示(V) データ(D) 変換(T) 分析(A) グラフ(G) ユーティリティ(U) 拡張機能(X) ウィンドウ(W) ヘルプ(H)

表示: 2 個 (2 変数中)

	都市	育ち方	var	var	var	var	var	var	var	var	var
1	2.00	1.00									
2	1.00	1.00									
3	2.00	1.00									
4	1.00	2.00									
5	1.00	1.00									
6	2.00	2.00									
7	3.00	2.00									
8	1.00	1.00									
9	1.00	1.00									
10	3.00	1.00									
11	1.00	1.00									

データ ビュー　変数 ビュー

IBM SPSS Statistics プロセッサは使用可能です　Unicode:ON

【図 14-23】

Chap14-3.sav [データセット1] - IBM SPSS Statistics データ エディタ

ファイル(F) 編集(E) 表示(V) データ(D) 変換(T) 分析(A) グラフ(G) ユーティリティ(U) 拡張機能(X) ウィンドウ(W) ヘルプ(H)

	名前	型	幅	小数桁数	ラベル	値	欠損値	列	配置	尺度	役割
1	都市	数値	8	2	居住都市	{1.00, 奈良}...	なし	8	右	名義	入力
2	育ち方	数値	8	2	子供の育ち方	{1.00, おおらか}...	なし	8	右	名義	入力
3											
4											
5											
6											
7											
8											
9											
10											
11											
12											

データ ビュー　変数 ビュー

IBM SPSS Statistics プロセッサは使用可能です　Unicode:ON

分析実行に関しては，データ・エディタのメニューから，［分析］→［記述統計］→［クロス集計表］を順にクリックします（【図 14-24】参照）。

【図 14-24】

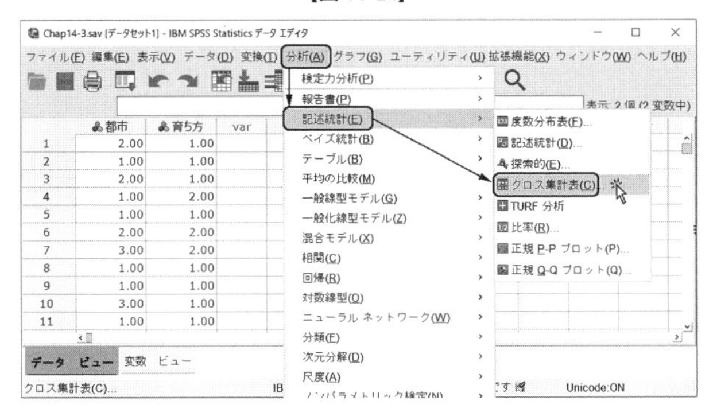

すると，次のウィンドウが出現します（【図 14-25】参照）。

【図 14-25】

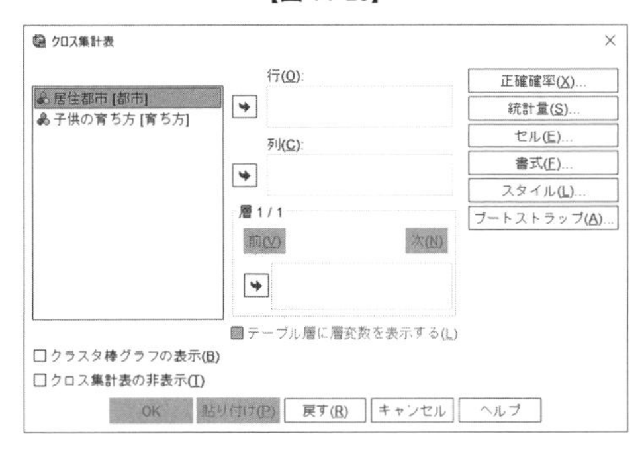

ウィンドウ左側の変数一覧ボックスから，中央上の［行］ボックスに，「居住都市［都市]」を，［列］ボックスに「子どもの育ち方［育ち方]」を順に投入します（【図 14-26】参照）。

【図 14-26】

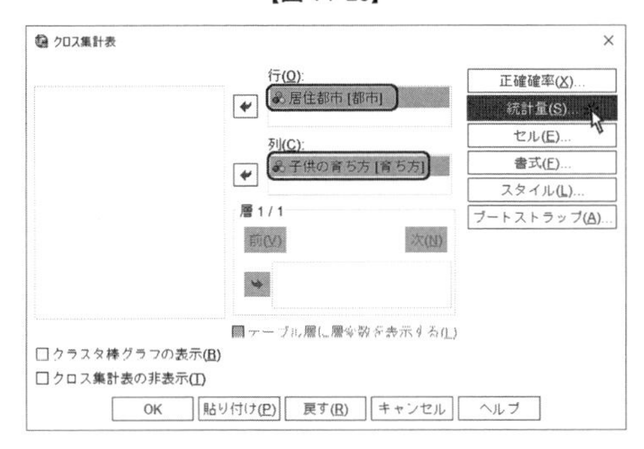

続いて，ウィンドウ右上の［統計量］ボタンをクリックすると，次のウィンドウが出現するので，ウィンドウ左上の［カイ２乗］にチェックを入れます（【図 14-27】参照）。

【図 14-27】

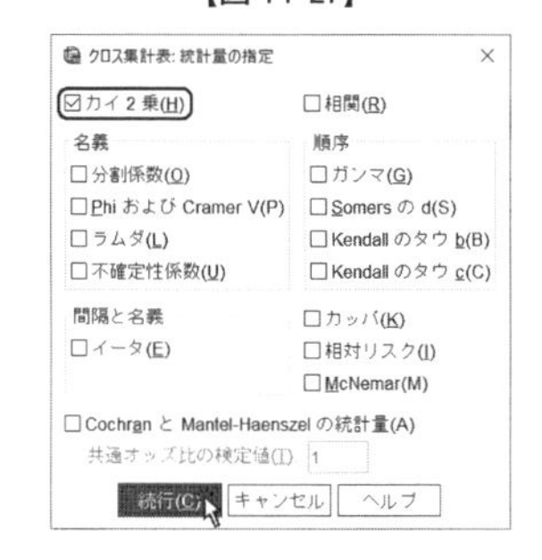

［続行］ボタンをクリックすると【図 14-26】に戻りますので，今度はウィンドウ右上の［セル］ボタンをクリックします。すると，次のウィンドウが出現するので，ウィンドウ左上の［度数］の［観測］・［期待］と，ウィンドウ中央右の［残差］の［調整済みの標準化］★25にもチェックを入れます（【図 14-28】参照）★26。

★25：［標準化］にチェックを入れても大した差はないようですが，Haberman（1974）は［調整済みの標準化］を推奨しています。

★26：こうすることで［期待度数］も算出され，データの詳細をつかむことができますし，後に解説する残差分析が可能になります。

【図 14-28】

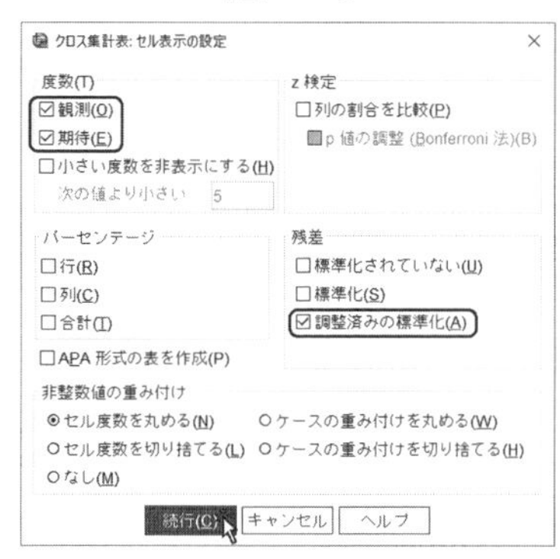

そして，［続行］ボタンをクリックして【図 14-26】に戻り，［OK］ボタンをクリックすると，ビューアに結果が表示されます（【図 14-29】参照）★27。

★27：みなさんの使用環境によって，ビューアの冒頭に数行のシンタックスが表示されることがあります。これは SPSS が隠れて実行しているシンタックスですので，気にしなくても大丈夫です。

【図 14-29】

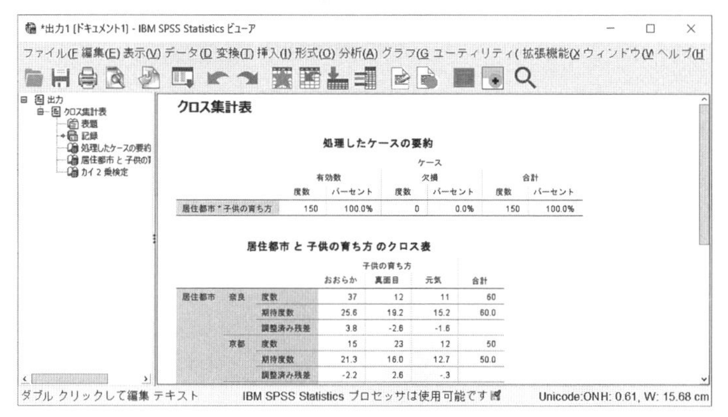

結果の出力では，情報要約に始まって，［居住都市と子供の育ち方のクロス表］が作成されます（【図 14-30】参照）。ここでは，度数がきちんと表示されているか確認します。

【図 14-30】

居住都市 と 子供の育ち方 のクロス表

			子供の育ち方			
			おおらか	真面目	元気	合計
居住都市	奈良	度数	37	12	11	60
		期待度数	25.6	19.2	15.2	60.0
		調整済み残差	3.8	-2.6	-1.6	
	京都	度数	15	23	12	50
		期待度数	21.3	16.0	12.7	50.0
		調整済み残差	-2.2	2.6	-.3	
	大阪	度数	12	13	15	40
		期待度数	17.1	12.8	10.1	40.0
		調整済み残差	-1.9	.1	2.1	
合計		度数	64	48	38	150
		期待度数	64.0	48.0	38.0	150.0

最後に，［カイ2乗検定］という項目で，χ^2検定の検定結果が表示されます（【図14-31】参照）。この図の［Pearsonのカイ2乗］という行がχ^2検定結果に相当します。それによると，［値］が［17.759］，［自由度］が［4］，［漸近有意確率（両側）］★28が［.001］となっており，これから［χ^2値］が［17.759］，［自由度］が［4］，［有意確率］が［.001］であることがわかり，1％水準で有意となりました。結果的には帰無仮説を棄却して，［居住都市と子どもの育ち方の希望との間には有意な関連がある］と言えます。

★28：［漸近有意確率］とは，通常の［有意確率］とほぼ同義です。

【図 14-31】

カイ 2 乗検定

	値	自由度	漸近有意確率 (両側)
Pearson のカイ 2 乗	17.759ᵃ	4	.001
尤度比	17.407	4	.002
線型と線型による連関	10.237	1	.001
有効なケースの数	150		

a. 0 セル (0.0%) は期待度数が 5 未満です。最小期待度数は 10.13 です。

ここで，χ^2検定の検定結果が有意であると判断された場合，どのセルの［観測度数］が［期待度数］よりも有意に多い（少ない）かが，残差分析によってわかります★29。【図14-30】を見ると，各セルの最下段に［調整済み残差］という項目が出力されています。この値が［+1.96］を超えていれば，そのセルの［観測度数］は5％水準で有意に［期待度数］より多く，［−1.96］を下回っていれば，そのセルの［観測度数］は［期待度数］よりも5％水準で有意に少ないと言えます。

★29：第2節でも述べましたが，ハバーマンの残差分析です。しかし，残差分析はまだ発展途中の分析方法であるために，行なうか行なわないかの判断は意見が分かれています。

この観点から各セルを見てみると，［奈良］の［おおらか］，［京都］の［真面目］，［大阪］の［元気］がともに［+1.96］を超えていて有意に［観測度数］が多く，［奈良］の［真面目］，［京都］の［おおらか］がともに［−1.96］を下回っているので有意に［観測度数］が少ないと言えます。

★30：［観察度数］（実際に得られた度数）ではなく，あくまでも［期待度数］です。

第4節　フィッシャーの正確確率検定

2×2分割表において，［周辺度数］の中に［10］に満たないものが存在したり，各セルの［期待度数］★30が［5以下］であったりする場合には，通常のχ^2検定は不適切であるため，［フィッシャー（Fisher）の正確確率検定］を行ないます★31・32。

★31：$m \times n$分割表のフィッシャーの正確確率検定が可能な統計ソフトもあります。SPSSではアドインが必要になるようです。

★32：臨床心理学の介入研究や，多くの被検体が使えない動物心理学研究などで用いられることがあります。

この分析方法では，分析対象となる分割表がどのような確率で得られたのかを計算するものです。したがって，分散分析の［F 値］や相関係数の［r］などのように，特定の統計量が算出されるのではなく，［p 値］が算出されるだけです。

★33：分析の前に，第6章・第1節～第3節を参照してください。

次の例を考えます★33。卒業後の進路は大学生の人生にとって非常に大きな問題です。そこで，無作為に抽出した男女の大学生［26名］に卒業後の進路について質問してみたところ，次の度数データが得られたと仮定します（【図 14-32】参照）。このデータについて，［性別］と［職種］の2変数は互いに関連があると言えるでしょうか。帰無仮説は，［性別と職種の間には関連が無い（互いに独立である)］となります。

【図 14-32】

	メーカー	公務員
男性	13	3
女性	3	7

★34：縦方向に26名分のデータを表示しきれないので，最初の11人分だけ表示しました。これは表示上の問題なので，実際の分析では全データを入力しなければなりません。データは，データ・エディタの下方向に続いています。適宜スクロールしてください。

データ・エディタへの入力は【図 14-33】の形式になります★34。また，［変数ビュー］も掲載しておきます（【図 14-34】参照)。［性別］の［値］の列では，［男性］に［1］を，［女性］に［2］を割り当て，［職種］の［値］の列では，［メーカー］に［1］を，［公務員］に［2］を割り当てています。

【図 14-33】

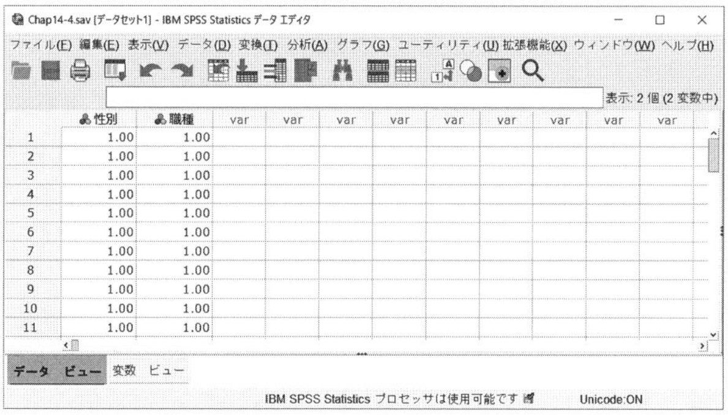

Chap14-4.sav [データセット1] - IBM SPSS Statistics データ エディタ

ファイル(F) 編集(E) 表示(V) データ(D) 変換(T) 分析(A) グラフ(G) ユーティリティ(U) 拡張機能(X) ウィンドウ(W) ヘルプ(H)

表示: 2 個 (2 変数中)

	性別	職種	var	var	var	var	var	var	var	var	var
1	1.00	1.00									
2	1.00	1.00									
3	1.00	1.00									
4	1.00	1.00									
5	1.00	1.00									
6	1.00	1.00									
7	1.00	1.00									
8	1.00	1.00									
9	1.00	1.00									
10	1.00	1.00									
11	1.00	1.00									

データ ビュー　変数 ビュー

IBM SPSS Statistics プロセッサは使用可能です　Unicode:ON

【図 14-34】

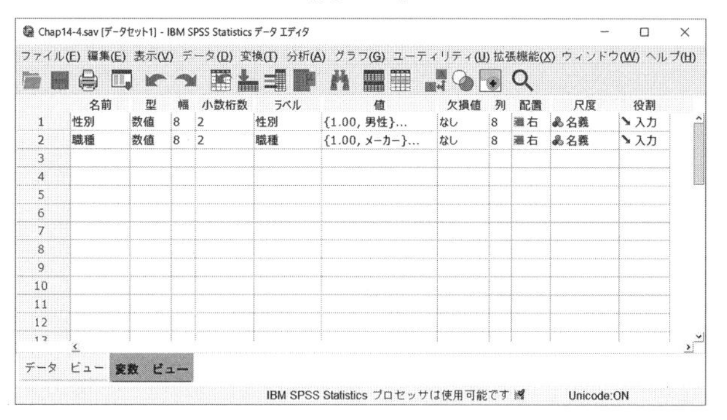

分析実行に関しては，データ・エディタのメニューから，［分析］→［記述統計］→［クロス集計表］を順にクリックします（【図 14-35】参照)。

【図 14-35】

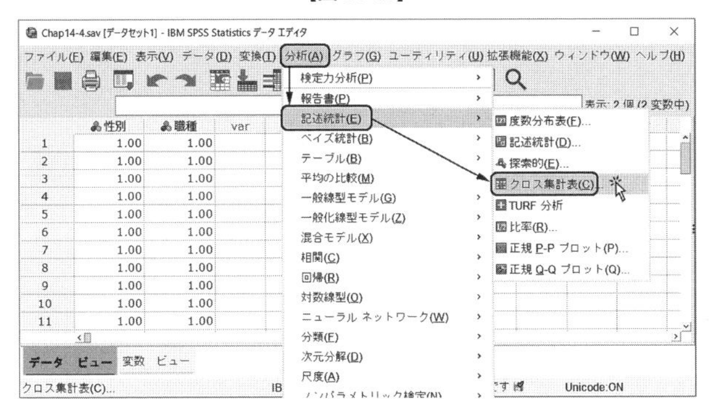

すると，次のウィンドウが出現します（【図 14-36】参照）。

【図 14-36】

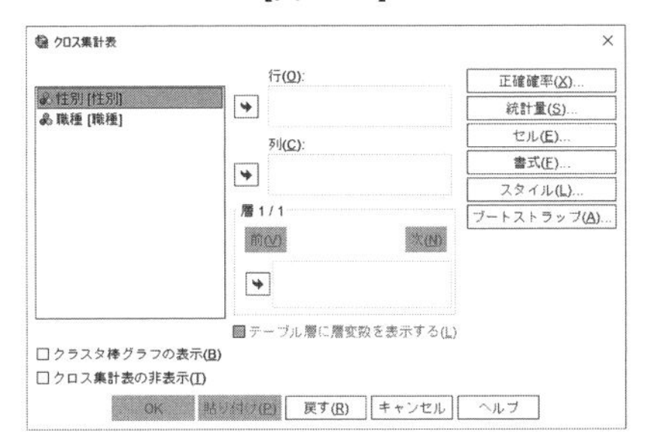

ウィンドウ左側の変数一覧ボックスから，中央上の［行］ボックスに，「性別［性別］」を，［列］ボックスに「職種［職種］」を順に投入します（【図 14-37】参照）。

【図 14-37】

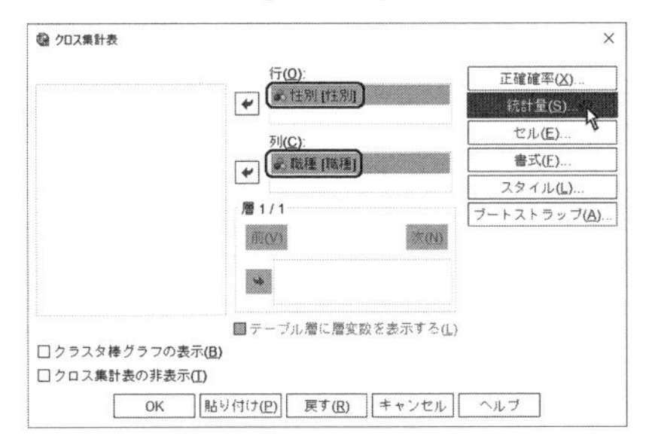

続いて，ウィンドウ右上の［統計量］ボタンをクリックすると次のウィンドウが出現するので，ウィンドウ左上の［カイ2乗］にチェックを入れます（【図 14-38】参照）。

【図 14-38】

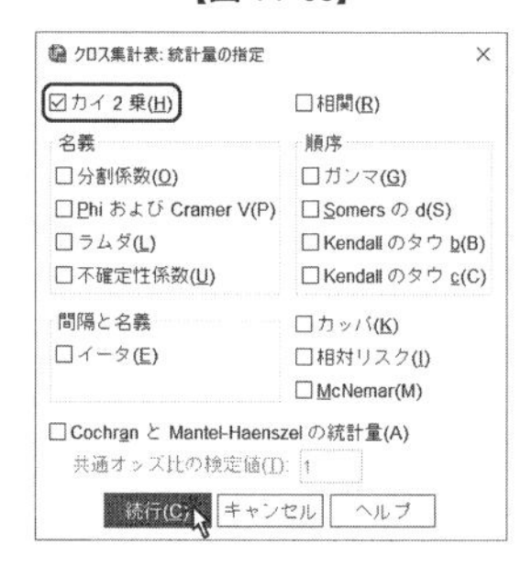

★35：【図 14-37】の右上にある［セル］ボタンをクリックし，出現する小さなウィンドウの左上にある［度数］の中の［期待］にチェックを入れておくと，［期待度数］が算出されます。

★36：この例では［期待度数］を算出する設定を行なっていませんので，［期待度数］は算出されません。

★37：みなさんの使用環境によって，ビューアの冒頭に数行のシンタックスが表示されることがあります。これは SPSS が隠れて実行しているシンタックスですので，気にしなくても大丈夫です。

そして，［続行］ボタンをクリックして【図 14-37】に戻り★35，［OK］ボタンをクリックするとビューアに結果が表示されます（【図 14-39】参照）★36・37。

【図 14-39】

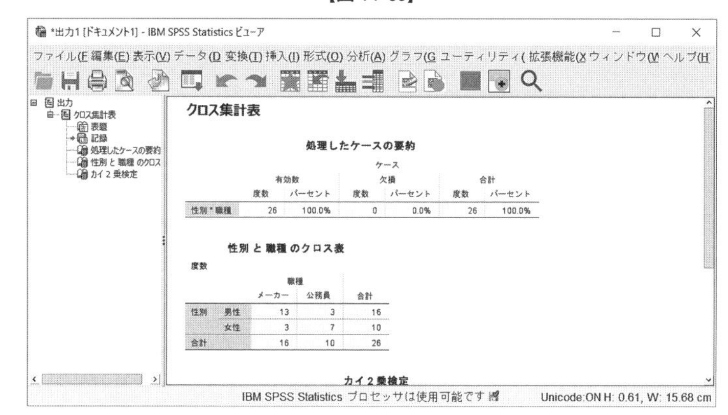

結果出力では，まずデータの［有効数］や［欠損］などの情報が要約され，続いて［性別と職種のクロス表］が作成されます（【図 14-40】参照）。［度数］を確認しましょう。

【図 14-40】

性別 と 職種 のクロス表

度数

		職種		
		メーカー	公務員	合計
性別	男性	13	3	16
	女性	3	7	10
合計		16	10	26

出力の下のほうに［カイ 2 乗検定］という項目があり，その中の［Fisher の直接法］という行を見ます（【図 14-41】参照）。ここが，フィッシャーの正確確率検定の結果となります。本節の冒頭でも書いたように，フィッシャーの正確確率検定では確率計算を行ないますので［p 値］だけが算出されます。確率値が 2 つ表示されていますが，通常は［正確な有意確率（両側）］を参照します。この例では，その確率が［.015］となっていて，5 %水準で有意であることがわかります。つまり，帰無仮説を棄却して，［性別と職種との間には有意な関連が見られる］という結論が得られま

す★38。

★38：【図14-41】の最下に［1セル（25.0%）は期待度数が5未満です。］という注釈があることから，フィッシャーの正確確率検定を行なうべきだということがわかります。

【図14-41】

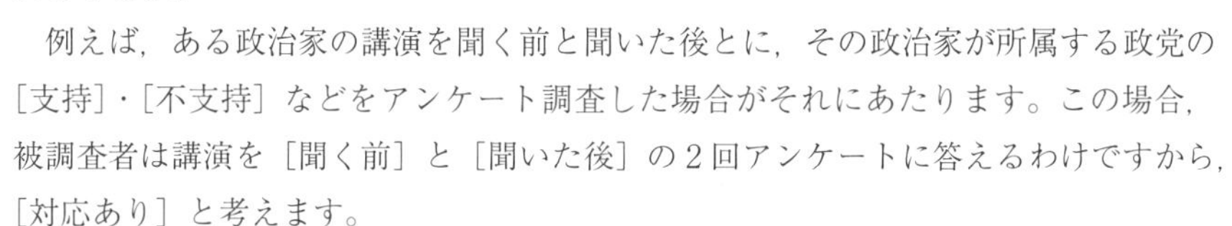

カイ2乗検定

	値	自由度	漸近有意確率（両側）	正確な有意確率（両側）	正確有意確率（片側）
Pearson のカイ2乗	6.829[a]	1	.009		
連続修正[b]	4.835	1	.028		
尤度比	6.987	1	.008		
Fisher の直接法				.015	.014
線型と線型による連関	6.566	1	.010		
有効なケースの数	26				

a. 1 セル (25.0%) は期待度数が 5 未満です。最小期待度数は 3.85 です。

b. 2x2 表に対してのみ計算

第5節　マクネマー検定

2×2クロス表で［対応あり］の場合には，［マクネマー（McNemar）検定］を用います★39・40。マクネマー検定では統計量として［χ^2値］が算出され，データは基本的に2値データ（［0］か［1］，あるいは［1］か［2］など，2種類しかないデータ）になります。

★39：各セルが［対応なし］の場合における比率の検定にはχ^2検定を用います。第2節を参照してください。

★40：3条件以上の場合は，コクランのQ検定を用います。第6節を参照して下さい。

例えば，ある政治家の講演を聞く前と聞いた後とに，その政治家が所属する政党の［支持］・［不支持］などをアンケート調査した場合がそれにあたります。この場合，被調査者は講演を［聞く前］と［聞いた後］の2回アンケートに答えるわけですから，［対応あり］と考えます。

次の例を考えます★41。雑誌にある映画のレビュー（評論）が掲載されていたとします。そのレビューの効果を検証するために，［130人］を対象としてレビューを［読む前］と［読んだ後］に，その映画の楽しさを［楽しい］・［楽しくない］で評価してもらったところ，次のデータが得られました（【図14-42】参照）。レビューを［読む前］と［読んだ後］とで，［楽しさ］の割合に差があるといえるでしょうか★42。帰無仮説は，［楽しさ評価の比率には差がない］となります。

★41：分析の前に，第6章・第1節～第3節を参照してください。

★42：先ほど計算は［χ^2値］が用いられると書きましたが，【図14-42】の右上の［12］のセルと左下の［27］のセルに入力されている度数の合計が［25以下］であれば，χ^2検定ではなく，二項検定が適用されます。

【図14-42】

		読んだ後	
		楽しくない	楽しい
読む前	楽しくない	40	12
	楽しい	27	51

データ・エディタへの入力は【図14-43】の形式になります★43。また，［変数ビュー］も掲載しておきます（【図14-44】参照）。［読む前］と［読んだ後］の［値］の列では，［楽しくない］に［0］を，［楽しい］に［1］を割り当てています★44。

★43：縦方向に130名分のデータを表示しきれないので，最初の11人分だけ表示しました。これは表示上の問題なので，実際の分析では全データを入力しなければなりません。データは，データ・エディタの下方向に続いています。適宜スクロールしてください。

★44：マクネマー検定ではデータが［対応あり］なので，［読む前］と［読んだ後］の評価は同じ被調査者から得られていることに注意してください。

【図 14-43】

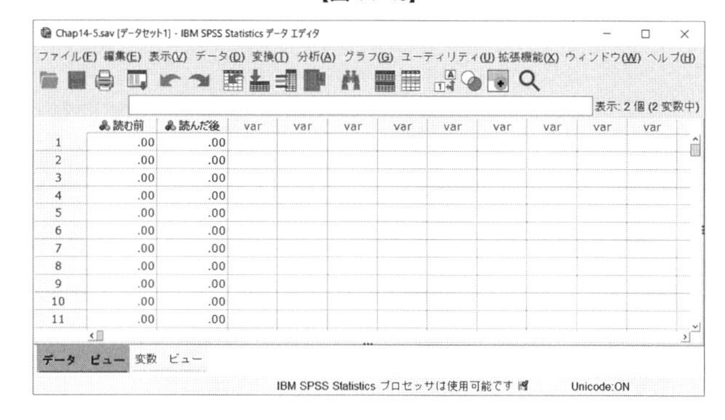

【図 14-44】

分析実行に関しては，データ・エディタのメニューから，[分析] → [ノンパラメトリック検定] → [過去のダイアログ] → [2個の対応サンプルの検定] を順にクリックします（【図 14-45】参照）★45。

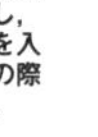

★45：[分析] → [記述統計] → [クロス集計表] で [統計量] ボタンをクリックし，[McNemar] にチェックを入れても分析できますが，その際は二項分布が使用されます。

【図 14-45】

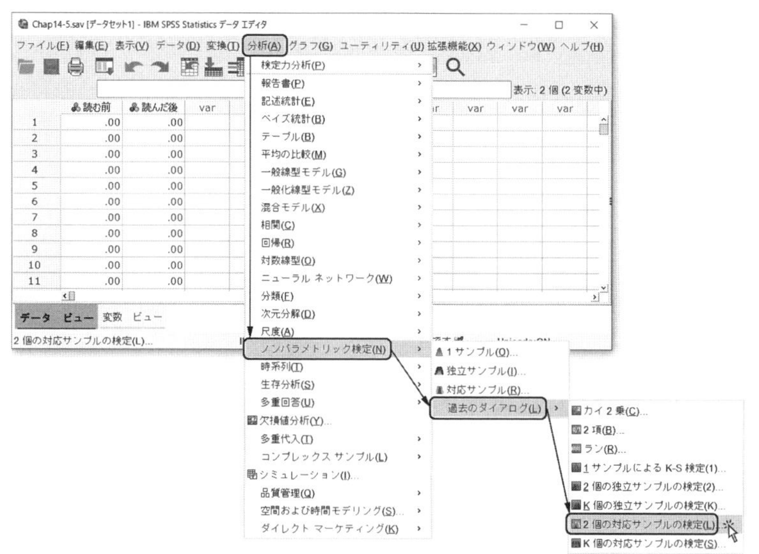

すると，次のウィンドウが出現します（【図 14-46】参照）。

【図 14-46】

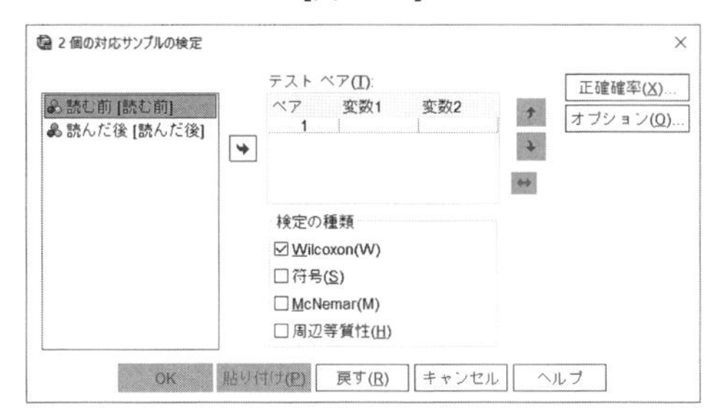

ウィンドウ左側の変数一覧ボックスで，「読む前［読む前］」と「読んだ後［読んだ後］」をクリックして選択し，中央の［テストペア］の中の［変数1］に「読む前［読む前］」を，［変数2］に「読んだ後［読んだ後］」をそれぞれ投入します。そして，下部にある［検定の種類］の中で［Wilcoxon］に入っているチェックをはずして，［McNemar］にチェックを入れます（【図 14-47】参照）。

【図 14-47】

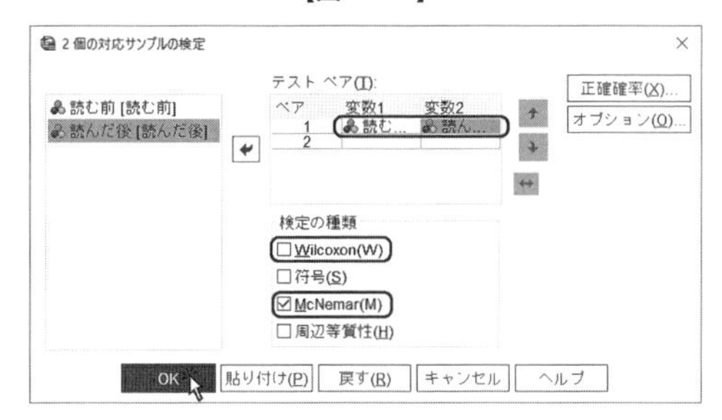

［OK］ボタンをクリックすると分析が始まり，ビューアに結果が表示されます（【図 14-48】参照）★46。

★46：みなさんの使用環境によって，ビューアの冒頭に数行のシンタックスが表示されることがあります。これは SPSS が隠れて実行しているシンタックスですので，気にしなくても大丈夫です。

【図 14-48】

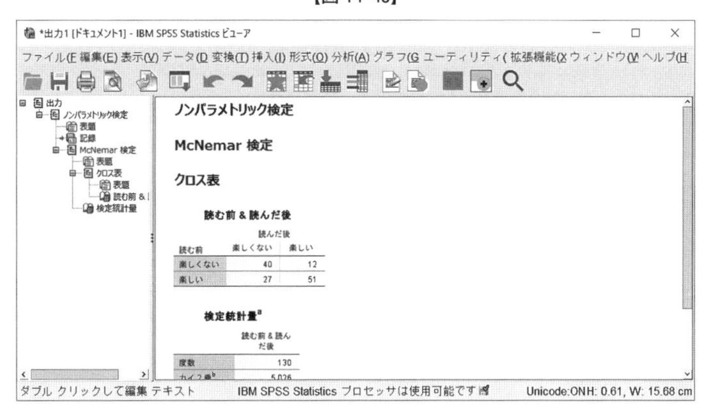

結果出力の冒頭部分では［クロス集計表］★47が掲載されていて，［読む前&読んだ後］というタイトルで度数が集約されています。まずは数を確認しましょう（【図 14-49】参照）。【図 14-42】と同じになっていることが確認できます。

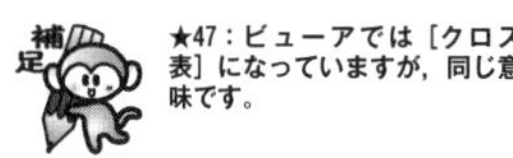

★47：ビューアでは［クロス表］になっていますが，同じ意味です。

【図 14-49】

読む前 & 読んだ後

読む前	読んだ後 楽しくない	楽しい
楽しくない	40	12
楽しい	27	51

そして，その下に［検定統計量］というタイトルでマクネマー検定の結果が表示されます（【図 14-50】参照）。［カイ２乗］の値が［5.026］，その下の［漸近有意確率］が［.025］となっていて５％水準で有意であることがわかります★48。つまり，帰無仮説を棄却して，レビューを［読む前］と［読んだ後］とでは［楽しさ評価の比率には差がある］ということになります。

★48：枠外に［連続修正］とありますが，これは［イェーツ（Yates）の修正］が自動的に行なわれていることを意味します。

【図 14-50】

検定統計量[a]

	読む前 & 読んだ後
度数	130
カイ２乗[b]	5.026
漸近有意確率	.025

a. McNemar 検定

b. 連続修正

なお，今回の例でアンケートに対する３番目の回答として［どちらでもない］という項目を追加して３択でデータを得た場合には，本節の方法でマクネマー検定を行なうことができません。そのような場合には，［分析］→［記述統計］→［クロス集計表］を順にクリックし，［統計量］ボタンをクリックした後に出現するウィンドウで［McNemar］にチェックを入れてクロス集計表の分析を実行すると，［マクネマー・バウカー（McNemar-Bowker）検定］★49としてマクネマー検定が実行されます（【図 14-51】参照）★50。統計量は同じく［χ^2値］です。

★49：［バウカー（Bowker）の対称性検定］と呼ぶこともあります。

★50：【図 14-51】は別データによるマクネマー・バウカー検定の結果出力の一例です。このような形式で出力されることをイメージしてください。なお，本節で使用したデータだけでは【図 14-51】のような表示になりませんから，その点ご注意ください。あくまでもイメージのための図です。

【図 14-51】

カイ２乗検定

	値	自由度	漸近有意確率（両側）
McNemar-Bowker 検定	10.769	2	.005
有効なケースの数	143		

第６節　コクランのＱ検定

分割表において３条件以上で［対応あり］の場合には［コクラン（Cochran）のＱ検定］を使用します★51。例えば，［Ａ］・［Ｂ］・［Ｃ］の３学科があったとして，受験生に各学科を受験するかどうかを「はい［１］」もしくは「いいえ［０］」で回答してもらい，３学科で受験比率に差がみられるかどうかを検証する場合などに用いられます。３学科は同じ受験生に評価されていますので［対応あり］と考えるわけです。データは［０］か［１］など，２種類しかない２値データとなります。算出される統計量は，［Q値］です。

★51：コクランのＱ検定は第５節のマクネマー検定を３条件以上に拡張したものです。t 検定の拡張が分散分析であると考え，その分散分析が２水準のデータにも適用できるように，コクランのＱ検定もマクネマー検定に代わって２条件の場合にも適用することができます。

次の例を考えます★52。笑いの表情は，時間経過に従って無表情から徐々に笑いの表情へと変化していきます。［15人］の被験者に，無表情から［100 ms 経過後］・

★52：分析の前に，第６章・第１節～第３節を参照してください。

［500 ms 経過後］・［1000 ms 経過後］の笑いの表情を提示し★53，笑いに見えれば［1］，見えなければ［0］で評定してもらい，次のデータが得られました（【図 14-52】参照）★54。経過時間によって笑いに見える割合に差がみられるでしょうか。帰無仮説は，［経過時間によって笑いに見える比率に差はない］となります。

★53：［ms］とは［ミリ秒］を表わす時間の単位です。［1 ms］は［1/1000秒］のことで，［100 ms］は［0.1秒］，［500 ms］は［0.5秒］，［1000 ms］は［1秒］を表わします。

★54：変数名に数字を使用することは認められていませんので漢字を使いました。

【図 14-52】

経過時間		
100ms	500ms	1000ms
0	0	0
0	0	1
0	0	1
0	0	1
0	0	1
0	1	1
0	1	1
0	1	1
0	1	1
0	1	1
0	1	1
0	1	1
1	1	1
1	1	1
1	1	1

データ・エディタへの入力は，次の形式になります【図 14-53】★55・56。また，［変数ビュー］も掲載しておきます（【図 14-54】参照）。［百ミリ秒］・［五百ミリ秒］・［千ミリ秒］の［値］の列では，［見えない］に［0］を，［見える］に［1］を割り当てています。

★55：コクランのQ検定ではデータの対応がありますので，［百ミリ秒］・［五百ミリ秒］・［千ミリ秒］の評価は同じ被験者から得られていることに注意してください。

★56：縦方向に15名分のデータを表示しきれないので，最初の11人分だけ表示しました。これは表示上の問題なので，実際の分析では全データを入力しなければなりません。データは，データ・エディタの下方向に続いています。適宜スクロールしてください。

【図 14-53】

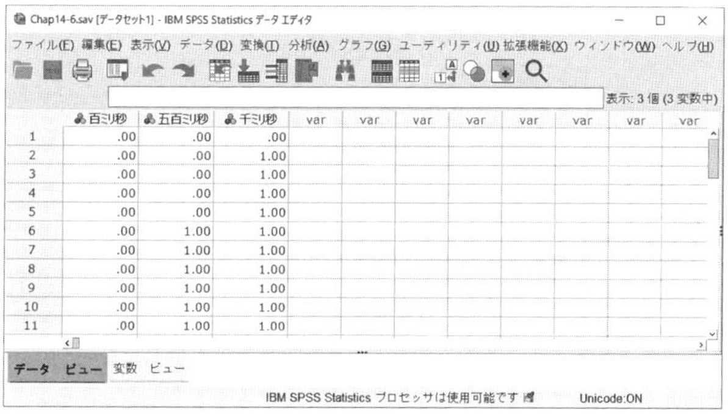

Chap14-6.sav [データセット1] - IBM SPSS Statistics データ エディタ

ファイル(F) 編集(E) 表示(V) データ(D) 変換(T) 分析(A) グラフ(G) ユーティリティ(U) 拡張機能(X) ウィンドウ(W) ヘルプ(H)

表示: 3 個 (3 変数中)

	百ミリ秒	五百ミリ秒	千ミリ秒	var	var	var	var	var	var	var	var
1	.00	.00	.00								
2	.00	.00	1.00								
3	.00	.00	1.00								
4	.00	.00	1.00								
5	.00	.00	1.00								
6	.00	1.00	1.00								
7	.00	1.00	1.00								
8	.00	1.00	1.00								
9	.00	1.00	1.00								
10	.00	1.00	1.00								
11	.00	1.00	1.00								

データ ビュー　変数 ビュー

IBM SPSS Statistics プロセッサは使用可能です　Unicode:ON

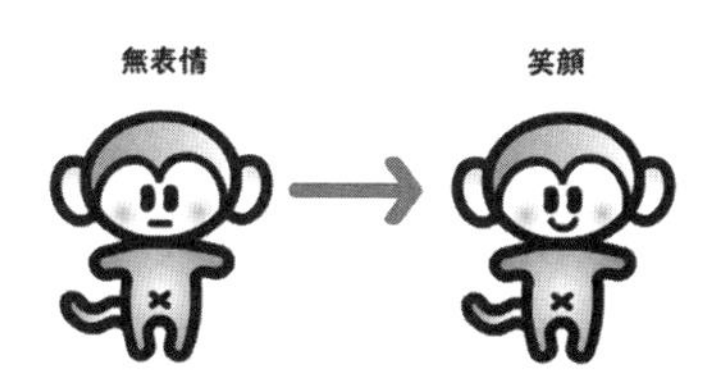

【図 14-54】

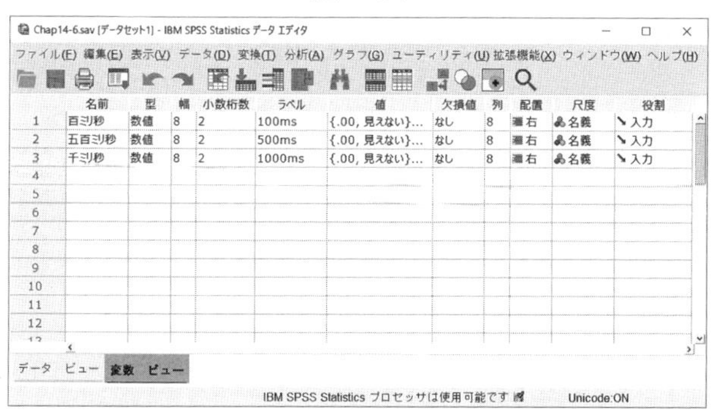

Chap14-6.sav [データセット1] - IBM SPSS Statistics データ エディタ

ファイル(F) 編集(E) 表示(V) データ(D) 変換(T) 分析(A) グラフ(G) ユーティリティ(U) 拡張機能(X) ウィンドウ(W) ヘルプ(H)

	名前	型	幅	小数桁数	ラベル	値	欠損値	列	配置	尺度	役割
1	百ミリ秒	数値	8	2	100ms	{.00, 見えない}...	なし	8	右	名義	入力
2	五百ミリ秒	数値	8	2	500ms	{.00, 見えない}...	なし	8	右	名義	入力
3	千ミリ秒	数値	8	2	1000ms	{.00, 見えない}...	なし	8	右	名義	入力
4											
5											
6											
7											
8											
9											
10											
11											
12											

データ ビュー　変数 ビュー

IBM SPSS Statistics プロセッサは使用可能です　Unicode:ON

分析実行に関しては，データ・エディタのメニューから，［分析］→［ノンパラメトリック検定］→［過去のダイアログ］→［K個の対応サンプルの検定］を順にクリックします（【図 14-55】参照）。

【図 14-55】

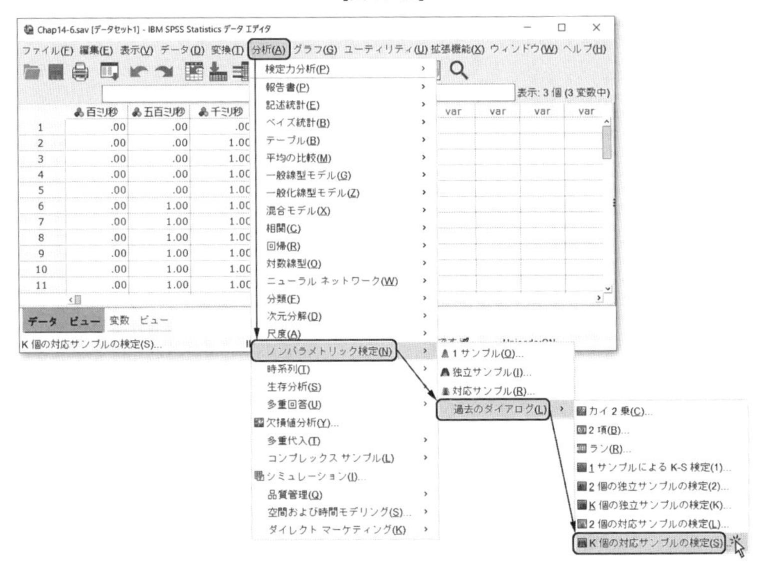

すると，次のウィンドウが出現します（【図 14-56】参照）。

【図 14-56】

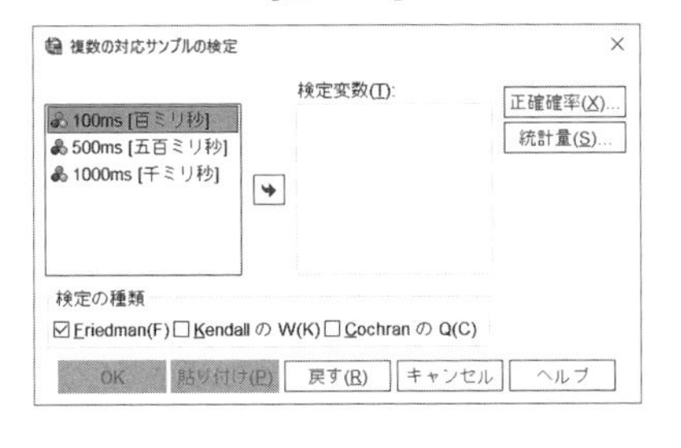

ウィンドウ左側の変数一覧ボックスで，「100 ms［百ミリ秒］」・「500 ms［五百ミリ秒］」・「1000 ms［千ミリ秒］」を★57，中央の［検定変数］ボックスに投入します。そして，下部にある［検定の種類］の中で，［Friedman］に入っているチェックをはずして，［Cochran の Q］にチェックを入れます（【図 14-57】参照）。

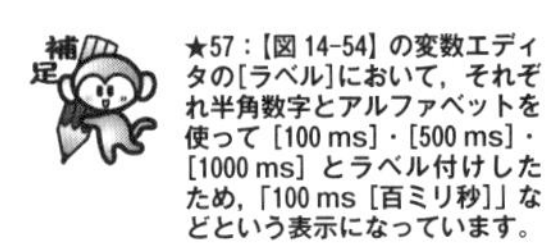
補足
★57：【図 14-54】の変数エディタの[ラベル]において，それぞれ半角数字とアルファベットを使って［100 ms］・［500 ms］・［1000 ms］とラベル付けしたため，「100 ms［百ミリ秒］」などという表示になっています。

【図 14-57】

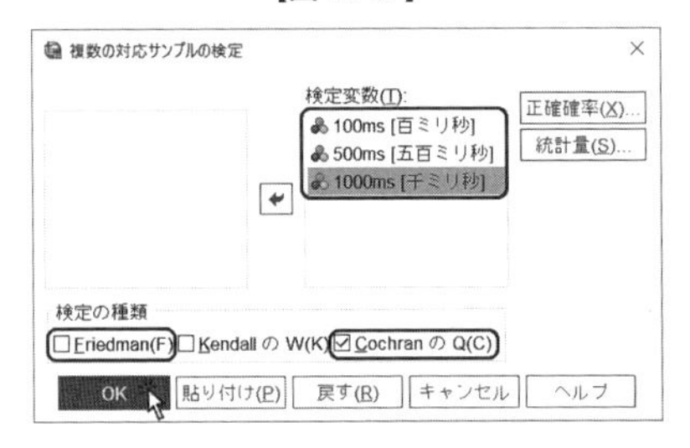

補足
★58：みなさんの使用環境によって，ビューアの冒頭に数行のシンタックスが表示されることがあります。これは SPSS が隠れて実行しているシンタックスですので，気にしなくても大丈夫です。

［OK］ボタンをクリックすると分析が始まり，ビューアに結果が表示されます（【図 14-58】参照）★58。

【図 14-58】

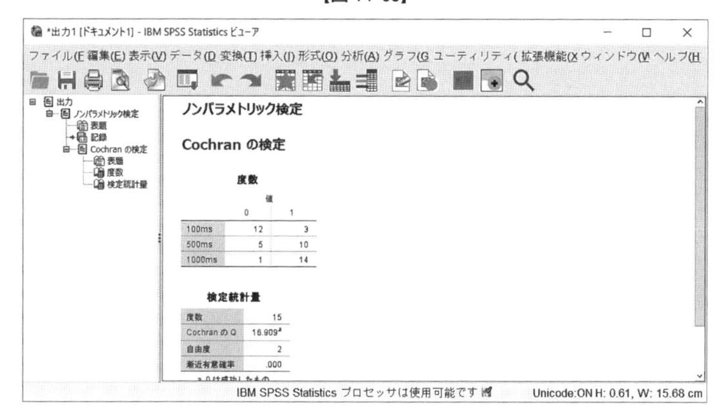

結果出力の冒頭では，各条件の度数が要約されています。[値] の [0] は [見えない] を，[1] は [見えた] をそれぞれ表わすことに注意してください。続いて，[検定統計量] というタイトルでコクランのQ検定の結果が掲載されます（【図 14-59】参照)。それによると [Cochran の Q] が [16.909]，[自由度] が [2]，[漸近有意確率]★59が [.000] となっており，0.1%水準で [Q 値] が有意であることがわかります。つまり，帰無仮説を棄却して，[経過時間によって笑いに見える比率に差がある] と結論できるわけです。

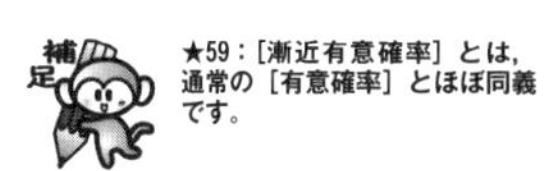

★59：[漸近有意確率] とは，通常の [有意確率] とほぼ同義です。

【図 14-59】

検定統計量

度数	15
Cochran の Q	16.909a
自由度	2
漸近有意確率	.000

a. 0 は成功したものとして処理されます。

第7節　カッパ係数

[カッパ係数] とは，2人の評定者間で評定結果がどの程度一致しているかを表わす指標であり，[一致率の検定] とも言われます★60。心理学の分野では，人間の行動をビデオ録画して，事後に2人の評定者がその行動をコーディングするときなどによく使用され，評定者間でコーディングのズレがないことを示す客観的根拠になります。算出される統計量は [κ（カッパ)] で，このカッパ係数は [0.00] ～ [+1.00] の値を取り，[+1.00] に近づくほど一致率が高いと言えます。

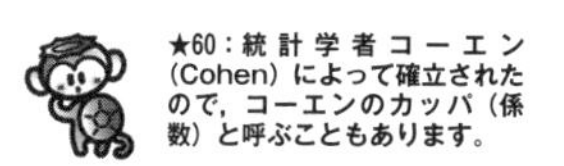

★60：統計学者コーエン（Cohen）によって確立されたので，コーエンのカッパ（係数）と呼ぶこともあります。

行動観察などでは基本的に行動が [出現した]・[しない] といった，[0]・[1] などの2種類しかない2値データとして入力することが多いですが，[強い]・[中程度]・[弱い] に対応する [1]・[2]・[3] などのデータでも分析できます。カッパ係数を求める際に注意することは，片方の評定者の評価カテゴリと，もう片方の評定者の評価カテゴリが必ず同じであることを確認することです。例えば，評定者Aは [0]・[1] で評定しているのに，評定者Bは [1]・[2]・[3] で評定している場合は分析対象となりません。必ず，[n×n]（n は同じ数字）のクロス集計表が作成できなければなりません。

★61：分析の前に，第６章・第１節～第３節を参照してください。

次の例を考えます★61。ある幼稚園で園児の感情表出に関する実験を行ない，ビデオ録画したとします。実験後，２人の評定者［A］・［B］が特定の園児の笑顔の表出行動を５秒間隔で120秒間にわたり，笑顔を表出［した］を［1］，［しなかった］を［0］としてコーディングしました。結果は次のようになりました（【図 14-60】参照）。２人の評定結果は統計的に一致していると言えるでしょうか。帰無仮説は，［２人の評定結果は一致していない］となります。

【図 14-60】

時刻	評定者A	評定者B
～5秒	0	0
6～10秒	0	0
11～15秒	1	0
16～20秒	1	1
21～25秒	1	1
26～30秒	0	0
31～35秒	1	0
36～40秒	1	1
41～45秒	1	1
46～50秒	0	0
51～55秒	0	0
56～60秒	1	1

時刻	評定者A	評定者B
61～65秒	1	1
66～70秒	1	1
71～75秒	0	1
76～80秒	0	0
81～85秒	1	1
86～90秒	1	1
91～95秒	0	0
96～100秒	0	0
101～105秒	0	0
106～110秒	1	0
111～115秒	0	0
116～120秒	1	1

★62：縦方向に24データを表示しきれないので，最初の11データ分だけ表示しました。これは表示上の問題なので，実際の分析では全データを入力しなければなりません。データは，データ・エディタの下方向に続いています。適宜スクロールしてください。

データ・エディタへの入力は，【図 14-61】の形式になります★62。また，［変数ビュー］も掲載しておきます（【図 14-62】参照）。［評定者A］・［評定者B］の［値］の列では，［しなかった］に［0］を，［した］に［1］を割り当てています。

分析実行に関しては，データ・エディタのメニューから，［分析］→［記述統計］→［クロス集計表］を順にクリックします（【図 14-63】参照）。

すると次のウィンドウが出現します（【図 14-64】参照）。

ウィンドウ左側の変数一覧ボックスで「評定者A［評定者A］」を中央上の［行］へ，「評定者B［評定者B］」を［列］ボックスにそれぞれ投入します（【図 14-65】参照）。

続いて，ウィンドウ右上の［統計量］ボタンをクリックすると次のウィンドウが出現しますので，ウィンドウ中央の［カッパ］にチェックを入れます（【図 14-66】参照）。

そして，［続行］ボタンをクリックして【図 14-65】に戻り，［OK］ボタンをクリックすると結果がビューアに表示されます（【図 14-67】参照）★63。

★63：みなさんの使用環境によって，ビューアの冒頭に数行のシンタックスが表示されることがあります。これは SPSS が隠れて実行しているシンタックスですので，気にしなくても大丈夫です。

結果出力では，まずデータの［有効数］や［欠損］などの情報が要約され，続いて［評定者Aと評定者Bのクロス表］が作成されます（【図 14 68】参照）。［度数］を確

【図 14-61】

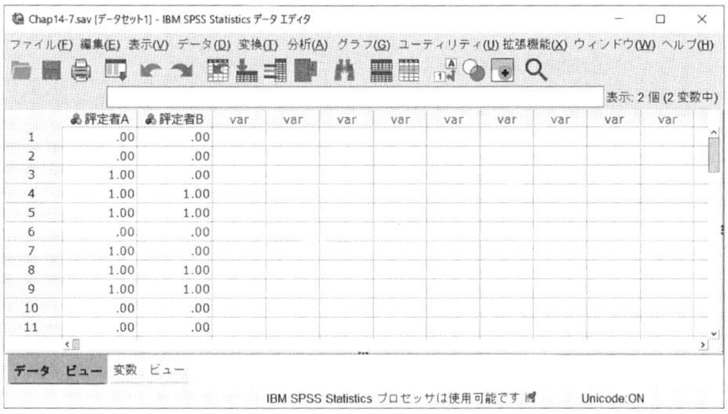

Chap14-7.sav [データセット1] - IBM SPSS Statistics データ エディタ
ファイル(F) 編集(E) 表示(V) データ(D) 変換(T) 分析(A) グラフ(G) ユーティリティ(U) 拡張機能(X) ウィンドウ(W) ヘルプ(H)
表示: 2 個 (2 変数中)
評定者A 評定者B var var var var var var var var var
1 .00 .00
2 .00 .00
3 1.00 .00
4 1.00 1.00
5 1.00 1.00
6 .00 .00
7 1.00 .00
8 1.00 1.00
9 1.00 1.00
10 .00 .00
11 .00 .00
データ ビュー 変数 ビュー
IBM SPSS Statistics プロセッサは使用可能です
Unicode:ON

【図 14-62】

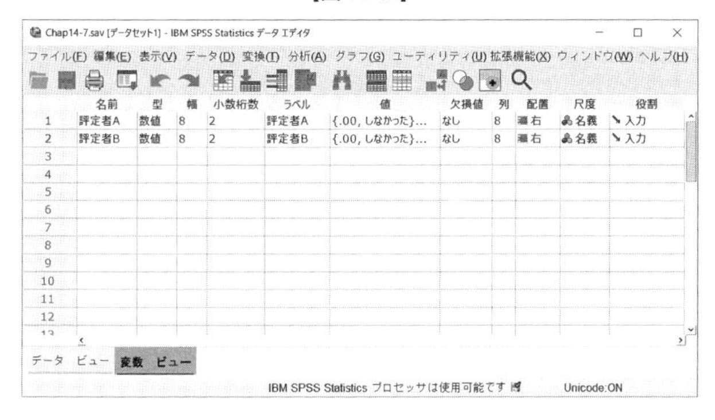

Chap14-7.sav [データセット1] - IBM SPSS Statistics データ エディタ
ファイル(F) 編集(E) 表示(V) データ(D) 変換(T) 分析(A) グラフ(G) ユーティリティ(U) 拡張機能(X) ウィンドウ(W) ヘルプ(H)
名前 型 幅 小数桁数 ラベル 値 欠損値 列 配置 尺度 役割
1 評定者A 数値 8 2 評定者A {.00, しなかった}... なし 8 右 名義 入力
2 評定者B 数値 8 2 評定者B {.00, しなかった}... なし 8 右 名義 入力
データ ビュー 変数 ビュー
IBM SPSS Statistics プロセッサは使用可能です
Unicode:ON

【図 14-63】

Chap14-7.sav [データセット1] - IBM SPSS Statistics データ エディタ
ファイル(F) 編集(E) 表示(V) データ(D) 変換(T) 分析(A) グラフ(G) ユーティリティ(U) 拡張機能(X) ウィンドウ(W) ヘルプ(H)
検定力分析(P)
報告書(P)
記述統計(E)
ベイズ統計(B)
テーブル(B)
平均の比較(M)
一般線型モデル(G)
一般化線型モデル(Z)
混合モデル(X)
相関(C)
回帰(R)
対数線型(O)
ニューラル ネットワーク(W)
分類(F)
次元分解(D)
尺度(A)
度数分布表(F)...
記述統計(D)...
探索的(E)...
クロス集計表(C)...
TURF 分析
比率(R)...
正規 P-P プロット(P)...
正規 Q-Q プロット(Q)...
表示: 2 個 (2 変数中)
評定者A 評定者B var
1 .00 .00
2 .00 .00
3 1.00 .00
4 1.00 1.00
5 1.00 1.00
6 .00 .00
7 1.00 .00
8 1.00 1.00
9 1.00 1.00
10 .00 .00
11 .00 .00
データ ビュー 変数 ビュー
クロス集計表(C)...
Unicode:ON

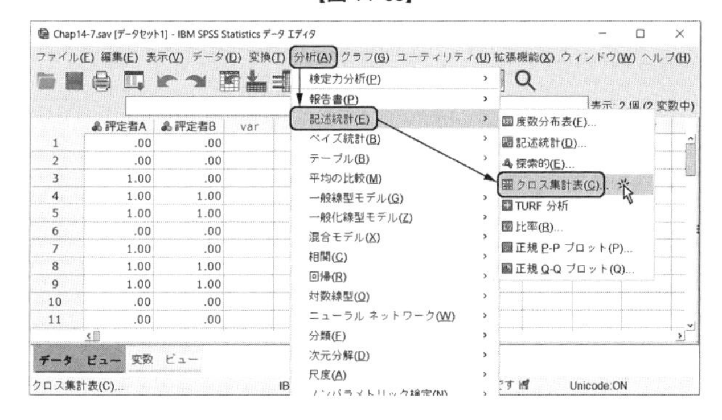

認しましょう。

その下に，［対称性による類似度］としてカッパ係数の結果が表示されます（【図14-69】参照）。結果は2行にわたって表示されますが，カッパ係数の結果は，1行目の［一致の測定方法　カッパ］を見ます。［値］が［.669］となっていて，これが［カッパ係数］を表わします。そして，一番右端の列の［近似有意確率］が［.001］となっていることから，1％水準で有意であることがわかりました。つまり，評定者［A］と［B］の間の評定は，［κ=.669］と高い値を示しており，帰無仮説を棄却して［2人の評定結果は一致している］と考えられます。

【図 14-64】

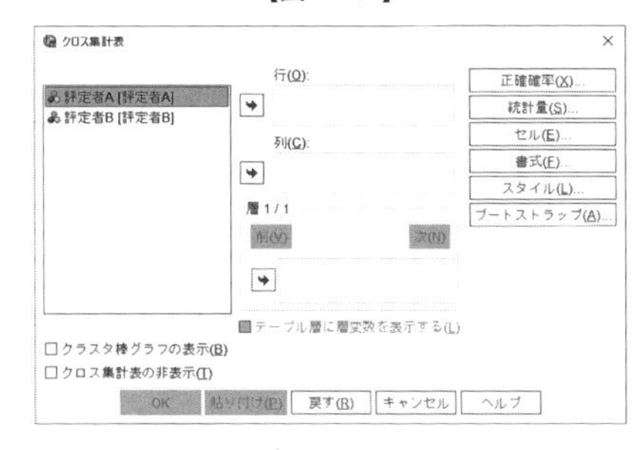

【図 14-65】

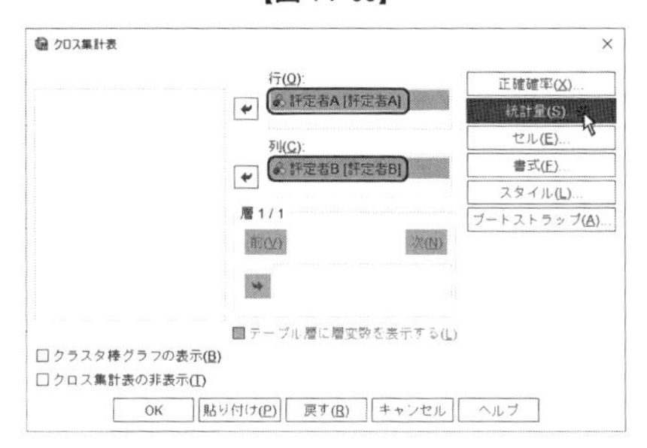

【図 14-66】

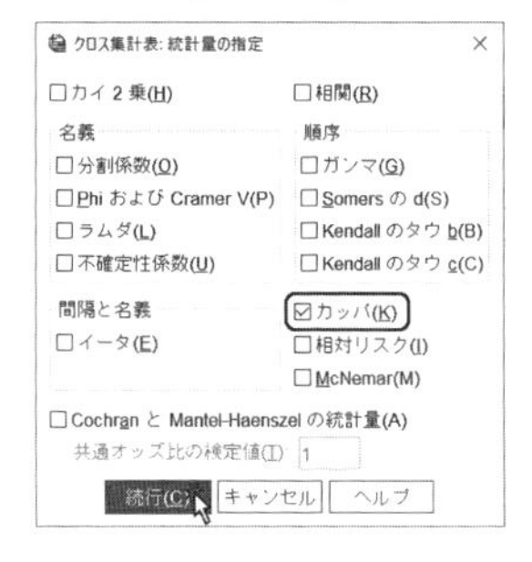

【図 14-67】

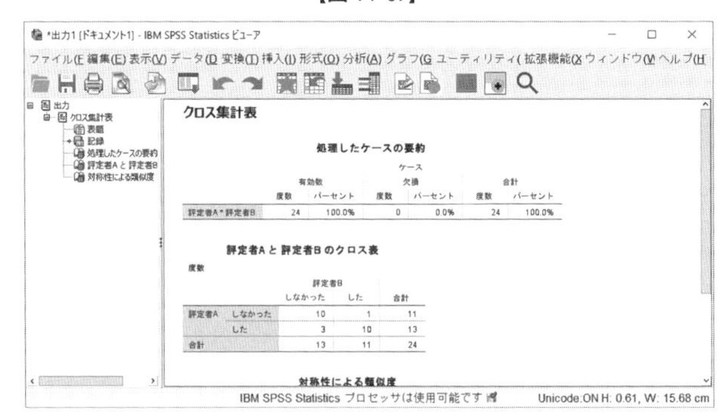

【図 14-68】

評定者A と 評定者B のクロス表

度数

		評定者B しなかった	評定者B した	合計
評定者A	しなかった	10	1	11
	した	3	10	13
合計		13	11	24

【図 14-69】

対称性による類似度

		値	漸近標準誤差[a]	近似 t 値[b]	近似有意確率
一致の測定方法	カッパ	.669	.149	3.323	.001
有効なケースの数		24			

a. 帰無仮説を仮定しません。
b. 帰無仮説を仮定して漸近標準誤差を使用します。

第 8 節　クラメールの連関係数

第13章で［間隔尺度］・［比率尺度］における２変量間の関係の強さはピアソンの積率相関係数で測定し，［順序尺度］における関係の強さはケンドールの順位相関係数，およびスピアマンの順位相関係数を用いて測定することを解説しました。本節では，［名義尺度］データにおける関連の強さを測定する，［クラメール（Cramer）の連関係数］を解説します。クラメールの連関係数では，［*V*］という統計量が算出されます★64。

★64：変量間の関係（関連）の強さを表わす指標なので相関分析の章で解説すべきかもしれませんが，使用するデータが［名義尺度］であることを優先して本章で解説します。また，書籍によっては連関係数を［*V*］ではなく［*Q*］としていることもあります。

クラメールの連関係数は，２×２クロス集計表★65，およびそれ以上のカテゴリから構成されるクロス集計表において，行を構成する変数と列を構成する変数との関連の強さを表わします。連関係数［*V*］は［0.00］～［+1.00］の範囲の値を取り，［0.00］に近ければ２つの変数は互いに独立，つまり関連が無く，［+1.00］に近ければ関連が強いと言えます。相関係数と違って［正］・［負］の区別がなく，関連が［ある］・［ない］ということしか言及できないことが特徴です。

★65：２×２クロス集計表における連関の分析は，他に［ファイ（*φ*）係数］・［ユール（Yule）の連関係数］などがあります。もちろん，クラメールの連関係数でも算出可能です。２×２および２×*L* のクロス集計表で算出したクラメールの連関係数はファイ係数と同じ値となります。ちなみに，ファイ係数はピアソンの積率相関係数の特殊な場合に該当します。

次の例を考えます★66。幼稚園児の社会的行動は発達と共に変化します。そこで，ある幼稚園で［年少］組から［15名］，［年長］組から［15名］の合計［30名］を無作為に抽出し，おやつを食べているときに友達が訪ねてくると，そのおやつをどうするのかを観察したと仮定します。行動パターンを「一人占め［０］」・「隠す［１］」・「共有する［２］」の３つに分類して，どのような行動が観察されたかを集計しました（【図 14-70】参照）。［年次］と［行動］との間には，統計的に有意な関連が存在するでしょうか。帰無仮説は，［年次と行動との間には関連がない］となります。

★66：分析の前に，第６章・第１節～第３節を参照してください。

【図 14-70】

		行動 一人占め	行動 隠す	行動 共有する
年次	年少	9	4	2
	年長	2	3	10

データ・エディタへの入力は，【図 14-71】の形式になります★67。また，［変数ビュー］も掲載しておきます（【図 14-72】参照）。［年次］の［値］の列では，［年少］に［０］を，［年長］に［１］を割り当て，［行動］の［値］の列では，［一人占め］に［０］を，［隠す］に［１］を，［共有する］に［２］を，それぞれ割り当てています。

★67：縦方向に30人分のデータを表示しきれないので，最初の11人分だけ表示しました。これは表示上の問題なので，実際の分析では全データを入力しなければなりません。データは，データ・エディタの下方向に続いています。適宜スクロールしてください。

【図 14-71】

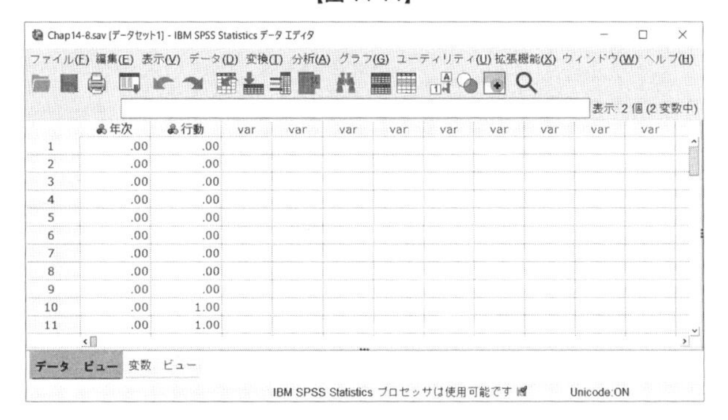

【図 14-72】

分析を実行するには，データ・エディタのメニューから，[分析] → [記述統計] → [クロス集計表] を順にクリックします（【図 14-73】参照）。

【図 14-73】

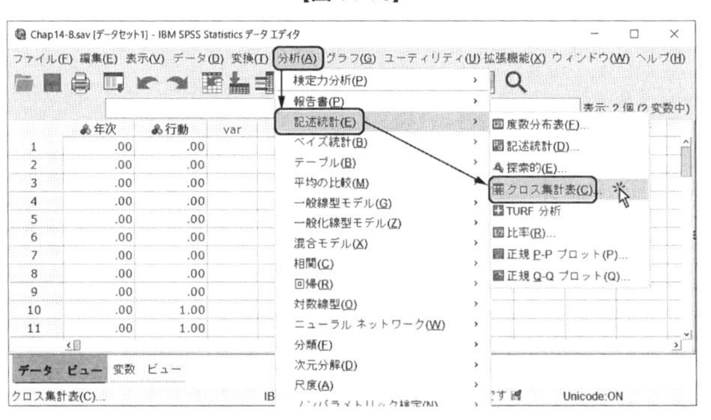

すると，次のウィンドウが出現します（【図 14-74】参照）。

【図 14-74】

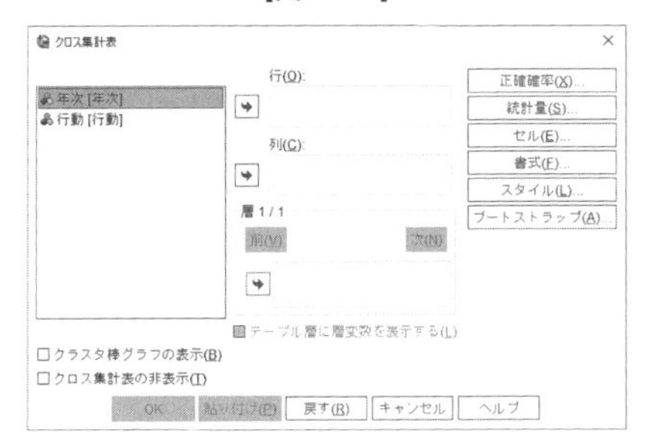

ウィンドウ左側の変数一覧ボックスで「年次［年次］」を中央上の［行］へ,「行動［行動］」を［列］ボックスにそれぞれ投入します（【図 14-75】参照）。

【図 14-75】

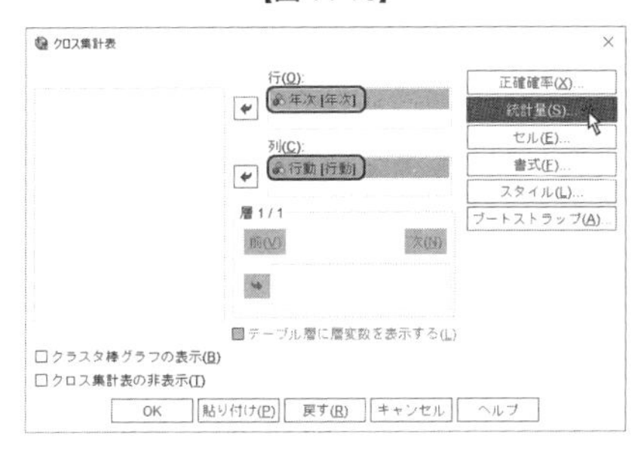

続いて，ウィンドウ右上の［統計量］ボタンをクリックすると次のウィンドウが出現しますので，［Phi および Cramer V］にチェックを入れます（【図 14-76】参照）。

【図 14-76】

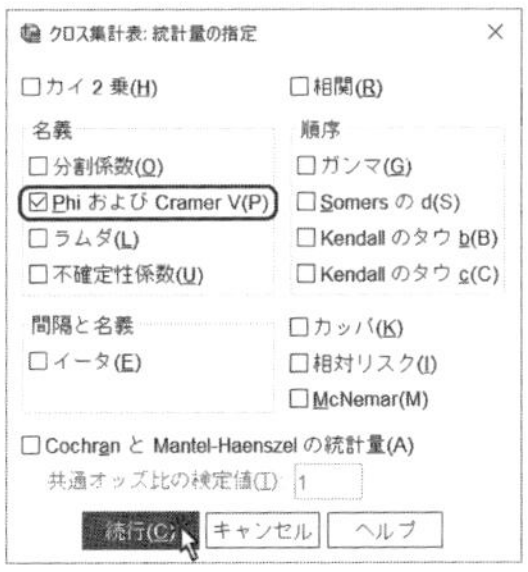

そして，［続行］ボタンをクリックして【図 14-75】に戻り，［OK］ボタンをクリックすると結果がビューアに表示されます（【図 14-77】参照）★68。

★68：みなさんの使用環境によって，ビューアの冒頭に数行のシンタックスが表示されることがあります。これは SPSS が隠れて実行しているシンタックスですので，気にしなくても大丈夫です。

結果出力では，まずデータの［有効数］や［欠損］などの情報が要約され，続いて［年次と行動のクロス表］が作成されます（【図 14-78】参照）。［度数］を確認しましょう。

その下に，［対称性による類似度］としてクラメールの連関係数が表示されます（【図 14-79】参照）★69。3 行にわたって結果の数値が表示されていますが，2 行目の［Cramer の V］がクラメールの連関係数［V］です。［値］の列に［.575］と表示され

★69：1 行目の［名義と名義ファイ］が，ファイ係数です。この例では 2 × 3 のクロス集計表ですので，ファイ係数と［V］は同じ値となります。ちなみに，ファイ係数の絶対値は［V］と同じになります。

【図 14-77】

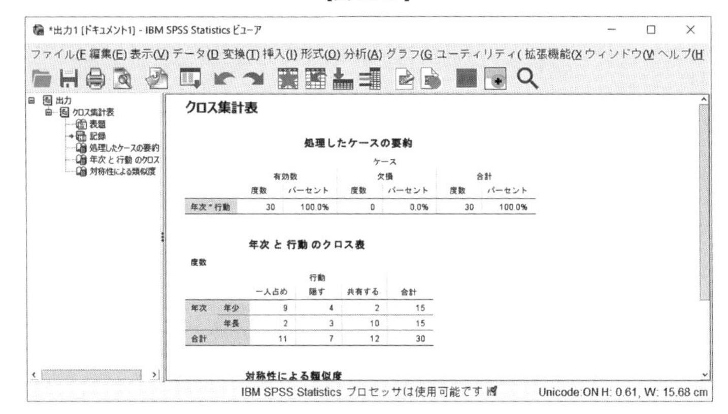

【図 14-78】

年次 と 行動 のクロス表

度数

		行動			
		一人占め	隠す	共有する	合計
年次	年少	9	4	2	15
	年長	2	3	10	15
合計		11	7	12	30

【図 14-79】

対称性による類似度

		値	近似有意確率
名義と名義	ファイ	.575	.007
	Cramer の V	.575	.007
有効なケースの数		30	

ていますので，[V=.575] となります。また，右端の列に [近似有意確率] が [.007] と表示されており，１%水準で有意であることがわかります。つまり，帰無仮説を棄却して，[年次と行動との間には関連がある] と結論できます。

第15章

順序尺度データの分析

順序尺度データにおける代表値間に，差が見られるかどうかを検定する手法を解説します。マン・ホイットニーのU検定，符号検定，ウィルコクソンの符号順位和検定，クラスカル・ウォリスのH検定，フリードマン検定を紹介します。これらの検定は母集団の正規性が保証されない場合にも適用できます。

第1節　マン・ホイットニーのU検定

［マン・ホイットニー（Mann-Whitney）のU検定］では，２つの［対応なし］変数間の母集団の分布が等しいかどうかを検定する手法で，［対応なし］のt検定と似ています。パラメトリック検定を前提にしたにもかかわらず，分析できないような場合によく用いられる検定です。

マン・ホイットニーのU検定では，外れ値が存在したり，データの正規性が保証されなかったりする場合でも分析が可能です。また，例えば反応時間を測定するような場合に，［1秒］を超えたデータを［1秒以上］とひとくくりにするような場合にも分析が可能です。測定値を入力して分析を実行すると，自動的に順位づけが行なわれ，最終的に［U値］という統計量が算出されて，この値が有意かどうかを判断します。

★1：分析の前に，第6章・第1節～第3節を参照してください。

★2：各群のデータ数が揃っている必要は無く，異なるデータ数の場合でも検定可能です。

★3：反応時間の単位であるミリ秒（ms）については，第14章・第6節を参照してください。

次の例を考えます★1。無作為に選んだ被験者［10名］を［5名ずつ］の2群に分け，記憶方略の違いによる再認課題を行なわせました★2。片方の群では［特定の方略を使わないで記憶する条件］，もう片方の群では［何らかの精緻化を行なって記憶する条件］を設定し，再認課題での［反応時間（ms）］を測定しました★3。そして次のデータが得られたと仮定します（【図15-1】参照）。さて，この2群の母集団の分布間に統計的な差が見られるでしょうか。帰無仮説は，［記憶法略の違いによって，2群の母集団の分布に差がない］となります。

【図15-1】

何もしない	精緻化する
840	500
860	550
790	480
980	410
550	720

★4：反応時間の［尺度］が［スケール］になっていますが，これは時間が比率尺度だからです。

データ・エディタへの入力は，【図15-2】の形式になります。また，［変数ビュー］も掲載しておきます（【図15-3】参照）★4。［条件］における［値］の列では，［何もしない］に［1］を，［精緻化する］に［2］を割り当てています。

分析実行に関しては，データ・エディタのメニューから，［分析］→［ノンパラメトリック検定］→［過去のダイアログ］→［2個の独立サンプルの検定］を順にクリックします（【図15-4】参照）。

すると，次のウィンドウが出現します（【図15-5】参照）。

【図 15-2】

【図 15-3】

【図 15-4】

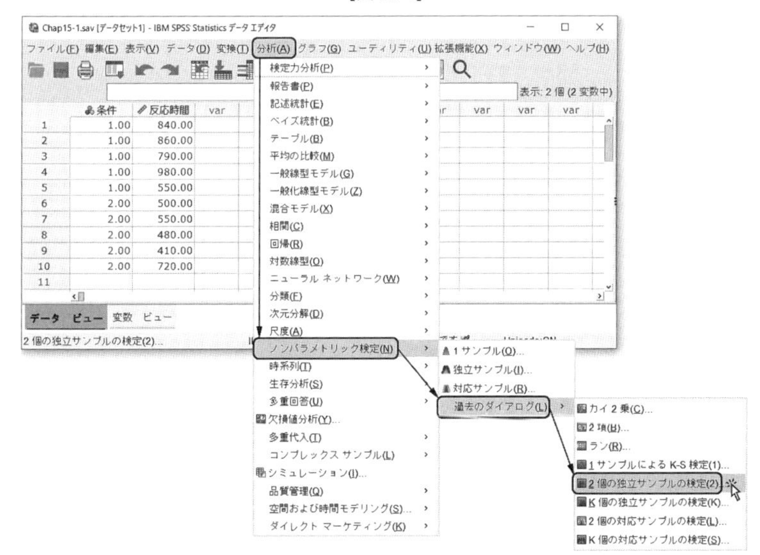

【図 15-5】

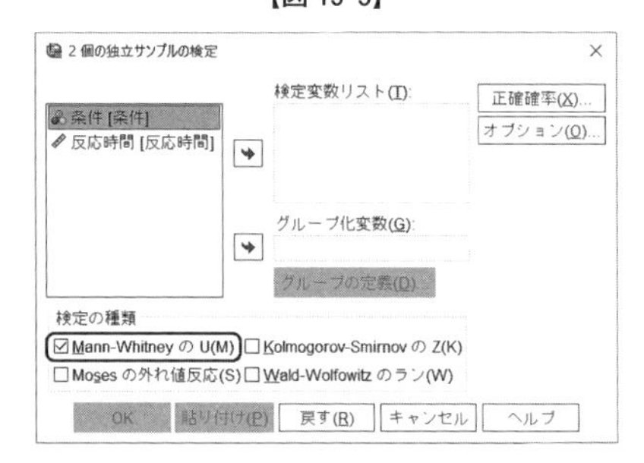

まず，ウィンドウ左側の変数一覧ボックスで［従属変数］である「反応時間［反応時間］」をクリックして選択し，中央の［検定変数リスト］に投入します。次に，「条件［条件］」を下の［グループ化変数］に投入します。すると，［グループ化変数］の欄が［条件（? ?）］となります★5。ウィンドウ下部の［検定の種類］では，すでに［Mann-Whitney の *U*］にチェックが入っていて，デフォルトではマン・ホイットニーの U 検定が実行されるようになっています。

★5：(? ?) となっているのは，グループ化する変数が［0］なのか［1］なのか［2］なのか，情報がないためにグループ化できていないことを示しています。

続いて，グループ化変数（独立変数）を指定するために，ウィンドウ中央の［グループの定義］ボタンをクリックします（【図 15-6】参照）。

【図 15-6】

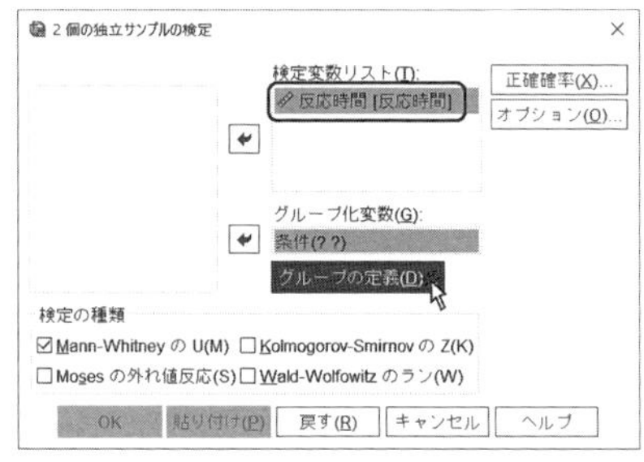

すると，次の小さいウィンドウが出現します（【図 15-7】参照）。

【図 15-7】

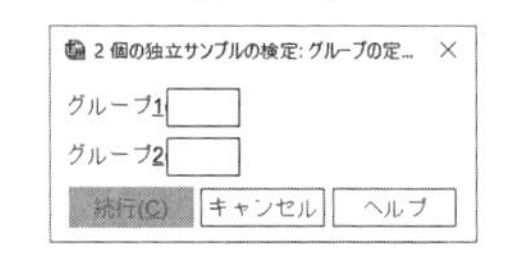

ここでは，2つのグループがどのような数字で区別されているのかを指定します。今回の例では，［何もしない］群に［1］，［精緻化する］群に［2］を割り当てていましたので，［グループ1］に［1］，［グループ2］に［2］を入力します（【図 15-8】参照）★6。

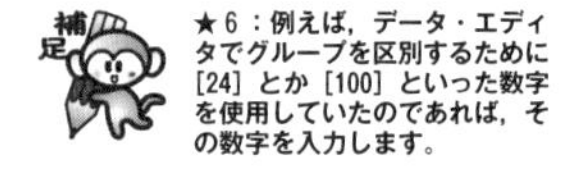
★6：例えば，データ・エディタでグループを区別するために［24］とか［100］といった数字を使用していたのであれば，その数字を入力します。

【図 15-8】

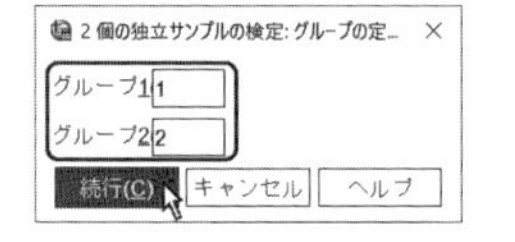

そして［続行］ボタンをクリックして【図 15-6】に戻り，［OK］ボタンをクリックするとビューアに結果が表示されます（【図 15-9】参照）★7。

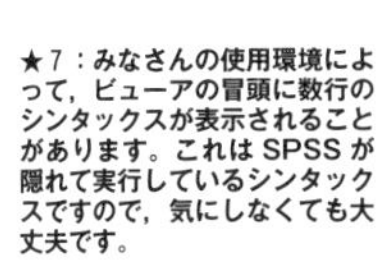
★7：みなさんの使用環境によって，ビューアの冒頭に数行のシンタックスが表示されることがあります。これは SPSS が隠れて実行しているシンタックスですので，気にしなくても大丈夫です。

【図 15-9】

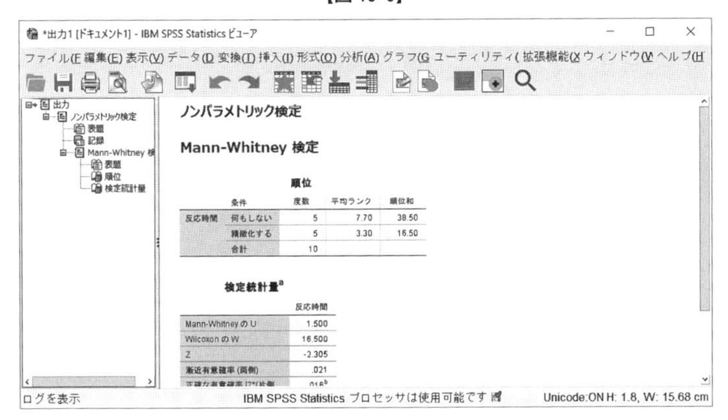

結果出力の冒頭部分では，［順位］という項目が表示されていて，［何もしない］群と［精緻化する］群の［度数］と［平均ランク］および［順位和］が要約されています。確認しましょう（【図 15-10】参照）。［順位和］とは，全データ★8を並べて1番から順に順位をつけ，各群に属するデータの順位の数字を足した値です。［平均ランク］とは，その［順位和］を各群の［度数］で割った値です。

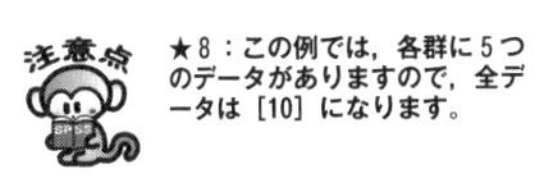

★8：この例では，各群に5つのデータがありますので，全データは［10］になります。

【図 15-10】

順位

	条件	度数	平均ランク	順位和
反応時間	何もしない	5	7.70	38.50
	精緻化する	5	3.30	16.50
	合計	10		

その下に，［検定統計量］というタイトルでマン・ホイットニーの U 検定の結果が表示されます（【図 15-11】参照）。見るべきところは，1行目の［Mann-Whitney の *U*］と，最終行の［正確な有意確率［2*(片側有意確率)］］です。最終的に算出された［*U* 値］は［1.500］，［正確な有意確率］は［.016］となっていて，5％水準で有意であることがわかります。つまり，帰無仮説を棄却して，［記憶法略の違いによって，2群の母集団の分布に差がある］と判断できます。

ここで，［何もしない群］と［精緻化する群］の中央値を求めるために，第4章・第5節の方法で各群のケースを選択した上で，第5章・第2節の度数分布表において

【図 15-11】

検定統計量[a]

	反応時間
Mann-Whitney の U	1.500
Wilcoxon の W	16.500
Z	-2.305
漸近有意確率 (両側)	.021
正確な有意確率 [2*(片側有意確率)]	.016[b]

a. グループ化変数: 条件

b. 同順位に修正されていません。

［中心傾向］から［中央値］を算出します。その結果，［何もしない群］の中央値は［840 ms］，［精緻化する群］の中央値は［500 ms］であることから，［何もしない群］の方が有意に反応時間が長いと結論できます★9。

★ 9：マン・ホイットニーのU検定では中央値を掲載するのが通例ですが，分かりやすさのためか算術平均値を掲載する科学論文が増えてきているようです。

第2節　符号検定

［符号検定］は［サイン検定］ともよばれ，2つの［対応あり］変数間に差が見られるかどうかを検定する手法です。符号検定では，2つの［独立変数］の各組み合わせにおいて，単に優劣もしくは同等を判断するだけの，ランキングのようなデータに基づいて分析が実行されます。つまり，反応時間などの［間隔尺度］・［比率尺度］データを入力しても，自動的に片方の変数から見て［＋］あるいは［－］に変換されてから分析されます★10。実験者が具体的な数値に着目するのではなくて，［優劣関係］にのみ注目する場合に用いられます★11・12。

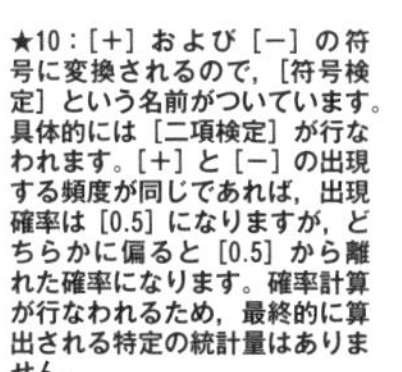

★10：［＋］および［－］の符号に変換されるので，［符号検定］という名前がついています。具体的には［二項検定］が行なわれます。［＋］と［－］の出現する頻度が同じであれば，出現確率は［0.5］になりますが，どちらかに偏ると［0.5］から離れた確率になります。確率計算が行なわれるため，最終的に算出される特定の統計量はありません。

★11：単なる優劣だけではなくて，どちらがどの程度優れているのかが数字として量的にわかっているのであれば，符号検定ではなくて第3節で解説する，［ウィルコクソンの符号順位和検定］を行なう必要があります。

★12：符号検定はデータの量的な側面を無視するため，検出力が幾分低いと言われます。しかし，極端な外れ値が存在するデータには有効な分析方法です。

次の例を考えます★13。大学生［10名］を無作為に抽出して，ある訓練を行なうことによって運動能力にどのような影響が及ぶのかを調べました。データ収集では，同一の被験者に対して［訓練前］と［訓練後］に［1］～［3］の3段階評価から構成される運動能力検査を行ない，データが得られました（【図15-12】参照）★14。［3］が最も良く，［1］が最も悪いという評価です。さて，［訓練前］と［訓練後］の2変数間に統計的な差が見られるでしょうか。帰無仮説は，［訓練の前後によって運動能力評価に差はない］となります。

★13：分析の前に，第6章・第1節～第3節を参照してください。

★14：符号検定では対応のあるデータを扱うため，［訓練前］のデータと［訓練後］のデータは同一の被験者のデータになります。

【図15-12】

訓練前	訓練後
2	3
2	3
1	2
3	3
2	2
1	2
1	1
2	3
2	3
2	2

データ・エディタへの入力は【図15-13】の形式になります。また，［変数ビュー］も掲載しておきます（【図15-14】参照）。各変数における［尺度］の項目では，［順序］になっていることに注意してください★15。

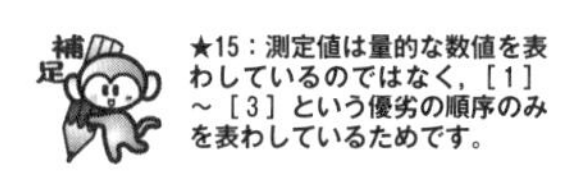

★15：測定値は量的な数値を表わしているのではなく，［1］～［3］という優劣の順序のみを表わしているためです。

【図 15-13】

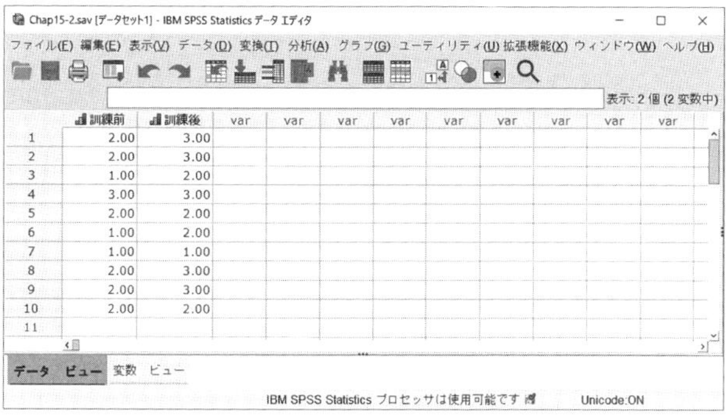

Chap15-2.sav [データセット1] - IBM SPSS Statistics データ エディタ

ファイル(F) 編集(E) 表示(V) データ(D) 変換(T) 分析(A) グラフ(G) ユーティリティ(U) 拡張機能(X) ウィンドウ(W) ヘルプ(H)

表示: 2 個 (2 変数中)

	訓練前	訓練後	var	var	var	var	var	var	var	var	var
1	2.00	3.00									
2	2.00	3.00									
3	1.00	2.00									
4	3.00	3.00									
5	2.00	2.00									
6	1.00	2.00									
7	1.00	1.00									
8	2.00	3.00									
9	2.00	3.00									
10	2.00	2.00									
11											

データ ビュー　変数 ビュー

IBM SPSS Statistics プロセッサは使用可能です　Unicode:ON

【図 15-14】

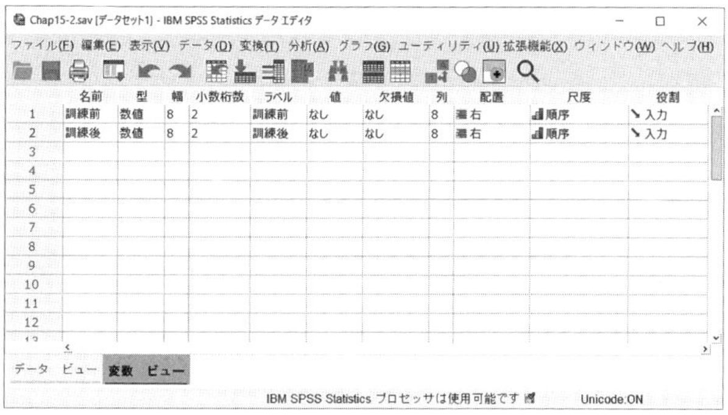

Chap15-2.sav [データセット1] - IBM SPSS Statistics データ エディタ

ファイル(F) 編集(E) 表示(V) データ(D) 変換(T) 分析(A) グラフ(G) ユーティリティ(U) 拡張機能(X) ウィンドウ(W) ヘルプ(H)

	名前	型	幅	小数桁数	ラベル	値	欠損値	列	配置	尺度	役割
1	訓練前	数値	8	2	訓練前	なし	なし	8	右	順序	入力
2	訓練後	数値	8	2	訓練後	なし	なし	8	右	順序	入力
3											
4											
5											
6											
7											
8											
9											
10											
11											
12											

データ ビュー　変数 ビュー

IBM SPSS Statistics プロセッサは使用可能です　Unicode:ON

分析実行に関しては，データ・エディタのメニューから，［分析］→［ノンパラメトリック検定］→［過去のダイアログ］→［2 個の対応サンプルの検定］を順にクリックします（【図 15-15】参照）。

【図 15-15】

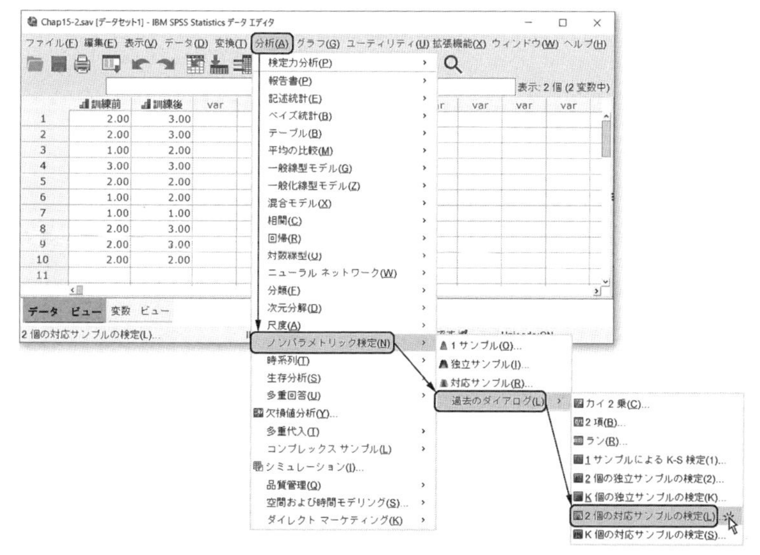

すると，次のウィンドウが出現します（【図 15-16】参照）。

【図 15-16】

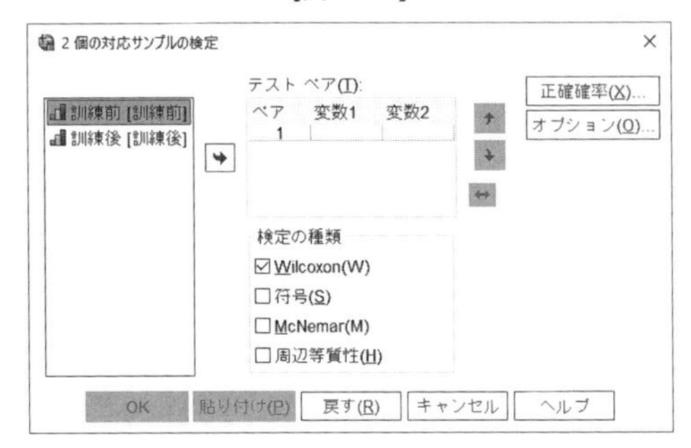

ウィンドウ左側の変数一覧ボックスで「訓練前［訓練前］」と「訓練後［訓練後］」をクリックして選択し，中央の［テストペア］ボックスに投入します。このとき，［ペア］の［1］と表示されている項目の［変数1］に「訓練前［訓練前］」を，［変数2］に「訓練後［訓練後］」をそれぞれ投入します。次に，ウィンドウ下部の［検定の種類］では，すでに［Wilcoxon］にチェックが入っていますので，そのチェックを外してから［符号］にチェックを入れます（【図 15-17】参照）★16。

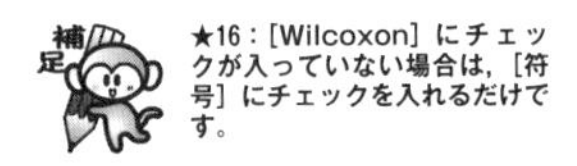

★16：［Wilcoxon］にチェックが入っていない場合は，［符号］にチェックを入れるだけです。

【図 15-17】

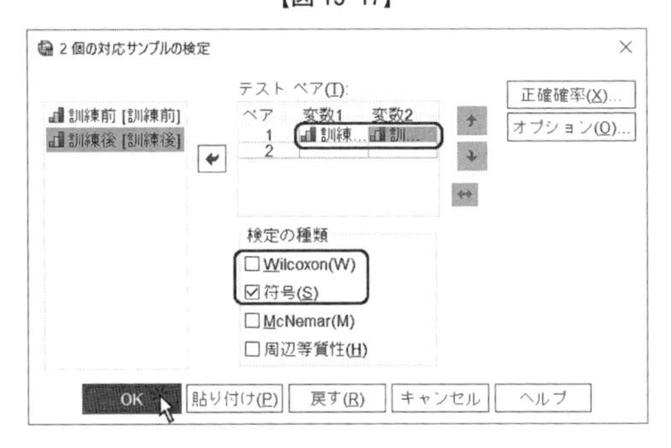

［OK］ボタンをクリックすると分析が開始され，結果がビューアに表示されます（【図 15-18】参照）★17。

★17：みなさんの使用環境によって，ビューアの冒頭に数行のシンタックスが表示されることがあります。これは SPSS が隠れて実行しているシンタックスですので，気にしなくても大丈夫です。

【図 15-18】

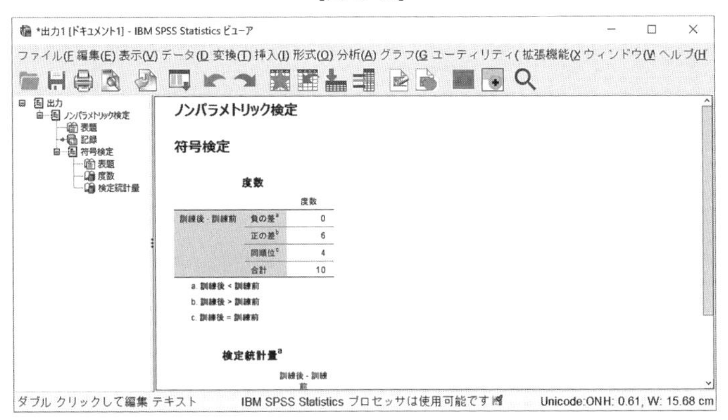

結果出力の冒頭では，［訓練後］－［訓練前］の順位が［負］のケース，［正］のケ

ース，［同順位］のケース数が要約されています（【図 15-19】参照）。また，［負の差[a]］の右肩についている［a］と，表の下の［a．訓練後＜訓練前］の［a］は対応関係にあり，訓練前のケース数のほうが［訓練後］のケース数よりも多いことを示しています。［正の差[b]］・［同順位[c]］のアルファベットも，不等号の関係を除いては同様の関係にあります。これらの内容から，［訓練後］に運動能力が上がったケースは［6］ケース，［訓練前］と［訓練後］とでは運動能力が変化しなかったケースは［4］ケースあったことがわかります。

【図 15-19】

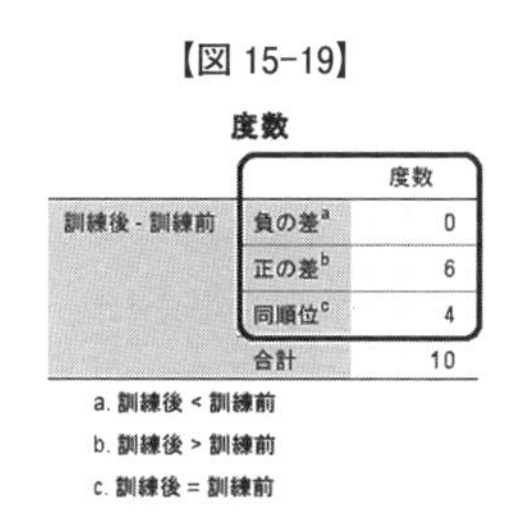

度数

		度数
訓練後 - 訓練前	負の差[a]	0
	正の差[b]	6
	同順位[c]	4
	合計	10

a. 訓練後 < 訓練前
b. 訓練後 > 訓練前
c. 訓練後 = 訓練前

出力の最後に，［検定統計量］というタイトルで符号検定の結果が表示されます。この結果では，［正確な有意確率（両側）］が［.031］となっていて，5％水準で有意であることがわかります（【図 15-20】参照）。つまり，帰無仮説を棄却して，［訓練の前後によって運動能力評価に差はある］と判断でき，【図 15-19】から［訓練後］のほうが［訓練前］よりも，有意に運動能力が上がったと結論できます★18。

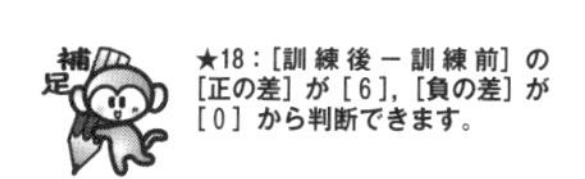

★18：［訓練後 − 訓練前］の［正の差］が［6］，［負の差］が［0］から判断できます。

【図 15-20】

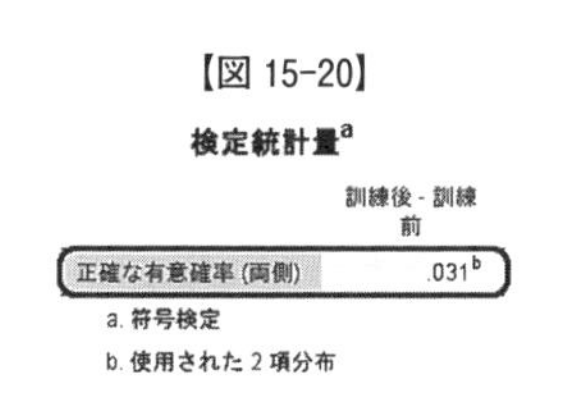

検定統計量[a]

	訓練後 - 訓練前
正確な有意確率（両側）	.031[b]

a. 符号検定
b. 使用された 2 項分布

第3節　ウィルコクソンの符号順位和検定

本節ではデータが［対応あり］で，かつ測定値が［間隔尺度］・［比率尺度］といった数量的なデータで表わされるような，2つの変数の母集団の分布が等しいかどうかを検定する，［ウィルコクソン（Wilcoxon）の符号順位和検定］を解説します★19。

★19：優劣のみの情報しか持たないデータを分析する場合には，第2節の［符号検定］を用いる必要があります。

ウィルコクソンの符号順位和検定は，［順位］という単語がその名前に含まれているように，分析過程では［間隔尺度］および［比率尺度］のデータは順位に置き換えられます。通常ならば［対応あり］の t 検定で分析できるのだけれども，母集団の正規性が仮定できず，t 検定が行なえないような場合によく用いられる手法の1つです。算出される統計量は，［Z 値］です。

次の例を考えます★20。ラットのデプリベーション★21と，反応時間に関する実験を行なったと仮定します。［10匹］のラットを対象にして，デプリベーションを行なう前後における，エサへの［反応時間（ms）］を測定し，次のデータが得られました（【図 15-21】参照）。さて，［デプリ前］と［デプリ後］という2群の母集団の分布間に統計的な差が見られるでしょうか。帰無仮説は，［デプリベーションの前後によって，

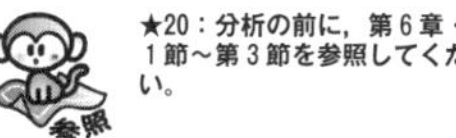

★20：分析の前に，第6章・第1節〜第3節を参照してください。

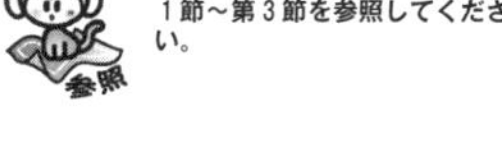

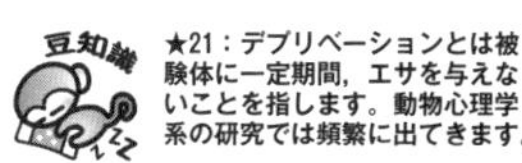

★21：デプリベーションとは被験体に一定期間，エサを与えないことを指します。動物心理学系の研究では頻繁に出てきます。

2群の母集団の分布に差がない］となります。

【図 15-21】

デプリ前	デプリ後
1210	620
990	450
550	420
800	700
1100	630
900	860
820	690
1600	1530
930	950
2100	550

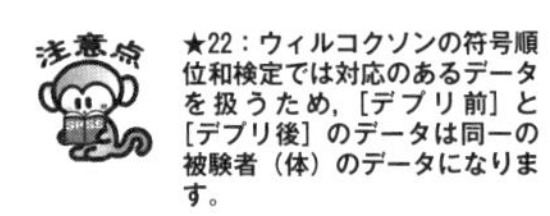

★22：ウィルコクソンの符号順位和検定では対応のあるデータを扱うため，［デプリ前］と［デプリ後］のデータは同一の被験者（体）のデータになります。

データ・エディタへの入力は，【図 15-22】の形式になります★22。また，［変数ビュー］も掲載しておきます（【図 15-23】参照）。各変数における［尺度］の項目では，［スケール］になっていることに注意してください。これは，ウィルコクソンの符号順位和検定では［間隔尺度］・［比率尺度］のデータを扱うからです。

【図 15-22】

	デプリ前	デプリ後
1	1210.00	620.00
2	990.00	450.00
3	550.00	420.00
4	800.00	700.00
5	1100.00	630.00
6	900.00	860.00
7	820.00	690.00
8	1600.00	1530.00
9	930.00	950.00
10	2100.00	550.00

【図 15-23】

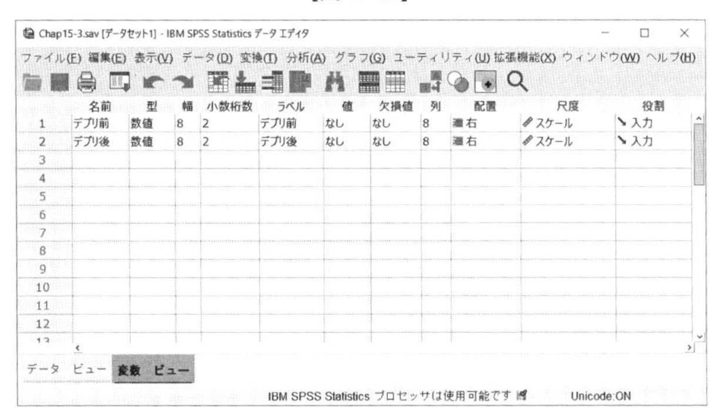

	名前	型	幅	小数桁数	ラベル	値	欠損値	列	配置	尺度	役割
1	デプリ前	数値	8	2	デプリ前	なし	なし	8	右	スケール	入力
2	デプリ後	数値	8	2	デプリ後	なし	なし	8	右	スケール	入力

分析実行に関しては，データ・エディタのメニューから，［分析］→［ノンパラメトリック検定］→［過去のダイアログ］→［2個の対応サンプルの検定］を順にクリックします（【図 15-24】参照）。

【図 15-24】

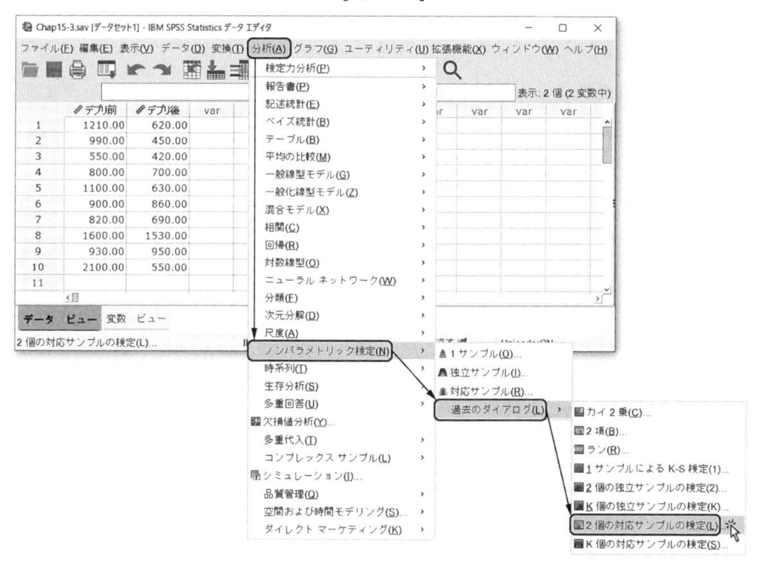

すると次のウィンドウが出現します（【図 15-25】参照）。

【図 15-25】

ウィンドウ左側の変数一覧ボックスで「デプリ前［デプリ前］」と「デプリ後［デプリ後］」をクリックして選択し，中央の［テストペア］に投入します（【図 15-26】参照）。このとき，［ペア］の［１］と表示されている項目の［変数１］に「デプリ前［デプリ前］」を，［変数２］に「デプリ後［デプリ後］」をそれぞれ投入します。次に，ウィンドウ下部の［検定の種類］では，すでに［Wilcoxon］にチェックが入っていますのでそのままにしておきます。［Wilcoxon］にチェックが入っていない場合は，必ずチェックを入れてください。

【図 15-26】

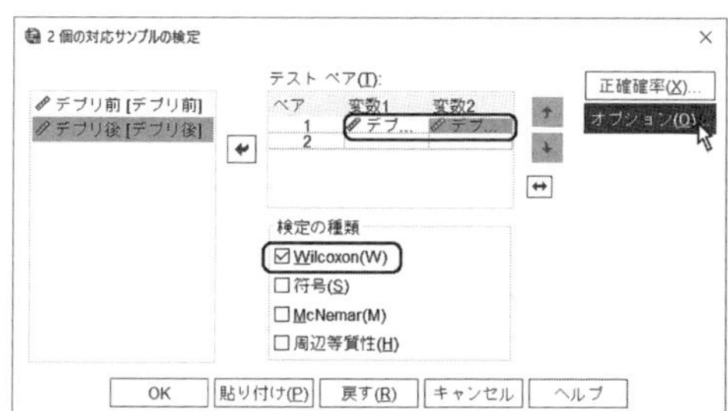

そして，ウィンドウ右上の［オプション］をクリックすると，次のウィンドウが出現します（【図 15-27】参照）。

【図 15-27】

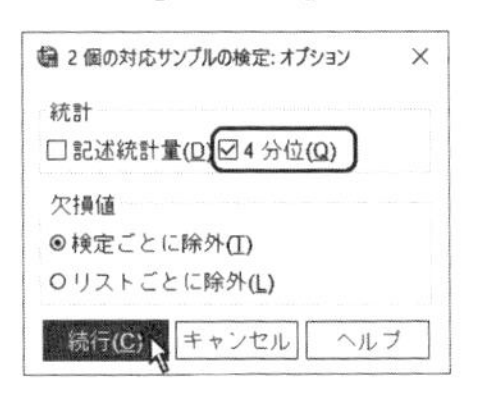

［統計］という項目にある［4 分位］にチェックを入れます。これで［中央値］が算出されます。［続行］をクリックして【図 15-25】に戻り，［OK］ボタンをクリックすると分析が実行され，ビューアに結果が表示されます（【図 15-28】参照）★23。

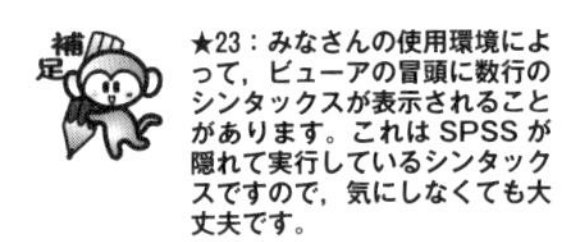
★23：みなさんの使用環境によって，ビューアの冒頭に数行のシンタックスが表示されることがあります。これは SPSS が隠れて実行しているシンタックスですので，気にしなくても大丈夫です。

【図 15-28】

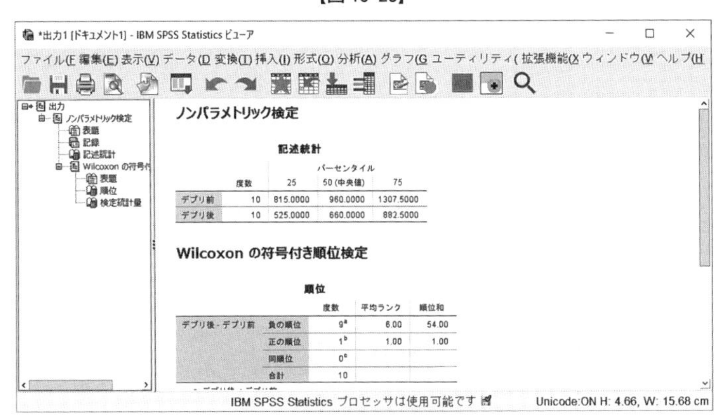

結果出力の冒頭では，［記述統計］という項目で［中央値］が算出されています（【図 15-29】参照）。ここでは，［デプリ前］が［960.0000］，［デプリ後］が［660.0000］です。

【図 15-29】

記述統計

	度数	25	パーセンタイル 50 (中央値)	75
デプリ前	10	815.0000	960.0000	1307.5000
デプリ後	10	525.0000	660.0000	882.5000

続いて，デプリベーションを行なう前後の反応時間の順位が要約されています（【図 15-30】参照）。［順位］という項目にある［デプリ後−デプリ前］の［負の順位］の［度数］は［9］となっていてデータ数が［9］であることを示し，［順位和］が［54.00］となっています。つまり，［デプリ後］−［デプリ前］が［負］になるケースが［9つ］あり，全データを通して順位をつけたとき，そのケースの順位の和が［54.00］であることがわかります。［平均ランク］は，［順位和］を［度数］で割った値です。［正の順位］は［デプリ後］−［デプリ前］が［正］になるケースです。この場合は［度数］が［1］となっているため，［1］ケース存在します。また，［デプリ

後］と［デプリ前］が同じ値である［同順位］は［度数］が［0］になっていて，存在しないことがわかります。

【図 15-30】

順位

		度数	平均ランク	順位和
デプリ後 - デプリ前	負の順位	9[a]	6.00	54.00
	正の順位	1[b]	1.00	1.00
	同順位	0[c]		
	合計	10		

a. デプリ後 < デプリ前
b. デプリ後 > デプリ前
c. デプリ後 = デプリ前

出力の最後に，［検定統計量］というタイトルでウィルコクソンの符号順位和検定の結果が表示されます（【図 15-31】参照）。この例では結果として［Z 値］が［−2.703］★24となっていて，［漸近有意確率（両側）］が［.007］ということから１％水準で有意であることがわかります。

★24：［Z 値］は負の値になっていますが，これは［検定統計量］の項目下に表示されているように，正の順位に基づくためです。負の順位に基づいても値自体は変わらないため，絶対値を取ってプラスの値で書くこともあります。

【図 15-31】

検定統計量[a]

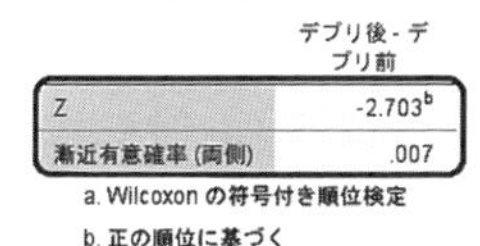

	デプリ後 - デプリ前
Z	-2.703[b]
漸近有意確率 (両側)	.007

a. Wilcoxon の符号付き順位検定
b. 正の順位に基づく

［Z 値］がマイナスであるということは，［デプリ後−デプリ前］の中央値の差がマイナスであることを意味し，［デプリ前］のほうが［デプリ後］よりも中央値が大きいことがわかります。よって，帰無仮説を棄却して，［デプリ前（960.00 ms）］のほうが［デプリ後（660.00 *ms*）］★25よりも有意に反応時間が長いということが判明しました。

★25：各反応時間は中央値です。

第4節　クラスカル・ウォリスのH検定と多重比較

［クラスカル・ウォリス（Kruskal-Wallis）のH検定］★26では，３つ以上の［対応なし］変数間の母集団の分布が等しいかどうかを検定する手法で，［対応なし］の１要因分散分析の順序尺度バージョンと言えるでしょう。クラスカル・ウォリスのH検定で算出される統計量は，［H 値］です。

★26：［クラスカル・ワリス］と表現される場合もありますが，同じです。

本章で解説したこれまでの検定と同じく，データの正規性が保証されない場合に適用できます。［間隔尺度］や［比率尺度］のデータに対しては自動的に順位づけが行なわれ，例えば試行数を測定するような実験においても［60試行］や［82試行］をまとめて［50試行以上］とするデータでも分析が可能です。つまり，外れ値が存在しても分析できるのです。

次の例を考えます★27。ある大学の［工学部］・［文学部］・［法学部］に所属する学生，各［７名ずつ］を無作為に選び出し，ある心理テストを行ないました。テストの総合得点を算出したところ，次のデータが得られました（【図 15-32】参照）。学部間の心理テストの結果に差は見られるでしょうか。帰無仮説は，［学部の違いによって，心

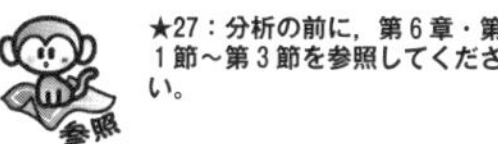

★27：分析の前に，第６章・第１節～第３節を参照してください。

理テストの得点分布に差がない］となります。

【図 15-32】

工学部	文学部	法学部
100	156	20
80	128	45
65	126	35
72	140	72
85	88	55
120	90	40
77	80	50

★28：縦方向に21名分のデータを表示しきれないので，最初の11人分だけ表示しました。これは表示上の問題なので，実際の分析では全データを入力しなければなりません。データは，データ・エディタの下方向に続いています。適宜スクロールしてください。

データ・エディタへの入力は【図 15-33】の形式になります★28。また，［変数ビュー］も掲載しておきます（【図 15-34】参照）。［学部］における［値］の列では，［工学部］に［1］を，［文学部］に［2］を，［法学部］に［3］を，それぞれ割り当てています。また，［学部］の［尺度］は［名義］に［得点］の［尺度］は［スケール］に，それぞれ設定しています。

【図 15-33】

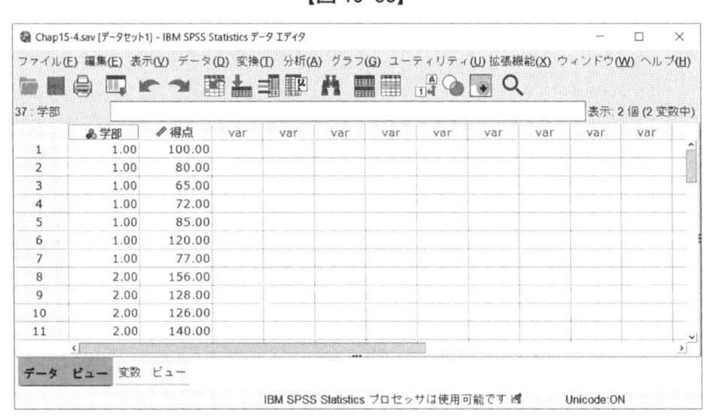

	学部	得点	var	var	var	var	var	var	var	var	var
1	1.00	100.00									
2	1.00	80.00									
3	1.00	65.00									
4	1.00	72.00									
5	1.00	85.00									
6	1.00	120.00									
7	1.00	77.00									
8	2.00	156.00									
9	2.00	128.00									
10	2.00	126.00									
11	2.00	140.00									

【図 15-34】

	名前	型	幅	小数桁数	ラベル	値	欠損値	列	配置	尺度	役割
1	学部	数値	8	2	学部	{1.00, 工学部}...	なし	8	右	名義	入力
2	得点	数値	8	2	得点	なし	なし	8	右	スケール	入力
3											
4											
5											
6											
7											
8											
9											
10											
11											
12											

分析実行に関しては，データ・エディタのメニューから，［分析］→［ノンパラメトリック検定］→［独立サンプル］を順にクリックします（【図 15-35】参照）。

【図 15-35】

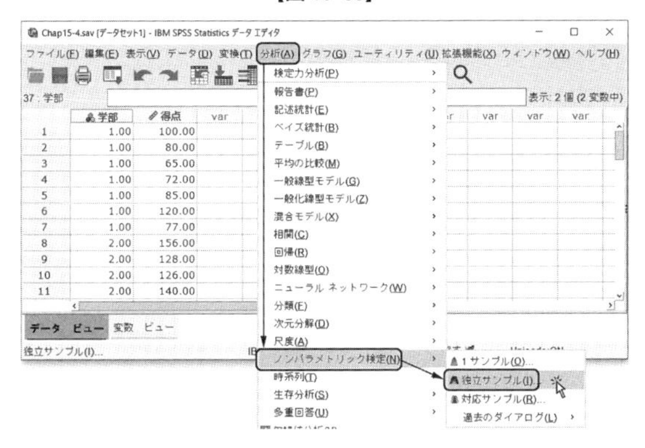

すると次のウィンドウが出現します（【図 15-36】参照）。

【図 15-36】

ここで，ウィンドウ左上にある［フィールド］タブをクリックすると，次の画面になります（【図 15-37】参照）。

次に，ウィンドウ左側にある［フィールド］ボックスから，右側の［検定フィールド］ボックスへ従属変数である［得点］を，［グループ］ボックスに独立変数である［学部］を，それぞれ投入します（【図 15-38】参照）。

【図 15-37】

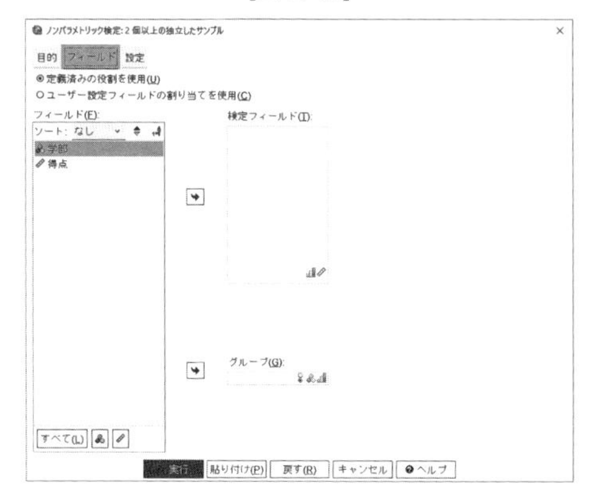

【図 15-38】

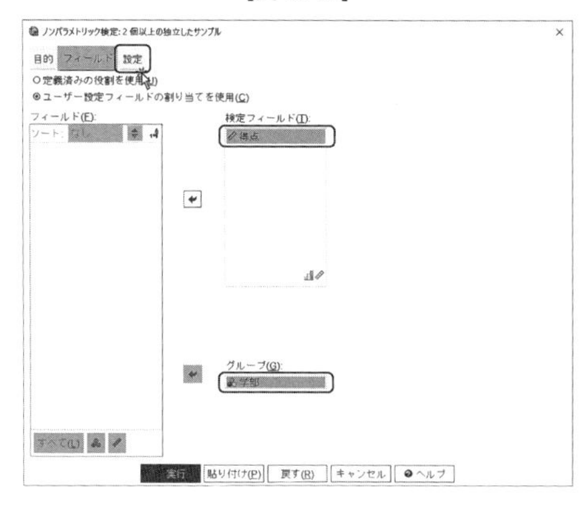

そして，ウィンドウ左上にある［設定］タブをクリックし，次の画面を出します（【図 15-39】参照）。

【図 15-39】

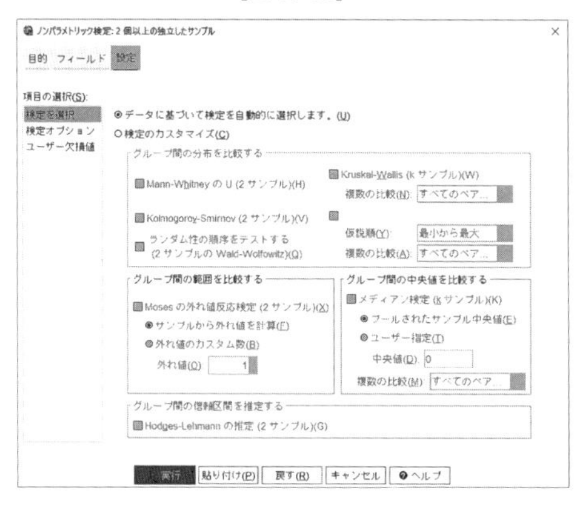

このウィンドウの上部に表示されている［検定のカスタマイズ］にチェックを入れ，さらにその中の［グループ間の分布を比較する］の［Kruskal-Wallis（k サンプル）］にもチェックを入れます（【図 15-40】参照）。

【図 15-40】

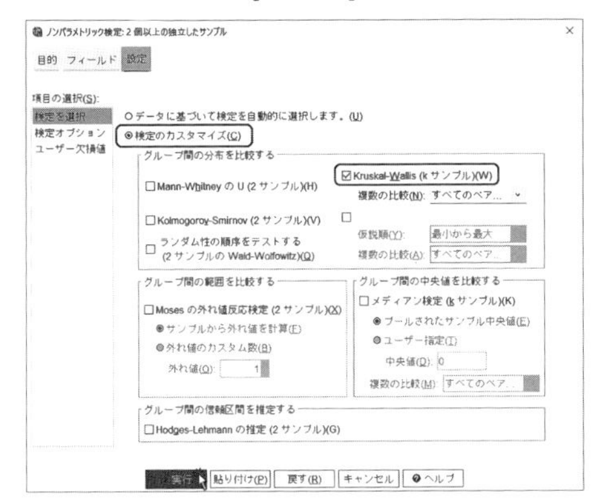

これで準備が完了しましたので，ウィンドウ最下にある［実行］ボタンをクリックすると，ビューアに結果が表示されます（【図 15-41】参照）★29。

補足 ★29：みなさんの使用環境によって，ビューアの冒頭に数行のシンタックスが表示されることがあります。これは SPSS が隠れて実行しているシンタックスですので，気にしなくても大丈夫です。

【図 15-41】

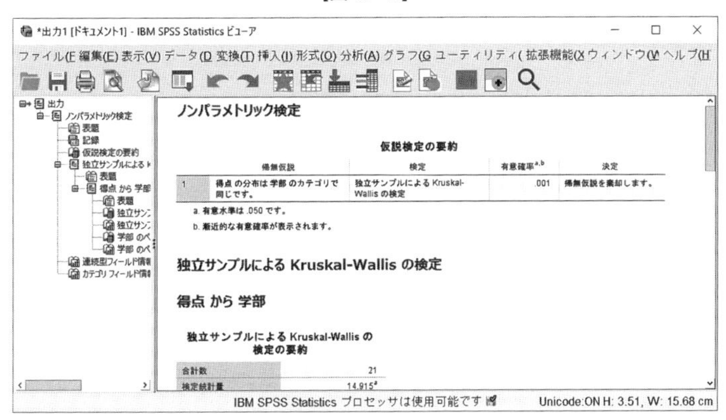

出力結果の冒頭では，仮説検定全体の要約がされていて，［帰無仮説］や［有意確率］などが表示され，［決定］で帰無仮説を棄却するかどうかも表示されます。その下に，［独立サンプルによる Kruskal-Wallis の検定］という大きな見出しがあり，その中に［独立サンプルによる Kruskal-Wallis の検定の要約］というタイトルでクラスカル・ウォリスのＨ検定の結果が表示されます（【図 15-42】参照）。結果的には，［検定統計量］（H 値）が［14.915］，［自由度］が［２］，［漸近有意確率（両側）］が［.001］となっていて，１％水準で有意であることがわかります。つまり，帰無仮説を棄却して，［学部の違いによって，心理テストの得点分布に差がある］と判断できることになります。

【図 15-42】

独立サンプルによる Kruskal-Wallis の検定

得点 から 学部

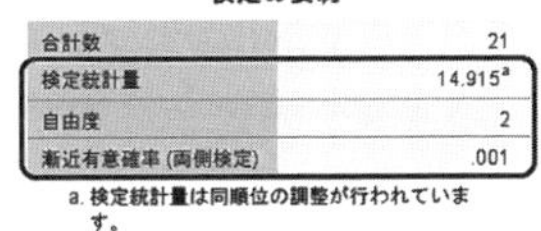

独立サンプルによる Kruskal-Wallis の検定の要約

合計数	21
検定統計量	14.915a
自由度	2
漸近有意確率 (両側検定)	.001

a. 検定統計量は同順位の調整が行われています。

3水準以上の分散分析では，主効果が有意であった場合には多重比較を行なってどの水準の組み合わせ間に有意差が存在するのかを検証しました★30。同様に，この例でも，多重比較を行なって有意な水準の組み合わせを特定する必要があります。次の出力結果は［独立サンプルによるKruskal-Wallisの検定］として，グラフが表示されています（【図15-43】参照）。

★30：第8章・第1節を参照してください。

【図15-43】

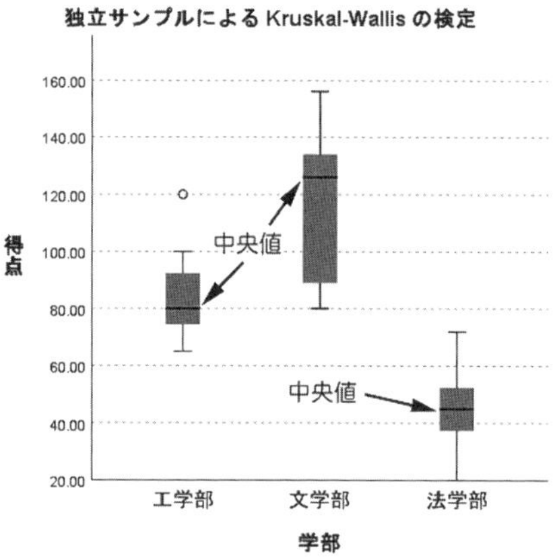

独立サンプルによるKruskal-Wallisの検定

160.00
140.00
120.00
100.00
80.00
60.00
40.00
20.00
得点
中央値
中央値
工学部　文学部　法学部
学部

このグラフには各学部におけるデータの分布が示されていて，各バーの中に太い横線が引かれているのがわかります。これが［中央値］になります。例えば，［工学部］は［80.00］あたりのところに中央値が存在することが見て取れます。さらにその下には，［学部のペアごとの比較］というタイトルで多重比較結果が表示されています（【図15-44】参照）。

【図15-44】

学部 のペアごとの比較

Sample 1-Sample 2	検定統計量	標準誤差	標準化検定統計量	有意確率	調整済み有意確率[a]
法学部-工学部	7.643	3.314	2.306	.021	.063
法学部-文学部	12.714	3.314	3.836	.000	.000
工学部-文学部	-5.071	3.314	-1.530	.126	.378

各行は、サンプル1とサンプル2の分布が同じであるという帰無仮説を検定します。
漸近的な有意確率(両側検定)が表示されます。有意水準は.050です。

a. Bonferroni訂正により、複数のテストに対して、有意確率の値が調整されました。

【図15-44】では，最左に学部同士のペアが表示され，その最右にある［調整済み有意確率］がポイントになります。この例では1行目に［法学部-工学部］という表示で［法学部］と［工学部］との比較が行なわれ，［調整済み有意確率］が［.063］となっていて有意ではありませんでした★31。2行目に［法学部-文学部］という表示で［法学部］と［文学部］との比較があり，［調整済み有意確率］が［.000］となっていて，今度は0.1%水準で有意でした。3行目には［工学部-文学部］として［工学部］と［文学部］との比較がありますが，［調整済み有意確率］が［.378］となっていて有意ではありませんでした。最終的に，【図15-43】の中央値と，【図15-44】の結果とを総合し，［法学部］は［文学部］よりも，心理テストの中央値が有意に低いと結論することができます。

★31：最右から2列目の［有意確率］は［.021］となっていて，一見すると有意なペアであるように見えます。しかし，検定のペア数におけるBonferroniの修正を行なった結果，有意でないことが判明しました。Bonferroniの修正については，第11章・第3節をご覧ください。

中央値を求めるために，第4章・第5節の方法で各群のケースを選択した上で，第

５章・第２節の度数分布表において［中心傾向］から［中央値］を算出します。その結果，［工学部］の中央値は［80］，［文学部］の中央値は［126］，［法学部］の中央値は［45］であることがわかります。

第５節　フリードマン検定と多重比較

［フリードマン（Friedman）検定］では，３つ以上の［対応あり］変数間の母集団の分布が等しいかどうかを検定する手法で，［対応あり］の１要因分散分析の順序尺度バージョンと考えるとよいでしょう。フリードマン検定では，［間隔尺度］・［比率尺度］のデータであっても一旦順位づけが行なわれてから分析が実行されます。また，データの正規性が保証されない場合にも分析が可能です。算出される統計量は，χ^2分布に近似させることから［χ^2値］となります。

次の例を考えます★32。無作為に抽出された学生被験者［10名］に対して，［緑］・［赤］・［茶］という３種類の部屋の色によって［心拍数］に差があるのかを検証する実験を行ないました。そして，次のデータが得られたと仮定します（【図 15-45】参照）★33。帰無仮説は，［部屋の色の違いによって，心拍数の中央値には差がない］となります。

★32：分析の前に，第６章・第１節〜第３節を参照してください。

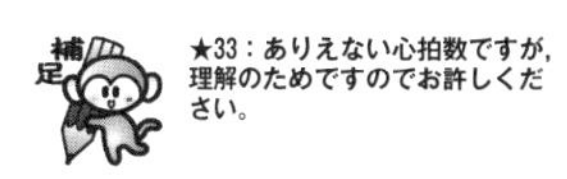

★33：ありえない心拍数ですが，理解のためですのでお許しください。

【図 15-45】

緑	赤	茶
125	135	58
132	60	49
85	118	66
112	40	58
98	102	30
125	80	70
92	60	65
160	95	88
99	150	65
115	101	40

データ・エディタへの入力は，【図 15-46】の形式になります。また，［変数ビュー］も掲載しておきます（【図 15-47】参照）。

【図 15-46】

Chap15-5.sav [データセット1] - IBM SPSS Statistics データ エディタ

ファイル(F) 編集(E) 表示(V) データ(D) 変換(T) 分析(A) グラフ(G) ユーティリティ(U) 拡張機能(X) ウィンドウ(W) ヘルプ(H)

表示: 3 個 (3 変数中)

	緑	赤	茶	var	var	var	var	var	var	var	var
1	125.00	135.00	58.00								
2	132.00	60.00	49.00								
3	85.00	118.00	66.00								
4	112.00	40.00	58.00								
5	98.00	102.00	30.00								
6	125.00	80.00	70.00								
7	92.00	60.00	65.00								
8	160.00	95.00	88.00								
9	99.00	150.00	65.00								
10	115.00	101.00	40.00								
11											

データ ビュー　変数 ビュー

IBM SPSS Statistics プロセッサは使用可能です　Unicode:ON

【図 15-47】

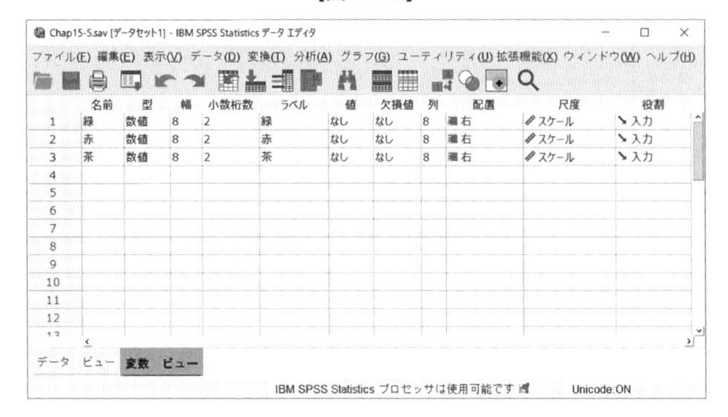

分析実行に関しては，データ・エディタのメニューから，［分析］→［ノンパラメトリック検定］→［対応サンプル］を順にクリックします（【図 15-48】参照）。

【図 15-48】

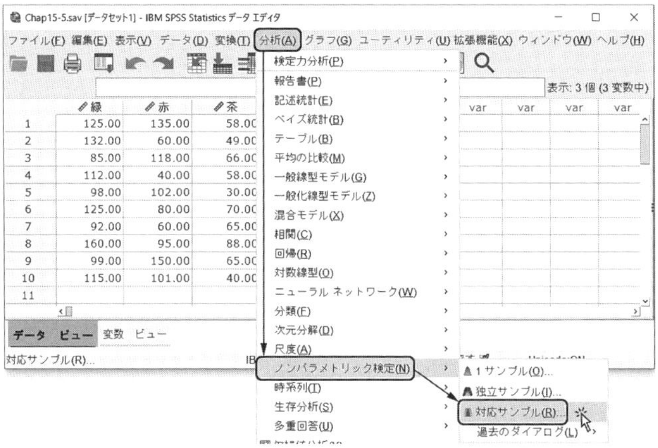

すると，次のウィンドウが出現します（【図 15-49】参照）。

【図 15-49】

ここで，ウィンドウ左上にある［フィールド］タブをクリックすると，次の画面になります（【図 15-50】参照）。

【図 15-50】

次に，ウィンドウ左下にある［フィールド］ボックスから，右側の［検定フィールド］ボックスへ［緑］・［赤］・［茶］を投入します（【図 15-51】参照）。

【図 15-51】

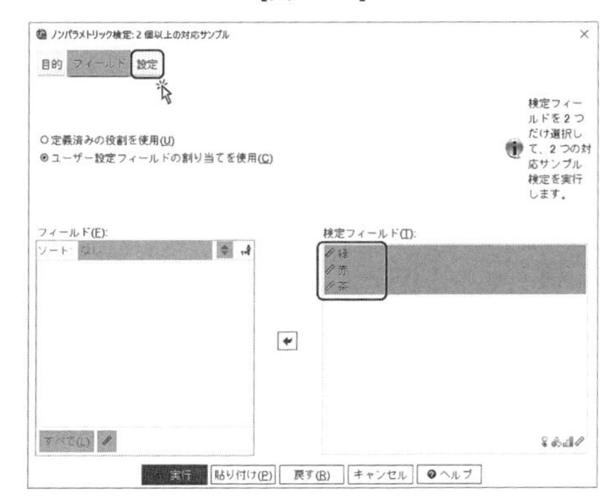

そして，ウィンドウ左上にある［設定］タブをクリックし，次の画面を出します（【図 15-52】参照）。

【図 15-52】

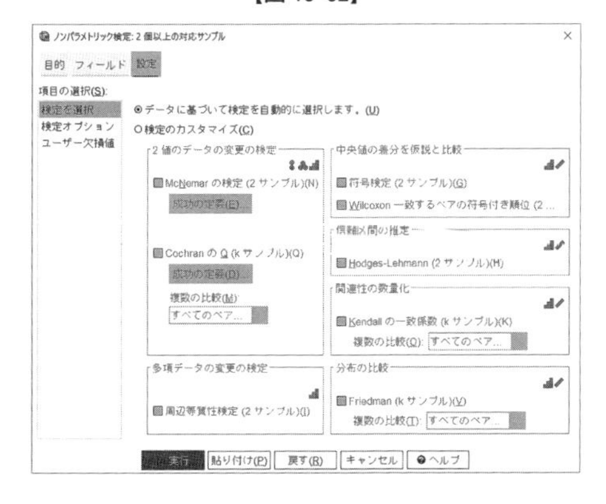

このウィンドウの上部に表示されている［検定のカスタマイズ］にチェックを入れ，さらに右下にある［分布の比較］の［Friedman（k サンプル）］にもチェックを入れます（【図 15-53】参照）。

【図 15-53】

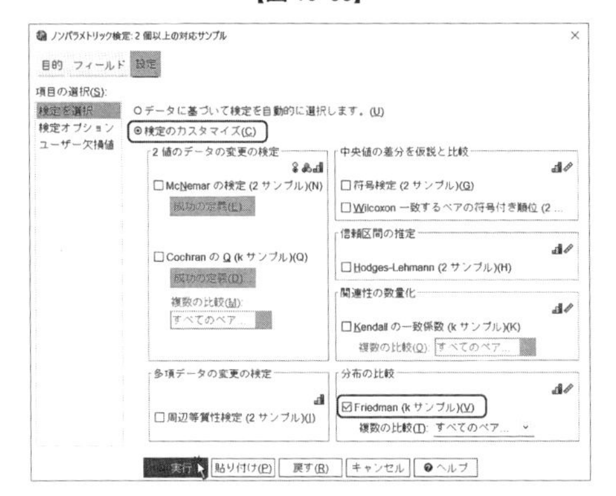

これで準備が完了しましたので，ウィンドウ最下にある［実行］ボタンをクリックすると，ビューアに結果が表示されます（【図 15-54】参照）★34。

補足 ★34：みなさんの使用環境によって，ビューアの冒頭に数行のシンタックスが表示されることがあります。これは SPSS が隠れて実行しているシンタックスですので，気にしなくても大丈夫です。

【図 15-54】

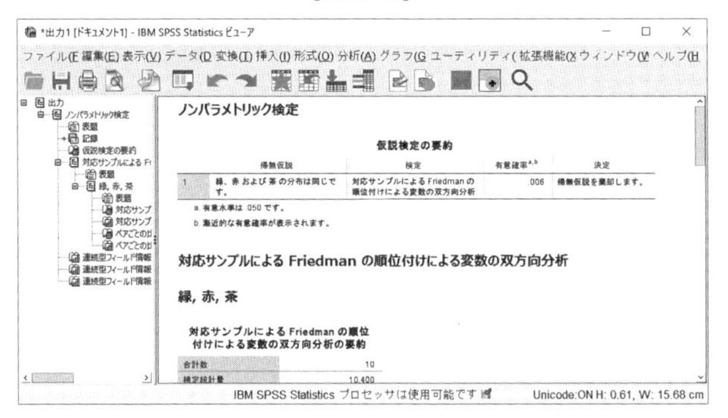

出力結果の冒頭では，仮説検定全体の要約がされていて，［帰無仮説］や［有意確率］などが表示され，［決定］で帰無仮説を棄却するかどうかも表示されます。その下に，［対応サンプルによる Friedman の順位付けによる変数の双方向分析］という長くて大きな見出しがあり，その中に［対応サンプルによる Friedman の順位付けによる変数の双方向分析］という，やはり長いタイトルでフリードマン検定の結果が表示されます（【図 15-55】参照）。結果的には，［検定統計量］というタイトルで［χ^2値］が［10.400］，［自由度］が［2］，［漸近有意確率（両側検定）］が［.006］となっていて，1％水準で有意であることがわかります。つまり，帰無仮説を棄却して，［部屋の色の違いによって，心拍数の分布には差がある］と判断できることになります。

【図 15-55】

対応サンプルによる Friedman の順位付けによる変数の双方向分析

緑, 赤, 茶

対応サンプルによる Friedman の順位付けによる変数の双方向分析の要約

合計数	10
検定統計量	10.400
自由度	2
漸近有意確率 (両側検定)	.006

3水準以上の分散分析では，主効果が有意であった場合には多重比較を行なってどの水準の組み合わせ間に有意差が存在するのかを検証しました★35。同様に，この例でも，多重比較を行なって有意な水準の組み合わせを特定する必要があります。［対応サンプルによるFriedmanの順位付けによる変数の双方向分析］として，グラフが表示されていますが，箱ひげ図ではないため順位が表示されているだけです。

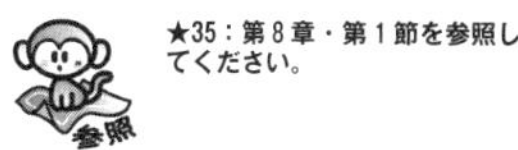

★35：第8章・第1節を参照してください。

さらに下へスクロールすると，［ペアごとの比較］というタイトルで多重比較結果が表示されています（【図15-56】参照）。

【図15-56】

ペアごとの比較

Sample 1-Sample 2	検定統計量	標準誤差	標準化検定統計量	有意確率	調整済み有意確率[a]
茶-赤	1.000	.447	2.236	.025	.076
茶-緑	1.400	.447	3.130	.002	.005
赤-緑	.400	.447	.894	.371	1.000

各行は、サンプル1とサンプル2の分布が同じであるという帰無仮説を検定します。
漸近的な有意確率(両側検定)が表示されます。有意水準は .050 です。
a. Bonferroni 訂正により、複数のテストに対して、有意確率の値が調整されました。

【図15-56】では，最左に色同士のペアが表示され，その最右にある［調整済み有意確率］がポイントになります。この例では1行目に［茶-赤］という表示で［茶］と［赤］との比較が行なわれ，［調整済み有意確率］が［.076］となっていて有意ではありませんでした★36。2行目に［茶-緑］という表示で［茶］と［緑］との比較があり，［調整済み有意確率］が［.005］となっていて，今度は1％水準で有意でした。3行目には［赤-緑］として［赤］と［緑］との比較がありますが，［調整済み有意確率］が［1.000］となっていて有意ではありませんでした。

★36：最右から2列目の［有意確率］は［.025］となっていて，一見すると有意なペアであるように見えます。しかし，検定のペア数におけるBonferroniの修正を行なった結果，有意でないことが判明しました。Bonferroniの修正については，第11章・第3節をご覧ください。

中央値を求めるために，第5章・第2節の度数分布表において［中心傾向］から［中央値］を算出します。その結果，［緑］の中央値は［113.5000］，［赤］の中央値は［98.0000］，［茶］の中央値は［61.5000］であることがわかります。

最終的に，それらの中央値と，【図15-56】の結果とを総合し，［緑］は［茶］よりも，心拍数の中央値が有意に多いと結論することができます。

SPSS

第16章

分析結果を書くときの注意点

これまで数多くのレポートや学術論文等を拝見してきて，ミスにはいくつかの共通点があることがわかりました。本章では分析結果における典型的なミスの実例をあげ，どこがどのようによくないのかを解説します。特に学部生の皆さんは本章の解説に従って分析結果を書けば，ミスの解消に役立つはずです。

第1節　分析結果の記述

結果のセクションは，実験や調査の結果がどうだったのかを報告するところです。得られたデータをどのような分析にかけて，どのような結果が得られたのかを詳細かつ客観的に書きます。また，結果をわかりやすくするために，図や表を補助的に使用します。結果が多い場合や読者の混乱を避けたい場合などは小さな見出しを立て，個別に結果を示すことが多いですが，必ずそうしなければならないというものではありません。しかしながら，とにかく「読者にやさしく」や「追試できるように」★1が基本姿勢であることに変わりはありません。

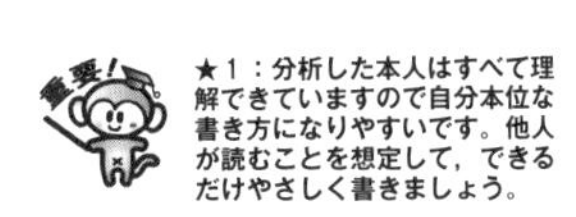

★1：分析した本人はすべて理解できていますので自分本位な書き方になりやすいです。他人が読むことを想定して，できるだけやさしく書きましょう。

分析結果を記述する前に，得られたデータ全体を俯瞰する必要があります。場合によれば，散布図を描いてデータの傾向をつかむことが重要になることもあります。また，平均値や標準偏差を比べる必要も生じてくるでしょう。そのようなことを含めて，結果では必ずしも分析結果だけを書けばいいというものではありません。さらに，自分は一体何を調べようとして分析を行なったのかという，分析の目的（例えば，ある得点における性別による差を明らかにするために，など）を明示することは当然であり，得られたデータをどのように分析したのかについても詳しく丁寧に書かなければなりません。どのような目的で分析が行われたのかが記されていない結果は，読んでいてとても疲れます★2。

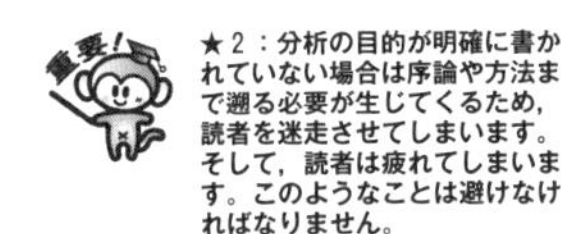

★2：分析の目的が明確に書かれていない場合は序論や方法まで遡る必要が生じてくるため，読者を迷走させてしまいます。そして，読者は疲れてしまいます。このようなことは避けなければなりません。

質問紙調査でよく見られるように，データをさまざまな形で加工する場合は，特に記述内容に注意が必要です。実験で測定した反応時間等の指標をそのまま分析することもあれば，さまざまな質問項目の値を合計して特定の尺度得点にしてから分析することもあります。前者であれば特に言及する必要はありませんが，後者のような場合は必ずその加工方法を明示してください。どの項目とどの項目のデータを足したのかわからないのに，いきなり「〇〇得点」として分析を始めるケースがよく見受けられます。尺度得点を使用する場合は，必ずどのようにしてその得点を導き出したのか，書くようにして下さい。

では，分析結果を書くときの悪い例・良い例★3をあげながら，ポイントの簡単な解説を進めます。

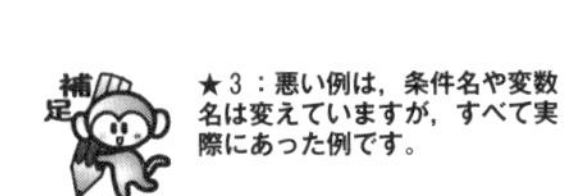

★3：悪い例は，条件名や変数名は変えていますが，すべて実際にあった例です。

(1) 分析目的の書き方

【悪い例１】

分散分析をした。

【悪い例２】

心理テストの得点の差を見るために，分散分析を行なった。

【良い例】

> 心理テストの得点における性別の差を検証するために，独立変数を性別，従属変数を心理テストの得点とする，対応のない１要因の分散分析を行なった。

確認すべき項目

- 目的は明示されていますか？
- 分散分析の場合，独立変数や従属変数の情報がありますか？
- 対応のある・なしが明示されていますか？
- 要因の数に言及していますか？

(2) 分散分析の結果の書き方

【悪い例１】

> その結果，条件の主効果に有意差があった（$F(2)=20.336$, $p>.05$）。下位検定を行なったところ，条件ＡとＢに差があった。

【良い例１】

> その結果，条件による主効果は５％水準で有意であり（$F(2, 20)=20.33$, $p<.05$），平均値に関して，条件Ａは20.85点，条件Ｂは26.30点，条件Ｃは30.00点であった。また，Tukey の HSD 検定の結果，条件Ａと条件Ｂの間に有意差が存在し，条件Ｂのほうが条件Ａよりも有意に平均値が大きかった。

確認すべき項目

- 「主効果に有意差があった」という表現は間違いです★4。
- F や p などは斜体になっていますか？
- 小数点以下の桁数は統一されていますか★5？
- 不等号の向きは正しいですか？
- 自由度の数は正しいですか？
- 条件による平均値の大小関係が書かれていますか？
- 下位検定の具体的な名称が書かれていますか？
- 平均値（標準偏差）を書く場合は単位まで書けていますか？

★４：この間違いが非常に多いです。「主効果が有意であった」や「有意な主効果が認められた」等が正しいです。

★５：一般的に，小数第２位まで書くことが多いです。

【悪い例２】

> 分析の結果，条件による主効果は有意であるとは言えなかった（$F(2, 20)=0.80$, *n.s.*）。しかし，条件Ａの平均値は8.50点，条件Ｂの平均値は9.00点，条件Ｃの平均値は7.00点と差が見られたため，条件Ｂが最も効果があり，条件Ｃでは効果がなかったと言える。

【良い例2】

分析の結果，条件による主効果は有意ではなかった（$F(2, 20)=0.80$，*n.s.*）。

確認すべき項目

- 主効果などが有意ではなかったのに，平均値の大小関係に言及していませんか（有意でなければ，平均値の大小関係について論じません）？

(3) 相関分析の結果の書き方

【悪い例1】

変数Aと変数Bを調べるために，ペアソンをした。結果，相関係数の有意差が出て，変数Aのおかげで変数Bが変化していた。

【良い例1】

変数Aと変数Bの関係の強さを検証するために，ピアソンの積率相関係数を求めた。その結果，2変数間で有意な正の相関が認められた（$r=0.87$，$p<.05$）。

確認すべき項目

- 何を調べるのか書かれていますか？
- 相関分析の名称は正しいですか？
- 「相関係数の有意差が出る」という表現は間違いです。
- 変数間に因果関係をにおわせてはいけません。

【悪い例2】

変数AとBの間の関係を調べるために，ピアソンの相関係数を算出した。その結果，相関係数は有意ではなかった（$r(20)=0.08$，*n.s.*）。しかし，相関係数はプラスだったので弱い相関があると考え，変数AとBの間には正の相関関係があると言える。

【良い例2】

変数AとBの間の関係の強さを調べるために，ピアソンの積率相関係数を算出した。その結果，相関係数は有意ではなかった（$r=0.08$，*n.s.*）。

確認すべき項目

- 相関係数が有意ではなかったのに，相関関係にあるとして論理展開していませんか？

(4) 図表への参照例

【悪い例】

実験結果を図 1に示す。

【良い例】

> 条件Aでは新しい介入技法の効果が認められ，従来の技法に比べて13%以上症状が改善した（図 1参照)。

確認すべき項目

- 結果を説明せず，図表への参照だけで済ませていませんか？
- 結果の具体的解釈に言及がなされていますか？

第2節　図（グラフ）の作成

分析結果を文章で記述することは前節で述べたとおりですが，それに加えて読者の理解を促すためにグラフを効果的に用いる必要があります。グラフを描くときにも「読者にやさしく」を基本姿勢として，余計な数字が書き込まれていないか，グラフが見にくくないか，ごちゃごちゃしていないか，などをしっかり点検する必要があります。

なお，分析結果の表現はグラフか表か，どちらかだけを用い，同じ結果をグラフと表の両方で表現するのは避けましょう。また，一度も言及しないようなグラフを作成することもやめましょう。とにかく，シンプルで見やすいグラフ作成に全力をあげてください。グラフは見やすくなければ意味がありませんので，シンプルイズベストです★6。

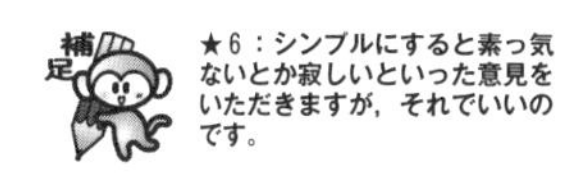

【悪い例】

図1 条件AとBにおける心理テストの平均得点

得点
24
22
20
18
16
14
12
10
8
6
4
2
0
10
20
A
B
系列1

【良い例】

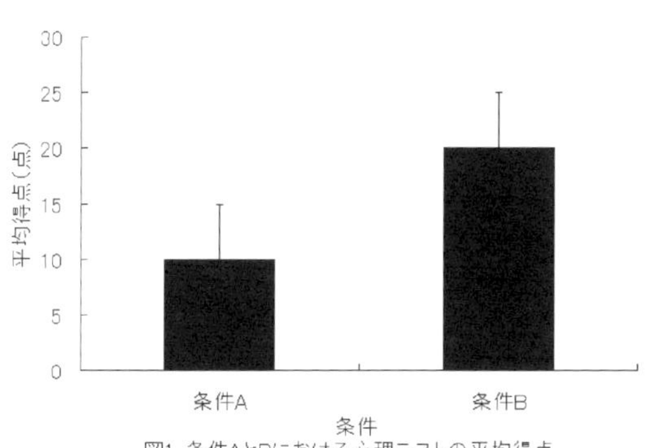

図1. 条件AとBにおける心理テストの平均得点

確認すべき項目

- グラフタイトルの位置はグラフの下になっていますか？
- 図の番号はついていますか？
- X 軸・Y 軸のタイトルはついていますか？
- Y 軸の単位は書かれていますか？
- Y 軸の数字の範囲は適切ですか？
- Y 軸の目盛り間隔は適切ですか？
- 補助線を使う場合，混み合っていませんか？
- 不要な凡例は削除されていますか★7？
- 棒グラフの場合，棒のデザインは見やすいですか？
- 折れ線グラフの場合，線のデザインは見やすいですか？
- 標準偏差のエラーバーはついていますか？

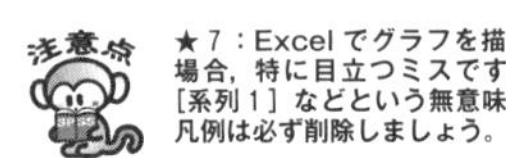

第3節　表の作成

グラフと同じく，読者の理解を促すために表も効果的に用いましょう。また，分析結果の表現はグラフか表か，どちらかだけを用い，同じ結果をグラフと表の両方で表現するのは避けましょう。また，一度も言及しないような表を作成することもやめましょう。表もシンプルイズベストです★8。

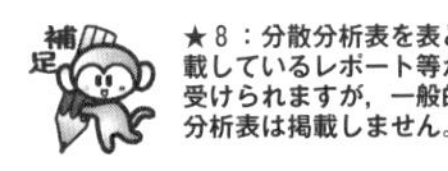

【悪い例】

性別	正立	右90度	倒立
男性	550	800	1200
女性	560	780	1250

表 1　反応時間。

【良い例】

表 1　顔の向き条件における性別ごとの反応時間

	顔の向き		
性別	正立	右90度	倒立
男性	550	800	1200
女性	560	780	1250

(注):単位は ms である。

確認すべき項目

- 表タイトルの位置は表の上になっていますか？
- 表の番号はついていますか？
- 縦線を使っていませんか？
- 表の中の数字等はセンタリングして整列させていますか★9？
- 補足事項は表の下に書かれていますか？
- データに対するタイトル行はありますか？
- 表が複数のページにまたがって（分断されて）いませんか？

★9：Excel で表を作成して Word などへ貼り付けるとき，必ず整列させましょう。

◎引用文献◎

Brace, N., Kemp, R., & Snelgar, R. (2003). *SPSS for psychologists: A guide to data analysis using SPSS for Windows, 2nd edition.* United Kingdom, Lawrence Erlbaum.

Haberman, S. J. (1974). *The analysis of frequency data.* Chicago: Chicago University Press.

Howell, D. C. (2002). *Statistical methods for psychology, 5th edition.* California: Duxbury Press.

宮本友弘・山際勇一郎・田中敏（1991）．要因計画の分散分析において単純主効果検定に使用する誤差項の選択について．心理学研究，**62**，207-211.

繁桝算男・柳井晴夫・森敏昭（2002）．Q & Aで知る統計データ解析：DO's and DON'Ts. サイエンス社.

【索　引】

（ブラケット（［　］）が付いている項目は，SPSS のウィンドウで，直接表示されるものを指しています。）

●さ

●し

●す

●せ

●そ

●た

付録　チェックシート1

きちんと分析結果を書いたと思っていても，どこかにミスが潜んでいるものです。そこで，分析結果を書くにあたり，次のチェックシートをご活用下さい。これだけでミスを相当減らせるはずです。

(1) 文章

□過去形になっていますか？
□箇条書きになっていませんか？
□数字の単位は書かれていますか？
□分散分析のデザイン記述（独立変数・従属変数・対応のある/なし等）は十分ですか？
□統計分析の記述はきちんとなされていますか？
□統計分析の記述で文字（Ｆやｐなど）が斜体になっていますか？
□統計分析の結果記述で有効桁数が揃っていますか？
□文中でもれなく図表への言及がなされていますか？
□多重比較等，名前も含めて下位検定の記述は正確ですか？
□条件間で平均値の高低に言及していますか？
□結果の解釈は正しいですか？
□文中や図表中で使用する記号や文字は事前定義されていますか？
□文の主語が存在していますか？
□そもそも日本語として成立していますか？
□誤字脱字はないですか？
□ですます調になっていませんか？
□「～だと思う」など，感想めいた表現になっていませんか？

(2) 図

□グラフにタイトルがありますか？
□グラフのタイトルの位置は正しいですか？
□Ｘ・Ｙ軸のタイトルがありますか？
□Ｙ軸に単位がありますか？
□Ｙ軸の数字の範囲は適切ですか？
□Ｙ軸の目盛り間隔は適切ですか？
□使用する記号や文字が事前定義されていますか？
□グラフに不要な凡例がありませんか？
□エラーバーがありますか？
□不要な装飾等がありませんか？
□内容が同じグラフと表の両方がありませんか？

(3) 表

□表に縦線がありませんか？
□表にタイトルがありますか？
□表のタイトルの位置は正しいですか？
□表に単位はありますか？
□使用する記号や文字が事前定義されていますか？
□数字の有効桁数が揃っていますか？
□数字の整列はできていますか？
□表が複数ページにまたがっていませんか？
□内容が同じグラフと表の両方がありませんか？

科目名	担当教員名	学籍番号	氏名

付録　チェックシート２

きちんと分析結果を書いたと思っていても，どこかにミスが潜んでいるものです。そこで，分析結果を書くにあたり，次のチェックシートをご活用下さい。これだけでミスを相当減らせるはずです。

(1) 文章

□過去形になっていますか？
□箇条書きになっていませんか？
□数字の単位は書かれていますか？
□分散分析のデザイン記述（独立変数・従属変数・対応のある/なし等）は十分ですか？
□統計分析の記述はきちんとなされていますか？
□統計分析の記述で文字（Ｆやｐなど）が斜体になっていますか？
□統計分析の結果記述で有効桁数が揃っていますか？
□文中でもれなく図表への言及がなされていますか？
□多重比較等，名前も含めて下位検定の記述は正確ですか？
□条件間で平均値の高低に言及していますか？
□結果の解釈は正しいですか？
□文中や図表中で使用する記号や文字は事前定義されていますか？
□文の主語が存在していますか？
□そもそも日本語として成立していますか？
□誤字脱字はないですか？
□ですます調になっていませんか？
□「～だと思う」など，感想めいた表現になっていませんか？

(2) 図

□グラフにタイトルがありますか？
□グラフのタイトルの位置は正しいですか？
□Ｘ・Ｙ軸のタイトルがありますか？
□Ｙ軸に単位がありますか？
□Ｙ軸の数字の範囲は適切ですか？
□Ｙ軸の目盛り間隔は適切ですか？
□使用する記号や文字が事前定義されていますか？
□グラフに不要な凡例がありませんか？
□エラーバーがありますか？
□不要な装飾等がありませんか？
□内容が同じグラフと表の両方がありませんか？

(3) 表

□表に縦線がありませんか？
□表にタイトルがありますか？
□表のタイトルの位置は正しいですか？
□表に単位はありますか？
□使用する記号や文字が事前定義されていますか？
□数字の有効桁数が揃っていますか？
□数字の整列はできていますか？
□表が複数ページにまたがっていませんか？
□内容が同じグラフと表の両方がありませんか？

科目名	担当教員名	学籍番号	氏名

付録　チェックシート3

きちんと分析結果を書いたと思っていても，どこかにミスが潜んでいるものです。そこで，分析結果を書くにあたり，次のチェックシートをご活用下さい。これだけでミスを相当減らせるはずです。

(1) 文章

□過去形になっていますか？
□箇条書きになっていませんか？
□数字の単位は書かれていますか？
□分散分析のデザイン記述（独立変数・従属変数・対応のある/なし等）は十分ですか？
□統計分析の記述はきちんとなされていますか？
□統計分析の記述で文字（Fやpなど）が斜体になっていますか？
□統計分析の結果記述で有効桁数が揃っていますか？
□文中でもれなく図表への言及がなされていますか？
□多重比較等，名前も含めて下位検定の記述は正確ですか？
□条件間で平均値の高低に言及していますか？
□結果の解釈は正しいですか？
□文中や図表中で使用する記号や文字は事前定義されていますか？
□文の主語が存在していますか？
□そもそも日本語として成立していますか？
□誤字脱字はないですか？
□ですます調になっていませんか？
□「～だと思う」など，感想めいた表現になっていませんか？

(2) 図

□グラフにタイトルがありますか？
□グラフのタイトルの位置は正しいですか？
□X・Y軸のタイトルがありますか？
□Y軸に単位がありますか？
□Y軸の数字の範囲は適切ですか？
□Y軸の目盛り間隔は適切ですか？
□使用する記号や文字が事前定義されていますか？
□グラフに不要な凡例がありませんか？
□エラーバーがありますか？
□不要な装飾等がありませんか？
□内容が同じグラフと表の両方がありませんか？

(3) 表

□表に縦線がありませんか？
□表にタイトルがありますか？
□表のタイトルの位置は正しいですか？
□表に単位はありますか？
□使用する記号や文字が事前定義されていますか？
□数字の有効桁数が揃っていますか？
□数字の整列はできていますか？
□表が複数ページにまたがっていませんか？
□内容が同じグラフと表の両方がありませんか？

科目名	担当教員名	学籍番号	氏名

付録　チェックシート4

きちんと分析結果を書いたと思っていても，どこかにミスが潜んでいるものです。そこで，分析結果を書くにあたり，次のチェックシートをご活用下さい。これだけでミスを相当減らせるはずです。

(1) 文章

□過去形になっていますか？
□箇条書きになっていませんか？
□数字の単位は書かれていますか？
□分散分析のデザイン記述（独立変数・従属変数・対応のある/なし等）は十分ですか？
□統計分析の記述はきちんとなされていますか？
□統計分析の記述で文字（Ｆやｐなど）が斜体になっていますか？
□統計分析の結果記述で有効桁数が揃っていますか？
□文中でもれなく図表への言及がなされていますか？
□多重比較等，名前も含めて下位検定の記述は正確ですか？
□条件間で平均値の高低に言及していますか？
□結果の解釈は正しいですか？
□文中や図表中で使用する記号や文字は事前定義されていますか？
□文の主語が存在していますか？
□そもそも日本語として成立していますか？
□誤字脱字はないですか？
□ですます調になっていませんか？
□「～だと思う」など，感想めいた表現になっていませんか？

(2) 図

□グラフにタイトルがありますか？
□グラフのタイトルの位置は正しいですか？
□Ｘ・Ｙ軸のタイトルがありますか？
□Ｙ軸に単位がありますか？
□Ｙ軸の数字の範囲は適切ですか？
□Ｙ軸の目盛り間隔は適切ですか？
□使用する記号や文字が事前定義されていますか？
□グラフに不要な凡例がありませんか？
□エラーバーがありますか？
□不要な装飾等がありませんか？
□内容が同じグラフと表の両方がありませんか？

(3) 表

□表に縦線がありませんか？
□表にタイトルがありますか？
□表のタイトルの位置は正しいですか？
□表に単位はありますか？
□使用する記号や文字が事前定義されていますか？
□数字の有効桁数が揃っていますか？
□数字の整列はできていますか？
□表が複数ページにまたがっていませんか？
□内容が同じグラフと表の両方がありませんか？

科目名	担当教員名	学籍番号	氏名

付録　チェックシート5

きちんと分析結果を書いたと思っていても，どこかにミスが潜んでいるものです。そこで，分析結果を書くにあたり，次のチェックシートをご活用下さい。これだけでミスを相当減らせるはずです。

(1) 文章

□過去形になっていますか？
□箇条書きになっていませんか？
□数字の単位は書かれていますか？
□分散分析のデザイン記述（独立変数・従属変数・対応のある/なし等）は十分ですか？
□統計分析の記述はきちんとなされていますか？
□統計分析の記述で文字（Fやpなど）が斜体になっていますか？
□統計分析の結果記述で有効桁数が揃っていますか？
□文中でもれなく図表への言及がなされていますか？
□多重比較等，名前も含めて下位検定の記述は正確ですか？
□条件間で平均値の高低に言及していますか？
□結果の解釈は正しいですか？
□文中や図表中で使用する記号や文字は事前定義されていますか？
□文の主語が存在していますか？
□そもそも日本語として成立していますか？
□誤字脱字はないですか？
□ですます調になっていませんか？
□「～だと思う」など，感想めいた表現になっていませんか？

(2) 図

□グラフにタイトルがありますか？
□グラフのタイトルの位置は正しいですか？
□X・Y軸のタイトルがありますか？
□Y軸に単位がありますか？
□Y軸の数字の範囲は適切ですか？
□Y軸の目盛り間隔は適切ですか？
□使用する記号や文字が事前定義されていますか？
□グラフに不要な凡例がありませんか？
□エラーバーがありますか？
□不要な装飾等がありませんか？
□内容が同じグラフと表の両方がありませんか？

(3) 表

□表に縦線がありませんか？
□表にタイトルがありますか？
□表のタイトルの位置は正しいですか？
□表に単位はありますか？
□使用する記号や文字が事前定義されていますか？
□数字の有効桁数が揃っていますか？
□数字の整列はできていますか？
□表が複数ページにまたがっていませんか？
□内容が同じグラフと表の両方がありませんか？

科目名	担当教員名	学籍番号	氏名

付録　チェックシート6

きちんと分析結果を書いたと思っていても，どこかにミスが潜んでいるものです。そこで，分析結果を書くにあたり，次のチェックシートをご活用下さい。これだけでミスを相当減らせるはずです。

(1) 文章

□過去形になっていますか？
□箇条書きになっていませんか？
□数字の単位は書かれていますか？
□分散分析のデザイン記述（独立変数・従属変数・対応のある/なし等）は十分ですか？
□統計分析の記述はきちんとなされていますか？
□統計分析の記述で文字（Ｆやｐなど）が斜体になっていますか？
□統計分析の結果記述で有効桁数が揃っていますか？
□文中でもれなく図表への言及がなされていますか？
□多重比較等，名前も含めて下位検定の記述は正確ですか？
□条件間で平均値の高低に言及していますか？
□結果の解釈は正しいですか？
□文中や図表中で使用する記号や文字は事前定義されていますか？
□文の主語が存在していますか？
□そもそも日本語として成立していますか？
□誤字脱字はないですか？
□ですます調になっていませんか？
□「～だと思う」など，感想めいた表現になっていませんか？

(2) 図

□グラフにタイトルがありますか？
□グラフのタイトルの位置は正しいですか？
□Ｘ・Ｙ軸のタイトルがありますか？
□Ｙ軸に単位がありますか？
□Ｙ軸の数字の範囲は適切ですか？
□Ｙ軸の目盛り間隔は適切ですか？
□使用する記号や文字が事前定義されていますか？
□グラフに不要な凡例がありませんか？
□エラーバーがありますか？
□不要な装飾等がありませんか？
□内容が同じグラフと表の両方がありませんか？

(3) 表

□表に縦線がありませんか？
□表にタイトルがありますか？
□表のタイトルの位置は正しいですか？
□表に単位はありますか？
□使用する記号や文字が事前定義されていますか？
□数字の有効桁数が揃っていますか？
□数字の整列はできていますか？
□表が複数ページにまたがっていませんか？
□内容が同じグラフと表の両方がありませんか？

科目名	担当教員名	学籍番号	氏名

【著者紹介】

竹原　卓真（たけはら・たくま）
1970年　奈良県に生まれる
1993年　同志社大学文学部文化学科心理学専攻　卒業
2001年　同志社大学大学院文学研究科心理学専攻　博士課程後期課程　単位取得退学
2002年　北星学園大学社会福祉学部　専任講師
現　在　同志社大学心理学部　教授　博士（心理学）

主著・論文

- Differential processes of emotion space over time.（共著）*North American Journal of Psychology*, 3, 217-228. 2001
- Fractals in emotional facial expression recognition.（共著）*Fractals*, 10, 47-52. 2002
- 「顔」研究の最前線（編著）北大路書房　2004
- The fractal property of internal structure of facial affect recognition: A complex system approach.（共著）*Cognition and Emotion*, 21, 522-534. 2007
- SPSS のススメ 2　―3 要因の分散分析をすべてカバー―（単著）　北大路書房　2010

三訂 SPSSのススメ 1
2要因の分散分析をすべてカバー

2007年4月20日　初版第1刷発行
2011年2月10日　初版第4刷発行
2013年3月30日　増補改訂版第1刷発行
2019年7月20日　増補改訂版第5刷発行
2022年9月10日　三訂版第1刷印刷
2022年9月20日　三訂版第1刷発行

定価はカバーに表示してあります。

著　者　竹原卓真
発行所　㈱北大路書房
〒603-8303　京都市北区紫野十二坊町 12-8
電　話　(075)431-0361㈹
FAX　(075)431-9393
振　替　01050 4-2083

印刷/製本　創栄図書印刷㈱

ISBN978-4-7628-3204-8 Printed in Japan